计算机组成原理

（第2版）

王　健　朱怡健　朱　敏　主编

东 南 大 学 出 版 社
·南京·

内 容 提 要

本书比较全面地论述了计算机的基本工作原理、内部组织结构及各部件的设计技术和互连方式等。全书共分9章，具体内容主要有：计算机功能部件及其组织，机器内部的数据表示，指令系统及寻址方式设计，运算器、存储器的组织结构及设计技术，CPU功能及控制器的实现方式，总线结构，常用外部设备的工作原理，输入输出组织等。本书内容完整、丰富，既对计算机组成的基本原理、方法有较详尽的介绍，又反映了当代计算机组成发展的最新技术。

本书可以作为计算机专业本科或专科的计算机组成原理课的教科书，也可作为工科类研究生及相关工程技术人员的参考书。

图书在版编目(CIP)数据

计算机组成原理/王健主编. —2版. —南京：东南大学出版社，2004.1(2019.6重印)

ISBN 978-7-81089-458-6

Ⅰ.计… Ⅱ.王… Ⅲ.计算机体系结构—高等学校—教材 Ⅳ.TP303

中国版本图书馆CIP数据核字(2003)第117522号

计算机组成原理(第2版)

出版发行 东南大学出版社
出 版 人 江建中
社 址 南京市四牌楼2号(邮编：210096)
电 话 (025)83794844 (025)83362442(传真)
印 刷 南京玉河印刷厂
开 本 787mm×1092mm 1/16
印 张 19
字 数 474千字
版 次 2004年2月第2版 2019年6月第11次印刷
书 号 ISBN 978-7-81089-458-6
定 价 25.00元

再版前言

《计算机组成原理》是计算机专业的一门主干课程，在计算机硬件课程系列中起着承上启下的作用。

本书在第1版(1994年)的基础上，根据近十年来计算机发展的现状以及编者多年来的教学实践的积累，在内容安排上作了较大的调整。例如，在中央处理器一章增加了现代计算机中普遍采用的流水线技术、超标量技术等，增加了一章专门介绍总线，以Pentium和PowerPC代替原先的PDP-11作为典型样机等。本书延续了第1版的写作风格，强调整机概念，站在计算机设计者的角度，从系统程序员所能见到的硬件特性入手，由外向内，从整体到部分，详尽介绍了计算机各个功能部件的组成原理、设计思想及其在整机中所起的作用。由于计算机技术发展很快，从微机到超级计算机，新技术层出不穷。限于篇幅及教科书的特点，本书主要着重对基本概念、基本原理以及基本技术的阐述，适当汲取目前流行的一些新技术，特别是微型计算机上普遍采用的新技术。

本书内容全面，系统性强，基本概念清楚，深入浅出，注重对学生的计算机基本理论和技能的培养。每一章都附有适量习题，便于读者对本章内容理解及应用。以下为本书导读：

第1章为本书的导论，从整体上介绍了计算机的结构和组成以及工作原理，简述了计算机的发展历程，并对计算机的性能指标评价及设计作了简单介绍。

第2章主要介绍了数据在计算机中的表示方法，着重比较了带符号数在机器中的几种表示方法的特点，另外还介绍了浮点数、十进制数、字符、多媒体信息的编码表示，最后对计算机中常用的几种校验码作了简单讨论。

第3章对计算机的主要执行部件——运算器的组成与工作原理作了详尽的介绍，着重讨论了实现算术运算的各种算法及其逻辑实现。

第4章介绍了计算机的存储系统及其设计，重点阐述了计算机系统的主存构成SRAM、DRAM的特征及设计与实现方法，讨论了存储系统的分层结构和主要性能设计技术，如多模块交叉存取、Cache和虚拟存储器的原理、实现方法等。另外对计算机系统的重要辅存如磁盘等性能指标、工作原理也作了较为详细的介绍。

第5章介绍了指令系统的基本概念以及在计算机系统中的地位和作用，并给出了指令系统的完整设计过程和方法，特别强调了RISC、CISC两种风格指令系统的区别。

第6章介绍了CPU的结构组成以及功能实现的方法，给出了控制器的时序部件的构成和微操作信号产生部件的两种实现技术，并对现代处理器中普遍采用的一些提高性能的主要技术作了简明的阐述。

第 7 章介绍了总线及其互连方式的基本概念，总线控制的方法，以及总线设计技术等，并简要叙述了现代计算机中普遍采用的一些典型总线。

第 8 章介绍了计算机系统中的外围设备的分类及特点，对常用的一些输入输出设备的工作原理及其实现技术作了简明扼要的叙述。

第 9 章主要讨论了输入输出系统中的数据传送控制方法，如直接程序控制，中断控制，DMA 控制，通道和 I/O 处理机控制的原理及实现，并对 I/O 接口的类型、功能、编址方式等内容也有清楚的描述。

本书由东南大学计算机系王健主编，系统结构教研室杨全胜、徐造林、任国林、朱怡健、朱敏、吴强老师参加了编写。所有参加本书编写的老师都担任过《计算机组成原理》课程或相关课程、实验课的教学工作，并从事过该门课程的教学研究、改革实践以及实验仪器的研制，积累了丰富的经验，并取得了多项教学成果。但限于编者水平及能力，书中仍难免存在一些不足之处，恳请广大读者批评指正。

编　者

2003 年 11 月

目　录

1 概　述

1.1　计算机的功能和结构

1.1.1　什么是计算机

计算机是一种快速地电子计算机器，它接收输入的数字信息，按照内部存储的指令序列去处理，并将产生的结果输出。指令是指示计算机硬件要完成某种功能的明确的命令，指令序列称为计算机程序，内部存储装置称为计算机主存储器，简称主存或内存。

目前计算机的种类非常多，主要体现在大小、速度和价格 3 个方面的不同。人们日常所见到的绝大多数计算机都是个人计算机，简称 PC，它被广泛地应用于家庭、学校和办公室等场所。桌面(台式)计算机的主机、显示器、键盘和鼠标等很容易安置在家庭和办公室的桌面上。手提笔记本计算机最适宜在旅途中进行文字处理工作，它将处理器、显示器和键盘等集成在一个单独的装置中。高性能的图形工作站尽管和台式机的大小差不多，但它的计算能力通常比普通的台式机高出很多，主要用于工程计算特别是交互式设计领域。

在工作站之后，还有更高性能的大型计算机和超级计算机。大型计算机主要用于需要更高处理能力的中等规模和大规模的商业数据处理和存储方面。超级计算机主要用于大规模数值计算，例如天气预报和飞机设计及模拟。在大型计算机和超级计算机中，主要的功能部件经常由分离的和较大的部件构成。

另外，在许多工业控制领域、家用电器和移动设备中，大量使用单片计算机。

尽管各种计算机的规模、性能和价格相差很大，但它们的组成和工作原理都是类似的。

1.1.2　计算机的功能

计算机的基本功能主要包括以下 4 个：

- 数据处理
- 数据存储
- 数据传送
- 控制

计算机的数据处理功能包括算术运算和逻辑运算，应用于数值计算和非数值计算两个方面。早期的计算机主要用于数值计算，而现代计算机更多的应用于非数值计算方面。计算机领域所指的数据其含义是广泛的，它包含计算机所能处理的各种对象，如数值、字符、图形、图像、声音和视频等。

计算机的数据存储功能是必需的。在计算机进行数据处理时,其指令和数据都必须保存在它的主存储器(内存)中。另外,计算机还必须有长期保存数据的能力,大量数据以文件的形式保存在计算机的辅助存储器(外存)中以备检索和更新。

计算机的数据传送功能体现在两个方面。一是在计算机系统内部各个部件之间的数据流动,如 CPU 和主存以及 CPU 内部寄存器与运算器之间的数据流动;二是计算机与外界之间的数据传送,如输入/输出(I/O)和计算机通信。

上述三种功能必须是受控的,否则计算机无法按照人们的预期来工作。因此在计算机内部需要有专门的部件来完成控制功能。这种控制功能主要包括通过各种时序信号定时,产生各种基本操作信号并按某种时序发出以完成相应功能,以及控制计算机的启动和停止等。

计算机的所有功能都是通过指令实现的。指令是计算机硬件能直接识别并执行的命令,不同种类的计算机通常有着不同的指令编码,一台计算机的所有指令集合称之为指令系统。若干条指令组织成一个指令序列(程序),用来完成某项任务。程序通常都存放在存储器中,除了特殊情况外,计算机总是在存储程序的控制下工作。

大部分指令都需要处理一些源数据并产生某些结果数据,这些数据在计算机中是广义的,包括数值数据,非数值数据,甚至指令或程序在某些情况下都是数据。当然,所有数据都必须进行二进制编码。

1.1.3 计算机功能部件

计算机由 5 个功能独立的部件组成:存储器、运算器、输入部件、输出部件和控制部件(如图 1.1 所示)。输入设备接受外部的二进制编码信息并送入存储器中存储或立即送往运算器中运算,处理步骤由存储在存储器中的程序确定,最终结果通过输出设备送往外部世界,所有这些动作都由控制部件协调。图 1.1 中并未画出这些部件的连接,有关内容将在后面的章节中详细说明。

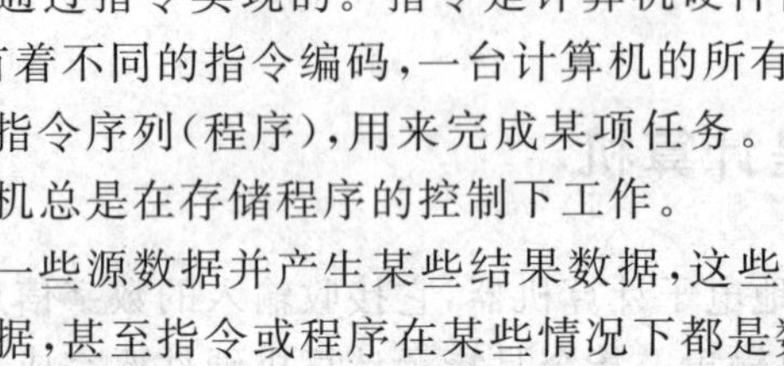

图 1.1 计算机功能部件

输入部件的基本功能是接受外部经过二进制编码的数据信息并送入计算机内部的存储器或寄存器。目前最典型的输入设备是键盘和鼠标。另外,用于图形和图像输入的数字化仪、扫描仪、摄像头,用于声音输入的话筒,工业控制中的 A/D 转换器等都是常见的输入设备。

存储器的功能是存储程序和数据。计算机的存储器分两类:主存储器(简称主存或内存)和辅助存储器(简称辅存或外存)。主存速度快,但价格高、容量小,主要用来存放正在或将要执行的程序以及相关数据。主存主要由半导体器件构成。辅存速度慢,但价格低、容量大,主要用来存放需要长期保存的程序和数据。辅存主要由磁记录设备、光设备构成,如磁盘、磁带和光盘等。

大多数计算机操作都由算术和逻辑部件(ALU)完成。ALU 的输入来自于主存和 CPU 中的寄存器,输出也到主存和寄存器。使用寄存器是因为其速度要比主存快得多。ALU、寄存器和相关线路构成了计算机的运算器。

输出部件的功能是将计算机处理的结果送往外界。和输入部件相反,输出部件常常要把二进制数值数据转换成字符、图形、图像、声音和其他一些模拟信号。典型的输出部件是显示器和打印机。另外,用于图形和图像输出的绘图仪,用于声音输出的音箱,工业控制中的 D/A 转换器等都是常见的输出设备。

存储器、运算器和输入输出设备存储和处理信息并完成输入和输出工作。所有这些操作都必须以某种方式协调起来,控制部件就是完成该项任务的。控制部件是计算机的神经中心,它发送各种控制信号到计算机的其余部件并监视它们的状态。控制部件的另一个重要任务就是定时和同步,它通过产生各种时序信号来保证各部件能够有序的工作。

由于运算器和控制器常常被做在同一个芯片中,因此它们被统称为中央处理器(机)即 CPU。CPU 和主存通常都放在同一个机箱中,人们把它们统称为主机。

1.1.4 计算机结构、组织和实现

计算机结构(Computer Architecture)和计算机组织(Computer Organization)(本书称为计算机组成)是描述计算机系统的两个重要概念。计算机结构是指那些对程序员(机器语言或汇编语言)可见的系统属性,这些属性直接影响到程序的逻辑执行。计算机组织是指实现其结构规范的操作部件以及它们的互连方式。

计算机结构主要研究指令集、寄存器定义和组织、各种数据类型表示的位数、I/O 机制,以及内存访问技术等,是计算机硬件子系统的概念结构及功能特性。计算机组织主要研究那些对程序员透明的硬件细节,如控制信号、数据通路宽度的确定、各部件连接方式及匹配、计算机和外设的接口以及使用的存储器技术等。计算机结构决定系统中的软硬件分配,计算机组成是对计算机结构的逻辑实现。

例如,在计算机指令系统中是否包含浮点运算指令是结构设计的问题。而浮点运算指令是通过现成的定点运算部件实现还是用专门的浮点单元实现则是组织的问题。通常一个计算机制造商提供的系列产品都具有相同的结构和不同的组织,从而使不同型号的机器具有不同的性能和价格。

计算机实现(Computer Implementation)是指计算机组成的物理实现。例如,CPU、主存的物理结构,芯片的集成度、速度、工艺、电源、冷却、装配、外观设计等都属于实现的范畴。

本书主要介绍计算机组织方面的内容,着重讨论有关计算机组织中各部件的组成技术、互连方式和工作原理。当然,随着计算机技术的不断发展,不仅计算机的组成技术更新很快,对计算机结构的影响也很大。组织、结构和实现的关系越来越密切,三者之间的界限变得越来越模糊,特别在微型计算机中表现的就更加明显,因此本书也会涉及一些有关计算机体系结构方面的内容。

1.2 计算机的发展

1.2.1 第一代计算机:电子管,ENIAC,冯·诺依曼机

1946 年,美国宾夕法尼亚大学为军队的弹道研究实验室设计和制造了 ENIAC (Electronic Numerical Integrator and Computer，电子数字积分器和计算机)，它是世界上第一台通用电子数字计算机。

ENIAC 体积庞大，重 30 吨，占地 15000 平方英尺，采用了 18000 多个电子管，功耗约为 140kW。但它比当时的机械计算机要快得多，每秒钟能做 5000 次加法。ENIAC 采用十进制进行数据表示和计算。ENIAC 的主要缺点是存储量太小，至多只能存放 20 个字长为 10 位的十进制数；另外，它采用“外插式”编程，即通过设置开关和插拔电缆来实现程序的编制和输入，使用极不方便。

为克服 ENIAC 的不足，应用数学家冯·诺依曼提出了计算机设计和工作的新思想。冯·诺依曼思想的主要内容有：

(1) 计算机应由控制器、计算器、存储器和输入/输出五大功能部件构成。

(2) 以运算器为中心，采用二进制进行数据的表示和计算。

(3) 计算机指令应采用二进制编码并和数据存储在同一记忆装置中，即存储程序。每条指令被顺序从存储器中取出执行，是一个指令驱动的串行工作方式。

(4) 存储器是线性编址的一维结构，每个存储单元位数固定。存储器中存放的指令和数据从其本身是无法区分的，它们都是以二进制编码表示的。

(5) 指令由操作码和地址码组成。操作码指定操作类型和操作数的数据类型，地址码指明操作数所在存储器或寄存器的位置。

冯·诺依曼的核心思想是存储程序，它不仅解决了速度匹配问题，还使得程序的逻辑选择和数值计算一样快，从而使计算机成为真正能够自动工作的机器。直到今天，世界上绝大多数计算机仍然采用冯·诺依曼的结构，所以它们都被称为冯·诺依曼机。

第一代计算机尚无软件的概念，没有操作系统，没有高级语言。因此，只有专业人员才能使用计算机。

1.2.2 第二代计算机：晶体管

晶体管是由硅材料制成的固态器件，它与电子管相比，体积小、功耗低、价格便宜。晶体管的使用是第二代计算机的标志。

第二代计算机除了逻辑元件采用晶体管之外，存储器件也有了改进。计算机的内存采用磁芯存储器，外存采用磁鼓和磁带。

计算机软件也有了很大的发展，出现了多种高级语言，如 FORTRAN、COBOL 等。计算机在很多领域特别是商业领域有了较为广泛的应用。

1.2.3 第三代计算机：集成电路，微电子技术

在第二代计算机发展过程中，随着晶体管数目越来越多，整个制造过程越来越复杂，成本也越来越高。这给计算机工业的发展带来了很多麻烦。

从 1958 年开始，微电子技术的诞生给计算机工业带来了革命性的机遇。从根本上说，计算机组织由门电路、存储元件以及它们之间的互连结构组成。电子管、晶体管都是分立元件，它们通过引脚连到印刷电路板上，使得计算机硬件的制作过程非常复杂。集成电路将大量晶体管、电阻、导线等都安装在一块晶片上，然后封装它并加上引脚形成集成块。许多这

样的集成块再安装在一个印刷电路板上形成更为复杂的电路。

根据集成块所能容纳的晶体管数目的多少，集成电路的发展经历了小规模集成电路(SSI)，中规模集成电路(MSI)，大规模集成电路(LSI)，很大规模集成电路(VLSI)，超大规模集成电路(ULSI)和巨大规模集成电路(GSI)几个时期。集成度的提高使得计算机硬件成本不断下降，体积更小，速度更快，更可靠。

第三代计算机采用的是中小规模集成电路，其逻辑元件和存储器均由集成电路实现。这一时期还有一个重要特点，采用多处理器并行结构的大型/巨型机和价廉物美的小型机同时发展。并行技术、流水线技术、数据库技术等新型技术的提出和应用对计算机的发展影响巨大。

1.2.4 第四代计算机：VLSI，微处理器

从20世纪70年代开始伴随着LSI和VLSI的迅猛发展，计算机工业的发展也有了长足的进步。集成电路芯片的集成度已从70年代初的每片几千个晶体管到现在的千万个晶体管。价格越来越低，速度也越来越快，这使得计算机已渗透到当今社会的各个角落。

第四代计算机除了主要器件采用VLSI这一显著特点之外，微处理器技术的出现和发展也是计算机发展史上里程碑式的事件。从1971年Intel的4位微处理器4004开始，到目前的32位和64位Pentium和PowerPC，微处理器技术使得计算机最终走向办公室和家庭。

由于军事、商业、空间技术等大规模和高强度计算应用的迫切需要，以并行处理计算为基础的超级计算机也得到了很大发展。目前超级计算机的主流产品大多采用大量的高性能微处理器组成大规模并行处理系统，其峰值速度已达到每秒几十万亿次。

从20世纪90年代开始，计算机网络技术特别是Internet技术的迅猛发展和普及，是计算机发展史上的又一次划时代的革命。全世界的计算机都可以通过因特网连在一起，使信息流通更加方便、快捷。电子商务、电子政务、协同办公、远程教育等新型工作方式开始步入我们的生活中。

随着后PC时代的到来，消费电子、计算机、通信(简称3C)一体化趋势日趋明显。数字化社会的呼声使嵌入式系统(Embedded System)日益受到市场和厂家的关注，嵌入式设备越来越普及，这也促进了普适计算(Pervasive Computing)的发展。

1.2.5 新一代计算机：新材料，非冯·诺依曼机

第四代计算机以后对计算机的不同时代划分的标准意见不一致。通常对新一代计算机(或称五代机)的划分并不是以器件的集成度而划分的。由于半导体器件的集成度受分子、原子的直径限制以及散热问题难以解决，人们正在搜寻速度更快、集成度更高的材料来生产元器件，如生物芯片、分子器件、超导材料、量子芯片等。

冯·诺依曼结构的计算机是指令驱动的串行执行的计算机，对现实世界中的大量并行性质的处理具有先天的不足。多年来，人们也在不断探索非冯·诺依曼结构的新型计算机，如数据驱动、并行推理等智能化计算机。

1.3 计算机系统组成及工作过程

1.3.1 计算机的软硬件系统

计算机系统包含硬件子系统和软件子系统。硬件是指组成计算机的各个部件及其连接的物理实体。软件是指程序以及相关的文件。

不同的人所关心的计算机硬件是不一样的。最终用户(End User)所看见的计算机硬件只是主机、显示器、键盘、鼠标、打印机等，而对于计算机内部的结构和组成、工作原理等不必关心；专业人员(Professional)更关心机器内部的结构和组成、工作方式、性能等，如CPU、内存、总线、Cache等。计算机设计者(Designer)主要关心计算机组成原理和实现方法，如芯片设计、寄存器设计、部件设计等。

计算机软件通常分为系统软件和应用软件。系统软件包括操作系统、语言处理程序(编译、解释程序等)、数据库管理系统(DBMS)、网络协议软件等。有时又将DBMS、网络协议软件以及一些工具软件称为支撑软件。应用软件是由用户或专业软件公司专门开发的某个特定领域的应用程序。

硬件是计算机系统的物质基础，软件是计算机系统的应用基础。好比“躯体”和“灵魂”，两者相辅相成，缺一不可。在技术发展的今天，计算机的硬件和软件正朝着相互渗透、相互融合的方向发展。原来硬件实现的功能，可以由软件来实现。反之，原来由软件实现的功能，也可以由硬件实现。对于程序员来说，硬件和软件在逻辑上是等价的。软硬件功能划分应从整个系统的效率、速度、价格、资源利用等诸多方面综合考虑。

图1.2是一个计算机系统按功能划分的多层次结构。

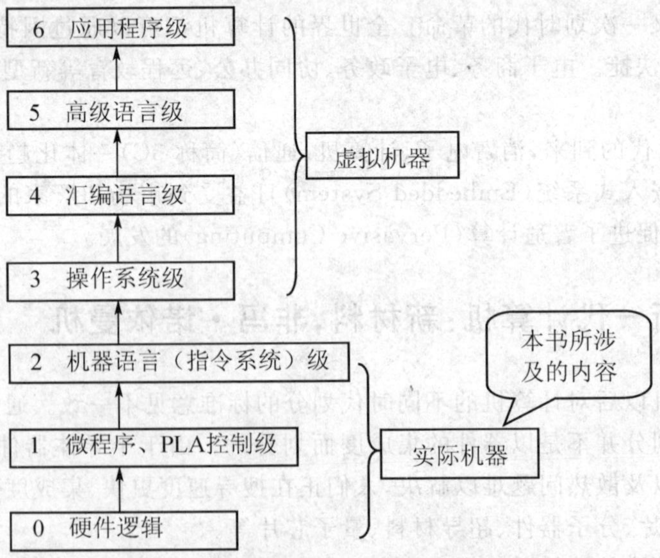

图1.2 计算机系统的多层次结构

1.3.2 计算机中各功能部件的互连结构——总线

计算机是由一组相互之间需要通信的部件或模块(CPU、存储器、I/O)组成的。将这些模块之间连接起来的所有数据通路被称为互连结构(Interconnection Structure)。

总线是计算机中普遍采用的互连结构,其主要特征是共享传输介质。在计算机系统中有多种总线,它们在各个层次提供部件间的数据通路,如 CPU 内部总线、系统总线和局部总线等。

总线通常包括数据总线、地址总线和控制总线。总线的根数各不相同,每根线能够传送一位二进制数。

数据总线是系统中各模块间传递数据的通道,典型的数据总线包含 8,16,32,64 根线。线的根数称为数据总线的宽度,它是决定系统总体性能的关键因素,反映了处理器的数据吞吐量。

地址总线用于指明数据传送的源地址和目的地址。地址总线的宽度决定了系统能够拥有的最大主存空间,但并非每台机器一定要配备到最大空间。例如,Pentium 常用 32 根地址线,其最大主存空间可达到 4G,但实际上采用 Pentium 处理器的计算机目前主存容量的典型配置是 128M 到 512M。除了对主存的访问,地址线一般也用作对 I/O 端口的访问。

控制线用于控制数据传送的方式、方向以及定时或应答等。如存储器读写、I/O 读写、总线和中断的请求和应答、复位等。控制线的数目取决于总线的类型及具体的机器配置。

总线的结构有单总线、双总线、三总线等。过去在微型计算机中几乎无例外地都采用单总线结构,这主要是为了简化结构、提高灵活性和降低成本。但随着 I/O 设备的数量不断增加,性能不断提高,使得总线的传输延迟加大,总线竞争加剧,总线成为系统的瓶颈。因此,现代计算机中多采用分层次多总线结构。

1.3.3 计算机的工作过程

计算机的工作过程就是执行程序的过程。程序由一组指令构成,在执行前调入主存。CPU 按照指令存放的顺序(转移指令除外)一条条取出并执行,直到程序被执行完。因此,要了解计算机的工作过程,就必须清楚指令的执行过程。

图 1.3 给出了一台假想计算机中 CPU 内部组成以及和主存的连接。我们考虑一条加法指令的执行过程:

$$\text{ADD}\quad \text{NUM},\ R_0$$

这条指令的功能是将主存单元 NUM 中的数 100 和 CPU 中寄存器 R_0 的内容 22 相加,结果再放入 R_0 中。假设指令占据一个存储字,存放在主存的 K 单元中。

指令的执行过程如下:

(1) CPU 将 PC 的内容 K 送入 MAR,MAR 通过地址总线 AB 将 K 送往存储器,CU 通过控制总线 CB 发送读信号 Read 到存储器。PC 的内容加 1 变为 K+1。

(2) 存储器对接收到的地址进行译码,找到 K 单元,将 ADD 指令取出并通过数据总线 DB 送往 CPU 的 MDR。

(3) MDR 将其存放的指令码送往 IR,IR 将指令送往 ID 译码。

(4) CPU 将 NUM 送入 MAR,MAR 通过地址总线 AB 将 NUM 送往存储器,CU 通过控制总线 CB 发送读信号 Read 到存储器。

(5) 存储器对接收到的地址进行译码,找到 NUM 单元,将 100 取出并通过数据总线 DB 送往 CPU 的 MDR。

(6) MDR 将其存放的 100 送往 ALU 的一个输入端。

(7) R_0 将其存放的 22 送往 ALU 的另一输入端,CU 给 ALU 一个加法信号,ALU 执行加法运算。

(8) 结果由 ALU 送往 R_0,本条指令执行完毕。

(1)、(2)、(3)步为取指令周期,对于相同的 CPU,取指令过程是完全相同的。(4)到(8)步为执行指令周期,不同的指令其执行过程是不同的。一条指令执行完,CPU 将根据 PC 的内容(K+1)取出下一条指令执行,直到整个程序执行完。

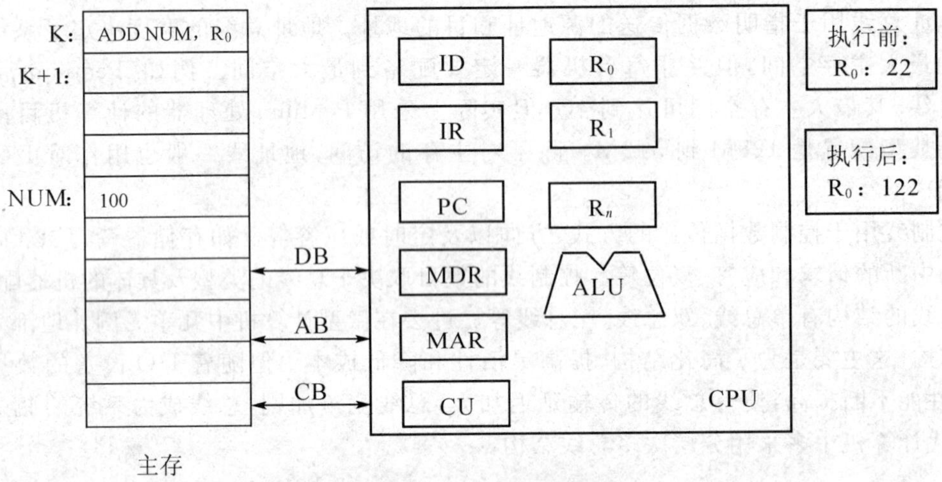

ID:指令译码器;IR:指令寄存器;PC:程序计数器
MDR:存储器数据寄存器;MAR:存储器地址寄存器
$R_0 \cdots R_n$:寄存器组;CU:控制单元

图 1.3 CPU 组成以及和存储器的连接

1.4 计算机系统性能指标及性能设计

1.4.1 计算机系统性能指标

1) 字长

CPU 字长是指 CPU 一次所能处理的二进制位数。字长是计算机系统最重要的指标之一,字长越长,表明 CPU 所能处理的数据精度越高,处理速度越快。目前典型微机的字长为 32 位和 64 位。在某些机器中还有可变字长,如半字、全字和双字等。CPU 字长越长,价格也越高。一般情况下,CPU 的寄存器宽度和数据总线的宽度等于字长。

2) 主频

CPU 工作的节拍是由计算机的主时钟所控制。主时钟不断产生固定频率的时钟脉冲，此固定频率就是 CPU 的主频。主频越高，CPU 工作速度就越快。目前微处理器如 Intel Pentium4 的主频已达到几个 G。

3) 速度

对计算机运行速度的衡量有多种方法，比较常用的有 MIPS(Million Instructions Per Second)和 MFLOPS (Million Floating - Point Operations Per Second)。

对于一个给定的程序，MIPS 定义为

$$\text{MIPS} = \frac{\text{指令条数}}{\text{执行时间} \times 10^6}$$

指令条数一般指加、减运算等简短指令。

对于一个给定的程序，MFLOPS 定义为

$$\text{MFLOPS} = \frac{\text{浮点操作次数}}{\text{执行时间} \times 10^6}$$

4) 主存容量

主存是和 CPU 直接交换数据的存储器。主存容量越大，和速度较慢的辅存之间的信息交换次数就越少，机器的处理能力也就越强。最大主存容量由 CPU 的地址总线的根数决定。如目前典型微处理器的地址线数目为 32 根，则最大主存空间是 4G。

5) RASIS 特性

RASIS 特性是指可靠性(Reliability)、可用性(Availability)、可维护性(Servicebility)、完整性(Integrality)和安全性(Security)。其中平均无故障时间 MTBF(可靠性)和平均修复时间 MTTR(可维护性)是衡量计算机功能特性的常用指标。

6) 兼容性

兼容性(Compatibility)一般是指同一个软件不加修改就可以在两台计算机上运行。兼容性有向上兼容(同类型但不同档次的机器之间)和向前兼容(同系列但不同时期的机器之间)两种。兼容性可以保护用户的软件投资不受或少受损失。

1.4.2 计算机系统性能设计

随着计算机硬件技术的飞速发展，今天人们只要花很少的钱就可以买到和过去大型机性能相当的机器。例如，微机已可以用于诸如图像处理、语音识别、视频会议等复杂且性能要求较高的应用场合。

1) 处理器速度

按照著名的摩尔定律，微处理器的性能每 3 年要提高 4～5 倍。要能更好地配合芯片的发展速度，充分利用处理器硬件潜在的性能，计算机设计者必须研究更加复杂、更加先进的技术。当代处理器普遍采用的一些先进技术主要有：

- 流水线技术
- 分支预测(Branch Prediction)
- 数据流分析(Data Flow Analysis)

● 推测执行(Speculative Execution)

这些技术的实现使得处理器的功能更加强大,并且能够充分利用处理器的速度潜能。

2) 性能平衡

由于计算机系统除了处理器以外,还有其他许多功能部件。当别的部件速度跟不上处理器的速度时,就会造成计算机性能失衡。因此,有必要对计算机的结构和组成做适当的调整,以使各功能部件之间的能力匹配。

处理器和主存之间的接口是整个计算机中最关键的数据通路,如果此通路的速度或存储器的速度和处理器的速度相差太大,就会严重影响处理器的效率。在当代计算机设计中有很多技术来解决这个问题,如高速缓存、分层次高速多总线技术等。

同样,I/O设备也存在着和处理器速度差异过大的问题。解决的办法有接口缓冲、暂存机制和高速总线,在分布式系统和多机并行系统中采用I/O处理机。

3) 性能评价

计算机执行应用程序所需的总时间是衡量计算机性能最重要的指标。因为应用程序通常用高级语言来写,所以性能受编译程序将高级语言程序翻译成机器语言所采用的方法的影响。性能还受机器语言指令集(指令系统)的设计和计算机组成硬件设计的影响。要使计算机的性能达到最优,必须综合地考虑这三者间的平衡设计。本书主要讨论机器语言指令集和硬件的设计。

程序由一组排序的指令构成,每条指令在处理器中执行,都将会细分为若干小控制步(详见第6章)。每一个控制步在控制器的控制下在一个处理器时钟节拍内完成。假定一个高级语言程序通过编译程序生成一个可执行的机器语言程序,要完成该程序需要执行 N 个机器指令。N 并不等同于经过编译产生的机器语言程序中的机器指令数,因为某些指令将会被重复执行,例如循环,还有些指令可能一次也不会被执行,如条件转移。假定每条指令要执行的控制步的数量平均为 S,处理器主频为 R。则程序执行的总时间 T 为

$$T = \frac{(N \times S)}{R}$$

T 相对于用户来讲比 R 更重要。构建一个好的机器指令集和编译器对计算机的性能影响巨大。一个高质量的编译器可使一个给定的应用程序的 N 数尽可能少。通常带有简单指令的指令集要比带有复杂指令的指令集的 S 数要少。但复杂指令又可使 N 数降低。

上述性能指标虽能在一定程度上反映计算机的性能,但并不全面。因为这些指标大多反映的是处理器、主存的性能,但计算机系统还有大量的外部设备。另外机器运行过程中,除了应用程序外,系统程序在空间和时间上也有不小的开销。因此,通常采用不同层次的基准测试程序(benchmark)对计算机系统进行比较客观的性能评价。

目前主要有三种测试程序。

(1) 综合基准程序:人为编制的为体现平均执行的一段测试程序。

(2) 核心程序:从典型的实际应用程序中抽取的一些关键循环程序段。

(3) 实际应用程序:如各种C的编译程序。

当前性能评价技术主要有两种方法。

(1) 测量技术:通过某种测量设备和测试程序直接从系统中获得评价数据。

(2) 模型技术:对被评价的系统建立某种模型,在模型上获得评价数据。

习 题 1

1-1 冯·诺依曼在计算机领域中的主要贡献是什么？

1-2 计算机的主要功能有哪些？主要功能部件有哪些？

1-3 简述计算机结构和组成的联系和区别。

1-4 简述计算机的工作过程。

1-5 计算机的主要性能指标有哪些？

2 数据的表示

数据处理是计算机的最重要应用领域。数据是计算机处理的对象，数据在计算机内部是以 0 和 1 组成的代码形式来表示的。本章讨论数据(数值数据和非数值数据)在计算机中的表示方法。

2.1 数字化信息编码

2.1.1 数据、信息、媒体

在计算机应用领域，数据和信息是一对经常使用的术语，它们既有联系又有区别。

国际标准化组织(ISO)对数据作了如下的定义："数据是对事实、概念或指令的一种特殊表达形式，这种特殊的表达形式可以用人工的方式或者用自动化的装置进行通信、翻译转换或者进行加工处理。"因此，数据的概念比人们在日常生活中所理解的"可比较其大小的数值"要广泛得多。数字、文字、符号、图形、声音、图像等都可以认为是数据。

人们通常将计算机处理的数据分为数值数据和非数值数据。数值数据包括整数、小数，且它们既可以是正数，也可以是负数。非数值数据包括字符、文字、图形、声音、图像等。

根据 ISO 的定义，可简单地认为：信息是对人有用的数据，可能影响人们的行为和决策的数据。信息是当今人类社会不可缺少的重要资源之一。人类获取、积累、利用信息是认识和改造客观世界的必要过程。

由此可见，数据与信息之间存在着固有的联系。计算机信息处理，实质上是由计算机对数据进行加工处理而得到对人类有用信息的过程。例如，气象部门将卫星拍摄的天气云图和各气象站提供的资料输入到计算机中进行处理后向全国各部门发布天气预报。天气预报就是非常重要的信息，不同的部门根据得到的信息产生的决策和行动也可能是不一样的。

在许多场合，数据和信息往往并不严格加以区分。

媒体一般是指信息表示和传播的载体。例如，文字、声音、图像等都是媒体，它们向人们传递各种信息。在计算机领域，有感觉媒体、表示媒体、表现媒体、存储媒体和传输媒体等几种主要媒体。感觉媒体是指直接作用于人的感官，使人能直接产生感觉的媒体。如引起听觉反应的语言、声音、音乐，引起视觉反应的文字、图形、图像等。

"多媒体技术"中的媒体是指感觉媒体。所谓多媒体技术就是一种以计算机技术为基础，并融合通信技术和大众传播技术为一体的，能够交互式处理数据、文字、声音和图形(图像)等多种媒体信息，并与实际应用紧密结合的一种综合性技术。

2.1.2 数字化信息编码

用计算机进行数据处理，首先要将相应的数据输入到计算机中，并以一定的形式存储在计算机中。计算机内部是一个二进制数字世界，所以，不管是数值数据还是非数值数据，都必须转换成二进制数的形式，才能存入计算机中。

所谓数字化信息编码就是用计算机能够接受的形式来表示各种数据。这种形式一般是数字、字母和一些特殊符号组成的代码。不同的信息其编码的方法是不同的，即使是同样的信息也可以有不同的编码方法。但是，为了有效地进行数据处理，编码时应遵循如下的原则：

(1) 惟一性　每个代码只能惟一表示一个数据；

(2) 合理性　代码结构要与分类体系相适应，尽量反映编码对象的特征；

(3) 简单性　代码简单可以减少差错，并且易理解，易记忆；

(4) 规范性　代码应与已有的国际或国家标准一致；

(5) 可扩充性　应留有适当的后备容量，适应有可能出现的变化或增减。

2.2 数值数据的编码表示

数值数据有确定的值并在数轴上有对应的点。数值数据的编码表示主要涉及：选用何种进位计数制，在计算机中如何表示带符号的数，如何表示小数点的位置。

2.2.1 进位计数制及其各进位计数制之间的转换

1) 进位计数制

进位计数制是一种计数的方法，通常使用的是十进位计数制(简称十进制)。十进制中有十个不同的符号：0，1，2，…，9，进位方法是“逢十进一”。

进位计数制的特点是各位数字表示的值与它在数中的位置有关。例如十进制数828.8，百位上的8表示800，十位上的2表示20，个位上的8表示8，而小数点后的8表示0.8。由此可见，同一数字的值随着其所在位置而异，这种表示法统称为位置表示法。

这样，数828.8的值为

$$8 \times 10^2 + 2 \times 10^1 + 8 \times 10^0 + 8 \times 10^{-1}$$

其中，10^2、10^1、10^0、10^{-1}称为权。

对于任何一个十进数 N，都可以表示成按权展开的多项式：

$$\begin{aligned} N &= d_n \times 10^n + d_{n-1} \times 10^{n-1} + \cdots + d_1 \times 10^1 + \\ &\quad d_0 \times 10^0 + d_{-1} \times 10^{-1} + \cdots + d_{-m} \times 10^{-m} \\ &= \sum_{i=n}^{-m} d_i \times 10^i \end{aligned}$$

其中，d_i 是 0—9 十个数字中的任意一个，m、n 是正整数，10 被称为十进制数的基数，它是相邻数位的权之比。

一般而言，对于用 R 进制表示的数 N(R 为任意正整数)，可以按权展开为：

$$N = K_n \times R^n + K_{n-1} \times R^{n-1} + \cdots + K_1 \times R^1$$
$$+ K_0 \times R^0 + K_{-1} \times R^{-1} + \cdots + K_{-m} \times R^{-m}$$
$$= \sum_{i=n}^{-m} K_i \times R^i$$

其中，K_i 是 0，1，…，$(R-1)$ 个数字中的任意一个，m、n 是正整数，R 是基数。

表 2.1 列出了计算机中常用的 4 种进位计数制。其中十六进制中的 A, B, C, D, E, F 分别相当于十进制中 10，11，12，13，14，15 的值。

表 2.1　计算机中常用的 4 种进位计数制

进位制	二进制	八进制	十进制	十六进制
规则	逢二进一 借一当二	逢八进一 借一当八	逢十进一 借一当十	逢十六进一 借一当十六
基数	$R=2$	$R=8$	$R=10$	$R=16$
数符	0，1	0，1，2，…，7	0，1，2，…，9	0，1，2，…，9 A, B, C, D, E, F
权	2^i	8^i	10^i	16^i
形式表示	B	O	D	H

在十进制中，如将某数的各位向左移动 1 位，则其值增大到原来的 10 倍；如将某数的各位向右移动 1 位，则其值减少到原来的 1/10。同样，在二进制中，如将数的各位向左移动 1 位，则其值增大到原来的 2 倍；反之将数的个位向右移动 1 位，则其值减少到原来的 1/2。例如，二进数 101011.1 在左移 1 位或右移 1 位后，其值的变化如下：

	二进数	值
	101011.1	43.5
向左移 1 位	1010111.0	87
向右移 1 位	10101.11	21.75

从此例还可看出，表示同一值时，二进数所需的位数比十进数所需的位数多。不难导出它们之间的关系，假设有 n 位二进制整数，同时有 m 位十进制整数，如其可表示的最大值相同，即

$$(2^n - 1) = (10^m - 1)$$

消去 1　$2^n = 10^m$

等式两边同时取对数

$$\lg 2^n = \lg 10^m$$
$$n = m/\lg 2 = m/0.301 \approx 3.32m$$

即二进制表示时的位数是十进制表示时所需位数的 3 倍多。

为了使计算机能够对数据进行处理，首先要求在计算机中可以存放这种数据。也就是说，需要利用计算机内部物理设备的不同状态代表各种数字符号。对于一位十进制数而言，需要有 10 个不同的状态才能表示 10 个不同的数字。对于一位二进制数而言，则只需 2 个

不同的状态就可表示“0”、“1”两个数字符号。如果用位数乘以表示每位不同数字符号所需的状态数来表征计算机存放该数据所需的设备量，那么对于一个 m 位十进制数而言所需设备量为 $10m$；而对于表示同一值的二进制数而言，其所需设备量为 $2n \approx 6.64m$。按这个观点来看，在计算机中存放同一个数，采用二进制时所花费的设备量比十进制时少。这是在计算机中采用二进制表示数据的原因之一。

在计算机中采用二进制表示数据的原因还有：由于数字符号少，二进制的四则运算规则简单，从而可使计算机中运算部件的结构也变得比较简单；具有两个状态的电子器件较易实现且稳定可靠；二进制数字 0 和 1 恰好对应逻辑代数中的“假”和“真”，这样可用逻辑代数作为工具来分析和设计计算机中的逻辑电路，使得逻辑代数成为计算机设计的数学基础。

2) 不同进位计数制之间的转换

不同进位制数之间的转换实质上是进行基数的转换。转换所依据的原则是：如果两个数的值相等，则两数的整数部分和小数部分的值一定分别相等。因此，在转换时应对整数部分和小数部分分别进行转换。

(1) 二进制数转换成十进制数

二进制数转换成十进制数比较简单，只需按权展开然后相加，其和便是相应的十进制数。这种方法称为按权相加法。

例 2.1 求与$(11011.01)_2$ 等值的十进数。

解：
$$\begin{aligned}(11011.01)_2 &= 1\times 2^4+1\times 2^3+0\times 2^2+1\times 2^1+1\times 2^0+0\times 2^{-1}+1\times 2^{-2}\\ &= 16+8+0+1+0+0.25=(27.25)_{10}\end{aligned}$$

(2) 十进制数转换成二进制数

十进制数转换成二进制数要对整数部分和小数部分采用不同的方法进行。

先看整数部分的转换。设一个十进制整数 X 已被表示成一个二进制数 $(K_nK_{n-1}\cdots K_1K_0)_2$，其中 K_i 为 0 或 $1(0\leqslant i\leqslant n)$，那么 X 按二进制数的权展开如下：

$$X = K_n\times 2^n + K_{n-1}\times 2^{n-1}+\cdots+K_1\times 2^1+K_0\times 2^0$$

由于展开式的前 n 项均为 2 的整数倍，因此 K_0 即为 X 除以 2 的余数。也即，$X/2$ 的商为 $K_n\times 2^{n-1}+K_{n-1}\times 2^{n-2}+\cdots+K_1\times 2^0$，余数为 K_0。

同样，上述商再除以 2，所得余数便是 K_1。以此类推，一直进行下去，便可得到所求二进制数各位上的数字 $K_2,\cdots,K_{n-1}$，当商等于 0 时，最后得到的余数即为 K_n。

例 2.2 把 18 转换成二进制数。

解：
2 | 18 ………余0(K_0)
2 | 9 ………余1(K_1)
2 | 4 ………余0(K_2)
2 | 2 ………余0(K_3)
2 | 1 ………余1(K_4)
0

所以 $(18)_{10}=(10010)_2$

这种转换方法称为除 2 取余法。

再看小数部分的转换。一个十进制纯小数 X 按二进制数的权展开则为：

$$X = K_{-1}\times 2^{-1}+K_{-2}\times 2^{-2}+\cdots+K_{-m}\times 2^{-m}$$

将其乘以 2 后，可得

$$K_{-1}+(K_{-2}\times 2^{-1}+\cdots+K_{-m}\times 2^{-m+1})$$

显然整数部分即为 K_{-1}。由此可见，转换时应将十进制小数乘 2，取乘积的整数部分作为相应二进制小数点后的最高位 K_{-1}；反复乘 2，依次可得 K_{-2}，…，K_{-m}，直到乘积的小数部分为 0 或者小数点后的位数达到精度要求为止。

例 2.3 将 $(0.8125)_{10}$ 转换成二进制数。

```
解：  0.8125
   ×      2
   ──────────
      1.6250 …………1(K₋₁)
   ×      2
   ──────────
      1.2500 …………1(K₋₂)
   ×      2
   ──────────
      0.5000 …………0(K₋₃)
   ×      2
   ──────────
      1.0000 …………1(K₋₄)
```

所以 $(0.8125)_{10}=(0.1101)_2$

这种转换方法称为乘 2 取整法。

对于既有整数又有小数的十进制数，转换时只需将整数部分和小数部分分别进行转换后，用小数点连接起来即可。

(3) 八进制数与十进制数的相互转换

八进制数转换成十进制数只需以 8 为基数按权展开并相加。

十进制数转换成八进制数时，整数部分采用除 8 取余法，小数部分采用乘 8 取整法。

(4) 十六进制数与十进制数的相互转换

十六进制数转换成十进制数只需以 16 为基数按权展开并相加。

十进制数转换成十六进制数时，整数部分采用除 16 取余法，小数部分采用乘 16 取整法。

例 2.4 将 $(314)_{10}$ 转换成十六进制数。

```
解：  16 | 314  …………余 A
        ────
      16 |  19  …………余 3
           ────
        16 |  1 …………余 1
             ────
              0
```

所以 $(314)_{10}=(13A)_{16}$

(5) 二进制数与八进制数的相互转换

二进制数的基数是 2，八进制数的基数是 8，由于 $2^3=8$，所以八进制的一位对应于二进制的三位，二进制数与八进制数的互换是十分简便的。

二进制数转换成八进制数的方法可以概括为"三位并一位"，即以小数点为基准，整数部分从右至左，每三位一组，最高位不足时补 0；小数部分从左至右，每三位一组，最低有效位不足三位时补 0。然后，每组改成等值的一位八进制数即可。

八进制数转换成二进制数的方法可以概括为"一位拆三位"，即把每位八进制数用等值的三位二进制数代替，然后按权连接即可。

例 2.5 将$(11101.1101)_2$转换成八进制数。

解：$\frac{011}{3}\ \frac{101}{5}.\frac{110}{6}\ \frac{100}{4}$

所以 $(11101.1101)_2=(35.64)_8$

(6) 二进制数与十六进制数的相互转换

同样，由于 $2^4=16$，所以十六进制的一位对应于二进制的四位，二进制数与十六进制数的互换也是十分简便的。

二进制数转换成十六进制数的方法可以概括为“四位并一位”，即以小数点为基准，整数部分从右至左，每四位一组，最高位不足时补 0；小数部分从左至右，每四位一组，最低有效位不足三位时补 0。然后，每组改成等值的一位十六进制数即可。

十六进制数转换成二进制数的方法可以概括为“一位拆四位”，即把每位十六进制数用等值的四位二进制数代替，然后按权连接即可。

例 2.6 将$(25.C4)_{16}$转换成二进制数。

解：

2	5	.	C	4
↓	↓		↓	↓
0010	0101		1100	0100

所以 $(25.C4)_{16}=(100101.110001)_2$

表 2.2 列出了二进制、八进制、十进制、十六进制之间的对应关系。

表 2.2 各种进位制之间的对应关系

十进制	二进制	八进制	十六进制
0	0	0	0
1	1	1	1
2	10	2	2
3	11	3	3
4	100	4	4
5	101	5	5
6	110	6	6
7	111	7	7
8	1000	10	8
9	1001	11	9
10	1010	12	A
11	1011	13	B
12	1100	14	C
13	1101	15	D
14	1110	16	E
15	1111	17	F
16	10000	20	10

2.2.2 定点与浮点表示

前已述及，在计算机内部使用具有两个可能状态的器件分别表示数字符号"0"和"1"。对于在数中可能存在的小数点"."，计算机如何表示呢？在现代计算机中，并不使用硬件设备的状态表示小数点，而是依靠格式上的约定来表示小数点。目前有两种表示方法：定点表示法和浮点表示法。

1）定点表示法

所谓定点表示法是约定计算机中所有数据的小数点位置是固定不变的。该位置在设计计算机时已被隐含地规定，因此勿需再用任何状态来明显表示小数点。这样的数被称为定点数，只能处理定点数的计算机称为"定点机"。

一般而言，可以把小数点的位置固定在数的任一位置上。但是常用的形式有两种：把小数点位置固定在数的最高位之前，使机器所表示的数都是纯小数；把小数点位置固定在数的最低位之后，使机器所表示的数均为整数。如果用下述矩形表示在计算机中存放一个二进制数的单元，则纯小数 ± 0.1010110 在定点机中可表示为

±.	1 0 1 0 1 1 0

↑ 小数点位置（隐含约定）

类似，纯整数 ± 1101001 在定点机中可表示为

± 1 1 0 1 0 0 1	.

↑ 小数点位置（隐含约定）

应当指出，在一个具体的计算机中，隐含约定的小数点位置是固定不变的。

如果约定小数点在数的最高位之前，则这种定点数的一般格式为

数符	尾数

关于数符的表示，将在下一节中讨论。设尾数有 n 位，则此定点数值 N 的范围是

$$|N| \leqslant 0.111\cdots11 = 1 - 0.000\cdots01 = 1 - 2^{-n}\text{（共 } n \text{ 位）}$$

显然 $|N| < 1$，且当 n 很大时，$|N|$ 非常接近于 1。因此这种定点机所能表示数的绝对值小于 1，从而要求参加运算的操作数之绝对值均应小于 1，而且也不允许运算结果之绝对值大于或等于 1。否则，称为"溢出"。所以，使用定点机进行计算，须将所有数据之值按一定比例予以缩小（或放大）后送入计算机，同时须将计算结果以同一比例增大（或缩小）后才能得到正确结果值。比例因子选择得不恰当，将会造成结果溢出或结果精度下降。

对于约定小数点位置在最低位之后的定点机，n 位整数的最大值为

$$|N|_{max} = 2^n - 1$$

这种定点机同样存在适当选择比例因子的问题。

2）浮点表示法

在科学计算中，可能同时涉及值很大和值很小的数。这时，要求计算机所表示的数，其小数点位置是可变的。这种数称为浮点数，即数中小数点的位置不是固定不变的，而是可浮动的。对于浮点数而言，其小数点位置必须在数中明显地给出。

(1) 浮点数的表示形式

任何一个二进制数可表示成：

$$(N)_2 = \pm 2^r \times \sum_{i=1}^{m} N_i \times 2^{-i} = \pm 2^r \times M$$

其中，M(尾数)表示了数的有效数字；r 被称为阶(或阶码)，表示数的因子中基数的幂次，即为小数点的位置。任何一个浮点数均由尾数和阶构成。尾数可正可负，同样阶也可正可负，所以浮点数的格式为：

数符	阶符	阶	尾数

或

阶符	阶	数符	尾数

一般规定，尾数为二进制定点纯小数，约定小数点在尾数最高位的左边；阶为二进制定点整数，其隐含基数为 2，也可取 4、8 或 16 等。

(2) 浮点数的表示范围

假设浮点数字长 n 位，其中数符和阶符各占一位，阶为 e 位，尾数为 $m = n - e - 2$ 位。当阶符为正时，阶的值和尾数值为可表示的最大值时，浮点数的绝对值为最大，记为 $|N_{\max}|$，则

$$|N_{\max}| = (1 - 2^{-m}) \times 2^{(2^e - 1)}$$

而当阶符为负时，阶的值为可表示的最大值，尾数值为可表示的最小值时，浮点数的绝对值为最小，记为 $|N_{\min}|$，则

$$|N_{\min}| = 2^{-m} \times 2^{-(2^e - 1)}$$

图 2.1 示意地给出了在数轴上有两个可表示的浮点数区(正数区及负数区)，以及在可表示范围之外的上溢区和下溢区。凡是处于下溢区中的浮点数，其绝对值小于计算机可表示之值，这时计算机认为该数为"0"，称为"机器零"。凡是处于上溢区中的浮点数，其绝对值大于计算机可表示之值，这时计算机将中断此计算工作，向用户发出信号，指出"浮点数溢出"。

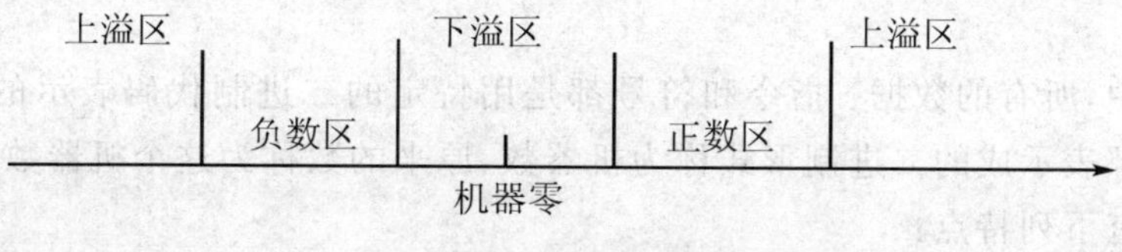

图 2.1　浮点数在数轴上分布示意图

(3) 浮点数的规格化

为了提高数据的表示精度，其尾数必须为规格化数。如果不是规格化数，则要通过修改

阶码同时左右移动尾数来使其成为规格化数。使非规格化表示的浮点数变为规格化表示的过程称为对浮点数的规格化操作。基数不同的浮点数，规格化的形式不同，规格化的过程也不同。

对于基数为 2 的浮点数，尾数部分的最高位为“1”的数为规格化表示，即尾数 S 应满足：

$$\frac{1}{2} \leqslant |S| < 1$$

规格化时，尾数左移一位，阶码减 1(这种规格化称为左规格化，简称左规)；尾数右移一位，阶码加 1(这种规格化称为右规格化，简称右规)。

当基数为 4 时，尾数的最高两位不全为 0 的数为规格化数。规格化时，尾数左移两位，阶码减 1；尾数右移两位，阶码加 1。

当基数为 8 时，尾数的最高 3 位不全为 0 的数为规格化数。规格化时，尾数左移 3 位，阶码减 1；尾数右移 3 位，阶码加 1。

依次类推，可以得到基数为 16 或 2^n 时的规格化过程。

增加尾数的位数可以增加有效数字的位数，提高所表示数的精度。而增加阶的位数可扩大所表示数值的范围。在字长一定的情况下既要使有效数字位数多，又要使表示数值的范围大，这两者存在着矛盾。因此，如何在给定字长条件下分配阶和尾数的位数，必须进行综合考虑。另外，不同基数的浮点数其表示形式虽然相同，但是数的表示范围和精度不同。一般来说，基数越大，可表示的数的范围越大。但基数越大，浮点数的精度反而下降。

(4) 定点数和浮点数的比较

定点数和浮点数是两种不同的表示方法，它们可从以下几个方面进行比较：

① 在字长相同的条件下，浮点表示比定点表示数值的范围大。

② 浮点数为规格化数时，精度比定点数高。

③ 浮点运算规则复杂，运算速度相对较慢，实现时需要较多设备。

④ 两者的溢出判断方法不同，定点数是对数值本身进行判断，而浮点数是对规格化的阶码进行判断。

总之，浮点数在数的表示范围、数的精度、溢出处理和程序编程方面(不必取比例因子)优于定点数。但是在运算规则、运算速度和硬件成本方面不如定点数。所以，选用哪种形式为好，应根据具体情况综合考虑。一般通用的大中型计算机既采用定点表示，也采用浮点表示，供用户根据运算的需要选择。

2.2.3 机器数

在计算机中，所有的数据、指令和符号都是用特定的二进制代码表示的。我们把一个数在计算机内部表示成的二进制形式称为机器数，原来的数称为这个机器数的真值。

机器数具有下列特点：

(1) 由于计算机设备的限制，机器数有固定的位数，它所表示的数受到计算机固有位数的限制，所以机器数具有一定的范围，超过这个范围便会发生溢出。

(2) 机器数将其真值的符号数字化。计算机中使用具有两个不同状态的电子器件，它们只能分别表示数字符号“0”和“1”。所以，数的正负号也只能通过 0 和 1 来加以区分。通常，用机器数中规定的符号位（一般是一个数的最高位）取 0 或 1 分别表示其值的正或负。

（3）机器数中依靠格式上的约定表示小数点的位置。

机器数有不同的表示方法。本节着重讨论常用的几种机器数表示方法：原码、补码、反码、移码。

1）原码表示法

原码表示法是一种最简单的机器数表示方法。原码表示的规则是：最左边一位表示数的符号，且以“0”表示正号，“1”表示负号；其余各位表示数的大小，即其绝对值。通常用 $[X]_{原}$ 表示 X 的原码。

对于小数而言，有

$$[X]_{原}=\begin{cases}X & 0\leqslant X<1\\ 1-X & -1<X\leqslant 0\end{cases}$$

对于整数而言，有

$$[X]_{原}=\begin{cases}X & 0\leqslant X<2^{n-1}\\ 2^{n-1}-X & -2^{n-1}<X\leqslant 0\end{cases}$$

例如，假设机器数的位数是 8，则

$[+73]_{原}=01001001$　　　$[-73]_{原}=11001001$

$[+127]_{原}=01111111$　　　$[-127]_{原}=11111111$

对于真值 0 而言，可以被认为是 +0，也可被认为是 −0。$[+0]=00000000$，$[-0]=10000000$，所以数 0 的原码不惟一，有“正零”和“负零”之分。

原码表示简单易懂，与真值转换方便，用于乘除运算亦十分方便。但是在做加减法运算时会遇到麻烦，因为当两个数相加时，如符号相同，则数的绝对值相加，符号不变；如符号相异，则必须使数的绝对值相减，而且还必须比较这两个数，确定哪个数的绝对值大，才能确定哪个是被减数，据此进一步确定结果的符号。要完成这些操作，必须增加计算机中的设备和计算机的运算时间。

2）补码表示法

在讨论补码之前，先介绍模的概念。

“模”是指一个计量系统的计数范围。时钟、电表、里程表等都是计量工具，计算机中的一个存储单元也可看成一个计量工具，它们都有一个计量范围，即都存在一个“模”。

例如，时钟的模为 12，计量范围是 0～11。若时钟指向 11，则再过 1 小时，时钟将指向 0（即 12）。n 位计算机的模为 2^n，计量范围是 $0\sim 2^n-1$。设 $n=4$，模为 $2^4=16$，计量范围是 0～15（二进制表示为 0000～1111）。若当前值是 1111，则再加 1，计数值就变为 0000，而在最高位上溢出了一个“1”。可见，模实质上是计量器产生“溢出”的量，它的值在计量器上表示不出来，计量器上只能表示出模的余数。

任何有模的计量器，均可化减法为加法运算。仍以众所周知的时钟为例，设当前时钟指向 11 点，而准确时间应为 7 点，调整时间的方法有两种。一种方法是将时针倒拨 4 小时，即 $11-4=7$；另一种方法是将时针顺拨 8 小时，即 $11+8=19=12+7=7$。由此可见，在以

12 为模的系统中加 8 和减 4 的效果是一样的,即 $(-4)=(+8)\ (\mathrm{Mod}\ 12)$。

这里称 -4 和 $+8$ 互补,它们的绝对值相加恰好等于时钟的模 12。因此可以说,当以 12 为模时,-4 的补码为 $12+(-4)$,即为 $+8$。从而只需把减数用相应的补码表示就可将减法运算化为加法运算。

下面引进补码表示法。先看纯小数的补码。令数的真值为 X,则其对应的补码为 $[X]_{补}$:

$$[X]_{补}=\begin{cases}X & 0\leqslant X<1\\ 2+X & -1\leqslant X<0\end{cases}$$

即正数的补码就是它本身,负数的补码则是真值与模数相加而得。对于整数而言,若计算机字长为 n 位,则

$$[X]_{补}=\begin{cases}X & 0\leqslant X<2^{n-1}\\ 2^n+X & -2^{n-1}\leqslant X<0\end{cases}$$

例如,$n=8$ 时

$$[+73]_{补}=01001001$$
$$[-73]_{补}=100000000-01001001=10110111$$
$$[-1]_{补}=100000000-00000001=11111111$$
$$[-127]_{补}=100000000-01111111=10000001$$

再来考虑用补码表示定点整数时可表示的数值范围。仍以 $n=8$ 为例,当 $X>0$ 时,最大值为 $[X]_{补}=01111111=+127$;而当 $X<0$ 时,绝对值最大为 $[X]_{补}=10000000=-2^7=-128$。所以 8 位定点整数的表示范围是 $-128\sim+127$。

数 0 的补码表示是惟一的,即

$$[0]_{补}=[+0]_{补}=[-0]_{补}=00000000$$

由于在计算机中二进制数常用补码表示,所以经常会遇到由真值求补码机器数或反之由补码机器数求真值的问题。正数的补码与真值相同,而负数求补码需要进行减法运算,不太方便。下面介绍一种简便的求负数补码的方法。

考虑纯小数的补码。2 的二进制表示可以写成:

$$10.00\cdots00=1.11\cdots11+0.00\cdots01$$

负小数真值 X 的一般形式为

$$-0.X_1X_2\cdots X_{n-2}X_{n-1}$$

$$\begin{aligned}2+X&=10.00\cdots00+X\\&=(1.11\cdots11+0.00\cdots01)+(-0.X_1X_2\cdots X_{n-2}X_{n-1})\\&=(1.11\cdots11-0.X_1X_2\cdots X_{n-2}X_{n-1})+0.00\cdots01\\&=1.\overline{X_1}\,\overline{X_2}\cdots\overline{X_{n-2}}\,\overline{X_{n-1}}+0.00\cdots01\end{aligned}$$

其中 $\overline{X_1},\overline{X_2},\cdots,\overline{X_{n-2}},\overline{X_{n-1}}$ 分别是 $X_1,X_2,\cdots,X_{n-2},X_{n-1}$ 的反码。即如 $X_i=1$,则 $\overline{X_i}=0$;如 $X_i=0$,则 $\overline{X_i}=1$。这是因为

$$1-X_i=\begin{cases}0 & X_i=1\\ 1 & X_i=0\end{cases}$$

所以对负数而言求其补码的简便方法是：符号位取 1，其余各位按其真值取反，然后在它的末位加 1。简称“求反加 1 法”。

反之，令 $[X]_{补} = 1.X_1X_2\cdots X_{n-2}X_{n-1}$，则从补码求真值的方法是

$$\begin{aligned} X &= [X]_{补} - 2 \\ &= [X]_{补} - (1.11\cdots11 + 0.00\cdots01) \\ &= -(1.11\cdots11 - 1.X_1X_2\cdots X_{n-2}X_{n-1} + 0.00\cdots01) \\ &= -(0.\overline{X_1}\,\overline{X_2}\cdots\overline{X_{n-2}}\,\overline{X_{n-1}} + 0.00\cdots01) \end{aligned}$$

即各位取反，再在末位加 1，并在结果上冠以负号，即得负数的真值。

以上规则同样适用于整数。

例 2.7 求－36 的补码。

解：第 1 步：将－36 表示成二进制数－0100100

第 2 步：符号位取 1，其余各位取反得 11011011

第 3 步：末位加 1，结果为 11011100

所以 $[-36]_{补} = 11011100$。

例 2.8 求$[11110110]_{补}$的真值。

解：第 1 步：除符号位外，各位取反得 10001001

第 2 步：末位加 1，结果为 10001010

第 3 步：将符号位 1 改为负号

所以真值为$(-0001010)_2$，即$(-10)_{10}$

根据补码定义，可以证明

$$[X]_{补} + [Y]_{补} = [X+Y]_{补}$$

$$[X]_{补} - [Y]_{补} = [X-Y]_{补} = [X]_{补} + [-Y]_{补}$$

这表明，两个补码加减的结果也是补码，而且在运算时，符号位可同数值部分作为一个整体参加运算，如果符号位有进位，则舍去进位。在做补码减法时，可用加上负数的补码来完成。不难证明，将一个数的补码连同符号位一起“取反加 1”，就得到该数的负数补码。

例 2.9 设 $[a]_{补} = 1.0101$，$[b]_{补} = 1.0111$，请用补码求和方法计算 $(a-b)$。

解：因为 $[-b]_{补} = 0.1001$

且
$$\begin{aligned} [a-b]_{补} &= [a]_{补} + [-b]_{补} \\ &= 1.0101 + 0.1001 \\ &= 1.1110 \end{aligned}$$

所以 $(a-b) = -0.0010$

根据补码的定义，还可以推出从 $[X]_{补}$ 求得 $\left[\frac{1}{2}X\right]_{补}$ 的方法。设 $[X]_{补} = X_0.X_1X_2\cdots X_{n-2}X_{n-1}$，其中 X_0 为符号位，由补码定义得：$[X]_{补} = X + 2X_0$，即

$$\begin{aligned} X &= [X]_{补} - 2X_0 \\ &= X_0.X_1X_2\cdots X_{n-2}X_{n-1} - 2X_0 \\ &= -X_0 + \sum_{i=1}^{n-1} X_i\, 2^{-i} \end{aligned}$$

$$\frac{1}{2}X = -\frac{X_0}{2} + \frac{1}{2}\sum_{i=1}^{n-1} X_i\, 2^{-i}$$
$$= -X_0 + \sum_{i=0}^{n-1} X_i 2^{-(i+1)}$$

则 $$\left[\frac{1}{2}X\right]_{补} = X_0.\ X_0 X_1 X_2 \cdots X_{n-2} X_{n-1}$$

所以，由 $[X]_{补}$ 求 $\left[\frac{1}{2}X\right]_{补}$ 的方法是将 $[X]_{补}$ 的符号位和数值位一起向右移动一位，符号位仍保持原来的值不变。这称为补码的右移规则，是补码特有的算术运算特性。同理不难求出 $\left[\frac{1}{4}X\right]_{补}$、$\left[\frac{1}{8}X\right]_{补}$ 等。

例 2.10 设 $[X]_{补} = 1.0101000$，计算 $\left[\frac{1}{2}X\right]_{补}$、$\left[\frac{1}{4}X\right]_{补}$、$\left[\frac{1}{8}X\right]_{补}$

解：$\left[\frac{1}{2}X\right]_{补} = 1.1010100$

$\left[\frac{1}{4}X\right]_{补} = 1.1101010$

$\left[\frac{1}{8}X\right]_{补} = 1.1110101$

同样，由 $[X]_{补}$ 求 $[2X]_{补}$ 的方法是将 $[X]_{补}$ 的符号位和数值位一起向左移动一位，但若结果的符号位发生变化，则表示左移后溢出。例如，$[X]_{补} = 1.0110$，$[2X]_{补} = 0.1100$，符号位由 1 变为 0，表示结果溢出。

正因为采用了补码表示法后，加法和减法统一成了加法运算，可以大大简化计算机运算部件的电路设计，所以现代计算机中都使用补码形式的机器数。

3) *反码表示法*

前已述及，利用"求反加 1"的方法可以得到负数的补码。如在上述方法中，只求反而不加 1，就得到另一种机器数的表示，这就是反码表示法。因此，定点纯小数的反码定义为

$$[X]_{反} = \begin{cases} X & 0 \leqslant X < 1 \\ (2 - 2^{-(n-1)}) + X & -1 < X \leqslant 0 \end{cases}$$

式中 n 是机器数的位数，则

$$2 - 2^{-(n-1)} = 1.1\cdots 11$$

当它与任何负数相加时，如数的某位为 1，则该位结果为 0；如数的某位为 0，则该位结果为 1。简言之，即得该数的反码。如

$X = +0.1011$ 则 $[X]_{反} = X = 0.1011$

$X = -0.1011$ 则 $[X]_{反} = 1.1111 - 0.1011 = 1.0100$

应该指出，真值 0 的反码有两个，即

$[+0]_{反} = 0.00\cdots 00$

$[-0]_{反} = 1.11\cdots 11$

由于反码的模数不是 2 而是 $(2 - 2^{-(n-1)})$，所以在反码运算时，当丢弃从最高位向

上的进位时，应该在数的末位上加 1，才能得到正确结果。人们把这种情况称为“循环进位”。

例 2.11 设 $a=+0.1011$，$b=-0.1001$，试用反码计算$(a+b)$

解：$[a]_{反}=0.1011$　　$[b]_{反}=1.0110$

```
      0.1011
   +  1.0110
  ─────────────
   1  0.0001
   └──────→ 1      ……循环进位
   +
  ─────────────
      0.0010       ……正确结果
```

类似，当真值为整数时，反码定义为

$$[X]_{反}=\begin{cases}X & 0\leqslant X<2^{(n-1)}\\(2^n-1)+X & -2^{(n-1)}<X\leqslant 0\end{cases}$$

因为反码运算中存在“循环进位”，降低了运算速度，所以反码表示很少直接用于计算中。反码主要被用作真值求补码的一个过渡手段。

4) 移码表示法

对于定点小数，移码定义为

$$[X]_{移}=1+X \qquad -1\leqslant X<1$$

对于 n 位整数，移码定义为

$$[X]_{移}=2^{(n-1)}+X \qquad -2^{(n-1)}\leqslant X<2^{(n-1)}$$

即无论为正还是为负，都加“1”或加 $2^{(n-1)}$。例如，$n=8$ 时

$$[36]_{移}=10100100$$
$$[-36]_{移}=01011100$$

应当指出，虽然原码机器数、补码机器数和反码机器数的定义各不相同，但是它们有一个共同的特征，即如真值为正，则这 3 种机器表示的最高位都为 0；如真值为负，则这 3 种机器表示的最高位都为 1。然而移码表示时却正相反，如真值为正，则移码机器数表示的最高位为 1；如真值为负，则移码机器数表示的最高位为 0。

在移码表示中，真值“0”的表示是惟一的：

$$[0]_{移}=100\cdots00$$

将整数移码的定义与整数补码的定义相比较，可以找出移码和补码之间的关系：

当 $0\leqslant X<2^{(n-1)}$ 时，$[X]_{移}=2^{(n-1)}+X=2^{(n-1)}+[X]_{补}$

当 $-2^{(n-1)}\leqslant X<0$ 时，$[X]_{移}=2^{(n-1)}+X=(2^n+X)-2^{(n-1)}=[X]_{补}-2^{(n-1)}$

这表明，由$[X]_{补}$得到$[X]_{移}$的方法是变$[X]_{补}$的符号为其反码。例如：$X=+1011$；$[X]_{补}=01011$；$[X]_{移}=11011$。$Y=-1011$；$[Y]_{补}=10101$；$[Y]_{移}=00101$。

移码在计算机中主要用于表示浮点数中的阶，所以通常只使用整数。

例 2.12 写出二进制数-0.01011和0.01010的原码、补码、反码及移码。

解：

	原码	补码	反码	移码
-0.01011	101011	110101	110100	010101
0.01010	001010	001010	001010	101010

例 2.13 若有二进制代码$(10000000)_2$，求其真值。

解：因为机器数有不同的表示形式，所以答案不惟一。下面给出几种可能的结果：

无符号整数　　其真值为 128

整数补码　　其真值为-128

原码　　其真值为-0

移码　　其真值为 0

5）溢出判断和变形码

如前所述，当数的真值超出了机器所允许表示的最大范围，便会产生溢出。如用补码形式表示整数，机器可表示的范围为

$$-2^{(n-1)} \leqslant X < 2^{(n-1)}-1$$

当$n=16$，则

$$-32768 \leqslant X \leqslant 32767$$

为了使计算机易于判断是否发生了溢出，常常采用变形码。可以有多种变形码，如变形原码、变形补码和变形反码等。但是使用最广泛的是变形补码，下面重点讨论变形补码。

变形补码是在补码的最左边再增加一位，该位用于扩充补码的符号位，如

$$X = 0.11010 \qquad Y = -0.11010$$
$$[X]_{补} = 0.11010 \qquad [Y]_{补} = 1.00110$$
$$[X]_{变形补} = 00.11010 \qquad [Y]_{变形补} = 11.00110$$

对于定点小数，变形补码定义为

$$[X]_{变形补} = \begin{cases} X & 0 \leqslant X < 1 \\ 4+X & -1 \leqslant X < 0 \end{cases}$$

可以证明

$$[X]_{变形补} + [Y]_{变形补} = [X+Y]_{变形补}$$

当进行运算时，若结果的变形补码之最左边两位为“01”或“10”，则表示发生溢出。例如$0.11010+0.01011$

$$\begin{array}{r} 00.11010 \\ +\ 00.01011 \\ \hline 01.00101 \end{array}$$

表明结果发生溢出。

当结果的最左边两位为“01”时，意味着结果为正，并超过可表示的最大正值，这称为正溢出；当结果的最左边两位为“10”时，意味着结果为负，并小于可表示的最小负数，这称为负溢出。

通常，计算机在存储或传送数据时，用非变形补码；而在运算时为了判断溢出，则用变形补码。

2.2.4 IEEE 754 浮点标准

现代计算机中，浮点数一般采用 IEEE 制定的国际标准。其规定的浮点数格式为

S	阶码(含阶符)	尾　　数

↑数符　　↑小数点位置

按 IEEE 标准，常用的浮点数有 3 种：

	数符	阶码	尾数	总位数
短实数	1	8	23	32
长实数	1	11	52	64
临时实数	1	15	64	80

以 32 位浮点数为例，最高位是数符。其后是 8 位阶码，用余 127 码表示(即阶码为阶码真值加 127)，隐含以 2 为基数。其余 23 位是尾数。由于使用规格化表示，尾数的最高位总为 1，故在标准中此位不被直接表示出来，认为它紧靠在小数点左边，所以尾数实际上是 24 位。

若用 E' 代表阶码，其范围为

$$0 < E' < 255$$

E' 的极端值 0 和 255 被用来表示零及无穷大，故实际指数 $E(E = E' - 127)$ 的范围为

$$-126 \leqslant E \leqslant 127$$

用 M 表示尾数，它是纯小数并用原码表示。所以，32 位浮点数表示的值为

$$\pm 1.M \times 2^{(E'-127)}$$

假设有一个浮点数为

$\underline{0}$　　$\underline{00101000}$　　$\underline{001010\cdots00}$

↑数符　　↑8 位阶码　　↑23 位尾数

则其值为 $1.001010\cdots00 \times 2^{-87}$。

在 64 位浮点数中，采用余 1023 码，其表示范围为

$$0 < E' < 2047$$

0 和 2047 分别表示零和无穷大这两个特殊值。所以实际指数 $E(E = E' - 1023)$ 的范围为

$$-1022 \leqslant E \leqslant 1023$$

所提供的比例因子从 2^{-1022} 到 2^{+1023}(大约为 $10^{\pm 308}$)。

例 2.14 将十进制数$-11/128$表示成二进制浮点规格化数(尾数8位,阶3位,阶符与数符各1位)。

解:$-11/128=-1011\times2^{-7}=-0.1011\times2^{-3}$

格式为:	阶符	阶码	数符	尾数
阶和尾数均用原码,表示为:	1	011	1	10110000
阶和尾数均用补码,表示为:	1	101	1	01010000
阶用移码,尾数用补码,表示为:	0	101	1	01010000

例 2.15 若用IEEE短实数格式,试求出32位浮点代码$(CC968000)_{16}$的真值。

解:将十六进制代码写成二进制形式:

1	10011001	00101101000000000000000
↑	↑	↑
数符	阶码	尾数

因为数符为1,所以该数是负数。

$$阶码真值=10011001-(127)_{10}$$
$$=(153)_{10}-(127)_{10}=(26)_{10}$$

$$尾数真值=1+0.00101101$$
$$=1+(0.17578125)_{10}$$
$$=(1.17578125)_{10}$$

所以该浮点数的真值为$-2^{26}\times1.17578125$。

IEEE754标准除了定义浮点数格式外,它还规定了有关浮点数的各种例外处理,以至浮点算术能够产生一致的、可预期的结果,而与硬件平台无关。如舍入处理、无穷大、NaN(Not a Number)和反规格化数,有关这方面的详细内容,请读者参看相关资料。

2.2.5 十进制数的二进制编码表示

人们习惯使用十进制数,而计算机内部的数据都是以二进制形式表示的。计算机对十进制数据进行运算和处理的方法有两种。一种方法是在计算机内部以二进制形式进行运算和处理,只是在数据输入和输出时进行二—十进制转换。在计算机应用的某些领域,如财会统计计算,其运算简单而数据量很大,采用这种方式会使机器将大量时间花费在进制转换上,从而降低了机器处理数据的效率。另一种方法是对十进制数进行编码,即用0和1的不同组合形式表示十进制数的各个数位上的数字。

将十进制数表示为二进制编码的形式,称为十进制数的二进制编码,简称二—十进制编码或BCD码。

一位十进制数有0~9共10个数字字符,需要采用4位二进制数才足以区分10个不同的数字。然而4位二进制数可以组合成16个不同的码,原则上,可以从这16个码中任意选10个来表示上述数字符号,但实际上只有少数几种方案被采用。最常用的是8421码,它从4位二进制码中按计数顺序选取从0000开始的前10个码分别表示数字符号0~9(见表2.3)。

表 2.3 不同编码之间的对应关系

十进制数	8421 码	余 3 码	十进制数	8421 码	余 3 码
0	0000	——	8	1000	0101
1	0001	——	9	1001	0110
2	0010	——	10	——	0111
3	0011	0000	11	——	1000
4	0100	0001	12	——	1001
5	0101	0010	13	——	——
6	0110	0011	14	——	——
7	0111	0100	15	——	——

8421 码是最简单最自然的一种编码，其特点是二进制代码本身的值就是它所对应的十进制数字字符的值，而且它是一种带权码，4 位二进制各位的权值由高到低分别是 2^3，2^2，2^1，2^0，即 8，4，2，1，因此而得名。

8421 码书写直观，例如十进数 1997 可写成：

0001 1001 1001 0111

需注意，8421 码形式上像二进制数，但不是真正的二进制数，与$(1997)_{10}$等值的二进制数是 11111001101B。

从表 2.3 可以看出，余 3 码是抛弃了最前面和最后面各 3 个码，从 0011 开始连续取 10 个码分别表示 10 个数字符号。它不是带权码，但却有自补性。这种自补的特点将会给运算带来很大的方便。

2.3 非数值数据的编码表示

计算机除了处理数值数据外，还要处理大量的非数值数据。本节讨论非数值数据，包括逻辑数据、字符数据和多媒体信息的编码方法。

2.3.1 逻辑数据

逻辑数据是一种最简单的数据，它只有两个不同的值："真"和"假"，所以在计算机中可以用二进制的"0"和"1"来表示。

理论上，逻辑数据只需二进制的 1 位就可表示和存储。但是，为了便于运算，在许多系统中往往用一个字节或一个字来表示和存储逻辑数据。有的系统也用"0"和"非 0"来表示逻辑值"假"和"真"。

2.3.2 字符

在计算机数据中，字符数据占有很大比重。字符是字母、数字、标点符号及一些特殊符号的统称。所有字符的集合称为“字符集”。字符集有多种，每一字符集的编码方法也多种多样。目前，使用最广泛的四种编码方式是 ASCII、Unicode、ANSI 和 EBCDIC 码。

1）ASCII 码

ASCII 码即美国标准信息交换码（American Standard Code for Information Interchange）是使用最广的一种编码。它用 7 位二进制表示一个字符。由于 $2^7=128$，所以共有 128 种不同组合，可用来表示 128 种不同的字符，其中包括英文大小写字母、数字 0～9、运算符（如＋，－，×，/，＝等）和各种控制符（如控制打印机的走纸符，换行符，响铃符等）。

虽然 ASCII 码是 7 位编码，但由于字节是计算机中的基本处理单位，故一般仍以一个字节来存放一个 ASCII 字符。每个字节中多余的一位（最左边一位）保持为“0”。

2）Unicode 码

由于 ASCII 码对英语特别适合，但对其他语言就不太合适，如带重音符的法语，带变音符的德语，非英语字母表的俄语及无字母表的汉语等。为解决这个问题，一些主要计算机公司形成了一个联盟，推出了 Unicode 字符编码系统，并已成为国际标准（IS 10 646）。目前，Unicode 已被绝大多数程序设计语言、操作系统所支持。

Unicode 将每个字符和符号赋予一个永久、惟一的 16 位值，称为码点。由于每个字符长度固定，不再使用多字节字符和 ESC 字符序列，从而使得软件编制大大简化。Unicode 共有 65536 个码点，整个码点空间被划分成块，每块的码点数为 16 的倍数。世界上主要语系都分配了不同数量的码点，一些常用符号也分配了码点。Unicode 解决了计算机国际化带来的许多问题，从而迅速得到了广泛认可。

3）ANSI 码

ANSI（美国国家标准协会）编码使用 8 位二进制数来表示每个字符。8 个二进制数能表示 256 个不同的信息，因此，该编码可以表示 256 个字符。ANSI 开始的 128 个字符的编码和 ASCII 定义的编码一样，只是在最高位上加个 0。例如，在 ASCII 编码中，字符“A”的表示为 1000001，而在 ANSI 编码中，则用 01000001 表示。除了表示 ASCII 编码中的 128 个字符外，ANSI 还有 128 个符号用来表示版权符、英镑符、欧洲语言字符等。

4）EBCDIC 码

EBCDIC（扩展二、十进制交换码）是 IBM 公司为它的大型机开发的 8 位字符编码。在该编码中，开始的 128 个字符的编码与 ASCII 或 ANSI 的编码并不相同。

西文是拼音文字，用有限数目的字母就可以拼写出全部西文信息。上述四种编码方式都可满足西文信息处理的需要。而汉字信息则不一样，汉字是表意文字，其总数超过 6 万字。对数目繁多的汉字进行编码远比对西文字母编码复杂得多。

根据汉字处理过程的不同，汉字有多种编码，主要可分为：汉字输入编码、汉字交换码、汉字机内码和汉字字形码。

汉字输入编码是用字母和数字对汉字进行的编码，目的是为了能使用只有字母和数字键的小键盘，将汉字输入计算机。目前汉字输入编码方法已有数百种之多。这些方法大多是按照汉字的字形，或者字音，或者音形结合来对汉字进行编码的。常用的有拼音编码和五笔字型编码等。

汉字交换码是在不同计算机系统之间进行信息交换使用的编码，也称国标码。它是《信息交换用汉字编码字符集-基本集》的简称，是我国国家标准总局于 1981 年颁布的国家标准，编号为 GB2312～80。

国标码(基本集)共选取了 6763 个常用汉字和 682 个非汉字字符,并为每个字符规定了标准代码。国标码由三部分组成:第一部分是字母、数字和各种符号,包括拉丁字母、俄文、日文平假名与片假名、希腊字母、汉语拼音等 682 个;第二部分为一级常用汉字,共 3755 个,按汉语拼音排列;第三部分为二级常用字,共 3008 个,按偏旁部首排列。

GB2312～80 信息交换编码表,排成一张 94×94 的图形字符代码表,表 2.4 是其部分示意。通常将表中的行称为区,列称为位,表中任何一个图形字符的位置可由区号与位号惟一确定。GB2312～80 中的每个图形符号的区位可采用两个字节表示,每个字节用 7 位二进制编码。以第一字节表示行,第二字节表示列,这就是国标区位码,简称区位码。

表 2.4　GB2312～80 信息交换编码表示意

								b6	0	0	0	0	0	0	0	0		1	1	1	1	1	1
							第	b5	1	1	1	1	1	1	1	1		1	1	1	1	1	1
							2	b4	0	0	0	0	0	0	0	0		1	1	1	1	1	1
							字	b3	0	0	0	0	0	0	0	1		1	1	1	1	1	1
							节	b2	0	0	0	1	1	1	1	0		0	0	0	1	1	1
								b1	0	1	1	0	0	1	1	0		0	1	1	0	0	1
								b0	1	0	1	0	1	0	1	0		1	0	1	0	1	0
	第	1	字	节				位	1	2	3	4	5	6	7	8	…	89	90	91	92	93	94
b6	b5	b4	b3	b2	b1	b0	区																
0	1	0	0	0	0	1	1																
							…				（	非	汉	字	图	形	符	号	）	…			
0	1	0	1	1	1	1	15																
0	1	1	0	0	0	0	16		啊	阿	埃	挨	哎	唉	哀	皑		谤	苞	胞	包	褒	剥
0	1	1	0	0	0	1	17		薄	雹	保	堡	饱	宝	抱	报		冰	柄	丙	秉	饼	炳
0	1	1	0	0	1	0	18		病	并	玻	菠	播	拨	钵	波		铲	产	阐	颤	昌	猖
0	1	1	0	0	1	1	19		场	尝	常	长	偿	肠	厂	敞		躇	锄	雏	滁	除	楚
0	1	1	0	1	0	0	20		础	储	矗	搐	触	处	揣	川		殆	代	贷	袋	待	逮
							…				（	一	级	汉	字	）	…						
1	0	1	0	1	1	1	55		住	注	祝	驻	抓	爪	拽	专		座	（	空	白	）	
1	0	1	1	0	0	0	56																
							…				（	二	级	汉	字	）	…						
1	1	1	0	1	1	1	87		鳌														
1	1	1	1	0	0	0	88																
							…				（	空	白	区	）	…							
1	1	1	1	1	1	0	94																

两个字节的区位码中每个字节可表示成一个两位的十进制数，这样一个汉字字符的区位码由 4 位数码组成，例如汉字“啊”，它的区位码是 1601，即位于十进制数的第 16 区、第 01 位，对应的二进制编码第一字节为 00010000，第二字节为 00000001。

国标码是信息交换编码的十六进制表示形式，国标码与区位码有简单的对应关系：国标码 = 区位码 + 2020H。加 2020H 的目的是使两个字符都避免与码的控制字符冲突。仍以汉字“啊”为例，对应的二进制数第一字节为 00110000，第二字节为 00100001，即它的国标码是十六进制数 3021H。

汉字机内码是汉字处理系统中用来存储、处理、传输汉字用的代码。在西文系统中，没有交换码和机内码之分，每个西文字符的机内码即为用一个字节表示的 ASCII 码，一般只用其中的 7 位表示 128 种字符，最高位为 0。

汉字系统中的机内码在编码时必须考虑到既能与 ASCII 码严格区分，又与国标 GB2312～80 汉字字符集有简单的对应关系。采用的方法之一是将表示一个汉字的国标码的 2 个字节的最高位都设置为“1”。以汉字“大”为例：

国标码为：3473H　对应的二进制数为：00110111，01110011B

机内码为：B4F3H　对应的二进制数为：10110111，11110011B

由此可见，汉字机内码与国标码之间的关系是

$$机内码 = 国标码 + 8080H = 区位码 + A0A0H$$

用 2 字节的内码可表示汉字的个数是 $2^{16-2} = 2^{14} = 16384$，足够覆盖常用的近 8000 个汉字。

应当注意，汉字的区位码和国标码是惟一的，而内码的表示则可能随系统的不同而使用不同的方法。

汉字字形码是汉字笔画构成的图形编码，是为了实现汉字输出而进行的编码。由于汉字字形比西文字形复杂得多，笔画繁简不一，笔画的方向及形状变化也多，因此，要在输出设备上显示一个汉字，通常是把单个汉字离散成网点，每点以一个二进制位表示，由此组成的汉字点阵字形称为汉字字形码。

信息技术的迅猛发展对计算机多文种信息处理提出了更高的要求，信息技术的国际化、标准化是时代发展的必然趋势。1993 年，国际标准化组织正式发布了 ISO 10646 标准《信息技术——通用多八位编码字符集》，简称 UCS。我国也相继颁布了 GB12345～90，GB13000.1《CJK 统一汉字编码字符集》。限于篇幅，这些标准不在本书中详细介绍。

2.3.3 多媒体信息

随着信息技术的发展，越来越多的多媒体信息要求计算机来存储和处理，本节主要介绍声音、图像和视频信息在计算机中的表示方法。

1）声音信息的表示

计算机中表示声音的方法有两种：数字波形法和合成法。

对于由音源（如语音）发出的波形声音，必须将它转换成二进制表示，才能进入计算机进行处理。这个过程称为数字化处理，通常包括采样、量化和编码 3 个步骤。

用数字方式记录声音，首先需对声波进行采样。采样是使声音信号在时间轴上离散化，采样频率是指采样过程中每秒钟对声音测量的次数。采样频率越高，对原声音曲线的模拟就越精确，声音的保真度就越好。

量化是对采样后的离散音频信号幅值样本进行离散化处理，也就是将每一个样本归入预先编排的量化级上。量化等级越多，误差越小，声音的保真度就越好。

编码是对经过取样和量化后的声音按一定的要求进行二进制编码，即对它进行数据压缩，以减少数据量。

针对不同的应用，可以使用不同的压缩编码方法和标准，如第一个高保真声音数据压缩的国际标准 MPEG-1、美国杜比公司的多声道全频带声音编码系统 Dolby AC-3 等。有关压缩编码方法和标准的详细内容，读者可参考其他书籍。

合成法主要用于音乐的计算机表示，它将音乐乐谱、弹奏的乐器、击键力度和时间等用符号记录下来，作为一种数字描述，目前广为采用的标准是 MIDI(Musical Instrument Digital Interface)。与数字波形法相比，MIDI 的优点是占用数据量小，容易对其进行编辑修改。MIDI 的不足之处是合成后输出的声音质量取决于 MIDI 硬件，它主要适用于表现各种乐器所演奏的乐曲，不能用来表示语言等其他声音。

2) 图像和视频信息的表示

在计算机系统中，有两种不同的图形编码方式：位图编码和矢量编码方式。

位图编码是以屏幕上的像素点位置来存储图像的。最简单的是单色图像，即只有黑白两种颜色，可以用"0"和"1"分别表示。单色图像存储量小，但不真实，很少使用。常用的是灰色图像，通常用 256 级灰度来显示图像，即每个像素有 256 种信息表示的可能性。对于彩色图像，计算机可以使用 16、256 或 1.670 万种颜色来显示，即每个像素需要 4 位、8 位或 24 位二进制数来存储。可见，图像的存储空间是相当大的，传输时间也很长。位图图像常用于表示比较细致、层次和色彩比较丰富、包含大量细节的现实图像，如扫描的图像，摄像机、数字照相机拍摄的图像。

矢量图像由一组存储在计算机中，描述点、线、面等大小形状及其位置、维数的指令组成，它不是真正的图像。通过读取这些指令并将其转换为屏幕上所显示的形状和颜色可以显示该图像。矢量图像的优点是所需的存储空间较小，但处理时需花费较多的时间。

视频(Video)信息是指内容随时间变化的一个图像序列，也称为活动图像(Motion Picture)。例如电视和计算机动画。视频信息必须"数字化"后才能进行计算机处理，而且数字化的过程比声音复杂。它是以一幅彩色画面为单位来进行处理的，每幅彩色画面有亮度(Y)和色差(U、V)3 个分量，对 Y、U、V3 个分量需要分别进行采样和量化，才能得到一幅数字图像。

数字视频信息的数据量相当大，所以必须对其进行压缩编码处理。目前，国际标准化组织制订了有关数字视频压缩编码的标准及其应用范围，如用于 VCD、数码照相机、数字摄像机的 MPEG-1、用于视频通信的 H.261 等。

2.4 数据校验码

信息的正确性对计算机能否正常工作至关重要。但在信息的存储与传送过程中常可能由于某种随机干扰而发生错误。例如主存储器是一个大容量存储矩阵，从其中某个单元读取信息时会引起一些附加的干扰信号,如果受到较大干扰,就可能出错。又如磁盘、磁带等辅助存储器是在运行状态下进行读写的,可靠性更差一些。所以,从存储器读取信息时,常希望能进行某种校验以判断是否发生了错误,甚至希望能自动纠正错误。这就是检错与纠错的问题,也是本节将讨论的数据信息的另一种表示方式:数据校验码。此类编码具有发现错误或者同时能够指出错误的准确位置的特点。

现在使用的校验码编码方式大多采用"冗余校验"思想,即除了基本的有效信息代码外,再扩充部分代码。这增加的部分(即冗余部分)称为校验位。将有效信息与校验位一起按某种规律编码后写入存储器。当从存储器中读出信息时,按同一约定的规律进行译码,取出有效信息部分,并判断所约定的规律是否被破坏。如果被破坏,表明收到的信息有错,可能是有效信息位出错,也可能是校验位出错。根据被破坏后的某些特征有可能判定出错的是哪一位或哪几位,从而能自动纠正它。一般来说,增加的冗余位越多,查错和纠错的能力也越强。下面介绍几种常用的校验码。

2.4.1 奇偶校验码

奇偶校验是一种最简单最常用的校验方法,广泛应用于主存储器的校验。它所约定的编码规律是让整个校验码(包括有效信息和校验位)"1"的个数为奇数或为偶数。当然,有效信息部分可能是奇性也可能是偶性,但可以配上一个为 0 或为 1 的校验位,使整个校验码满足指定的奇偶性要求。因为有效信息的奇偶性只有两种可能:奇或偶,所以只需配一位校验位。

奇校验——使整个校验码"1"的个数为奇数;

偶校验——使整个校验码"1"的个数为偶数。

例 2.16 为有效信息 1011010 设置奇校验码和偶校验码。

解:有效位为 7 位,其中"1"的个数是 4,若要组成偶校验码,则校验位应为 0;若要组成奇校验码,则校验位应为 1。所以,编码形式如下:

奇校验码——10110101

偶校验码——10110100

当从主存读出某个数据时,统计整个校验码(连同校验位)中"1"的个数,若与约定的奇(或偶)数一致,则认为该数是正确的,否则表明有错,应停止使用该数据。

奇偶校验码只能发现奇数个错误,若出现 2 个或 4 个、6 个代码位的错误则误认为无错。而且它不能指出错误的位置,即没有纠错能力。

2.4.2 海明校验码

海明校验是一种多重奇偶校验,它是由查理·海明(Richard Hamming)于 1950 年提出的。海明校验码的校验位不只是一个,而是一组,并按一定规律将代码分成若干小组,每个小组可产生一位校验信息,这些校验信息构成一个指误字,指误字代码与出错位序号之间存在惟一的对应关系。因此,海明校验码不仅能检测出代码是否有错,而且可以指出错误的准确位置,从而自动纠正错误。

例如,一个 n 位的数据代码,附加 k 个奇偶校验位,组成一个具有$(n+k)$位的新代码。

虽然 k 个奇偶校验位有 2^k 种组合，其中除了用一种组合表示无错外，可以给出 2^k-1 种出错的情况，但是为了指出新代码中的任一位是否有错，附加的校验位的个数 k 必须满足：

$$2^k \geqslant n+k+1$$

从此式可计算出 n 与 k 的关系，如表 2.5 所示。不难看出，k 不可取 1，因为一位校验码的状态只能表示对或错，无法确定错在哪一位。

下面举例说明如何对 ASCII 字符码形成具有一位校错能力的海明校验码。

因为 ASCII 码 $n=7$，由表 2.5 得知 k 应选用 4 位，组成字长为 11 位的海明码。在这 11 位中哪些位作为校验码，哪些位作为数据信息位呢？海明编码中，是把位号数恰是 2 的权值的那些位，即 $1(2^0)$、$2(2^1)$、$4(2^2)$、$8(2^3)$、…… 等位分配作为奇偶校验位，并称它们为 P_1、P_2、P_3、P_4、…、P_k 位，余下的各位则是数据(字符)信息位。海明码中的每一位可被 P_1、P_2、P_3、P_4、…、P_k 中的一位或若干位所校验。

由此可见，在 7 位 ASCII 码的 11 位海明码中，把 1、2、4、8 位用作奇偶校验位，余下的 3、5、6、7、9、10 和 11 位则是相应的字符编码，这 7 位代码可分别由校验位 1、2、4、8 中的某些位所校验。如第 3 位，使用校验位 1、2（因为 $3=1+2$）；第 5 位用 1、4 位(因为 $5=1+4$)；第 6 位用 2、4 位(因为 $6=2+4$) 等等，见表 2.6。

表 2.5　数据位长与所需校验位数的关系

k(最小)	n	k(最小)	n
2	1	5	12～26
3	2～4	6	27～57
4	5～11	7	58～120

表 2.6　海明码各位与相关的校验位

海明码位号	相关的校验位号	海明码位号	相关的校验位号
1	1	7	1、2、4
2	2	8	8
3	1、2	9	1、8
4	4	10	2、8
5	1、4	11	1、2、8
6	2、4		

从表 2.6 可以归纳出字符海明码中的各校验位所校验的代码位，如表 2.7 所示。

表 2.7　海明码校验位所校验的位号

奇偶校验位号	被校验位的位号	奇偶校验位号	被校验位的位号
P_1　1	1、3、5、7、9、11	P_3　4	4、5、6、7
P_2　2	2、3、6、7、10、11	P_4　8	8、9、10、11

现以字符 b 的 ASCII 码为例来说明如何形成它的海明码。首先将字符 b 的 7 位二进制编码 1100010 逐位填入第 3、5、6、7、9、10 和 11 位中；其次按照表 2.7 指出的有关代码位以偶校验规则确定出 1、2、4、8 各位的代码。如第 9、10、11 各位的“1”的个数之和是奇数，于是校验位 8 应为 1。又如，第 3、5、7、9、11 各位的“1”的个数之和是偶数，于是校验位 1 应为 0，等等。这样，字符 b 的海明校验码是 00111001010。

基于海明码中的校验位号是 2 的权值这一特点。可以设置相应的检测位 E_1、E_2、E_3、E_4，用于在机器内传送数据时的检测。检测方法是，分别从有关位号统计“1”的个数，如第 1、3、5、7、9、11 各位“1”的个数为偶数时，置 E_1 为 0，否则置为 1；第 2、3、6、7、10、11 各位“1”的个数为偶数时，置 E_2 为 0，否则置为 1；同理 E_3 由第 4、5、6、7 位，E_4 由第 8、9、10、11 位“1”的个数的奇偶性置成相应状态。由 $E_1E_2E_3E_4$ 所组成的二进制位数值就是出错位的位号，所以 $E_1E_2E_3E_4$ 称为指误字。只有 $=0000$ 时，表明数据在读取或传送过程中没有发生错误。

如果上述 b 字符的海明码在存储或传送过程中，因某种原因造成代码为 10111001010，这时指误字 $E_1E_2E_3E_4=0001$，指明错误出在第 1 位。如果检测得知指误字 $E_1E_2E_3E_4=1010$，则一定是第 10 位出错了，它是出错了的代码 00111001000 所致。出错位一旦确定，只要将它翻转（即 0 变 1 或 1 变 0）便可使错误得到校正。

2.4.3 循环冗余校验码

循环冗余校验 CRC 码（Cyclic Redundancy Check）是目前在磁表面存储器中应用最广泛的一种校验码。它可以发现并纠正信息在存储或传送过程中连续出现的多位错误代码。循环冗余校验码是基于模 2 运算来建立编码规律的，模 2 运算的特点是不考虑进位和借位，例如 $1+1=0$（不考虑进位），$0-1=1$（不考虑借位）。

CRC 码是使校验码能为某一约定代码所除尽；若除得尽，余数为 0，表明该代码正确；否则除不尽，余数将指出错位的所在位置。一般来说，任意一个代码，很可能是除不尽的，这时将产生一个余数。如果让被减数减去这个余数，则当然能除尽。在校验中采用模 2 除，即通过按位加减的模 2 减法实现除法运算，不考虑借位。最后以模 2 加将所得的余数拼接在被除数之后，形成一个能除尽（余数为 0）的校验码。其中按位加减即异或运算，可用异或逻辑实现。

设 n 位待编码信息（即被除数）为 $M(X)$；约定的除数为 $G(X)$，它是用来产生余数的，又称为生成多项式；所产生的 k 位余数为 $R(X)$，它就是所配的校验位。

编码时首先将 $M(X)$ 左移 k 位，得到 $M(X)\cdot X^k$，即共 $n+k$ 位信息码。然后选取一个 $k+1$ 位的生成多项式 $G(X)$，对 $M(X)\cdot X^k$ 作模 2 除，商为 $Q(X)$，余数为 $R(X)$，即

$$\frac{M(X)\cdot X^k}{G(X)}=Q(X)+\frac{R(X)}{G(X)} \quad \text{（模 2 除）}$$

最后将左移 k 位的待编有效信息与余数 $R(X)$ 作模 2 加，拼接为循环校验码，即

$$M(X)\cdot X^k+R(X)=Q(X)\cdot G(X)$$

例 2.17 已知 4 位有效信息 1100，设计循环校验码。

解： $M(X)=X^3+X^2$，即 1100

$M(X) \cdot X^3 = X^6 + X^5$，即 1100000

选取 $G(X) = X^3 + X + 1$，即 1011

$$\frac{M(X) \cdot X^3}{G(X)} = \frac{1100000}{1011} = 1110 + \frac{010}{1011} \qquad (\text{模 2 除})$$

所以 CRC 码为 $M(X) \cdot X^3 + R(X) = 1100000 + 010 = 1100010$

此例中，总的信息位为 7 位，有效信息位为 4 位，所以码 1100010 称为(7,4)码。

使用 CRC 码对数据进行校验和纠错的方法是，将读出的循环校验码用同一个 $G(X)$ 去除，若代码无错，则余数为 0；若某一位出错，则余数不为 0，不同的位出错其余数也不同，余数代码与出错位序号之间有惟一的对应关系。表 2.8 列出了对应于 $G(X) = 1011$ 时的出错模式。

表 2.8　对应于 $G(X) = 1011$ 时(7,4)码的出错模式

A_1	A_2	A_3	A_4	A_5	A_6	A_7	余数	出错位
1	1	0	0	0	1	0	000	无
1	1	0	0	0	1	1	001	7
1	1	0	0	0	0	0	010	6
1	1	0	0	1	1	0	100	5
1	1	0	1	0	1	0	011	4
1	1	1	0	0	1	0	110	3
1	0	0	0	0	1	0	111	2
0	1	0	0	0	1	0	101	1

分析出错模式表，将会发现一个规律：如果循环码有一位出错，余数不为 0，对余数补 0 继续除下去，则余数将按出错模式表的顺序循环。例如第 7 位出错，其余数为 001，补 0 后再除，第 2 次余数为 010，以后余数依次为 100，011，110，111，101，然后是 001，反复循环。这就是“循环码”的名称由来。

这个特点为我们提供了一个节省硬件的纠错方法：当出现不为 0 的余数后，一方面对余数补 0 继续作模 2 除，同时将被检测的校验码循环左移。例如，当出现余数为 101 时，循环左移后，出错位也移至第 1 位，可通过异或门将其变反纠正。这样当移满一个循环（对 7,4 码共移 7 次）后，就可得到一个纠正后的码字。

应指出，不是任何一个 $(k+1)$ 位多项式都可以作为生成多项式，它应能满足下列要求：任何一位出错都应使余数不为 0，不同位出错应使余数不同，对余数继续作模 2 除应使余数循环。

满足上述要求的数学关系比较复杂，使用者可从有关资料上查阅对应不同码制的可选生成多项式。在计算机与通信系统中常用下述两种标准之一：

① CCITT（国际电报电话咨询委员会）推荐：

$G(X) = X^{16} + X^{15} + X^2 + 1$

② IEEE（美国电气和电子工程师学会）推荐：

$G(X) = X^{16} + X^{12} + X^5 + 1$

计算机内部所处理的信息必须是数字化信息。所以在对数据信息进行处理之前，首先必须用适当的方法即数字化方式来表示它们。本章讨论了数值数据和非数值数据的若干编码方法；介绍了为保证数据存储和传送正确而设计的几种常用数据校验码。本章所述内容是后面章节的基础。

习　题　2

2-1　将下列各数值写成按权展开式：

$(4211.375)_{10}$　$(572.106)_8$　$(A3D.F0E)_{16}$　$(1011.011)_2$

2-2　将二进制数11011、−0.1001、101011.0011转换成十进制数。

2-3　将十进制数199、0.375、0.2、69.3、−523.11转换成二进制数(设二进制小数部分取六位)。

2-4　试借助八进制为过渡制，进行题2-2与题2-3的转换。

2-5　设一个六位二进制小数 $X \geqslant 0$，表示成 $0.k_1k_2k_3k_4k_5k_6$，其中 k_1，k_2，…，k_6 可分别取1或0，试问：

(1) 若要 $X > 1/2$，那么 $k_1k_2\cdots k_6$ 要满足什么条件？

(2) 若要 $X \geqslant 1/8$，那么 $k_1k_2\cdots k_6$ 要满足什么条件？

2-6　判断任何一个7位的二进制正整数 $k = k_1k_2k_3k_4k_5k_6k_7$ 是否为4的倍数？

2-7　设浮点机采用如下格式浮点数：

　　阶符　阶　数符　　尾数

当阶位数为 e，尾数位数为 m 时，请填写出(用十进制表示)它所能表示的数的范围及有效数字的位数。另外，在给定字长条件下，请讨论 e 和 m 对表示数的范围和精度的影响。

阶、尾数位数的分配	最大数	最小数	有效数字位数
$e=2$、$m=4$			
$e=3$、$m=3$			
$e=4$、$m=2$			

2-8　设二进制浮点数的阶为3位，尾数为6位，另有阶符、数符各1位。试写出它所表示的最大正数、最小正数；最大负数、最小负数(除0外)，并写出相应的数值(用十进制表示)。

2-9　将十进制数 $7\frac{1}{2}$、$\pm\frac{2}{64}$、73.5表示成二进制浮点规格化数(尾数6位，阶3位，阶符与数符各1位)。

2-10　写出下列各二进制数的原码、补码、反码及移码：

−0.00101　−0.11111　0.01010　−0.10000

2-11　写出下列各机器数的真值：

$[X]_{补} = 0.1111$　$[X]_{补} = 1.1111$　$[X]_{补} = 1.0000$　$[X]_{补} = 1.1000$

2-12　若 $[X]_{补} > [Y]_{补}$，是否意味着 $X > Y$？

2-13　给定两个正浮点数

$N_1 = S_1 \times 2^p$

$N_2 = S_2 \times 2^q$

(a) 若 $p > q$，是否有 $N_1 > N_2$？

(b) 若 S_1、S_2 都是规格化数，请回答(a)。

2-14　试用二进制定点数的原码、补码和反码以及二进制规格化数(阶用移码而尾数用补码)表示下列各数：

$$+\frac{13}{128} \qquad -\frac{13}{128}$$

2-15　试用补码定义证明：$[X]_{补} + [Y]_{补} = [X+Y]_{补}$

2-16　试写出数 0 在原码、补码、反码和移码中的表示形式。

2-17　指出下表中代码(B)在不同编码系统中所表示之值，并以相应的十进制数值填入表格。

(B)				所表示的值		
b_3	b_2	b_1	b_0	原　码	反　码	补　码
0	1	1	1	+7		
0	1	1	0		+6	
0	1	0	1			+5
0	1	0	0			
0	0	1	1			
0	0	1	0			
0	0	0	1			
0	0	0	0	+0		
1	0	0	0			
1	0	0	1			
1	0	1	0			
1	0	1	1			
1	1	0	0			
1	1	0	1			−3
1	1	1	0			
1	1	1	1	−7		

2-18　已知 $[X]_{补} = 0.10100$，$[Y]_{补} = 1.00100$，求 $\left[\frac{1}{2}X\right]_{补}$、$\left[\frac{1}{2}Y\right]_{补}$、$[-X]_{补}$ 及 $[-Y]_{补}$。

2-19　给定 $[X]_{补}$、$[Y]_{补}$ 如下，请写出它们的变形补码，并求出 $[X+Y]_{变形补}$，且对结果进行讨论。

(a) $[X]_{补} = 010111$，$[Y]_{补} = 101011$

(b) $[X]_{补} = 011010$，$[Y]_{补} = 001100$

(c) $[X]_{补} = 100011$，$[Y]_{补} = 101000$

2-20　试将 $(-0.11)_2$ 用 IEEE 短实数浮点格式表示出来。

2-21　当十六进制数 9B 和 FF 分别表示为原码、补码、反码、移码和无符号数时，所对应的十进制数各为多少(设机器数采用一位符号位)？

3 运算器与运算方法

运算器是计算机中的执行部件,它可以对二进制数据进行各种算术运算和逻辑运算。同时,运算器也是计算机内部数据信息的重要通路。运算器的核心部件是算术逻辑运算单元 ALU(Arithmetic and Logic Unit,简称 ALU),本章所要讨论的问题是如何构造出实现这些运算功能的 ALU。不同的运算方法构成不同的 ALU,因此,运算方法是 ALU 组织的核心问题,本章的重点将讨论各种运算方法,以及怎样用逻辑电路实现之。

3.1 运算器的组成与功能

运算器是中央处理机的重要组成部分,尽管不同的计算机其运算器的组成结构不尽相同,但是它必定包括算术逻辑运算单元 ALU,保存操作数、结果、出错信息和状态信息的各种寄存器以及多路转换器、数据总线、控制线路等逻辑组件。

1) 算术逻辑运算单元 ALU

ALU 是运算器的核心,执行所有算术操作(例如加减乘除)和逻辑操作(与或非等)。ALU 通常有两个输入端口,一个输出端口和多个功能控制信号端,其逻辑符号如图 3.1 所示。两个输入端口分别接受参加运算的两个操作数,ALU 的运算结果由输出端口送出,控制信号用来决定 ALU 所执行的处理功能。

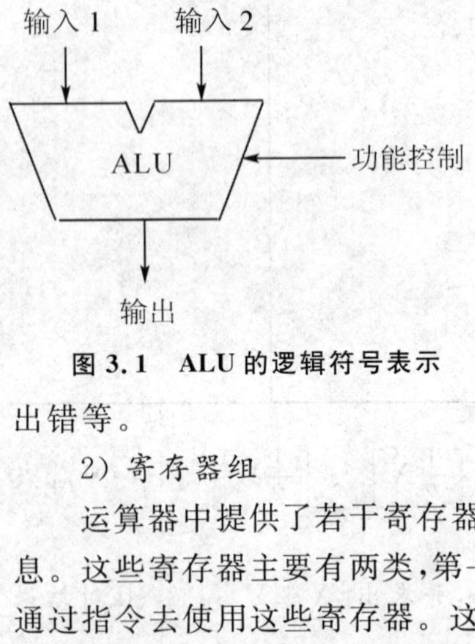

图 3.1 ALU 的逻辑符号表示

不同的运算器其 ALU 的复杂度也不相同,ALU 的内部不仅有加法器、减法器、乘法器、除法器等组合逻辑电路,可以执行所有的定点数类运算,还设置了许多状态标志位,例如:结果是否为零、为负、溢出、有无进位、出错等。

2) 寄存器组

运算器中提供了若干寄存器来暂时存放参加运算的数据和某些中间结果以及状态信息。这些寄存器主要有两类,第一种为通用寄存器,通用寄存器对用户是开放的,用户可以通过指令去使用这些寄存器。这类寄存器中有的专门用来保存操作数并存放运算结果,称为累加器,现代计算机中通常设置多个通用寄存器用作累加器。第二种为专用寄存器,运算器需要记录下指令执行过程中的重要状态标记,以及提供运算前后数据的暂存缓冲等,这可以通过在运算器中设置若干专用寄存器来实现。通常包括:移位寄存器、中间结果(或临时)寄存器、浮点寄存器、状态信息寄存器、栈指针寄存器等。有些专用寄存器对程序员是开放的,如程序状态字 PSW (Program Status Word),它存放着指令执行结果的某些状态,如是否溢出、是否为零、是否有进位/借位、是否为负等。又如堆栈指针 SP(Stack Pointer),它指示了堆栈的使用情况。

3）控制逻辑

运算器可以执行多种运算，运算结果可以存放在不同的寄存器中。同一个寄存器在不同的时刻可以起不同的作用。在某个特定时刻，运算器应该执行何种运算，各寄存器应存放何种信息，这一切都需要由控制逻辑产生的控制信号来控制。控制信号的产生与运算方法和所执行的指令有关，详细内容将在后续部分介绍。

4）运算器的组成

图3.2所示的是一种小型计算机运算器的逻辑框图，该运算器由算术逻辑运算单元ALU、寄存器组、多路转换器、状态信息寄存器等组成。多路转换器可以选择任何一个寄存器的内容作为源操作数，操作结果通过移位器送到数据总线，移位器实质上是三选一的多路开关，它可以将ALU的运算结果实现"左移"、"右移"和"直接传送"到数据总线上。同时，状态判断逻辑对运算结果进行判断产生各种状态标志存入状态信息寄存器。ALU的操作由功能控制信号控制。

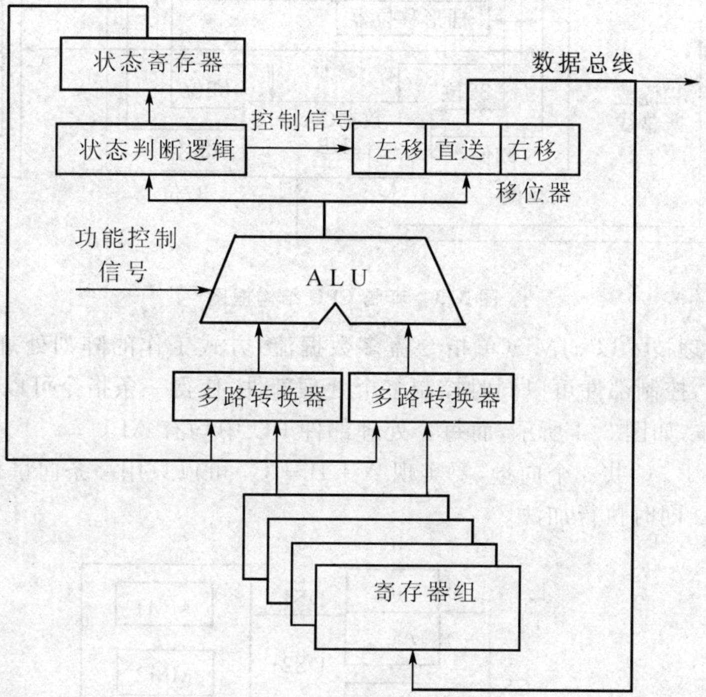

图3.2　运算器逻辑框图

5）中央处理器CPU

在现代计算机系统中，运算器没有被看做一个独立的功能部件，它和控制部件合在一起成为一个子系统，称之为中央处理器CPU。

早期的计算机在CPU中只有一个运算器。近年来为了提高计算机执行指令的速度，某些高性能CPU，例如奔腾处理器能够同时执行多条指令，称之为超标量处理机。很明显，在一个CPU中多条指令同时执行就需要多个ALU，图3.3是奔腾CPU结构框图。它有两条指令流水线，每条流水线都有自己的整数运算部件ALU，此外还有一个浮点运算部件。由于浮点运算比较复杂，花费的时间长，所以一般不能同时执行两条浮点运算指令。

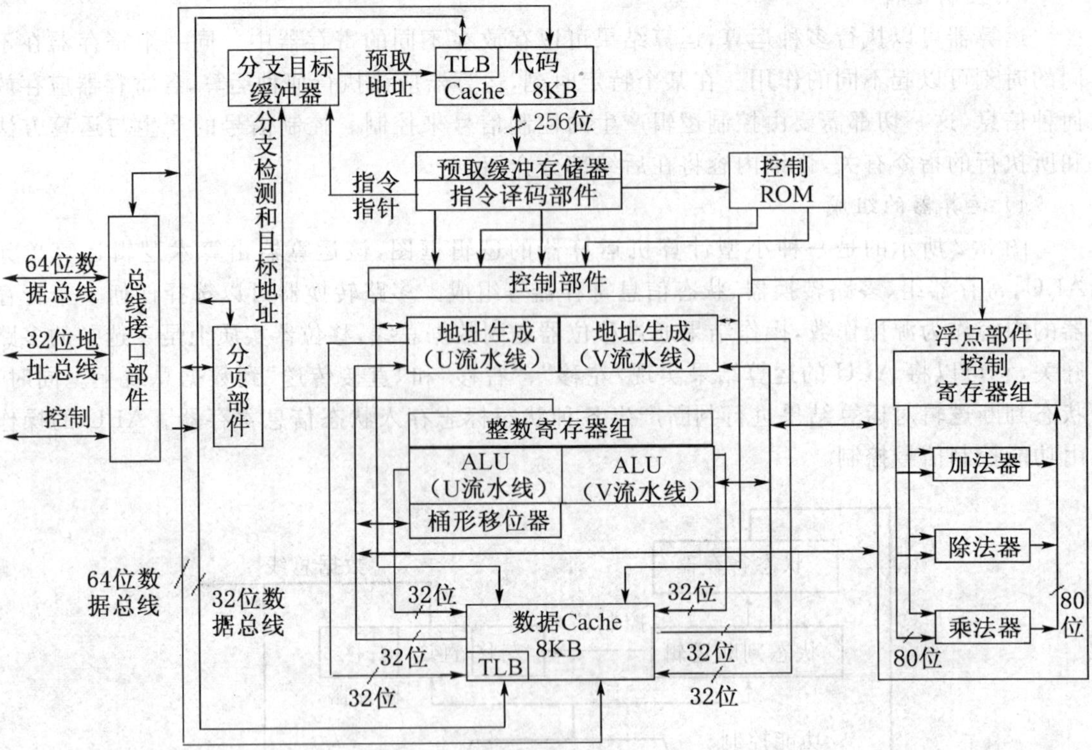

图 3.3　奔腾 CPU 结构框图

采用并行处理技术以 SIMD(单指令流多数据流)方式工作的阵列处理机，采用资源重复的并行性措施，控制部件可以同时控制多个处理部件，使得一条指令可以控制多个处理部件(PU)进行工作，如图 3.4 所示，而每个处理部件 PU 中均有 ALU。

例如：有 A、B、C 共 3 个向量，要实现 $A+B=C$，可以只用一条向量加的指令，控制 n 个 PU 中的 ALU 同时执行加法。

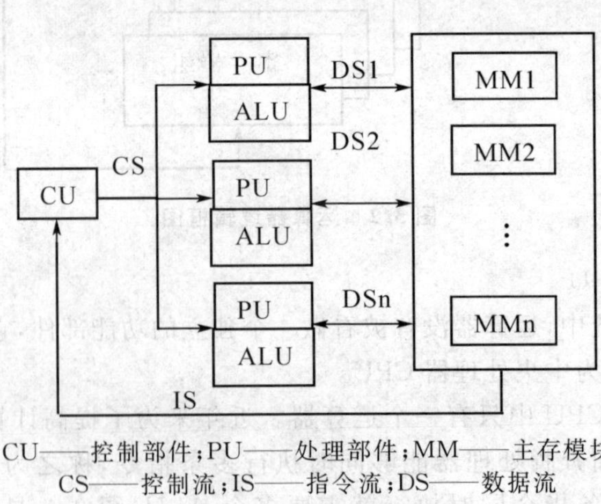

CU——控制部件；PU——处理部件；MM——主存模块
CS——控制流；IS——指令流；DS——数据流

图 3.4　SIMD 计算机

总之，现代计算机系统功能越来越强，在许多执行环节都需要有计算功能，因此在实现这些环节的子系统中也常包含有 ALU 部件。

3.2 加法器及定点加减法运算

在第2章中，我们讨论了表示二进制正数和负数的几种方法，这些数可称为带符号数。这几种方法不同之处在于它们表示负数的方法不同，从实现算术运算的难易程度来看，原码表示最简单，但是对于加减运算实现起来最麻烦，因为原码表示的符号位（"0"正"1"负）是单独设置的，与数值部分无任何联系，所以符号位不能简单地与数值部分一样直接参与运算，一般计算机中不采用原码进行加减运算。反码表示法比较好，它允许符号位同数值部分一起直接参加运算，但是用反码运算存在"循环进位"问题，这就增加了运算步骤，降低了运算速度。补码表示法从表面上看似乎最不自然，而从加减运算的实现来看，它是最方便的一种表示法。为此下面重点讨论补码表示法的加减运算。

3.2.1 加法器的实现

加法器的结构，随着采用不同的进位制、码制及算法而有各种不同类型，本节主要介绍二进制加法器，它是算术逻辑部件 ALU 的核心，是决定 ALU 工作速度的关键部分。

1) 二进制加法单元

(1) 半加

首先，看一下两个二进制数位 A_i 和 B_i 的相加，当不考虑低位来的进位时，其真值表如表3.1所示，这种加法是不完全的，所以被称之为"半加"。

表 3.1 一位半加真值表

输入		输出	
数位		半加和	半加进位
A_i	B_i	S_i	C_i
0	0	0	0
0	1	1	0
1	0	1	0
1	1	0	1

根据真值表可以写出：

$$S_i' = \overline{A}_i B_i + A_i \overline{B}_i$$

$$C_i' = A_i B_i$$

其中 C_i' 为半加进位，S_i' 为半加和，又可以定义为

$$S_i' = A_i \oplus B_i$$

(2) 全加

如果两数相加，任意一位的运算结果不仅与该位两个数位有关，还取决于从低位来的进位，这种加法称为“全加”。其真值表如表 3.2 所示。

表 3.2　一位全加真值表

输入			输出	
数	位	低位进位	全加和	全加进位
A_i	B_i	C_{i-1}	S_i	C_i
0	0	0	0	0
0	0	1	1	0
0	1	0	1	0
0	1	1	0	1
1	0	0	1	0
1	0	1	0	1
1	1	0	0	1
1	1	1	1	1

根据真值表可以写出：

$$S_i = \overline{A}_i\,\overline{B}_i C_{i-1} + \overline{A}_i\,\overline{B}_i\,\overline{C}_{i-1} + A_i\,\overline{B}_i\,\overline{C}_{i-1} + A_i B_i C_{i-1} \tag{3.1}$$

$$\begin{aligned} S_i &= \overline{A}_i\,\overline{B}_i C_{i-1} + \overline{A}_i B_i\,\overline{C}_{i-1} + A_i\,\overline{B}_i\,\overline{C}_{i-1} + A_i B_i C_{i-1} \\ &= (\overline{A}_i B_i + A_i\,\overline{B}_i)\overline{C}_{i-1} + (\overline{A}_i\,\overline{B}_i + A_i B_i)C_{i-1} \\ &= (A_i \oplus B_i)\,\overline{C}_{i-1} + (\overline{A_i \oplus B_i})C_{i-1} \\ &= (A_i \oplus B_i) \oplus C_{i-1} \\ &= S_i' \oplus C_{i-1} \end{aligned} \tag{3.2}$$

全加进位（简称进位）C_i 的表达式：

$$C_i = \overline{A}_i B_i C_{i-1} + A_i\,\overline{B}_i C_{i-1} + A_i B_i\,\overline{C}_{i-1} + A_i B_i C_{i-1} \tag{3.3}$$

$$\begin{aligned} &= \overline{A}_i B_i C_{i-1} + A_i B_i C_{i-1} + A_i\,\overline{B}_i C_{i-1} + A_i B_i C_{i-1} + A_i B_i\,\overline{C}_{i-1} + A_i B_i C_{i-1} \\ &= B_i C_{i-1} + A_i C_{i-1} + A_i B_i \\ &= (A_i + B_i)C_{i-1} + A_i B_i \end{aligned} \tag{3.4}$$

或

$$\begin{aligned} C_i &= (\overline{A}_i B_i + A_i\,\overline{B}_i)C_{i-1} + (\overline{C}_{i-1} + C_{i-1})A_i B_i \\ &= (A_i \oplus B_i)C_{i-1} + A_i B_i \end{aligned} \tag{3.5}$$

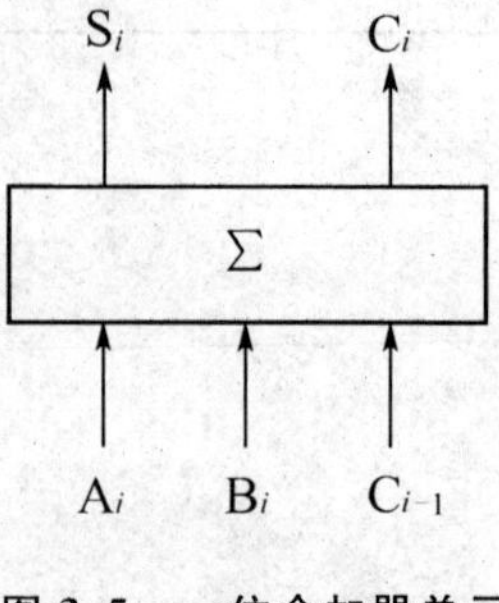

图 3.5　一位全加器单元

图 3.5 给出了一位全加器单元逻辑符号表示，它具有 3 个输入量：本位两个数位 A_i 和 B_i 以及从低位来的进位 C_{i-1}；两个输出量：本位之和 S_i 及进位 C_i。

2）串行进位与并行进位

(1) 串行进位

利用 n 个一位全加器单元，可以组成一个 n 位的加法器，即将各位的进位位串接起来，实现 n 位的加法。如图 3.6 所示。

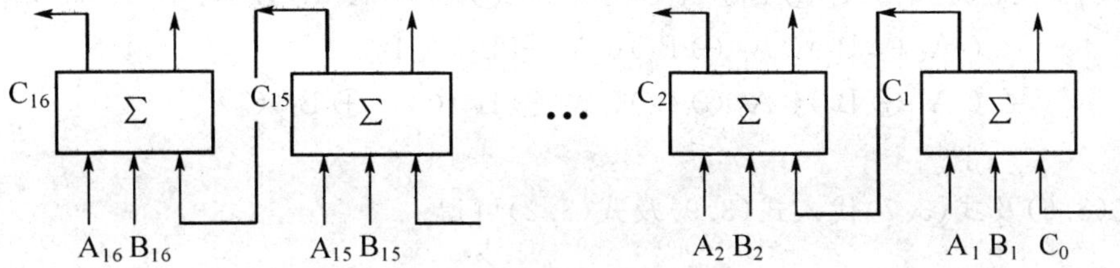

图 3.6　16 位串行进位加法器

这个加法器可以实现 16 位二进制的加法，即各相应位同时进行加运算。然而，这并不意味着和数的各位可以在同一时刻得到。因为进位要逐位形成，高位的进位依赖于低位进位的生成和传递，最典型的情况是最高位进位要等待最低位进位经历各个全加器算完后才生成，这种产生进位的方法又称为行波进位(Ripple-Carry)。行波进位的加法器结构简单，但位数越多，和数生成的时间越长，严重影响加法器的速度。

(2) 并行进位

为了提高加法器的速度，可以采用以下的方法，即改进进位链的逻辑设计，利用辅助逻辑预先处理进位，以便快速地得到高位的和数与进位，而不必等待逐位传递，即让各位进位各自独立且同时生成，这种方法又称为先行进位(Carry Lookahead)。

由式(3.4)可见，全加器进位 C_i 是由两部分组成，一是当本位 A_i 和 B_i 两数都为 1 时，将产生进位 C_i，称为"本地进位"，定义

$$G_i = A_iB_i \tag{3.6}$$

称 G_i 为进位生成函数(Carry Generate Function)。另一部分是当本位 A_i 和 B_i 中有一个为 1 时，若 $C_{i-1} = 1$，则有进位 C_i，称为"传递进位"，定义

$$P_i = A_i + B_i \text{ 或 } P_i = A_i \oplus B_i \tag{3.7}$$

称 P_i 为进位传递函数(Carry Propagate Function)，当 P_i 为 1 时，可以使从 $i-1$ 位来的进位通过第 i 位传递到下一位去。

通过对式 3.5 的分析，可以得到以下关系：

$$\begin{aligned} C_1 &= A_1B_1 + (A_1 \oplus B_1)C_0 \\ C_2 &= A_2B_2 + (A_2 \oplus B_2)C_1 \\ C_3 &= A_3B_3 + (A_3 \oplus B_3)C_2 \\ C_4 &= A_4B_4 + (A_4 \oplus B_4)C_3 \\ &\vdots \end{aligned} \tag{3.8}$$

由此，可推出各位进位直接与 C_0 的关系：

$$\begin{aligned} C_2 &= A_2B_2 + (A_2 \oplus B_2)[A_1B_1 + (A_1 \oplus B_1)C_0] \\ &= A_2B_2 + (A_2 \oplus B_2)A_1B_1 + (A_2 \oplus B_2)(A_1 \oplus B_1)C_0 \\ C_3 &= A_3B_3 + (A_3 \oplus B_3)A_2B_2 + (A_3 \oplus B_3)(A_2 \oplus B_2)A_1B_1 \\ &\quad + (A_3 \oplus B_3)(A_2 \oplus B_2)(A_1 \oplus B_1)C_0 \end{aligned}$$

$$C_4 = A_4B_4 + (A_4 \oplus B_4)A_3B_3 + (A_4 \oplus B_4)(A_3 \oplus B_3)A_2B_2 + (A_4 \oplus B_4)(A_3 \oplus B_3)(A_2 \oplus B_2)A_1B_1 + (A_4 \oplus B_4)(A_3 \oplus B_3)(A_2 \oplus B_2)(A_1 \oplus B_1)C_0 \quad \vdots \tag{3.9}$$

将式(3.6)及式(3.7)代入式(3.9)及式(3.2)可得

$$C_1 = G_1 + P_1C_0 \tag{3.10}$$

$$C_2 = G_2 + P_2G_1 + P_2P_1C_0 \tag{3.11}$$

$$C_3 = G_3 + P_3G_2 + P_3P_2G_1 + P_3P_2P_1C_0 \tag{3.12}$$

$$C_4 = G_4 + P_4G_3 + P_4P_3G_2 + P_4P_3P_2G_1 + P_4P_3P_2P_1C_0 \quad \vdots \tag{3.13}$$

以及

$$S_1 = A_1 \oplus B_1 \oplus C_0 = P_1 \oplus C_0 \tag{3.14}$$

$$S_2 = A_2 \oplus B_2 \oplus C_1 = P_2 \oplus (G_1 + P_1C_0) \tag{3.15}$$

$$S_3 = A_3 \oplus B_3 \oplus C_2 = P_3 \oplus (G_2 + P_2G_1 + P_2P_1C_0) \tag{3.16}$$

$$S_4 = A_4 \oplus B_4 \oplus C_3 = P_4 \oplus (G_3 + P_3G_2 + P_3P_2G_1 + P_3P_2P_1C_0) \quad \vdots \tag{3.17}$$

可见,各位的进位,可由各自独立的逻辑电路生成。通常我们将进位信号传递的逻辑结构称为“进位链”。图 3.7 即为先行进位链电路,各位的进位 C_1, C_2, C_3, C_4,…都是经过一

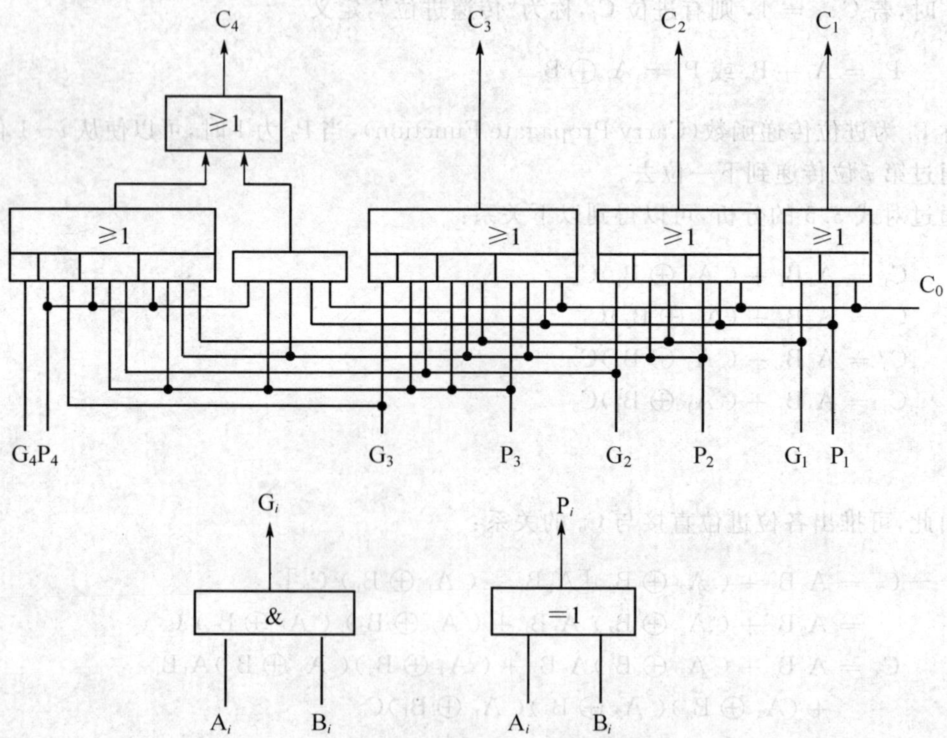

图 3.7 先行进位链电路

级半加延迟、一级与或门，最多再加一级或门延迟而基本同时产生，从而克服了行波进位的缺点。

先行进位的优点是速度快，但电路较复杂。随着位数的增加，进位形成的逻辑的输入变量增加，例如，产生 C_4 需要 5 个或项，其中最大与项有 5 个输入端，依此类推，第 i 位的 C_i 需用或项 $i+1$ 个，其中最大与项也是 $i+1$ 个输入端。如果一个 16 位的加法器，为了直接获得 C_{16}，则必须有 17 个或项，与输入端最多也需有 17 个。这将受到实用器件扇入系数的限制，以至用一级与或门无法实现。如果要实现，则需要由多级门电路组成进位电路，这样，延迟时间将大大增加。为了解决这一矛盾，可以将加法器分成若干组（通常每组 4 位），随着组内进位逻辑与组间进位传递逻辑的不同选择，可以形成多种进位链结构。下面讨论两种。

(1) 组内并行，组间串行的进位链

以 16 位加法器为例，分为 4 组，每组 4 位，组内采用先行进位结构，组间采用串行进位传递结构。图 3.8 为一个 4 位采用先行进位结构设计的全加器模块。

4 个这样的全加器模块按图 3.9 所示级联，则构成组间串行进位的 16 位全加器。

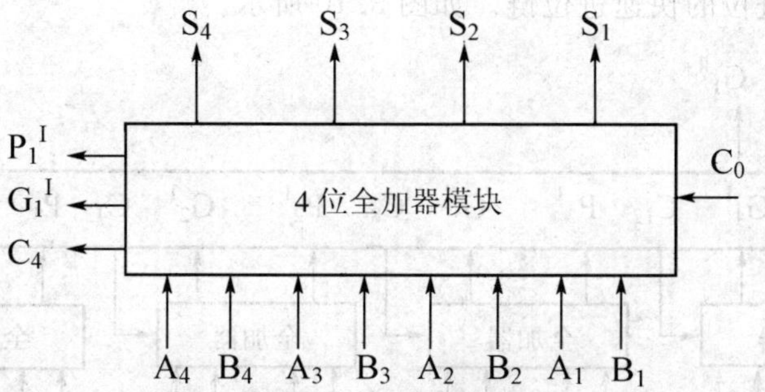

图 3.8　4 位先行进位的全加器模块

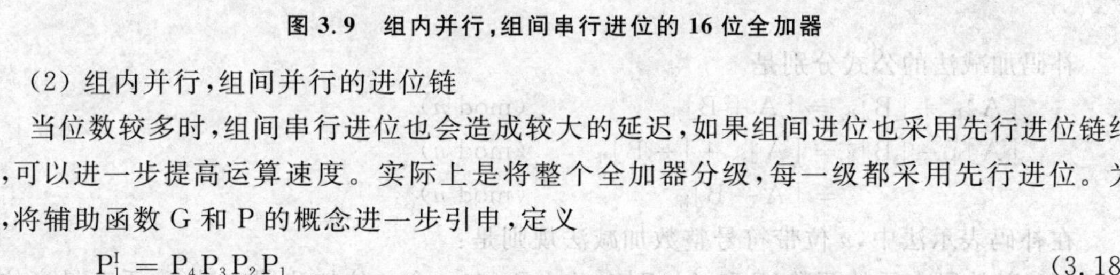

图 3.9　组内并行，组间串行进位的 16 位全加器

(2) 组内并行，组间并行的进位链

当位数较多时，组间串行进位也会造成较大的延迟，如果组间进位也采用先行进位链结构，可以进一步提高运算速度。实际上是将整个全加器分级，每一级都采用先行进位。为此，将辅助函数 G 和 P 的概念进一步引申，定义

$$P_1^I = P_4 P_3 P_2 P_1 \tag{3.18}$$

$$G_1^I = G_4 + P_4 G_3 + P_4 P_3 G_2 + P_4 P_3 P_2 G_1 \tag{3.19}$$

则

$$C_4 = G_1^I + P_1^I C_0 \tag{3.20}$$

右上角标识“I”表示加法器第一级组间。我们可以从式(3.20)得到启示，它与式(3.10)有类似的表达形式，由此可以推得第 2、3、4 组内进位的表达式分别为

$$P_2^I = P_8P_7P_6P_5$$

$$G_2^I = G_9 + P_8G_7 + P_8P_7G_6 + P_8P_7P_6G_5$$

$$C_8 = G_2^I + P_2^IC_4$$

$$= G_2^I + P_2^IG_1^I + P_2^IP_1^IC_0 \tag{3.21}$$

$$P_3^I = P_{12}P_{11}P_{10}P_9$$

$$G_3^I = G_{12} + P_{12}G_{11} + P_{12}P_{11}G_{10} + P_{12}P_{11}P_{10}G_9$$

$$C_{12} = G_3^I + P_3^IC_8$$

$$= G_3^I + P_3^IG_2^I + P_3^IP_2^IG_1^I + P_3^IP_2^IP_1^IC_0 \tag{3.22}$$

$$P_4^I = P_{16}P_{15}P_{14}P_{13}$$

$$G_4^I = G_{16} + P_{16}G_{15} + P_{16}P_{15}G_{14} + P_{16}P_{15}P_{14}G_{13}$$

$$C_{16} = G_4^I + P_4^IC_{12}$$

$$= G_4^I + P_4^IG_3^I + P_4^IP_3^IG_2^I + P_4^IP_3^IP_2^IG_1^I + P_4^IP_3^IP_2^IP_1^IC_0 \tag{3.23}$$

从而形成了全先行进位的快速进位链。如图 3.10 所示。

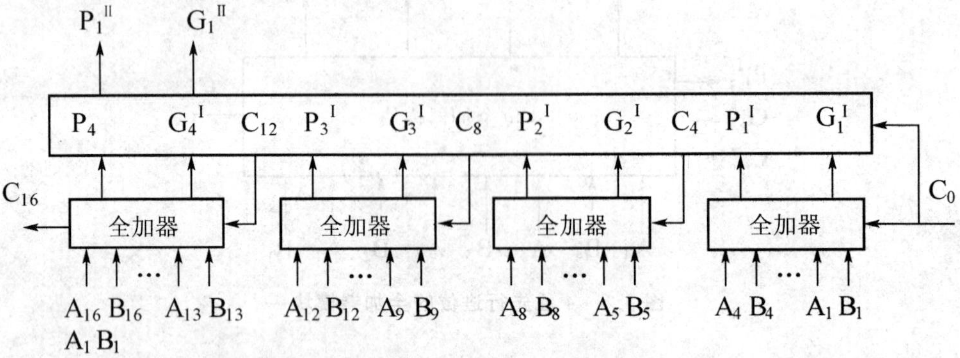

图 3.10 组内并行,组间并行进位的 16 位全加器

根据这个思路,利用 P_i 和 G_i 的 4 个大组可以组成更大组的 P_i 和 G_i,组成一个 64 位(或更多位)的快速进位的加法器。按先行进位所设计的加法器,其字长对加法时间影响非常小,较好地克服了行波进位的缺点。

3.2.2 补码定点加减运算

补码加减法的公式分别是

$$[A]_补 + [B]_补 = [A+B]_补 \quad (\text{mod } n)$$

$$[A]_补 - [B]_补 = [A]_补 + [-B]_补 \quad (\text{mod } n)$$

$$= [A-B]_补 \quad (\text{mod } n)$$

在补码表示法中,n 位带符号整数加减法规则是:

(1) 以补码表示的两数(B 和 A)相加,A+B,在一个 n 位加法器中进行,丢弃最高位上产生的进位输出,只要和数在 -2^{n-1} 到 $2^{n-1}-1$ 的范围内,该结果就是补码表示的正确值。

(2) 两数相减,A−B,首先求得 −B 的补码(求补过程由 $\overline{B}+1$ 来实现),然后按规则(1)将它与 A 相加,如果结果在 -2^{n-1} 到 $+2^{n-1}-1$ 的范围内,则该结果是补码表示的正确值。

由于补码具有化减运算为加运算的优点,因此补码的加法和减法可以巧妙地统一起来,在硬设备中，一般可不必构造专用的减法器，而由加法器实现加和减运算。

用补码表示带符号数的加减运算，逻辑电路比较简单，速度较快，因此在大多数现代计算机的 ALU 中都采用这种表示法。

加法器的逻辑符号可用图 3.11 表示。A 和 B 表示相加的两个 n 位二进制数，C_0 是低位来的进位，当作某数增 1 运算或取补运算时，需要在数的最低位加 1 ($C_0=1$)。所以 C_0 既是数据源，又是加 1 操作的控制信号。输出和数 S，以及最高位进位 C_n。

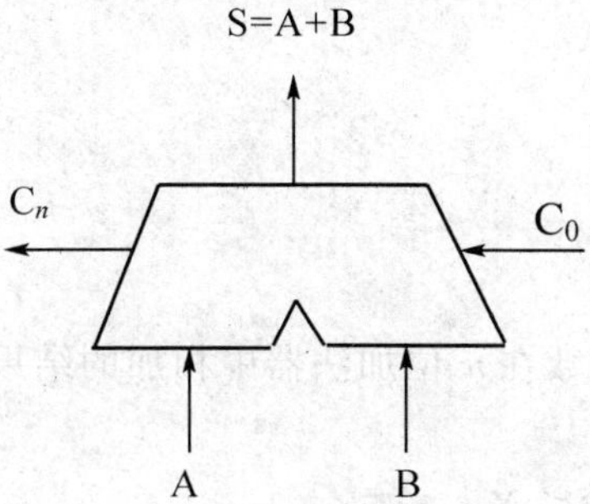

图 3.11　加法器的逻辑符号

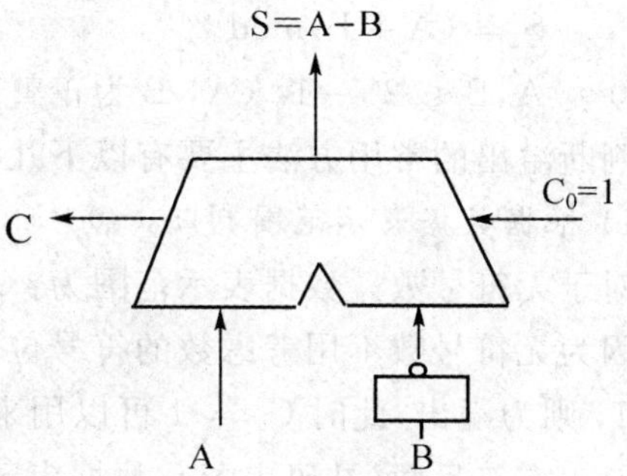

图 3.12　减法器的逻辑符号

根据补码加减运算规则，采用补码表示的数，其减法运算可以转化为加法运算，即

$$[A-B]_{补}=[A]_{补}+[-B]_{补}$$

求$[-B]_{补}$是对$[B]_{补}$连同符号位一起“求反加 1”，因此只要在加法器的基础上附加对减数的求补逻辑，便可以实现减法运算，其逻辑符号如图 3.12。这种具有加减法功能的部件，称为补码加法器。

图 3.13 是具有加减法功能的补码加法器。被加数或被减数 A 直接输入，加数或减数 B 经求反电路再输入到加法器，即

$$B_i^*=B_i \oplus C_0$$

其中 $$C_0=\begin{cases}0, & 加(ADD)操作\\ 1, & 减(SUB)操作\end{cases}$$

在此，C_0 有两个作用：

(1) 功能控制，用作求反操作的功能信号。

做加法(ADD)时，$C_0=0$；

做减法(SUB)时，$C_0=1$。

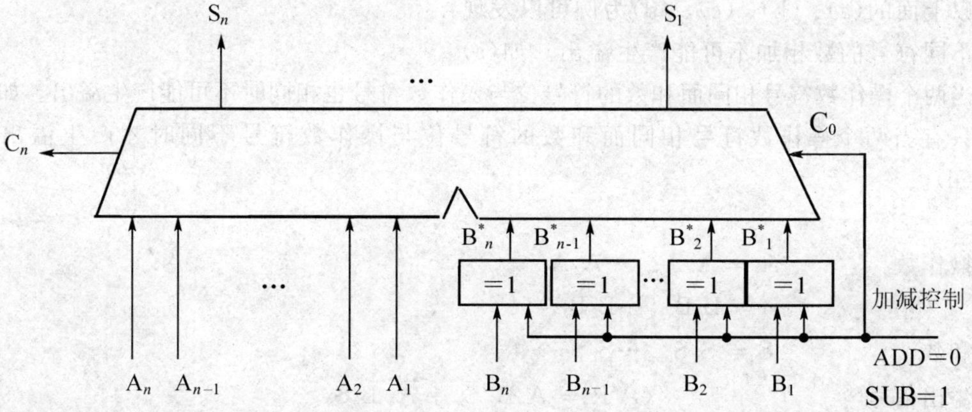

图 3.13　*n* 位补码加法器

(2) 对减数求补时用来在最低位上加1。

3.2.3 数据溢出及检测

在计算机中由于受到字长的限制，表示数的范围也有限制，当操作数超出计算机所能表示的范围时称为溢出(Overflow，简称 OVR)。利用 n 位加法器可以计算：

$$S = (A + B) \bmod 2^n$$

其中 $0 \leqslant A, B \leqslant 2^n - 1$。(A，B为正整数)

判断溢出的常用方法主要有以下几种：

1) 根据数据表示范围判断

对于无符号数。数据表示范围为：$0 \leqslant X \leqslant 2^n - 1$

因为无符号数不用考虑数的符号位。如果两个 n 位数在 n 位加法器中相加的结果大于 $2^n - 1$，则为溢出，此时 $C_n = 1$ 可以用来作溢出指示。

对于有符号数(补码表示)，数据表示范围为：$-2^{n-1} \leqslant X \leqslant 2^{n-1} - 1$

如果两个 n 位数(补码表示)在 n 位加法器中相加的结果不在 $-2^{n-1} \leqslant X \leqslant 2^{n-1} - 1$ 范围内，则为溢出。

下面给出几个进行 mod 2^4 表示范围为 $(-2^{4-1} \leqslant X \leqslant 2^{4-1} - 1$，即 $-8 \leqslant X \leqslant 7)$ 的补码加法运算的例子：

```
(a)        0110    (+6)          (b)        1111    (-1)
      +)   1011    (-5)                +)   1100    (-4)
     ---------------------              ---------------------
          10001    (+1)                    11011    (-5)

(c)        0101    (+5)          (d)        1011    (-5)
      +)   0100    (+4)                     1100    (-4)
     ---------------------              ---------------------
          01001    (+9)                    10111    (-9)
```

例(a)和(b)的结果分别为+1和-5，在表示的范围内，此时，最高位(符号位)的进位是正常的自动丢弃。

例(c)和(d)的结果分别为+9和-9，不在表示的范围内，此时，最高位(符号位)无论有无进位，实际上都产生了溢出。

因此，带符号数相加时，符号位产生的进位有自动丢弃和指示溢出两种可能性。

以上面的(a)、(b)、(c)、(d)为例可以发现：

不同符号的数相加不可能产生溢出。如(a)。

当两个操作数符号相同而和数的符号位与操作数符号也相同时不可能产生溢出。如(b)。

只有当两个操作数符号相同而和数的符号位与操作数符号不同时才产生溢出。如(c)、(d)。

假设

操作数 $A = A_n A_{n-1} \cdots A_2 A_1$

$B = B_n B_{n-1} \cdots B_2 B_1$

和数 $S = S_n S_{n-1} \cdots S_2 S_1$

则 溢出信号

$$OVR = A_n B_n \overline{S}_n + \overline{A}_n \overline{B}_n S_n = (A_n \oplus S_n)(B_n \oplus S_n) \tag{3.24}$$

带溢出检测电路的补码加法器如图 3.14 所示。

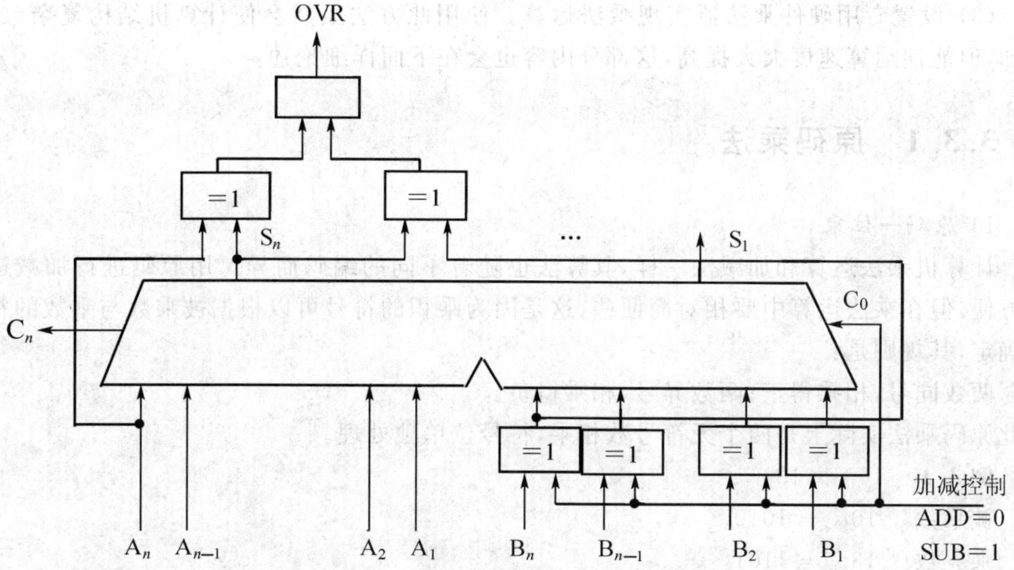

图 3.14 溢出检测

2）根据最高数据位进位和符号位进位的关系判断

从上述例子中也可以看出：

当最高数值位有进位（$C_{n-1}=1$）、符号位无进位（$C_n=0$）时，产生正溢出；

当最高数值位无进位（$C_{n-1}=0$）、符号位有进位（$C_n=1$）时，产生负溢出；

其他情况无溢出。

因此，溢出信号的逻辑表达式也可以写成：

$$OVR=(C_{n-1}\oplus C_n)$$

3）利用双符号位判断

在进行运算时，操作数扩充一位符号位，采用变形补码，和数也采用两位符号位 S_{n+1} 和 S_n，此时溢出信号为

$$\begin{aligned}OVR&=\overline{S}_{n+1}S_n+S_{n+1}\overline{S}_n\\&=S_{n+1}\oplus S_n\end{aligned}\tag{3.25}$$

即当 S_{n+1}、S_n 同号时，表示没有产生溢出。当 S_{n+1}、S_n 异号时，表示产生溢出。其中，$\overline{S}_{n+1}S_n$ 表示产生正溢出；$S_{n+1}\overline{S}_n$ 表示产生负溢出。

除非为了决定程序执行顺序，程序员制造某种溢出作为判断条件，一般情况下发生溢出程序将不再运行，必须做出相应处理，或转入中断处理服务程序，或停机。

3.3 定点乘法运算及实现

乘法运算是计算机中一个重要的基本运算，许多运算都与其有关，如倒数、平方根、指数、三角函数等，而实现乘法运算的方法有许多种。通常有以下几种方法：

（1）用软件实现乘法运算。用基本指令编制一段程序实现乘法运算，现在仅用于一些功能较专一的微处理器上。

(2) 在加法器的基础上增加一些硬件实现乘法运算。这部分内容会在下面详细论述。

(3) 设置专用硬件乘法器实现乘法运算。使用此方法虽然会使计算机结构复杂、成本增加,但能使运算速度大大提高,这部分内容也会在下面详细论述。

3.3.1 原码乘法

1) 原码一位乘

计算机乘法运算和加减法一样,其算法也随着不同的编码而异。用原码进行加减运算不方便,但在乘法运算中要相对简便些,这是因为乘积的符号可以根据被乘数与乘数的符号来确定,其规则是:

两数同号,相乘得正;两数异号,相乘得负。

因此原码乘法实际上是两个无符号数相乘,符号位单独处理。

例 3.1　$10_{10} \times 13_{10}$

被乘数　$10_{10} = 1010_2$

乘　数　$13_{10} = 1101_2$

1010		
1101		
1010	P_1	第一步
0000	P_2	第二步
1010	P_3	第三步
1010	P_4	第四步
10000010		第五步

由此可见,乘积是由积 P_1、P_2、P_3、P_4 相加得到。两个 n 位数相乘,最大乘积可达 $2n$ 位。

以上是人工计算过程,计算机不用上述方法实现,因为这种方法需要存储 n 个部分积,然后 n 个字同时相加。比较好的方法是生成一个部分积就累加一次,并将被乘数左移改为部分积右移,这样只要用 n 位加法器就可进行 $2n$ 位加法(只对部分积的高位相加)。对于两个 n 位无符号数乘法的一种可行的算法如下:

(1) 置计数器为 n;

(2) 清除 $2n$ 位部分积寄存器;

(3) 检查乘数最右位(初始时为最低位),若为"1",加被乘数到部分积高 n 位中;

(4) 将部分积右移一位;

(5) 将乘数右移一位;

(6) 计数器减 1,结果不为 0,则从(3)开始重新执行;若结果为 0,则从部分积寄存器读出乘积。

图 3.15 是计算机完成原码一位乘的原理的示意图。寄存器 B 在运算之前存放乘数。运算结束后,乘积的低位保留在其中。通常寄存器 R、B 和进位寄存器 C 实现同步移位,C 移入 R_{n-1},R_0 移入 B_{n-1}。

由于原码乘法被转化为一系列加法和右移操作,n 位相乘需要 n 个周期,部分积的长度每个周期增加一位,同时也从 B 中把乘数移出(判断过的)一位,然后对新的 B_i 进行判断,进入下一个周期。因此乘法器中需要时序控制电路,该电路将根据 B_0 位的状态产生加/不加

(被乘数)及 C、R 和 B 右移一位的控制信号序列。此外,当加法器产生进位时送入 C 中,右移时再送入 R_{n-1}。

例 3.2 可以说明原码一位乘的运算过程。注意:在本例中寄存器 R 与 B 同步右移,R_0 直接送入 B_{n-1}。

例 3.2 $(+10)_{10}\times(-13)_{10}$

被乘数 $A=(+10)_{10}$,$[A]_原=01010$,乘数 $B=(-13)_{10}$,$[B]_原=11101$

A: A_n = 0, 1010

Counter	C	R	B	说明	
4	0	0 0000 (R_n = 0)	1 1101 (B_n = 1)	初始状态	
4	0	1010	1101	$B_0=1$,加	第一个周期
3	0	0101	0110	右移	
3	0	0101	0110	$B_0=0$,不加	第二个周期
2	0	0010	1011	右移	
2	0	1100	1011	$B_0=1$,加	第三个周期
1	0	0110	0101	右移	
1	1	0000	0101	$B_0=1$,加	第四个周期
0	0	1000	0010	右移	

(最后一行的 R、B 即乘积)

乘积符号:$A_n\oplus B_n=0\oplus1=1$(送入 R_n)

所以 $[A\times B]_原=110000010$

$A\times B=(-130)_{10}$

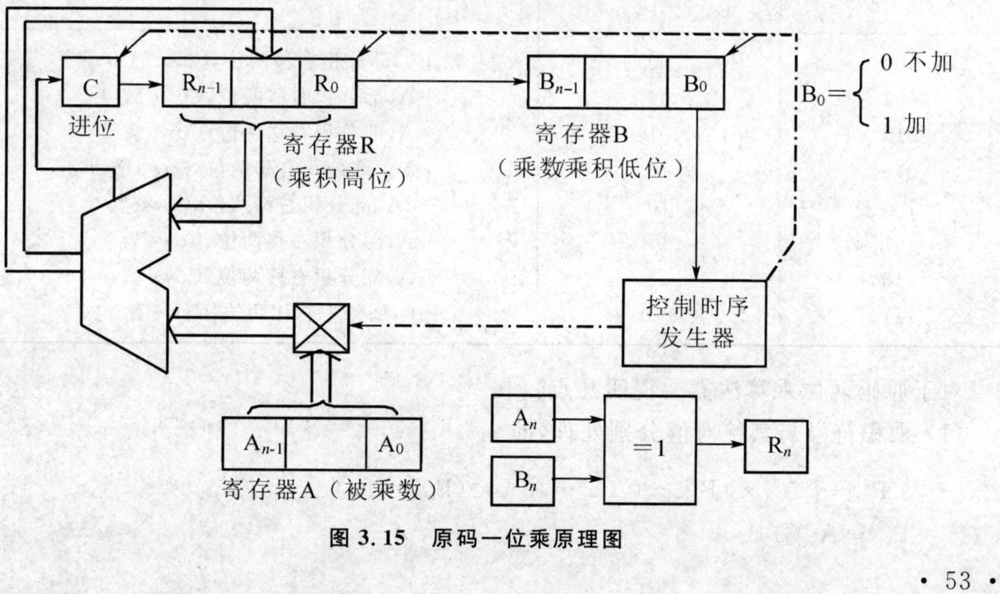

图 3.15 原码一位乘原理图

2) 原码二位乘

为了提高乘法的运算速度,可以采用两位同时乘或多位同时乘的方法。所谓两位乘法,就是在乘法的每一周期中,同时考虑两位乘数,根据它们的不同组合(00、01、10、11)决定应该做的操作,从而求得与两位乘相对应的部分积。

原码二位乘法的规则可以从原码一位乘法的规则中推出。在原码一位乘法中是根据 B_i 进行判断的,现在根据 $B_{i+1}B_i$ 两位来进行判断。如果两位中 B_i 为 0,则执行 +0(即不加),且右移一位操作,如果相邻位 B_{i+1} 也是 0,则紧接着又执行 +0,且右移一位操作。若将两次操作合在一起执行,即当 $B_{i+1}B_i = 00$ 时,应执行 +0,且右移二位操作。如果 $B_i = 0$,相邻的 $B_{i+1} = 1$,则在执行 +0、右移一位之后,应进行 +A(加被乘数)、右移一位操作。因此,合在一起,当 $B_{i+1}B_i = 10$ 时,应执行 +2A,右移二位操作。依次类推,利用两位乘数同时判断有以下 4 种不同组合:

$B_{i+1}B_i = 00$,相当于 $0\times A$,部分积 +0,右移两位;

$B_{i+1}B_i = 01$,相当于 $1\times A$,部分积 + A,右移两位;

$B_{i+1}B_i = 10$,相当于 $2\times A$,部分积 + 2A,右移两位;

$B_{i+1}B_i = 11$,相当于 $3\times A$,部分积 + 3A,右移两位。

上述讨论中出现了 +A、+2A、+3A 3 种情况。+2A 的操作在计算机中不难实现。只需将 A 左移一位即得 2A。可是 +3A 用普通加法器不能一次完成,如果分成 +A和 +2A 两次进行又降低了运算速度。若考虑将 +3A 当作(4A−A)来处理,虽然也要做两次操作,但是在本次中只需执行 −A,右移两位后在下一次运算中再执行 +4A,由于已右移两位,此时只需执行 +A。为此在两位乘的乘法器中增加一个"欠账"触发器 Cowe,记录本次运算是否"欠账",即记录下次运算时是否需要多加一个 A。这样,在判断当前两位乘数时还应考虑 Cowe 的状态,最后决定该做什么操作。原码二位乘法的规则见表 3.3

表 3.3 原码二位乘法的规则

$B_{i+1}B_i$ Cowe	实际判断的乘数值 $B_{i+1}B_i$ + Cowe	操 作
000	00	+0,部分积右移两位,Cowe 置 0
001	01	+A,部分积右移两位,Cowe 置 0
010	01	+A,部分积右移两位,Cowe 置 0
011	10	+2A,部分积右移两位,Cowe 置 0
100	10	+2A,部分积右移两位,Cowe 置 0
101	11	−A,部分积右移两位,Cowe 置 1
110	11	−A,部分积右移两位,Cowe 置 1
111	100	+0,部分积右移两位,Cowe 置 1

对于原码两位乘算法需要说明几点:

(1) 乘积符号与其绝对值分别处理,即

$$|P| = |A| \times |B| = (A_{n-1}\cdots A_0)\times(B_{n-1}\cdots B_0)$$

$$P_n = A_n \oplus B_n$$

(2) 部分积与被乘数采用 3 个符号位(例如部分积的符号位为 $P_{n+2}P_{n+1}P_n$)较方便。因为执行 +2A 操作时,A 首先左移一位,有效信息有可能到达第三符号位 P_n,然后与部分积累加,有可能进位到第二符号位 P_{n+1},而第一符号位仍能保持部分积的正确符号。

(3) 尽管是原码乘,乘数和被乘数都取其绝对值,但由于有 −A 操作,因此在运算过程中部分积仍有可能暂时出现负值。在实际运算中 −A 操作以 $+[-A]_{补}$ 完成。因此部分积实际为补码,右移时应按补码规则移位。最后的乘积总为正,其补码表示与原码表示相同,故可以视作原码。

(4) 每次按表 3.3 判断当前两位乘数及上一次"欠账"情况,以决定做什么操作。

例 3.3 $(-10)_{10} \times (+13)_{10}$

被乘数 $A = (-10)_{10}$

$[A]_{原} = 11010$

$[\lvert A \rvert]_{原} = 01010 = [\lvert A \rvert]_{补}$

$[-\lvert A \rvert]_{补} = 10110$

乘数 $B = (+13)_{10}$

$[B]_{原} = 01101$

$[\lvert B \rvert]_{原} = 01101$

判断位	操作	P (乘积高位)	B (乘数/乘积低位)	Cowe
		0000000	1101	0
010	$+[\lvert A\rvert]_{补}$	0001010		
		0001010		
110	$\xrightarrow{2}$ $+[-\lvert A\rvert]_{补}$	0000010	1011	0
		1110110		
		1111000		
001	$\xrightarrow{2}$ $+[\lvert A\rvert]_{补}$	1111110	0010	1
		0001010		
		0001000	0010	

乘积绝对值

乘积符号 $= 1 \oplus 0 = 1$

所以乘积 $P = [A \times B]_{原} = 110000010 = (-130)_{10}$

采用原码两位乘,对于乘数位数为偶数 n 来说,所需的移位以及加(或减)的次数可以减少到 $n/2$ 次,不过有时还要处理最后一次的"欠账",但不需要移位,在此种情况下,作加(或减)的次数为 $n/2+1$ 次。这种算法速度约提高一倍,当然乘法器的控制电路也会复杂一些。

3.3.2 补码乘法

1) 补码一位乘

如前所述,通常计算机采用补码进行加减运算。如果在同一台计算机上,加减运算采用补码，而乘法运算采用原码，则必须经常进行码制转换，况且原码乘法还要单独处理符号位，这样也会影响计算速度。

A. D. 布斯（A. D. Booth）提出了一种补码带符号位相乘的算法，这是一种比较法（比较乘数相邻的两位），又称为 Booth 算法，该算法对两个正数、一个负数或两个负数都实用。

假设被乘数为 A，乘数为 B，B 的补码表示为

$$[B]_补 = B_n B_{n-1} \cdots B_0$$

而

$$[B]_补 = 2^{n+1} + B \quad (\bmod\ 2^{n+1})$$
$$= 2^{n+1} B_n + B$$

其中

$$B_n = \begin{cases} 0 & 当\ B \geqslant 0 \\ 1 & 当\ B < 0 \end{cases}$$

即

$$B = [B]_补 - 2^{n+1} B_n$$

则

$$\begin{aligned} AB &= A\{[B]_补 - 2^{n+1} B_n\} \\ &= A\{B_n 2^n + B_{n-1} 2^{n-1} + B_{n-2} 2^{n-2} + \cdots + B_1 2^1 + B_0 2^0 - 2^{n+1} B_n\} \\ &= A\{-B_n 2^n + B_{n-1} 2^{n-1} + B_{n-2} 2^{n-2} + \cdots + B_1 2^1 + B_0 2^0\} \\ &= 2^n (B_{n-1} - B_n) A + 2^{n-1} (B_{n-2} - B_{n-1}) A + \cdots \\ &\quad + 2^1 (B_0 - B_1) A + 2^0 (0 - B_0) A \end{aligned} \tag{3.26}$$

令 B_{-1} 为增设的一个附加位，初值为 0，代入式(3.26)，并求补，得

$$\begin{aligned} [AB]_补 &= [2^n (B_{n-1} - B_n) A + 2^{n-1} (B_{n-2} - B_{n-1}) A + \cdots \\ &\quad + 2^1 (B0 - B1) A + 2^0 (B_{-1} - B0) A]\ 补 \end{aligned}$$

令

$$[AB]_补 = [AB]'_补 \cdot 2^n \tag{3.27}$$

则

$$\begin{aligned} [AB]'_补 &= [(B_{n-1} - B_n) A + 2^{-1} (B_{n-2} - B_{n-1}) A + \cdots \\ &\quad + 2^{-(n-1)} (B_0 - B_1) A + 2^{-n} (B_{-1} - B_0) A]_补 \end{aligned}$$

若以 P_i 代表第 i 次的部分积，可得递推式：

$$\begin{aligned} [P_0]_补 &= 0 \\ [P_1]_补 &= [2^{-1} (P_0 + (B_{-1} - B_0) A)]_补 \\ [P_2]_补 &= [2^{-1} (P_1 + (B_0 - B_1) A)]_补 \\ &\vdots \\ [P_i]_补 &= [2^{-1} (P_{i-1} + (B_{i-2} - B_{i-1}) A)]_补 \\ &\vdots \\ [P_n]_补 &= [2^{-1} (P_{n-1} + (B_{n-2} - B_{n-1}) A)]_补 \\ [AB]'_补 &= [P_{n+1}]_补 = [P_n + (B_{n-1} - B_n) A]_补 \end{aligned}$$

说明两点：

(1) $(B_{i-1} - B_i)A$ 实际上并不做乘法，只要比较相邻两位乘数以决定 +A、−A 或 +0。

(2) 这里讨论的是定点整数，乘积 $[AB]_补$ 也应是定点整数。在形成 $[AB]_补$ 时部分积不断右移，使积的值向小数点右方扩展，根据式(3.27)应将 $[AB]_补{}'$ 左移 n 位才能得到所要求的乘积 $[AB]_补$。在计算机中，只要认定小数点在乘积之末，相当于将小数点右移 n 位，不必

做乘积左移操作。

现将 Booth 算法归纳如下：

(1) 符号位参加运算；

(2) 在乘数最低位后面增加一位附加位 (B－1)，初值为 0；

(3) 部分积初值为 0；

(4) 每次以前一次部分积为基础，根据表 3.4 判断相邻两位之差(低位减高位)决定＋[A]补、＋[－A]补或不加；

(5) 按补码规则右移一位；

(6) 重复第 4、第 5 步 n 次(n 为数值的位数)；

(7) 最后一次重复第 4 步，但不必移位。

表 3.4　补码一位乘法规则

B_i(高位)	B_{i-1}(低位)	操　　作
0	0	部分积右移一位
0	1	部分积＋[A]补，右移一位
1	0	部分积＋[－A]补，右移一位
1	1	部分积右移一位

例 3.4　已知 A＝＋11，B＝－13，用补码一位乘算法计算[A・B]补 及 A・B。

[A]补 ＝01011

[B]补 ＝10011

[－A]补 ＝10101

(被乘数)A	01011		B_0 B_{-1}	
(乘　积)P	00000	1 0 0 1	1 0	B(乘数/积)
＋[－A]补	10101			
P_1	10101			
右移	11010	1 1 0 0	1 1	
不加(得 P_2)右移	11101	0 1 1 0	0 1	
＋[A]补	01011			
P_3	01000			
右移	00100	0 0 1 1	0 0	
不加(得 P_4)右移	00010	0 0 0 1	1 0	
＋[－A]补	10101			
P＝P_5	10111	0 0 0 1		

所以乘积 [A・B]补 ＝101110001

乘积真值 A・B＝－143

Booth 算法能很好地适应补码乘法的需要，同时还有以下两个优点：

(1) 当遇到乘数代码为连续“1”时，和连续“0”相同，可以不作任何加减运算，只需连续移位，这就为加快乘法运算速度创造了条件。

(2) 无论乘数中相邻两位为何代码，都不会出现连续两次加或减操作，也就不会产生溢出，所以部分积寄存器 A 和加法器只要有一个符号位就够了。

但是，本算法给硬件组成和时序控制也带来少许麻烦，如乘数/积寄存器 B 需要增加一个附加位和一个两位判断逻辑电路；最后一次要封锁移位操作；所得结果的乘积低位部分在 B 寄存器中的位置不符合常规要求等。

2) 补码二位乘

补码乘法也可以采用二位同时乘的方法，把补码的乘数代码分成二位一组，根据二位代码的组合决定加减被乘数的倍数，而形成的部分积每次右移二位。补码二位同时乘的方法可以用布斯乘法过程来推导。

假设用布斯乘法的方法已经求得部分积$[P_i]_补$，则下一步的部分积$[P_{i+1}]_补$可以写为

$$[P_{i+1}]_补 = 2^{-1}\{[P_i]_补 + (B_{i-1} - B_i) * [A]_补\} \tag{3.28}$$

部分积$[P_{i+2}]_补$又可以写为

$$[P_{i+2}]_补 = 2^{-1}\{[P_{i+1}]_补 + (B_i - B_{i+1}) * [A]_补\}$$

把式(3.28)代入上式中，可以得到：

$$[P_{i+2}]_补 = 2^{-2}\{[P_1]_补 + (B_{i-1} + B_i - 2B_{i+1}) * [A]_补\} \tag{3.29}$$

表 3.5 乘数 3 位代码组合构成的判断规则

乘数代码对 $B_{i+1}-B_i$	右邻位 B_{i-1}	加减判断规则	操作
0 0	0	0	右移两位
0 0	1	$+[A]_补$	$+[A]_补$，右移两位
0 1	0	$+[A]_补$	$+[A]_补$，右移两位
0 1	1	$+2[A]_补$	$+2[A]_补$，右移两位
1 0	0	$+2[-A]_补$	$+[-2A]_补$，右移两位
1 0	1	$+[-A]_补$	$+[-A]_补$，右移两位
1 1	0	$+[-A]_补$	$+[-A]_补$，右移两位
1 1	1	0	右移两位

因此，可以根据乘数的两位代码 B_{i+1} 和 B_i 以及右邻位 B_{i-1} 的值的组合作为判断依据，跳过$[P_{i+1}]_补$步，即从$[P_i]_补$直接求得$[P_{i+2}]_补$。乘数的二位代码 B_{i+1} 和 B_i 以及右邻位 B_{i-1} 构成的判断规则如表 3.5 所示。设辅助位 B_{-1} 为 0。最后一次，若乘数代码不足两位，则最高位由符号位扩展。

补码二位乘法的运算过程与布斯乘法是相似的。区别只是判断按三位一组，加减运算有$+[A]_补$、$+2[A]_补$、$+2[-A]_补$、$+[-A]_补$ 4 种情况。$+2[A]_补$、$+2[-A]_补$是采用左移一位加减的方法，为避免左移一位加减法运算结果的溢出，加减法运算可使用三位符号位。每次部分积和乘数一般共同右移二位。

设乘数 $[B]_补 = B_n \cdots B_1 B_0$，可以推导出补码二位乘法中的计算量。

(1) 当 n 为偶数时，乘法运算过程中的总循环次数为 $n/2+1$。最后一次不右移，因为，最后一次是仅仅对符号位的运算。

(2) 当 n 为奇数时，为使运算方法统一，对定点整数可在数值位最高位前补一位（正数补"0"负数补"1"），定点小数可在末位补一位"0"，凑成偶数。

例 3.5 已知 $[A]_{补}=00011$，$[B]_{补}=11010$。则 $[-A]_{补}=11101$。用补码二位乘法计算 $[A*B]_{补}$ 的过程如下：

P	B　B_{-1}	说　明
000 0000	11010　0	开始，设 $B_{-1}=0$，$[P_0]_{补}=0$
+111 1010		$B_1B_0B_{-1}=100$，$+2[-X]_{补}$
111 1010		P 和 B 同时右移二位
111 1110	10 110　1	得 $[P_1]_{补}$
+111 1101		$B_3B_2B_1=101$，$+[-A]_{补}$
111 1011		P 和 B 同时右移二位
111 1110	1110 1　1	得 $[P_2]_{补}$
		$B_4B_4B_3=111$，不做加法
		最后一次不右移

因此 $[A*B]_{补}=111101110$

3.3.3 阵列乘法器

随着半导体技术的不断发展，芯片集成度不断提高，出现了高速乘法模块组成阵列乘法器的形式。高速组合阵列乘法器，采用标准加法单元构成乘法器，即利用多个一位加法器实现乘法运算。假设两个 4 位二进制数相乘，手算时的算式为

				A_3	A_2	A_1	A_0
			×)	B_3	B_2	B_1	B_0
				A_3B_0	A_2B_0	A_1B_0	A_0B_0
			A_3B_1	A_2B_1	A_1B_1	A_0B_1	
		A_3B_2	A_2B_2	A_1B_2	A_0B_2		
+)	A_3B_3	A_2B_3	A_1B_3	A_0B_3			
乘积 C：	C_6	C_5	C_4	C_3	C_2	C_1	C_0

其中每一个位积项 A_iB_i 可用与门产生，对于两个 n 位数相乘的乘法器，可以采用图 3.16所示的单元电路组成阵列乘法器，它把产生 A_iB_i 与加法单元组合在一起，对于 n 位乘法器，要用 n^2 个基本单元。这种由组合电路构成的阵列乘法器见图 3.17。从此图中可以看出，乘法速度受进位延迟限制，为了提高速度，要对所有进位传递路径都设置快速的进位链。这将会使逻辑线路变得很复杂。

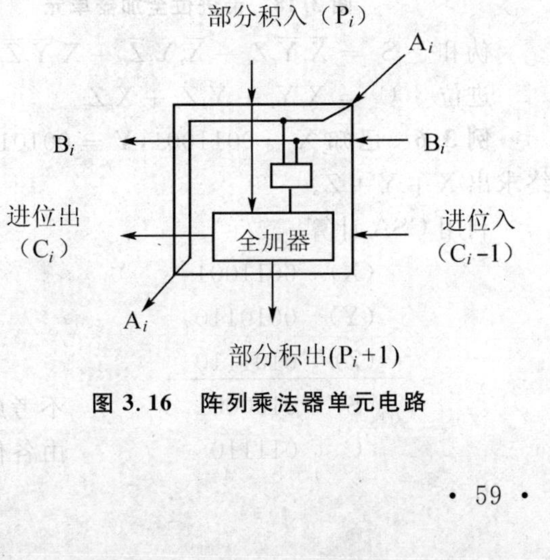

图 3.16　阵列乘法器单元电路

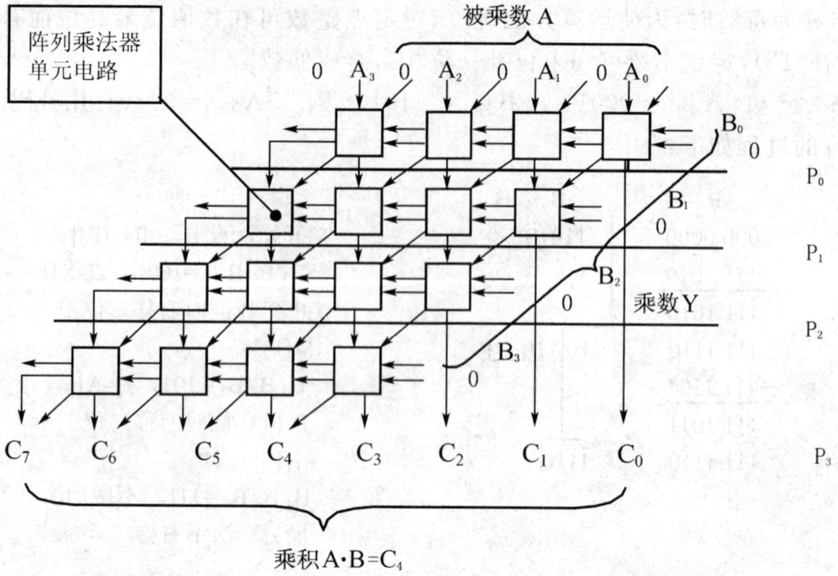

图 3.17　直接实现定点数绝对值相乘的阵列乘法器

为了解决进位问题,采用图 3.20 所示的阵列乘法器。图中最末一行虚线框中采用普通带进位加法器单元(图 3.18),又称进位传递加法器(Carry Propagate Adder),简称 CPA,各单元间可以采用先行进位以提高速度。其他各行采用一种存储进位加法器(Carry Save Adder),简称 CSA。其基本思想是将进位信息暂时保留,留待下一级加法处理。为了与带进位的常规全加器有所区别,又叫做"伪加器",所得的和称为伪加和。图 3.19 是"伪加器"单元符号表示,X_i、Y_i 和 Z_i 是 3 个输入,其逻辑关系如下:

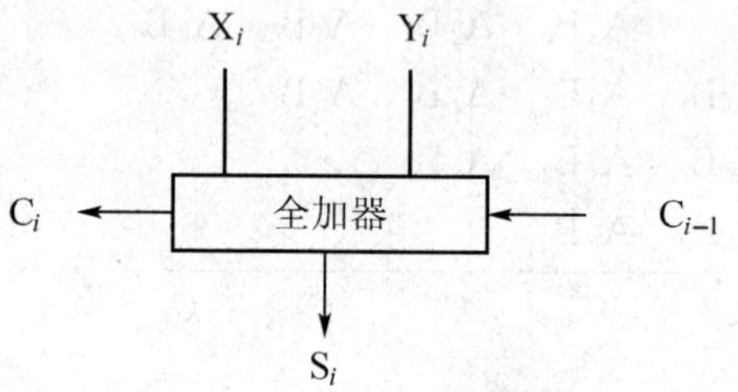

图 3.18　带进位全加器单元

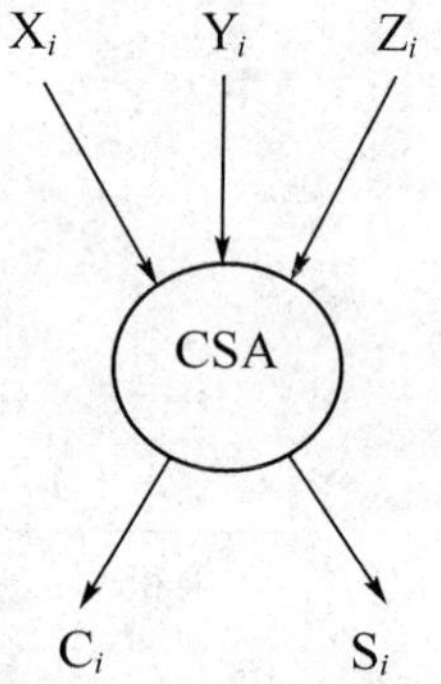

图 3.19　伪加器单元

伪和　$S_i = \overline{X}_i\overline{Y}_iZ_i + \overline{X}_iY_i\overline{Z}_i + X_i\overline{Y}_i\overline{Z}_i + X_iY_iZ_i$

进位　$C_i = X_iY_i + Y_iZ_i + X_iZ_i$

例 3.6　已知 X = 0011001,Y = 0010110,Z = 0101110,用伪加器计算伪和及进位,最终求出 X + Y + Z。

利用 CSA 计算:

(X)	0011001	
(Y)	0010110	
(Z)	0101110	
S	0100001	不考虑进位的伪和
C	011110	由各位分别决定的进位

有了伪和及进位，再利用一级 CPA 即可求得 3 个数之和：

S　0100001

C　011110

∑　1011101　　　由 CPA 实现的求和 (X＋Y＋Z)

图 3.20 正是利用上述原理构成的阵列乘法器。由于 CSA 一级无需考虑进位，它的进位被暂时保留下来不往前传递，因此同级中任意一位 CSA 加法单元的进位输出与伪和输出几乎同时形成，所以送往 CPA 的输入延迟仅与 CSA 的级数(行数)有关，即与乘数位数有关。显然，这种阵列乘法器的速度比图 3.17 线路快得多，并且省去了大量的进位线路。

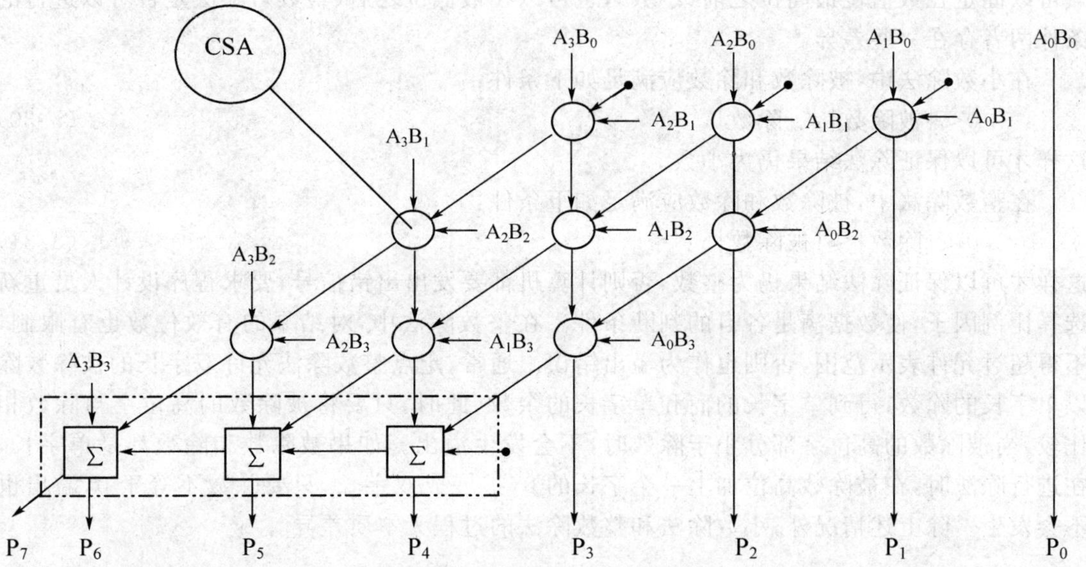

图 3.20　4×4 阵列乘法器原理图

上述阵列乘法器只能进行两个绝对值相乘，若要考虑带符号补码乘法时，一种办法可以在乘法阵列基础上增加被乘数、乘数和乘积的求补电路。输入求补电路分别受被乘数符号位 (A_n) 和乘数符号位 (B_n) 控制，输出求补电路则必须由 A_n 和 B_n 经半加器输出控制。图3.21

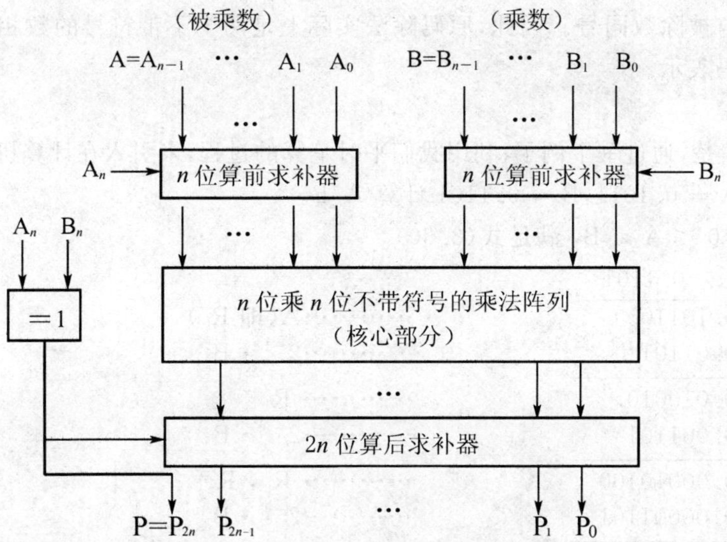

图 3.21　带求补级的阵列乘法器框图

给出 $(n+1)$ 位乘 $(n+1)$ 位带求补级的阵列乘法器框图。

3.4 定点除法运算及实现

除法运算也是计算机的基本运算之一，和乘法运算一样，也可以用多种方法实现。即用纯软件实现；在加法器的基础上增加一些硬件构成时序控制的除法器实现除法运算；设置专用硬件除法器实现除法运算等等。

在定点运算中，除法的算法主要有比较法、恢复余数法和不恢复余数法 3 种。由于小数点可以固定在数值位最高位之前（小数），也可以在最低位之后（整数），除法是否可以进行的条件两者存在一些差异。

在小数除法中，被除数和除数应满足如下条件：

$$0<|\text{被除数}|<|\text{除数}| \tag{3.30}$$

这样才可以保证除法结果仍为小数。

在整数除法中，被除数和除数应满足如下条件：

$$0<|\text{除数}|\leqslant|\text{被除数}| \tag{3.31}$$

这样才可以保证除法结果仍为整数，否则计算机都要发出出错信号，要求程序设计人员重新选择比例因子，使数据满足各自的判断条件。在整数除法中，对结果的有效位数也有限制，不得超过允许表示范围，否则也作为溢出错误。通常，定点整数除法允许双字长的被除数除以单字长的除数，得到单字长的商和单字长的余数，此时，只要将被除数的高位字与除数相比较，当被除数的高位字部分小于除数时，不会发生溢出。如果被除数和除数都是单字长，在进行除法时，在被除数高位加上一个字长的 0，扩展成双字长，只要除数不等于 0，溢出也不会发生。除上述情况外，小数除法和整数除法的过程无本质差异。

3.4.1 原码除法运算

两个原码定点数相除时，类似于原码乘法，其符号与数值部分分开处理，商的符号由两数符号位决定：两数同号，相除得正；两数异号，相除得负。商的数值部分由两数相除得到，余数的符号应与被除数同号。因此，原码除法实际上是两个不带符号的数相除，所得的商和余数也是以原码表示。

1）比较法

为了说明清楚，通过一个例子，利用我们平时笔算的过程，来引入在计算机中实现的过程。

例 3.7 A = 0.1011，B = 0.1101 计算 A/B。

通过比较，$0<A<B$，满足式(3.30)。

```
                0.1101
0.1101√ 0.10110            …………A(即 R0)
        0.01101            …………2^-1 · B
        ----------
        0.010010           ………… R1
        0.001101           …………2^-2 · B
        ----------
        0.00010100         ………… R2，R3
        0.00001101         …………2^-4 · B
        ----------
        0.00000111         ………… R4
```

所以商 Q=0.1101

余数 $R = R_4 = 0.00000111$

满足关系式：$A = Q \cdot B + R$

且 $0 \leqslant |R| < 2^{-n} \cdot B$

其中，$2^{-n} \cdot B$ 是根据除法所要求的精度决定的。本例中 $n = 4$。

上述笔算的过程可以归纳为：

第 1 步，由于 $A < B$，上商 0(注意：此 0 并不是商的符号，而是指示商不会溢出)，A 低位补 0，得到第一次余数 R_0；

第 2 步，R_0 与 $2^{-1} \cdot B$ 比较，因 $R_0 > 2^{-1} \cdot B$，够减，做 $R_0 - 2^{-1} \cdot B$，上商 1，得余数 R_1，低位补 0；

第 3 步，R_1 与 $2^{-2} \cdot B$ 比较，因 $R_1 > 2^{-2} \cdot B$，够减，做 $R_1 - 2^{-2} \cdot B$，上商 1，得余数 R_2，低位补 0；

第 4 步，R_2 与 $2^{-3} \cdot B$ 比较，因 $R_2 < 2^{-3} \cdot B$，不够减，不做减法，上商 0，$R_3 = R_2$，R_3 低位补 0；

第 5 步，R_3 与 $2^{-4} \cdot B$ 比较，因 $R_3 > 2^{-4} \cdot B$，够减，做 $R_3 - 2^{-4} \cdot B$，上商 1，得余数 R_4。至此，获得 4 位有效数的商，除法结束。

所以，上商的规则是：比较被除数(或余数)与逐次乘以 2^{-1} 的除数，若被除数(或余数)大于或等于除数，说明够减，则做减法，上商 1；否则不做减法，上商 0；然后再求下一位商。

笔算所采用的方法就是比较法。在计算机中实现时所不同的是：判断上商时，它用部分余数左移与除数比较(即比较 $2 \cdot R_i$ 与 B)，以代替除数右移与部分余数比较。这样做的好处是使每次比较的两数相对于加法器的位置保持不变。但是，由于每次所得的余数多乘了 2，对于 n 位商最后的余数多了 2^n，所以正确的余数应为 $2^{-n} \cdot R_n$。

在比较法中主要通过比较两数的大小决定上商的值，需要用到比较器。因此，在计算机中常用减法来代替比较器，根据减法结果的正负判断两数的大小，下面将讨论这种算法。

2) 恢复余数法

用减法来实现两数的比较。即先做减法，余数为正表示够减，上商 1；反之余数为负，不够减，上商 0，同时要恢复原来的余数(因为已经做了一次减法)，所以称之为"恢复余数法"。

若已知两个正的定点小数 A 和 B，$A = 0.A_{n-1} \cdots A_0$，$B = 0.B_{n-1} \cdots B_0$，求解 A/B 的商和余数的方法如下：

第 1 步，$R_0 = A - B$

若 $R_0 < 0$，则上商 $q_0 = 0$，同时恢复余数：$R_0 = R_0 + B$。

若 $R_0 \geqslant 0$，则上商 $q_0 = 1$。

这里求得的商 q_0 位并不是符号位，而代表两定点小数相除时的整数部分。显然，两定点小数相除的结果也应是定点小数。因此，当被除数大于除数时，也就是 $q_0 = 1$ 时，将当作溢出处理。因为它没有满足式(3.30)规定的定点小数除法应满足的条件。

第 2 步，若已求得第 i 次的部分余数为 R_i，则第 $i+1$ 次的部分余数为：$R_{i+1} = 2R_iB$

若 $R_{i+1} < 0$，则上商 0，同时恢复余数：$R_{i+1} = R_{i+1} + B$。

若 $R_{i+1} >= 0$，则上商 1。

第 3 步，不断循环执行第 2 步，直到求得所需位数的商为止。

例 3.8 已知 $A = -0.1011$，$B = 0.1101$，试用恢复余数法计算 A/B。

$[A]_原 = 1.1011$，　　　　$[B]_原 = 0.1101$

$[|A|]_原 = 0.1011$，　　　　$[|B|]_原 = 0.1101$

$[|B|]_补 = [B]_补 = 0.1101$

$[-|B|]_补 = [-B]_补 = 1.0011$

	除数 B	0.1101	↓上商位	
操　作	被除数/余数 A	0.1011	0.0000　Q商	说　明
$+[-\|B\|]_补$		1.0011		A−B
上商 0		1.1110	0	$R_0<0$，商“0”（此0非商符，可不保留）
$+[\|B\|]_补$		0.1101		+B（恢复余数）
		0.1011		
左移一位	←	1.0110	00	R_0 及商 Q 同时左移一位
$+[-\|B\|]_补$		1.0011		−B
上商 1		0.1001	01	$R_1>0$，商“1”
左移一位	←	1.0010	010	R_1 及商 Q 同时左移一位
$+[-\|B\|]_补$		1.0011		−B
上商 1		0.0101	011	$R_2>0$，商“1”
左移一位	←	0.1010	0110	R_2 及商 Q 同时左移一位
$+[-\|B\|]_补$		1.0011		−B
上商 0		1.1101	0110	$R_3<0$，商“0”
$+[\|B\|]_补$		0.1101		+B（恢复余数）
		0.1010		
左移一位	←	1.0100	01100	R_3 及商 Q 同时左移一位
$+[-\|B\|]_补$		1.0011		−B
上商 1		0.0111	01101	$R_4>0$，商“1”

商符 $= 1 \oplus 0 = 1$，余数符号 = 被除数符号 = 1

所以商 $[Q]_原 = 1.1101$，余数 $[R]_原 = 1.0111 \times 2^{-4}$。

3）不恢复余数法

在用“恢复余数法”做减法时，要做若干次的恢复余数的操作，这样，会增加运算时间。通过对余数的形成过程的分析，找到改善除法算法的方法。

设：A 为被除数，B 为除数，R_{i-1}、R_i、R_{i+1}、$(i = 1, 2, 3, \cdots, n, R_0 = A)$ 为依次形成的 3 个余数，则

$$R_i = 2R_{i-1} - B$$

当 $R_i \geqslant 0$ 时，说明够减，上商 1，下一步左移一位，再减 B，即

$$R_{i+1} = 2R_i - B \tag{3.32}$$

当 $R_i < 0$ 时，说明不够减，上商 0，下一步做 $R_i + B$（恢复余数），左移一位，再减 B，即

$$R_{i+1} = 2(R_i + B) - B = 2R_i + B \tag{3.33}$$

由此可见，当出现“不够减”时，不必恢复余数，只要根据余数的符号分别进行式(3.32)或式

(3.33)的操作，即

当余数为正时，上商 1，余数左移一位，减除数；

当余数为负时，上商 0，余数左移一位，加除数。

所以此法称为“不恢复余数法”（又称为“加减交替法”）。

不恢复余数除法算法的基本步骤归纳如下：

第 1 步，$R_0 = A - B$

若 $R_0 < 0$，则上商 $q_n = 0_i$；

若 $R_0 \geqslant 0$，则上商 $q_n = 1$。

q_n 代表两定点小数相除时的整数部分，当 $q_n = 1$ 时，将当作溢出处理。

第 2 步，若已求得部分余数 R_i，则第 $i+1$ 次的部分余数为：

若 $R_i < 0$，则上商 0，$R_{i+1} = 2R_i + B$，上一步中多减去的 B 在这一步中弥补回来；

若 $R_i \geqslant 0$，则上商 1，$R_{i+1} = 2R_i - B$，保持原有的除法过程。

第 3 步，不断循环执行第 2 步，直到求得所需位数的商为止。

结束时，若余数为负值，要执行恢复余数的操作 $R_n = R_n + B$。

例 3.9 为了比较两种方法，用“不恢复余数法”重做例 3.8。

$(A = -0.1011, B = 0.1101)$

$[A]_{原} = 1.1011$，　　$[B]_{原} = 0.1101$

$[|A|]_{原} = 0.1011$，　　$[|B|]_{原} = 0.1101$

$[|B|]_{补} = [B]_{补} = 0.1101$

$[-|B|]_{补} = [-B]_{补} = 1.0011$

<table>
<tr><td></td><td>除数 B　0.1101</td><td></td><td>上商位</td></tr>
<tr><td>操　　作</td><td>被除数/余数 A</td><td>0.0000</td><td>Q 商　　说　　明</td></tr>
<tr><td></td><td>0.1011</td><td></td><td></td></tr>
<tr><td>+[−|B|]补</td><td>10011</td><td></td><td>A−B</td></tr>
<tr><td></td><td>11110</td><td>0</td><td>余数R0<0，除法不溢出，可以进行</td></tr>
<tr><td>左移一位</td><td>11110</td><td>00</td><td>R0及商 Q 同时左移一位</td></tr>
<tr><td>+[|B|]补</td><td>01101</td><td></td><td>+B</td></tr>
<tr><td>上商 1</td><td>01001</td><td>01</td><td>R1>0，商“1”</td></tr>
<tr><td>左移一位</td><td>10010</td><td>010</td><td>R1及商 Q 同时左移一位</td></tr>
<tr><td>+[−|B|]补</td><td>10011</td><td></td><td>−B</td></tr>
<tr><td>上商 1</td><td>00101</td><td>011</td><td>R2>0，商“1”</td></tr>
<tr><td>左移一位</td><td>01010</td><td>0110</td><td>R2及商 Q 同时左移一位</td></tr>
<tr><td>+[−|B|]补</td><td>10011</td><td></td><td>−B</td></tr>
<tr><td>上商 0</td><td>11101</td><td>0110</td><td>R3<0，商“0”</td></tr>
<tr><td>左移一位</td><td>11010</td><td>01100</td><td>R3及商 Q 同时左移一位</td></tr>
<tr><td>+[|B|]补</td><td>01101</td><td></td><td>+B</td></tr>
<tr><td>上商 1</td><td>0.0111</td><td>01101</td><td>R4>0，商“1”</td></tr>
</table>

商符 $= 1 \oplus 0 = 1$，余数符号 = 被除数符号 = 1

所以　商$[Q]_{原} = 1.1101$，余数 $[R]_{原} = 1.0111 \times 2^{-4}$

4) 原码除法器的组成

除法运算与乘法运算类似，可分解为一系列的加减操作和移位操作来实现。因此可根据具体的算法规则，组成时序除法器，通过对内部控制时序发生器的控制，完成除法运算。

图 3.22 给出了实现原码除法的原理框图。寄存器 A 用来存放被除数或余数。寄存器 Q 双字长时存放被除数低位，单字长时存放商数。在运算过程中商将从末位逐次被左移存入。

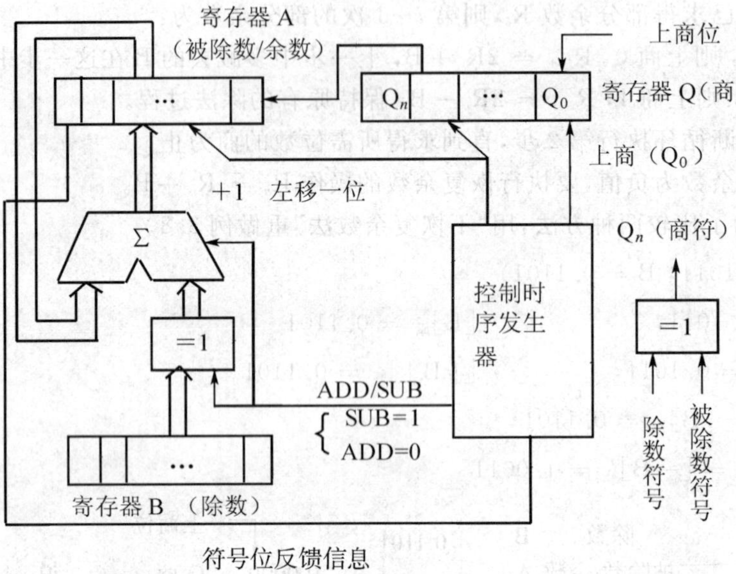

图 3.22　原码除法器原理图

考虑到双字长被除数参加运算，所以 A 和 Q 两个寄存器（除 Q 的符号位外）可以联合左移。除数存放在寄存器 B 中。

控制时序发生器是按照不同算法设计的，它根据加（或减）运算结果的符号位决定上商 Q_0 的值（1 或 0）、左移一位以及下一步是做加法还是减法等。这一系列控制信号使除法器完成除法运算的功能。

在实际情况中，时序除法器的一些电路，如寄存器 A、B、Q 等，与乘法器是兼容的，由于乘法时要实现右移，所以寄存器 A 和 Q 应是双向移位寄存器。

3.4.2　补码除法运算

补码除法与补码加减法一样，符号位与数值位一起参加运算，商的符号位与数值位由统一的算法求得，这种带符号位的运算显然要比上述不带符号位的除法复杂。下面讨论补码不恢复余数除法。

1) 比较规则

在求商过程中，不断比较被除数$[A]_{补}$（或余数$[R_i]_{补}$）与除数$[B]_{补}$的大小，以判断“够减”或“不够减”。

当被除数$[A]_{补}$与除数$[B]_{补}$同号时，应做减法来比较两者大小，若余数$[R_i]_{补}$与除数$[B]_{补}$同号(即$[R_i]_{补}$与$[A]_{补}$同号)，则表示“够减”，否则为“不够减”。

当被除数$[A]_{补}$与除数$[B]_{补}$异号时，应做加法来比较两者大小，若余数$[R_i]_{补}$与除数$[B]_{补}$异号(即$[R_i]_{补}$与$[A]_{补}$同号)，则表示“够减”，否则为“不够减”。

由于在运算中被除数$[A]_{补}$将被新余数$[R_i]_{补}$所代替，不再保留，而除数$[B]_{补}$则保持不变，所以用$[R_i]_{补}$与$[B]_{补}$进行符号比较更方便(见表3.6)。

2) 上商规则

在补码除法中，商也应该是补码表示。

表 3.6　补码不恢复余数除法的运算规则

$[A]_{补}$与$[B]_{补}$的符号比较	商符	操　作	$[R]_{补}$与$[B]_{补}$的符号比较	上商	下一步操作(求新余数)
同　号	0	$[A]_{补}-[B]_{补}$	同号(够减) 异号(不够减)	1 0	$[R_{i+1}]_{补}=2[R_i]_{补}-[B]_{补}$ $[R_{i+1}]_{补}=2[R_i]_{补}+[B]_{补}$
异　号	1	$[A]_{补}+[B]_{补}$	同号(不够减) 异号(够减)	1 0	$[R_{i+1}]_{补}=2[R_i]_{补}-[B]_{补}$ $[R_{i+1}]_{补}=2[R_i]_{补}+[B]_{补}$

当$[A]_{补}$与$[B]_{补}$同号时，商为正，其补码表示与原码相同，所以与原码除法一样，够减，上商1；不够减，上商0。

当$[A]_{补}$与$[B]_{补}$异号时，商为负，按补码规则商的各位应与原码相反，所以可按反码规则上商，够减，上商0；不够减，上商1。除法结束后，再在末位加1，得到补码表示的商。

综合比较规则和上商规则，可得出上商规律(见表3.6)。

$[R_i]_{补}$与$[B]_{补}$同号上商1。

$[R_i]_{补}$与$[B]_{补}$异号上商0。

3) 求新余数

求新余数的规则与原码不恢复余数除法一样，前一次上商1，下一步做减除数操作；前一次上商0，下一步做加除数操作。(见表3.6)。

4) 求商符

同号相除为正，商符为0；异号相除为负，商符为1。但这规则与比较$[R]_{补}$与$[B]_{补}$的符号上商的规则不统一，用下面求商符的方法：

按(表3.6)给出的规则先做$[A]_{补}\pm[B]_{补}$，然后按求商值的规则求商符。

当$[A]_{补}$与$[B]_{补}$同号时，作$[A]_{补}-[B]_{补}$，由于$|A|<|B|$(否则发生溢出)，肯定不够减。

$[R]_{补}$与$[B]_{补}$异号，上商0，这正是商的正确符号(同号相除为正)。

当$[A]_{补}$与$[B]_{补}$异号时，作$[A]_{补}+[B]_{补}$，结果$[R]_{补}$与$[B]_{补}$同号，上商1，也与正确商符(负)一致。

上述做法的优点是求商符与求商值的规则统一，缺点是第一次要做$[A]_{补}\pm[B]_{补}$，而不是做$2[A]_{补}\pm[B]_{补}$，和求商值的操作不统一。

例 3.10　已知 $A=0.1000$，$B=-0.1010$，试用补码不恢复余数法计算 A/B。

由于在运算过程中既有余数左移操作又要比较余数符号位，故采用两位符号位。

$[A]_{补}=00.1000$

$[B]_{补} = 11.0110$

$[-B]_{补} = 00.1010$

操作		B 11.0110 A 00.1000	0000 Q	说明
$+[B]_{补}$		11.0110		A与B异号，+B
上商1	(R_1)	11.1110	1	R_1与B同号，商1(Q_0)
	⟵	11.1100	10	R_1与Q左移一位
$+[-B]_{补}$		00.1010		因$Q_0=1$，故$-B$
上商0	(R_2)	00.0110	10	R_2与B异号，商0(Q_1)
	⟵	00.1100	100	R_2与Q左移一位
$+[B]_{补}$		11.0110		因$Q_1=0$，故$+B$
上商0	(R_3)	00.0010	100	R_3与B异号，商0(Q_2)
	⟵	00.0100	1000	R_2与Q左移一位
$+[B]_{补}$		11.0110		因$Q_2=0$，故$+B$
上商1	(R_4)	11.1010	1001	R_4与B同号，商1(Q_3)
	⟵	11.0100	10010	R_4与Q左移一位
$+[-B]_{补}$		00.1010		因$Q_3=1$，故$-B$
	(R_5)	11.1110		

假商 $= 1.0010$

真商$[Q]_{补} = 1.0010 + 0.0001$（末位加1的校正量）$= 1.0011$

商的真值 $=-0.1101$

余数：$2^{-4}[R_5]_{补} = 2^{-4}(11.1110) = 1.11111110$

余数真值 $=-0.0010\times 2^{-4}$（注意这里的余数不与被除数同号）

3.4.3 阵列除法器

和阵列乘法器相似，采用阵列除法器特别适合于大规模集成电路的制造。与常规除法器相比，阵列除法器不仅所需要的控制电路较少，而且能够提供令人满意的高速运算。

目前出现的阵列除法器有多种形式，如恢复余数阵列除法器，不恢复余数阵列除法器等。这里仅介绍较简单的、直接实现定点数绝对值相除的阵列除法器。

图3.23是该阵列除法器中的一个基本单元，其中C是控制信号，它可以为"1"，也可以为"0"，A是被减数中的一位（在阵列除法器中为部分余数输入），B是减数相应位（除法器中的除数），T是借位入信号，即低位单元的借位，U是借位出信号，送往高位当作借位入信号，单元电路实现的逻辑是：

$$D = A \oplus \overline{C}(B \oplus T)$$

$$U = \overline{A}B + \overline{A}T + BT$$

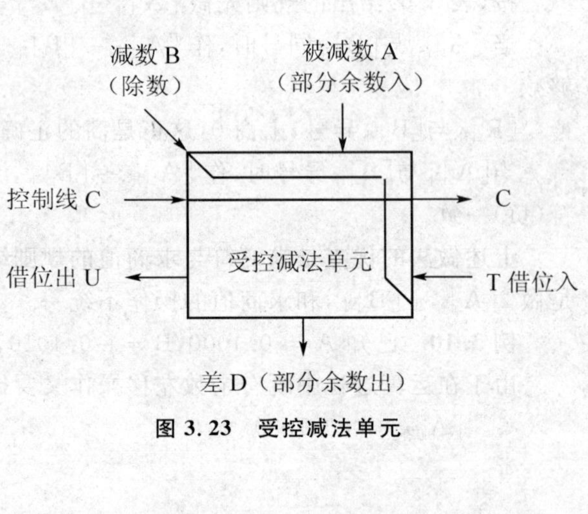

图3.23　受控减法单元

当 C = 0 时，D = A − B − T（做减法）；

当 C = 1 时，D = A（不做减法）。

利用图 3.23 的受控减法单元组成图 3.24 所示的阵列除法器。其中每一行相当于一个若干位的减法器，每一行的最左端把 C 和 U 连接在一起，如果够减，则最高位无借位，即 U = 0。这样全行的各位 C 均为 0，于是做减法，输出两数之差，这个差值也就是部分余数，送往下一行。同时减数 B 也右移一位后送往下一行，其作用等效于把部分余数左移了一位。当一行的部分余数小于除数时，即不够减，该行的最高位有借位，U = C = 1，所以使本行的输出 D = A，即不进行减法，把被减数直接作为余数输出，送给下一行。不够减时，U = 1，经反相器使 $Q_i = 0$，实现上商"0"。反之，够减时，U = 0，实现上商"1"。

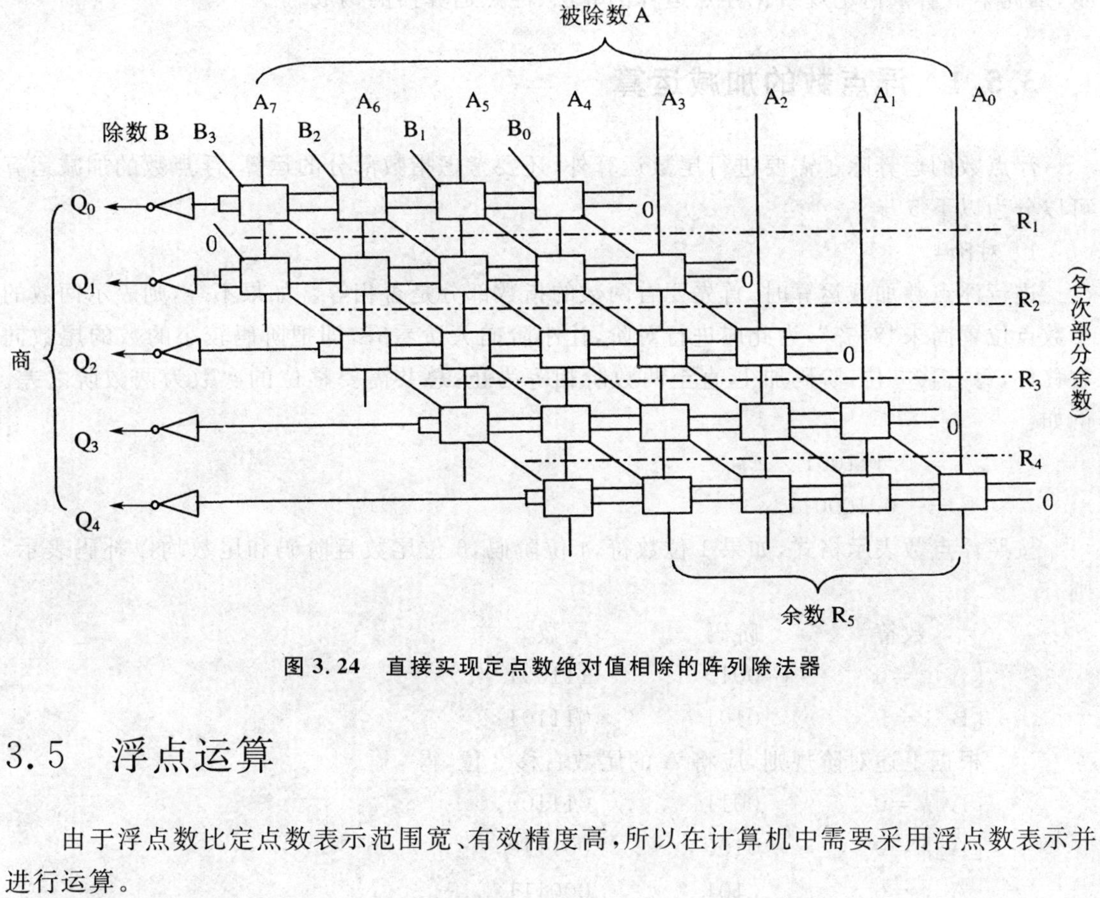

图 3.24　直接实现定点数绝对值相除的阵列除法器

3.5　浮点运算

由于浮点数比定点数表示范围宽、有效精度高，所以在计算机中需要采用浮点数表示并进行运算。

设浮点数 X 表示为

$$X = S.M * R^E$$

可见一个浮点数主要由两部分构成（见图 3.25）：表示数的有效数字的尾数部分 M 及表示数的因子中基数 R 的幂次的指数部分 E。S 是数符，基数 R 可以预先约定，不必表示出来。

通常浮点数小数点的位置隐含在第一个有效数字的左边，当基 R = 2 时，如果规定第一个有效数字必须为非零值，即尾数的绝对值大于 0.1（二进制），这种浮点数称为是规格化

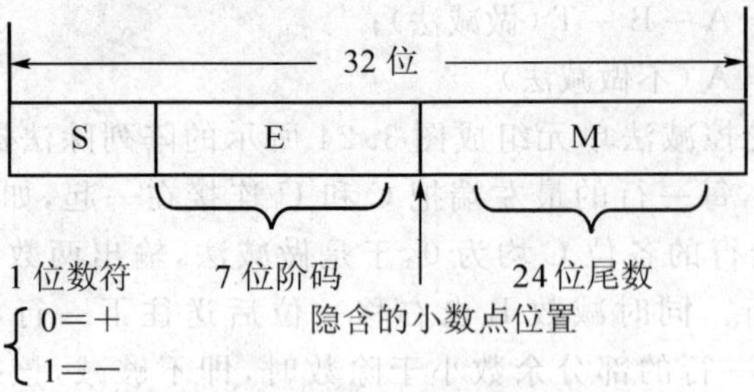

图 3.25 浮点数格式

的，否则为非规格化的。当然，若尾数用补码表示，则当浮点数为负时，第一个有效数字必须为零才算格式化。由于在计算机中，为保证浮点数的精确度，所有浮点数必须采用规格化表示，因此本节着重讨论规格化浮点运算的算法、浮点运算器的构成。

3.5.1 浮点数的加减运算

浮点数的运算除了需要进行尾数运算外，还要考虑指数部分的运算，浮点数的加减运算可以分为以下 5 步。

1）对阶

进行浮点数加减运算时，首先要看两数的指数部分是否相等。如果不等，则表示两数的小数点位置尚未“对齐”，为此应进行对阶，让小阶向大阶看齐，即把阶码较小的数的尾数向右移位，每右移一位，阶码加 1，直至两数阶相等为止，总共需要移位的次数为两数阶之差。例如：

$A = 0.111001 \times 2^2$

$B = -0.100011 \times 2^5$

按照浮点数表示格式，如果 1 位数符，4 位阶码，6 位尾数且阶码和尾数均以补码表示，则有

	数符	阶码	尾数
$[A]_{补}=$	0	0010	111001
$[B]_{补}=$	1	0101	011101

根据上述对阶规则，应将 A 的尾数右移 3 位，得

$[A]_{补}^{I}=$	0	0011	011100
$[A]_{补}^{II}=$	0	0100	001110
$[A]_{补}^{III}=$	0	0101	000111

至此，$[A]_{补}^{III}$与$[B]_{补}$的阶码部分相同，对阶完毕。

2）求和/差

对阶后即可进行尾数的加减运算，对阶后的阶码即是和或差的阶，尾数运算与定点小数一样，假设运算时采用双符号位：

$$\begin{array}{r} 00.000111 \\ (+)\quad 11.011101 \\ \hline 11.100100 \end{array}$$

则 $[A+B]_{补} = 1.0101\quad 100100$

3）规格化

假设浮点数的尾数用补码表示，且加减运算时采用双符号位，则规格化形式的尾数应是如下形式：

尾数为正数时：001xx…x。其中，高位的00为双符号位，其后的1为最高数值位的值，再后面的数值位的值可以是任意值，这里用x表示。

尾数为负数时：110xx…x。其中，高位的11为双符号位，其后的0为最高数值位的值，再后面的数值位的值可以是任意值，这里用x表示。

尾数违反规格化的情况有以下两种可能：

(1) 尾数加减运算中产生溢出。表现为尾数中符号位的异常。

正溢出时，符号位为01；负溢出时，符号位为10。规格化采用的方法是：尾数右移一位，阶码加1。这种规格化称为右规。

若采用一位符号位，则按照相应公式（如式(3.24)等）判断溢出，仍采用右规方法，使其满足规格化。

(2) 尾数的绝对值小于二进制的0.1。补码形式的尾数表现为最高数值位与符号位相同。

$$\text{尾数为正数时：}\underset{\text{符号位}}{00}\quad \underset{\text{数值位}}{\overbrace{00\cdots0}^{n\text{个}0}1x\cdots x}$$

$$\text{尾数为负数时：}\underset{\text{符号位}}{11}\quad \underset{\text{数值位}}{\overbrace{11\cdots1}^{n\text{个}1}0x\cdots x}$$

此时，规格化采用的方法是：符号位不动，数值位逐次左移，阶码逐次减1，直到满足规格化形式的尾数，即最高数值位与符号位不相同为止。这种规格化称为左规。

如前例： $[A+B]_{补} = 1\quad 0101\quad 100100$

应左规为

$$[A+B]_{补} = 1\quad 0100\quad 001000$$

4）舍入

无论在对阶时阶小的数右移或运算结束时右规，都会由于低位超出计算机允许字长被丢弃而引起误差。为了减少误差，通常要进行舍入处理。

令浮点数尾数的机器字长为 p（不计符号位），而舍入前尾数有 $p+q$ 位。那么如何处理这多余的 q 位而使最终的 p 位具有较好的精确性，这就是舍入要解决的问题。可供采用的舍入方法有许多种。由于出发点不同，它们各有优缺点，要根据实际条件进行比较和使用。

(1) 恒舍：这是一种最简单的舍入方法，不论超过 p 位的 q 位为何值，一概舍去，仅保留前面的 p 位，所以右规时舍去最低有效位。

(2) 恒置1：不论 q 位为何值，在被保留的 p 位之末位上恒置1。由于"恒置1"法简单易行且比较合理，因而在计算机中得到广泛的应用。

(3) 0舍1入：如果 q 位部分之最高位为0时，则舍去整个 q 位部分；如果最高位为1

时，则舍去 q 位，而在前面 p 位部分的最低位上加 1。

这种方法比"恒舍"法合理且误差比"恒置 1"法小，其缺点是必须增加一次加法操作，由此可能会引起尾数溢出，又要进行右规，且再一次检查阶码是否溢出，这都会增加运算时间。

5) 阶码溢出判断

浮点数的运算结果是否溢出，应由阶码来判断，在对运算结果进行左规或右规时，要对阶码做加减运算，有可能发生阶码溢出，为了便于判断，运算时阶码也可以采用变形补码表示。当阶码两个符号位等于 01 时为上溢，表示浮点数已超过允许表示范围的上限，当作正或负(根据尾数符号)无穷大处理，置阶上溢标志。当阶码两个符号位等于 10 时为下溢，当作机器零处理。但是为了与尾数为零时作机器零有所区别，对阶下溢的情形再增设一个阶下溢标志，另作特殊考虑。

3.5.2 浮点数的乘除运算

浮点数的乘除运算步骤相似于浮点数的加减运算步骤。两者的主要区别是浮点数的加减运算需要对阶，而对浮点数的乘除运算，则没有这一步。两者对结果的处理却是一样的，都包括结果数据规格化、舍入处理和溢出判断。

对两个规格化的浮点数

$$A = M_a \cdot R^{Ea}$$

$$B = M_b \cdot R^{Eb}$$

则两数相乘

$$A \times B = (M_a \times M_b) \cdot R^{(Ea+Eb)} \tag{3.34}$$

两数相除

$$A \div B = (M_a \div M_b) \cdot R^{(Ea-Eb)} \tag{3.35}$$

下面分别讨论浮点数的乘法和除法运算。

1) 浮点数乘法运算

两浮点数相乘，乘积的阶码为相乘两数的阶码之和，尾数为相乘两数之积。可以表示为

$$M_c = M_a \times M_b \qquad E_c = E_a + E_b$$

实际进行的是定点数的乘法和加法。因此，在运算方法上除了需要对乘积进行规格化和舍入外，没有更多的新内容要讨论。

(1) 尾数规格化

M_a 和 M_b 都是绝对值大于或等于 0.1 的二进制小数，因此，两数乘积 $M_a \times M_b$ 的绝对值是大于或等于 0.01 的二进制小数。不可能溢出，所以不需要右规。对于左规来说，最多一位，即 M_c 最多左移一位，阶码 E_c 减 1。

(2) 尾数舍入处理

$M_a \times M_b$ 产生双字长乘积，如果只要求得到单字长结果，那么低位乘积就进行舍入处理(舍入方法与浮点加减法一样)。若要求保留双字长乘积，就不需要进行舍入处理。

(3) 阶码溢出判断

对阶码的溢出判断完全相同于浮点数加减法运算的相应操作。

2）浮点数除法运算

两浮点数相除，商的阶码为被除数的阶码减去除数的阶码。商的尾数为相除两数的尾数之商。可以表示为

$$M_c = M_a / M_b \qquad E_c = E_a - E_b$$

要注意的问题如下：

(1) 数是否为0，若 $M_b = 0$，出错报告。

(2) 在定点小数除法中，被除数的绝对值应小于除数的绝对值，除法才可以进行，而浮点规格化数相除，两数的尾数不一定能满足条件。解决的方法：可以先调整被除数尾数，使其右移一位，阶码加一，因为除数和被除数原来都是规格化数被除数尾数右移一位后一定小于除数，可按定点小数除法进行下去。

(3) 尾数规格化。

(4) 尾数舍入处理。

(5) 阶码溢出判断。

(3)、(4)、(5)相同于浮点数加减的相应操作。

在上述讨论中我们假定基数 $R = 2$，如果在一定字长下，为了扩大数的表示范围，R 可以等于4、8、16等。假定某计算机具有32位字长，考虑到既有足够大的表示范围又能保证尾数精度，将其中的24位留作尾数M，1位数符S，7位分配给指数E，并取隐含基为16。此时，所能表示的浮点数为 $S.M \times 16^E$。当进行尾数规格化时，则每次需要移动4位，阶码才加(减)1。当尾数M满足

$$1/16 \leqslant |M| < 1$$

时，即对原码而言，尾数前4位中任意一位为1时，则认为是规格化的，称为十六进制规格化数。

若阶码采用移码表示，7位带符号的移码(又称为余数64码)可表示为

$$E_1 = E + 64$$

其中E是真正的阶值，$-64 \leqslant E \leqslant 63$。当进行阶码相加时

$$\begin{aligned} E'_1 + E'_2 &= E_1 + 64 + E_2 + 64 \\ &= (E_1 + E_2) + 128 \end{aligned}$$

故需要修正，减去移码偏移量 $64(= 2^{7-1})$，即

$$\begin{aligned} E'_1 + E'_2 &= E_1 + E_2 + 128 - 64 \\ &= E_1 + E_2 + 64 \end{aligned}$$

同样，当移码表示的阶码相减时，需要加上偏移量64修正：

$$\begin{aligned} E'_1 - E'_2 &= E_1 + 64 - (E_2 + 64) + 64 \\ &= (E_1 - E_2) + 64 \end{aligned}$$

3.5.3 浮点运算部件

实现浮点四则运算的方案有多种，大致可以分为二类：第一类主要利用硬件方法构成专用的浮点运算部件，这类部件可以具有很高的运算速度，但需要的设备量大，代价高，专用性

强，过去一般用于高性能处理机中，现在一般微处理器中都集成有浮点运算部件。第二类用软件的方法，利用机器指令编制程序实现浮点运算，不需要专门的浮点运算硬件，实现简单、灵活，但运算速度慢，一般适用于一些低端处理器，如单片机。

1）浮点加减运算部件

浮点加减运算需要对阶码和尾数分别予以不同的处理。图 3.26 是浮点加减运算部件的逻辑框图。

设 A、B 两寄存器分别存放两个操作数，比较器 P 负责比较两阶码 E_a、E_b 的大小，输出大阶作为结果的阶码 E，同时将阶差△E 送入计数器 EC_1（Exponent Counter）中，$\triangle E = E_a - E_b$。然后根据 EC_1 的符号位来判断 E_a 与 E_b 中哪一个阶码较小，把较小的阶所对应的尾数连同符号位一起（在移位寄存器 A1 或移位寄存器 B1 中）进行右移。每右移一位时，由 EC_1 的符号位控制 EC_1+1 或 EC_1-1，直止 $EC_1=0$ 为止。对阶后，尾数运算部件作加/减运算，结果存入寄存器 C_1。而后检测电路 1 检查结果是否有溢出以及结果是否为规格化数，根据检测结果发出左移、右移及直送信号，控制移位寄存器 C_2 的移位。

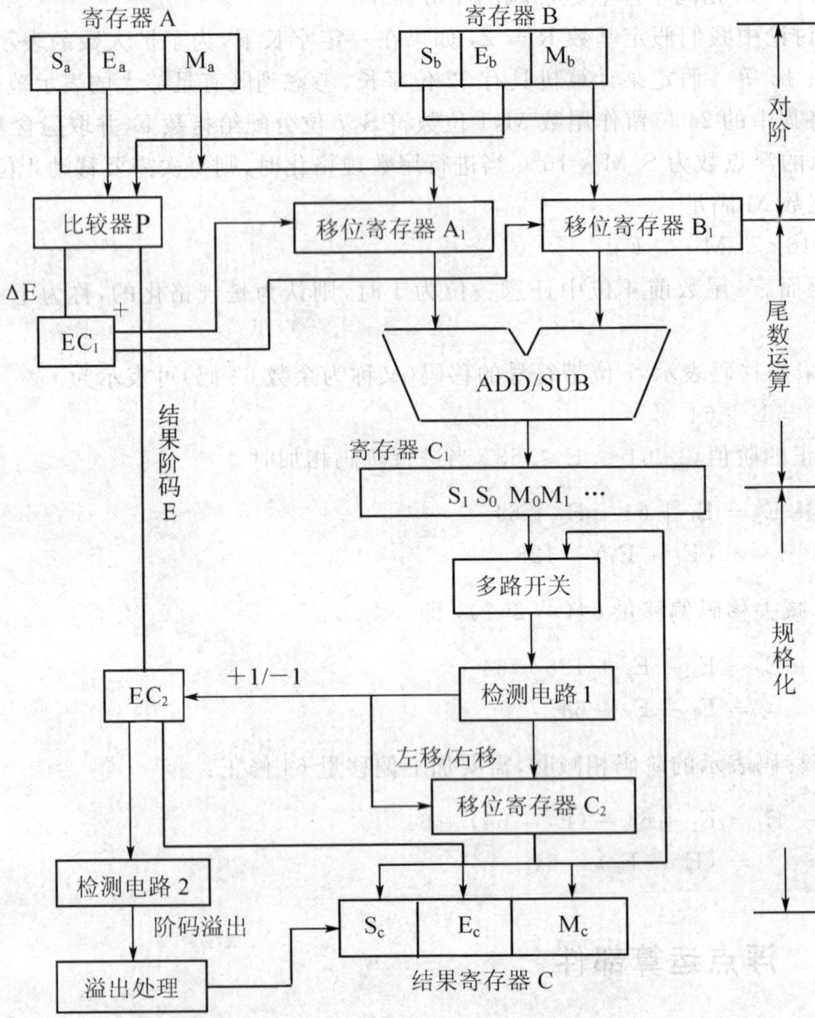

图 3.26 浮点加减运算部件逻辑框图

结果的阶码 E 在 EC_2 中，根据检测电路 1 发出的信号控制 EC_2 作 +1、-1 或保持原值。检测电路 2 根据 EC_2 中的符号位的变化判断阶码是否溢出，如有溢出则置溢出标志，对结果作特殊处理。

由于符号位与尾数一起运算，所以经过规格化处理后符号位和尾数一起从移位寄存器 C_2 送入结果寄存器 C。EC_2 输出结果的阶码也送入结果寄存器 C。

2）*浮点乘法运算部件*

乘数和被乘数分别放在寄存器 A 和寄存器 B 中，S 是一个异或门，其输出是结果的符号位（$S_c = S_a \oplus S_b$），加法器 ADD 计算结果的阶码（$E_c = E_a + E_b$）。阵列乘法器完成尾数相乘的计算（$M_c = M_a \times M_b$）。而后检测是否为规格化数，即尾数的最高位与符号位是否相同，如不同则发出移位信号 E_{c-1}，同时，移位寄存器 C_1 左移。

若尾数是补码表示的规格化数，则在阵列乘法器中增加求补电路。

在浮点乘法运算中，乘积的阶码为两乘数阶码之和，所以积的阶码有溢出可能，检测电路 2 检查从 ADD 输出的阶码是否溢出，同时置溢出标志。乘积的结果最后放在结果寄存器 C 中。

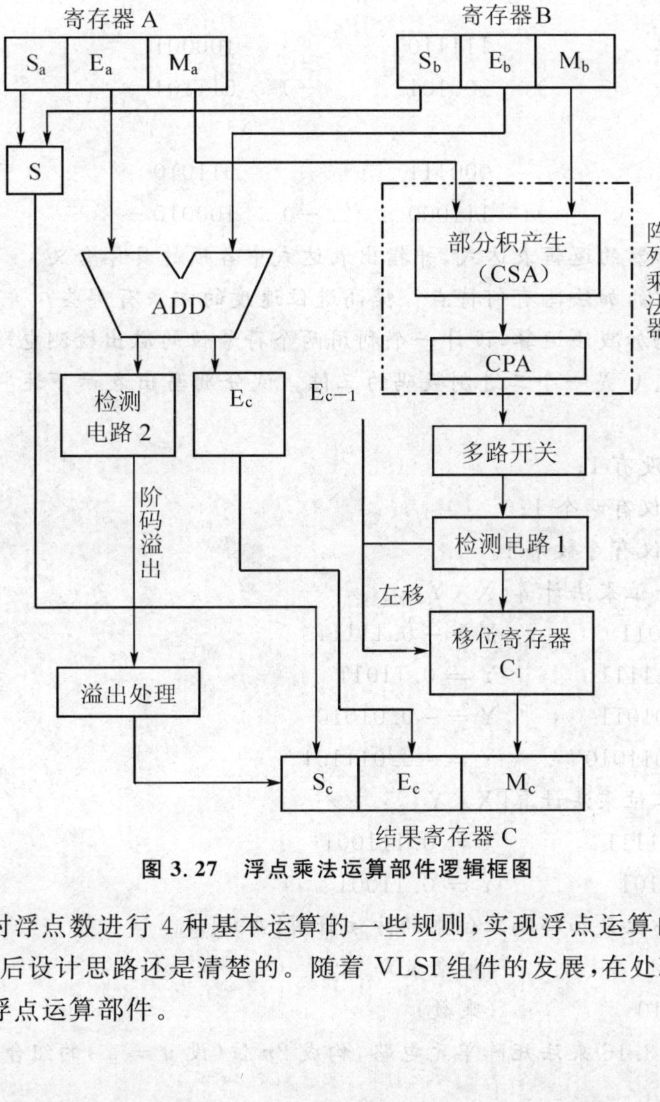

图 3.27　浮点乘法运算部件逻辑框图

本节讨论了对浮点数进行 4 种基本运算的一些规则，实现浮点运算的硬件电路是复杂的，但算法确定以后设计思路还是清楚的。随着 VLSI 组件的发展，在处理机芯片中将会集成功能更强大的浮点运算部件。

习　题　3

3-1　按补码运算规则，计算$[X+Y]_{补}$及$[X-Y]_{补}$，并对结果进行讨论。

(1) $X = 0.110011$　　$Y = -0.001111$

(2) $X = -0.110011$　　$Y = 0.001101$

(3) $X = -0.111111$　　$Y = -0.000001$

(4) $X = -0.011111$　　$Y = -0.000010$

3-2　下列加减问题中的二进制数为带符号的补码表示的6位数，进行所规定的运算，指出发生上溢及不发生上溢的情况，并将操作数及结果转换为十进制的数以检查你的回答。

010110 +）001001	101011 +）100101	111111 +）000111
011001 +）010000	110111 +）111001	010101 +）101011
010110 －）011111	111110 －）100101	100001 －）011101
111111 －）000111	000111 －）111000	011010 －）100010

3-3　写出全加器的逻辑表达式，并指出表达式中各项的具体含义。

3-4　串行进位的加法器有何特点？提高进位速度的方法有哪些？

3-5　试为补码加减法运算，设计一个利用两个符号位的溢出检测电路。

3-6　设A、B、C是一个二进制数码的三位。试分别写出表示下述判断条件的逻辑表达式：

(1) 它们中间没有1；

(2) 它们中间仅有两个1；

(3) 它们中间仅有奇数个1。

3-7　用原码一位乘法计算$[X\times Y]_{原}$：

(1) $X = 0.11011$　　$Y = -0.11111$

(2) $X = -0.11111$　　$Y = 0.11011$

(3) $X = -0.01011$　　$Y = -0.01010$

(4) $X = -0.011010$　　$Y = -0.011101$

3-8　用原码二位乘法计算$[X\times Y]_{原}$：

(1) $X = 0.111111$　　$Y = 0.111001$

(2) $X = 0.10101$　　$Y = 0.11001$

3-9　用补码一位乘和补码二位乘的方法计算$[A\times B]_{补}$：

$[A]_{补} = 010111$　　（被乘数）

$[B]_{补} = 110110$　　（乘数）

3-10　试用图3.16乘法矩阵单元电路，构成$2n$位(设$n = 4$)的组合阵列乘法器。

3-11　请说明图 3.15 和图 3.22 中的硬件如何分别进行 $A \times B$ 和 $A \div B$ 的运算。

3-12　用不恢复余数法的运算规则计算下列各题的 $[X/Y]_{原}$ 及 $[X/Y]_{补}$：

(1) $X = 0.10101$　　　$Y = 0.11011$

(2) $X = 0.10001$　　　$Y = -0.10001$

(3) $X = -0.10101$　　　$Y = 0.11011$

(4) $X = 0.10100$　　　$Y = -0.10000$

3-13　已知下列浮点数，试分别计算 $[X+Y]_{补}$ 及 $[X-Y]_{补}$：

(1) $X = 0.101100 \times 2^{-3}$　　　$Y = (-0.011110) \times 2^{-2}$

(2) $X = (-0.010100) \times 2^{4}$　　　$Y = 0.010110 \times 2^{-5}$

(3) $X = (-0.100010) \times 2^{-5}$　　　$Y = (-0.011111) \times 2^{-5}$

3-14　根据机器补码浮点数运算步骤，计算下列各式（要求数的浮点表示采用 3 位阶码和 6 位尾数的格式）：

(1) $\left[2^{3} \times \frac{13}{16}\right] \times \left[2^{4} \times \frac{9}{16}\right]$

(2) $[2^{-6} \times (-1)] \div \left[2^{-7} \times (-\frac{1}{2})\right]$

3-15　在 3.5 节中，我们对浮点数采用了一个实际的 32 位格式，在本习题中，我们将使用一个缩短的格式。考虑如下 12 位格式的浮点数：

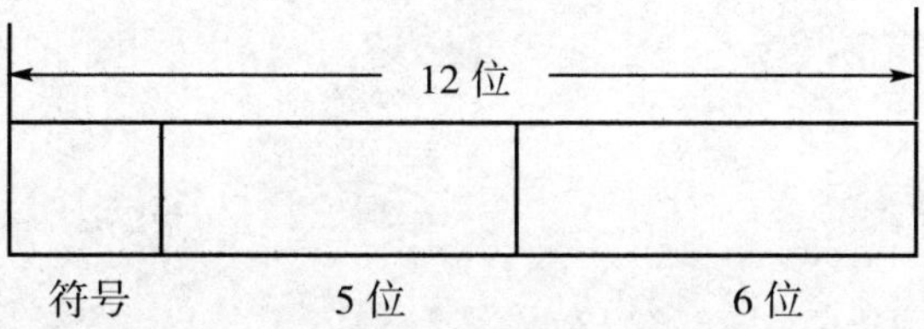

比例因子之隐含基为 4，而 6 位尾数是格式化的小数。

(1) 在此格式中“格式化”意味着什么？

(2) 将 +1.7、−0.012、+19 和 1/8 表示为此种格式。

(3) 在此格式中可表示的范围是什么？

(4) 请将在(3)中所计算的范围与 12 位整数或小数的范围进行比较。

(5) 对操作数 A、B 进行加减乘和除运算。

A=	0	10001	011011
B=	1	01111	101010

3-16　考虑一个 16 位的浮点数。其格式类似于习题 3-15，有 6 位阶码和 9 位格式化的小数尾数。比例因子的基为 8，且指数被表示为余 32 码格式。

(1) 请把数

A = 0　　100001　　111111110

B = 0　　011111　　101010101

相加，给出规格化形式的答案。用恒舍作为截尾的方法。

(2) 用十进制数表示上述规格化浮点数格式所能表示的绝对值最大值和最小值。

|最大值| $= W \times 8^{x}$

|最小值| $= Y \times 8^{-z}$

求出 W、X、Y、Z 的值。

3-17　在浮点补码加减运算中，当尾数运算结果的符号位为 01 或 10 时，说明浮点运算结果溢出。这种说法是否正确，为什么？如何判断浮点运算的结果是否溢出？

3-18　设计图 3.26 中检测电路 1 和检测电路 2 的详细电路。

3-19　设计图 3.27 中检测电路 1 和检测电路 2 的详细电路。

3-20　参照题 3-15 中的浮点数格式和图 3.27，试设计一个浮点除法硬件电路。

4 存储系统

存储器的主要职能是存放指令(程序)和数据,计算机的工作依赖于存储器中的程序和数据。有了存储器,计算机就具有记忆能力,因而能自动地进行操作。在计算机中,采用什么样的存储介质,怎样组织存储器系统以及怎样控制存储器的操作是计算机存储器设计的基本问题。

存储系统由存放程序和数据的各类存储设备及有关的软件所构成。

4.1 存储器概述

4.1.1 存储器分类

根据存储器的性能和使用方法的不同,可以有以下几种分类方法。

1) 按存储介质分类

存储元件是存储器的基本存储单元,它采用两个稳定的物理状态用来表示二进制信息"0 和 1"。

目前使用的存储元件主要是半导体器件、磁性材料和光介质存储器。用半导体器件构成的存储器称半导体存储器;磁性材料存储器主要是磁芯存储器和磁表面存储器,后者又分为磁盘存储器和磁带存储器;光介质存储器一般做成光盘,利用光盘表面对极细的激光束的反射程度来区别存 0 还是存 1,具有存储容量大、价格低等特点。

2) 按存取方式分类

(1) 顺序存取存储器(SAM)

这类存储器的特点是信息顺序存放或读出,其存取时间取决于信息存放位置。另外,它不按字单元编址,而以记录块为单位编址。磁带存储器就是一种顺序存储器,它的最大优点是存储容量大,常用作海量存储器以备份大批量数据,缺点则是存取速度慢。

(2) 随机存取存储器(RAM)

这类存储器的特点是 CPU 或 I/O 设备在任一时刻都可按地址访问其任一个存储单元,而且访问时间基本固定与存储单元地址无关,都是一个存取周期。半导体存储器、磁芯存储器一般属于这类存储器。

(3) 直接存取存储器(DAM)

又叫半顺序存取存储器。此类存储器的存取方式介于 RAM 和 SAM 之间,首先选取需要存取信息所在的区域,然后用顺序方式存取。典型直接存取存储器为磁盘存储器,此类存储器的容量也比较大,速度则介于 SAM 和 RAM 之中,主要用作辅存。

(4) 只读存储器(ROM)

在正常读写操作下，这类存储器的内容只能读出而不能写入。有的 ROM 作为主存空间的一部分，如字符发生器、ROMBIOS 等；也有的 ROM 用作辅存，如 CDROM。

3）按存储器在计算机中的功能分类

（1）高速缓冲存储器（Cache）

高速缓存通常由双极型半导体存储器或高速静态存储器（SRAM）组成，构成计算机系统中的一个高速小容量存储器，存储 CPU 最经常访问的指令和数据。其存取速度能接近 CPU 的工作速度，它是为了提高存储系统的存取速度而设立的。

（2）主存储器

主存储器（内存）用来存放计算机运行时的大量程序和数据，CPU 可以直接进行访问。主存储器目前一般用 MOS 半导体存储器构成。

（3）辅助存储器

辅助存储器（外存）通常用来存放主存的副本和当前不在运行的程序和数据。辅存主要由磁表面存储器组成，近年来，光存储器应用已很广泛，渐渐成为一种重要的辅助存储器。外存储器的内容需要调入主存后才能被 CPU 访问。辅存的特点是容量大，但速度不如主存快。

4.1.2 存储器的主要性能指标

虽然在电子计算机出现至今的几十年内，存储器的介质和特性有了很大变化，但评价其特性的主要标准仍然是大容量、高速度和低价格。

1）容量

存储器的容量指它能存放的二进制位数或字（字节）数，常用的计量存储空间的单位有 B（字节 Byte），KB（千字节，K 为 2^{10}），MB（兆字节，M 为 2^{20}），GB（千兆字节，G 为 2^{30}）等。

2）速度

存储器的速度可用访问时间、存储周期或频宽来描述。

访问时间一般用读出时间 T_A 及写入时间 T_W 来描述，T_A 是从存储器接到读命令以后至信息被送到数据总线上所需的时间。T_W 是将一个字写入存储器所需的时间。

存取周期 T_M 是存储器进行一次完整的读写操作所需要的全部时间，也就是存储器进行连续读写操作所允许的最短间隔时间。

一般有 $T_M > T_A$ 以及 $T_M > T_W$，因为任何一次存储器读写操作后，存储器内部将需要做一些恢复和处理工作，如动态存储器刷新等。

T_M 的单位常采用 μs（微秒）或 ns（毫微秒）。

存储器的频宽 B 表示存储器被连续访问时，可以提供的数据传送速率，通常用每秒钟传送信息的位数（或字节数）来衡量。假定存储器数据总线的宽度为 W，则存储器频宽为

$$B = W/T_M$$

3）价格

存储器的价格可用总价格 C 或每位价格 c 来表示，若存储器按位计算的容量为 S，则：

$$c = C/S$$

总价 C 中应包括存储单元本身的价格以及完成存储器操作所必需的外围电路的价格。

4.1.3 存储器结构

采用单一工艺制造的存储器很难同时满足大容量、高速度和低成本的要求。比如双极型半导体存储器的存取速度快，但是难以构成大容量存储器。而大容量、低成本的磁表面存储器的存取速度又远低于半导体存储器，并且难以实现随机存取。

为解决存储器的容量和速度问题，除了改进存储器件的性能，发展新型材料的存储器件外，从体系结构上采取措施是更为切实可行的办法。

所谓存储系统的层次结构就是把各种不同容量和不同存取速度的存储器按一定的结构有机地组织在一起，程序和数据按不同的层次存放在各级存储器中，而整个存储系统具有较好的速度、容量和价格等方面的综合性能指标。

图 4.1 是存储系统层次结构示意图，该系统由三类存储器构成。高速缓存(Cache)和主存构成一个层次，主存和辅存构成另一个层次。

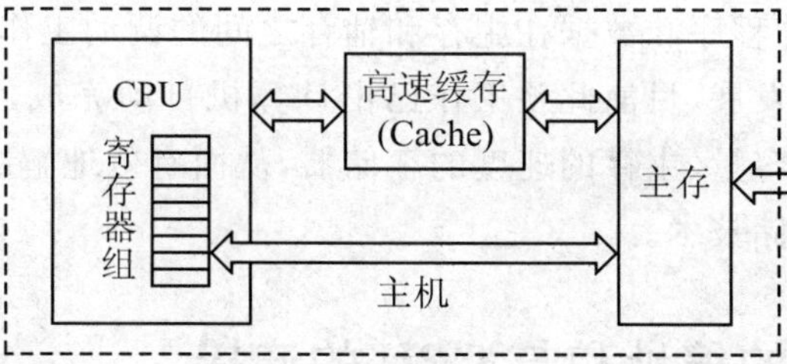

图 4.1 存储器系统的层次结构

1)“高速缓存—主存”层次

这个层次主要解决存储器系统的速度问题。

随着所采用的器件和工艺的改进，CPU 的速度提高很快，目前 CPU 的机器周期可达几个毫微秒甚至更短，而主存的存取周期则由于种种因素的限制，只能达到几十甚至几百毫微秒，从而限制了整机运行速度的提高。为了减少两者速度差别所造成的影响，一种办法是在 CPU 内设置更多的通用寄存器，使得大多数运算都在寄存器间进行，尽量减少 CPU 对内存的访问。然而，CPU 寄存器数目不宜太多(一般只有几个或几十个)，否则将会增加编译程序优化的负担。

另一种解决办法是在 CPU 与主存之间再增设一级存储器，称高速缓冲存储器(Cache)。Cache 是一种采用和 CPU 工艺相类似的半导体器件构成的存储装置，其速度可与 CPU 相匹配，但容量较小。在程序运行时，机器自动将一些即将执行的程序段和数据段从主存调入 Cache 中，CPU 通常只需对 Cache 访问就可以取得所需信息(称为命中)，仅当所要读取的信息不在 Cache 中时(称为不命中或失靶)，才去访问主存。并且用新的程序段和数据段来更新 Cache 中的内容以提高下次访问的命中率。目前对 Cache 访问的命中率可达 90%以上，这样，CPU 大部分时间是访问 Cache，减少了对慢速主存的访问，从而有效地提高了 CPU 的性能。

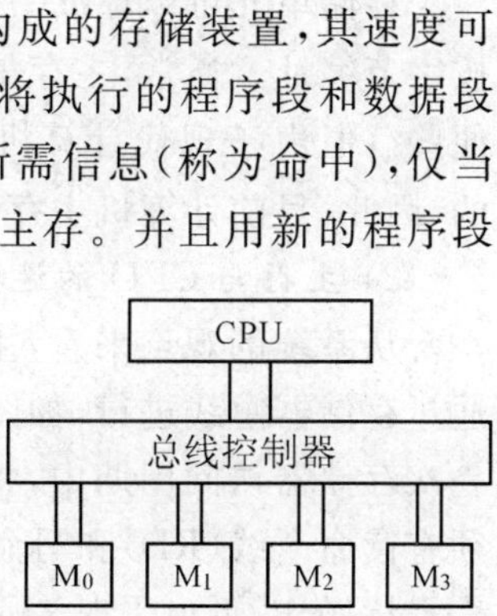

图 4.2 多体交叉存取系统

多体交叉存取是减少主存与 CPU 速度差异的另一种方法，把主存分为若干容量相同、能独立地由 CPU 进行访问的存储模块。在不提高各存储模块存取速度的前提下,通过 CPU 与各存储模块的并行交叉存取操作,提高整个主存储器的频宽。图 4.2 是多体交叉存取结构的示意图,主存分为 4 个存储模块,CPU 每隔 1/4 个存储周期启动一个存储模块,在理想情况下,尽管每个存储模块的存储周期为 T,但 CPU 每隔 1/4T 就可以读出或写入一个数据。

2)"主存—辅存"层次

这个层次主要解决存储器的容量问题。在一段时间内,中央处理器运行的程序和使用的数据只是整个存储系统存储信息的一小部分,这部分程序和数据处于"活动"的状态,而其他大部分程序和数据则处于暂时不被使用的"静止"状态,因此可以把正在被 CPU 使用的"活动"的程序和数据放在主存中,其余信息则存放在容量大、但速度较慢的辅存中。当某时刻 CPU 需要用到存放在辅存中的某些信息时,可通过有关的 I/O 操作将这部分信息从辅存中调往主存。反之,原存放在主存中而现在暂时不用的部分信息也可以从主存中调往辅存,以备后用。这样,程序仍能得到较快的执行速度,而主存容量不足这一缺陷则由辅存的大容量来弥补。

在早期的计算机中,这种程序和数据在主存和辅存之间的调动工作是由程序员安排的,使用极不方便。随着技术的发展,目前此项工作已由计算机自动完成,对程序员透明,面对程序员的是一个具有辅存的容量、主存的速度的存储器,从而有效地解决了主存容量不足的问题。这种技术称为虚拟存储技术。

4.1.4 主存储器的编址和与 CPU 的连接

1)存储单元及其编址

在主存中,有大量的存储元件,每个存储元件可以存放一位二进制信息。存储单元由若干存储元件构成,可以存放一个多位的二进制数(称为存储字)。存储器的操作是以存储字为单位进行的。为了便于对存储器进行访问,每个存储单元需要有一个惟一的编号,称为地址。该地址以二进制数表示,称为地址码。地址码的位数表明了能访问的存储单元数目,称为地址空间。如 Pentium 处理器常采用 32 位地址码,所以地址空间为 2^{32}(4G)个存储单元。当然,具体到每台机器并非要装满整个地址空间,如目前采用 Pentium 处理器的微机系统一般标准主存配置是 128M~512M。

存储单元可以存放一个字,也可以存放一个字节。因此存在两种编址方法:按字编址和按字节编址。通常,主存是按存储字为单位进行读写操作的,从这个角度看,按字编址更方便些。但由于现代计算机更多的应用在于非数值处理,如字符的 ASCⅡ码是以字节存放的,因此,目前计算机主存的编址大多按字节编址。

2)主存与 CPU 的连接

从系统的观点来看,主存部件可以看做一个"黑盒子"。主存与 CPU 之间的数据传送通过存储器总线进行,如图 4.3 所示。若 MAR 为 k 位,MDR 为 n 位,则主存空间为 2^k,在一次存储器访问周期中,将有一个 n 位的数据在 CPU 和主存之间传送。在控制总线中,必须有读命令线(RD)和写命令线(WR)。也有机器将读写命令线合二为一($R/\overline{W}$),高电平时表示读操作,低电平时表示写操作。

CPU 和主存之间的数据传送,可以采用同步方式或者异步方式。前者需要在控制总线中增加一根公共时钟线；后者需要有“握手”信号，如 MFC(Memory Function Complement)。

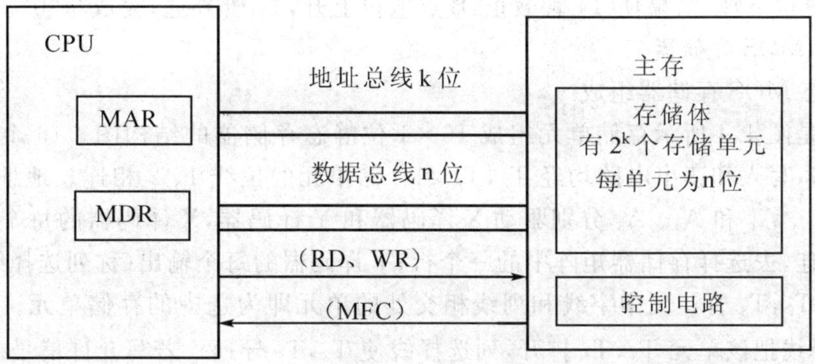

图 4.3　主存与 CPU 的连接

4.2　半导体随机存储器

半导体 RAM 具有体积小、功耗低、速度快、价格便宜、可靠性高等优点，因而适合作为内存储器使用，其主要缺点是停电时无法保存信息。按工艺不同可将半导体 RAM 分为双极型 RAM 和 MOS 型 RAM 两大类，后者被广泛用作现代计算机主存储器，因此本书主要介绍 MOS 型 RAM。按存储元件在运行中能否长时间保存信息来分，有静态存储器和动态存储器两种。前者利用双稳态触发器来保存信息，只要不断电，信息是不会丢失的；动态存储器利用 MOS 电容存储电荷来保存信息。使用时需不断给电容充电才能使信息保持。

4.2.1　静态存储器(SRAM)

1)静态存储单元

存储单元是存储器的最基本的存储元件，它可用来存储一位二进制信息。

静态 RAM 采用图 4.4 所示的电路，它由六管组成。其中 T_1、T_2、T_5、T_6 构成触发器，T_5、T_6 是触发器的负载管。T_3、T_4 为控制管，它们和字线、位线相连。假定 T_1 管截止，T_2 管导通，即 A 点为高电位，B 点为低电位时为“存 1”状态，反之为“存 0”状态。

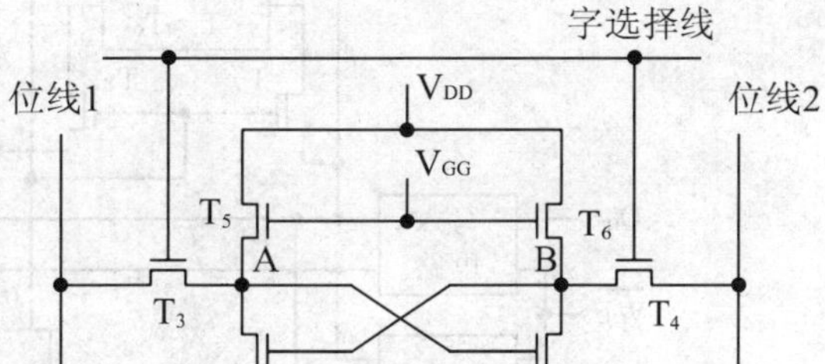

图 4.4　MOS 静态存储器的存储单元

(1) 信息的保持

字选择线加低电位，T_3 与 T_4 截止，触发器与外界隔离，保持原有信息不变。

(2) 读出

字选择线上加高电位，T_3 与 T_4 开启。若原存“1”，则 A 点为高电平，位线 1 与 A 点相连，因而也是高电平，而位线 2 与 B 点相连为低电平，位线 1 和位线 2 的这种状态，使读出电路产生“读 1”信号。

(3) 写入

字选择线上加高电位，T_3 与 T_4 开启。若要写 1，在位线 2 上加低电位，使 B 点电位下降,T_1 管截止,A 点电位上升;而 T_2 管导通而完成写“1”。若要写 0,则在位线 1 上加低电位,使 A 点电位下降,结果使 T_2 管截止,B 点电位上升,T_1 管导通,完成写“0”。

2) 静态 MOS 存储器

(1) 静态 MOS 存储器组成

图 4.5 是图 4.4 所示存储单元组成 16×1 位静态存储器的结构图。16 个存储单元排成 4×4 矩阵,写入和读出电路均经 T_7,T_8 和存储单元的位线 1、2 相连。地址码 A_0～ A_3 分成两组,A_0、A_1 和 A_2、A_3 分别驱动 X 译码器和 Y 译码器,X 译码器的每个输出和一条字选择线相连,去选择存储器矩阵中的一个行;Y 译码器的每个输出(称列选择线)去控制每一列单元的 T_7,T_8 管。图中字线和列线相交处的单元即为选中的存储单元。当某单元被选中,字选择线把该单元 T_3,T_4 打开,列选择线使 T_7,T_8 导通。若写允许信号 $\overline{WR}=0$,电路执行写操作,写入数据 D_{in} 经 T_7,T_8 以及 T_3,T_4 进入单元;若 $\overline{WR}=1$,电路执行读操作,单元的状态经位线 1,2 和 T_7,T_8 传至读出。

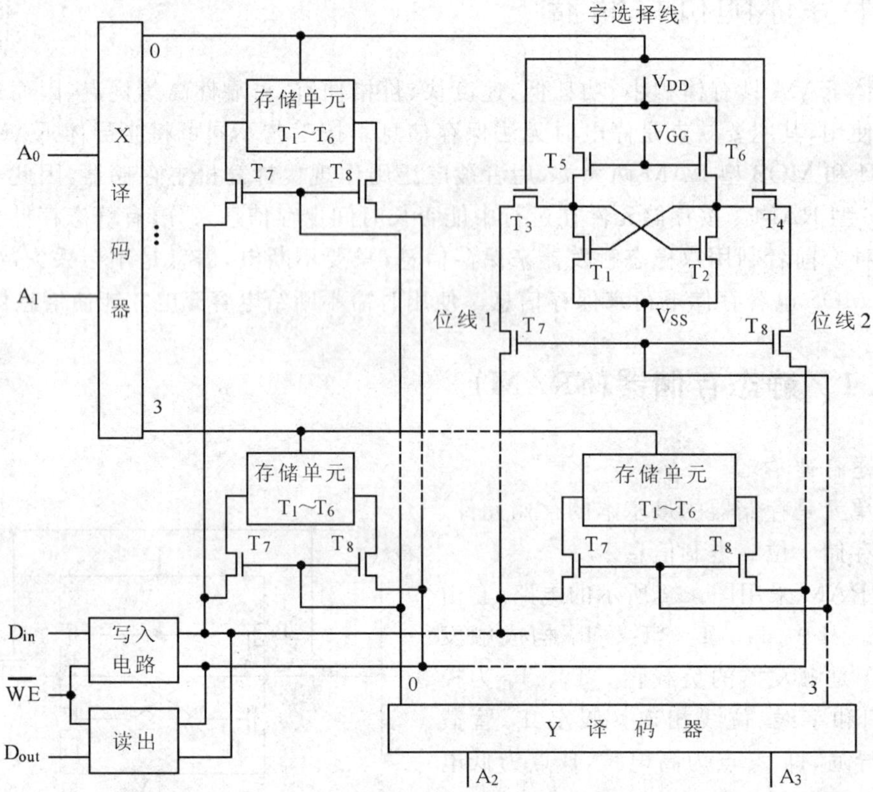

图 4.5 MOS 静态存储器结构图

(2) 静态 MOS 存储器芯片

静态 MOS 存储器芯片由存储体、读写电路、地址译码和控制电路等部分组成,其框图如图 4.6 所示。

① 存储体(存储矩阵)

存储体是存储单元的集合。在容量较大的存储器中往往把各个字的同一位组织在一个集成芯片中,例如图 4.6 中的芯片是 4096 ×1 位,由这样的 8 个芯片可组成 4096 字节的存储器。4096 个存储单元排成 64 × 64 的矩阵。由 X 选择线(字选择线)和 Y 选择线(列选择线)来选择所需用的单元。这种芯片组织称为位片式结构,每片仅有一位数据输入输出。一些容量较小的存储器芯片采用所谓字片式结构,每片可输入输出一个字。

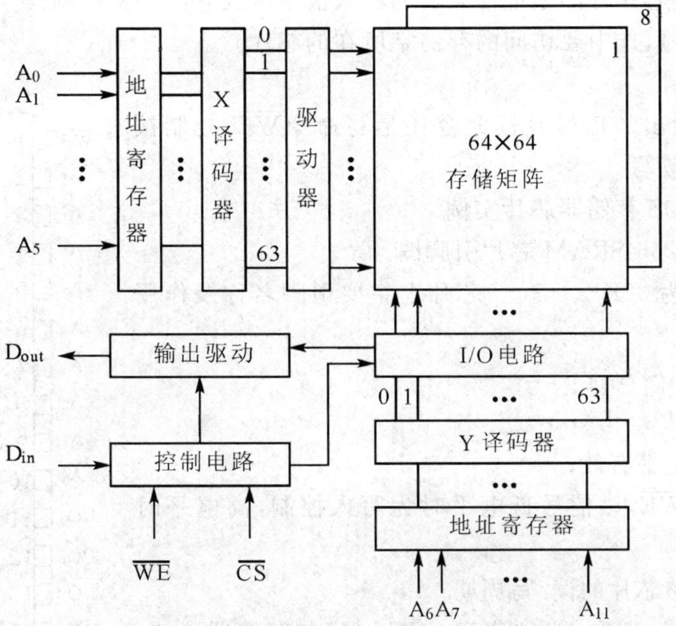

图 4.6 静态 MOS RAM 芯片结构图

② 地址译码器

地址译码器把用二进制表示的地址转换为译码输出线上的高电位,以便驱动相应的读写电路。地址译码有两种方式:一种是单译码方式,适用于小容量存储器;另一种是双译码方式,适用于容量较大的存储器。

在单译码方式下,地址译码器只有一个,其输出叫字选择线,选择某个字的所有位。例如地址输入线 $n=4$,经地址译码器译码后,产生 16 个字选择线,分别对应 16 个地址。

显然,当地址位数较多时,单译码结构的输出线数目太多。比如,$n=12$,单译码结构要求译码器有 4096 根输出线(字选择线),这在实际制作上是有困难的。

目前存储芯片容量一般都比较大,为了减少所需的译码输出线,采用双译码(或称二级译码)结构。在这种译码方式中,地址译码器分为 X 和 Y 两个译码器。若每一个译码器有 $n/2$ 个输入端,它可以译出 $2^{n/2}$ 个状态,两译码器交叉译码的结果,可产生 $2^{n/2}\times 2^{n/2}$ 个输出状态。但译码输出线却只有 $2\times 2^{n/2}$ 根输出线,其交叉作用可选择 2^n 个存储单元。如 $n=12$,译码输出线总数仅为 128 根。要是采用单译码结构,则要 4096 根译码输出线。

③ 驱动器

在双译码结构中,一条 X 方向的选择线要控制在其上的各个存储单元的字选择线,所以负载较大,需要在译码器输出后加驱动器。

④ I/O 控制

它处于数据总线和被选用的单元之间,用以控制被选中存储单元的读出或写入,并具有信息放大的作用。

⑤ 片选控制

一个存储芯片的容量往往满足不了计算机对存储器容量的要求,所以需将一定数量的芯片按一定方式连接成一个完整的存储器。在访问某个字时，必须"选中"该字所在的芯片，而其他芯片不被"选中"。因而每个芯片上除了地址线和数据线外，还有片选控制信号$\overline{CS}$。在地址选择时，由芯片外的地址译码器的输入信号以及它的一些控制信号，如"访存控制"来产生片选控制信号，选中要访问的存储字所在的芯片。

⑥ 读/写控制

根据 CPU 给出的信号是读命令还是写命令$\overline{WE}$，控制被选中存储单元的读写。

(3) 静态 MOS 存储器芯片实例

图 4.7 是 62256 SRAM 芯片引脚图。

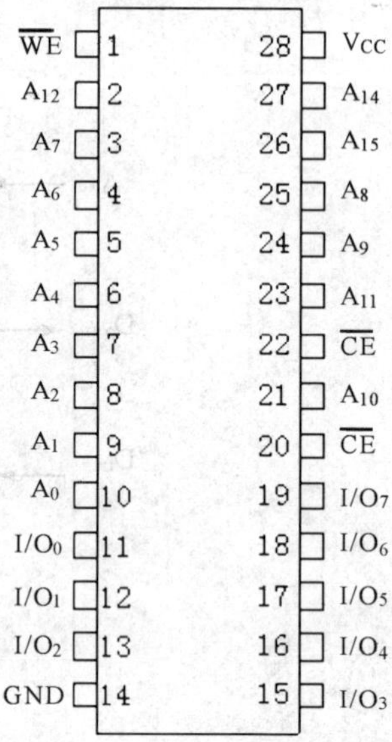

图 4.7 M62256 引脚

该芯片容量为 32K × 8 位。芯片上主要引脚名称及作用简述如下：

地址引脚：$A_0 \sim A_{14}$；

数据引脚：$I/O_0 \sim I/O_7$；

片选：$\overline{CE}$低电平有效；

读/写控制：$\overline{WE}$，该信号低电平时为写入控制，高电平时为读出控制。

(4) 静态存储芯片的读/写周期

要保证正确地读/写，必须注意 CPU 时序与存储器读/写周期的配合。一般存储器芯片手册都会给出芯片读/写周期的时序图。如图 4.8 所示。读写周期各参数意义见表 4.1。

① 读周期：读操作时，必须保证片选信号$\overline{CS}$有效（低），$\overline{WE}$信号为高（无效）。

t_A（读出时间）：从给出有效地址后，到读出所选单元内容，并经 I/O 电路延迟，直到数据在外部数据总线上稳定出现的时间。

t_{CO}：数据能否送到外部数据总线上，不仅取决于地址，还取决于片选信号$\overline{CS}$。t_{CO}表示从$\overline{CS}$有效到数据稳定出现在外部数据总线上的时间。

t_{OTD}：片选无效后数据还能保持的时间。

t_{RC}（读周期时间）：它代表连续两次读操作之间的最小间隔时间。$t_{RC} \geqslant t_A$。

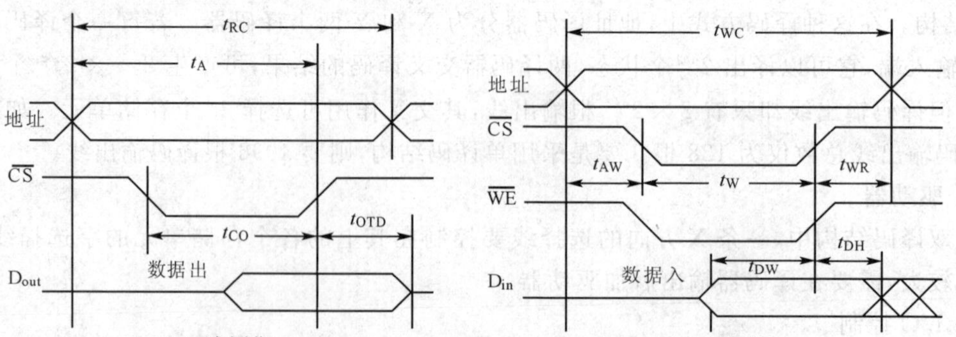

图 4.8 静态 RAM 芯片的读、写周期

② 写周期：执行写操作时，$\overline{CS}$有效（低），$\overline{WE}$信号有效（低）。

t_W（写入时间）：为保证数据可靠地写入，$\overline{CS}$与$\overline{WE}$同时有效的时间必须大于或等于 t_W。

t_{AW}:地址有效后,必须经过 t_{AW} 时间,$\overline{WE}$信号才能有效(低),否则可能产生写出错。

t_{WR}:$\overline{WE}$无效后,经 t_{WR} 时间后地址才能改变,否则也可能错误地写入。

t_{DW}:写入数据必须在$\overline{WE}$和$\overline{CS}$无效之前 t_{DW} 时间就送到数据总线上。

t_{DH}:$\overline{WE}$无效后,数据还要保持的时间。

t_{WC}(写周期时间):表示连续两次写操作之间的最小时间间隔。

表 4.1　SRAM 读/写周期参数

参数符号(读)	意　义	参数符号(写)	意　义
t_A	读出时间	t_{WC}	写周期时间
t_{CO}	片选有效到数据输出延迟	t_W	写入时间
t_{OTD}	片选无效到输出变为三态	t_{AW}	地址有效后到$\overline{WE}$有效的时间
t_{RC}	读周期时间	t_{WR}	写恢复时间
		t_{DW}	数据有效时间
		t_{DH}	写信号无效后数据保持时间

4.2.2　存储器的基本组织

存储器与中央处理器的连接包括地址线的连接,数据线的连接,控制线的连接。一个存储器系统一般由许多存储芯片构成,因为一个存储芯片通常不能满足计算机系统存储器的容量要求和数据宽度要求。用存储芯片构成一个存储器系统的方法主要有位扩展法、字扩展法和字位扩展法。

1) 位扩展

位扩展法也称位并联法,就是用若干片位数较少的存储芯片构成具有给定字长的存储器,而存储器的字数与芯片上的字数相同。各存储芯片采用相同的地址信号,数据线分别连接到数据总线上的相应位。例如用 8 片 4096 × 1 位的芯片构成 4K × 8 位(4KB)的存储器,就是一种位扩展,如图 4.9 所示。位扩展时,各存储芯片上的地址线及读/写控制线对应相接,而数据线单独引出。存储器工作时,各芯片同时进行相同的操作。在这种方式中对芯片没有选片的要求,只进行数据位数的扩展。

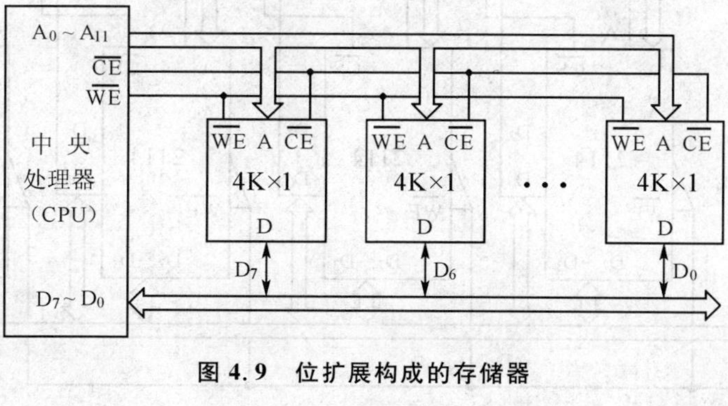

图 4.9　位扩展构成的存储器

2) 字扩展

字扩展法也称地址串联法,只在字的方向上进行扩充,而位数不变。存储器的位数等于存储芯片的位数。这种方法将地址分成两部分，一部分送到各存储芯片，另一部分经译码器译码后送各存储芯片的片选输入端。各存储芯片的数据线的相应位连接在一起。例如用4片16K×8的存储芯片构成容量为64K×8的存储器，如图4.10所示。字扩展时，芯片的地址线(16K对应A_0～A_{13}地址信号)、读/写控制线等引脚对应相接。芯片的片选信号$\overline{CE}$则分别与外接译码器(输入为A_{14}、A_{15}地址信号)的各个输出端相连，因为译码器输出信号中最多只有一个信号有效，所以各芯片中只有一个处于工作状态，其余未选中的芯片不参与操作。

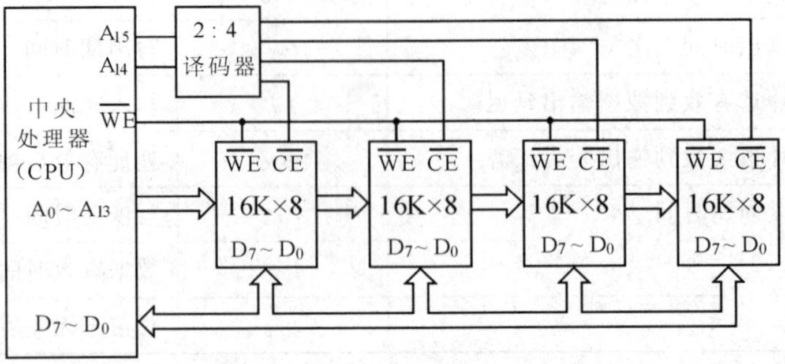

图4.10 字扩展构成的存储器

3）字位扩展

字位扩展法则是上述两种扩展方法的组合，既在位方向进行扩展，又在字方向进行扩展。一个存储器的容量为M×N位，若采用L×K位存储芯片进行扩展，那么，这个存储器共需要(M÷L)×(N÷K)个存储芯片。

图4.11是用字位扩展法构成一存储器的连接图。它由Intel 2114芯片经字位扩展而成，容量为4K×8位。Intel 2114芯片只有1K×4位，图中的扩展方法中先用2个Intel 2114芯片位扩展构成1K×8位的芯片组，再用4个这样的芯片组字扩展组成4K×8位的存储器，共用了(4÷1)×(8÷4)＝8个Intel 2114芯片。字位扩展法是容量较大的存储器

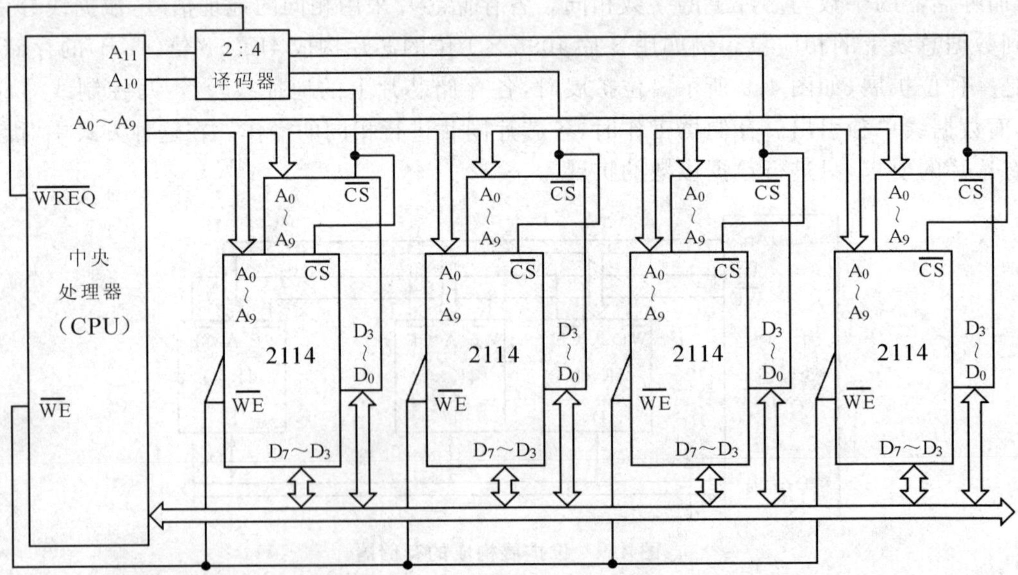

图4.11 字位扩展构成的存储器

系统中广泛采用的方法。CPU 提供 12 位地址，其中低 10 位（A_0～A_9）并行连接各芯片的地址端，还有两位地址（A_{10}、A_{11}）连向译码器，产生四个片选信号，分别控制四组芯片。此处译码器要受 CPU 的访存信号 $\overline{MREQ}$ 控制，只在访问主存时才产生译码输出。CPU 提供八位数据总线（D_0～D_7），每根数据线连接四个芯片。

4）静态 RAM 芯片与 CPU 连接

在 CPU 与存储芯片连接时，要考虑和解决下述几个方面的问题：

(1) CPU 的负载能力　因为 CPU 的线路负载能力有限，在存储器负载较大时，应在 CPU 与存储芯片之间，要增加必要的缓冲和驱动电路。

(2) 速度匹配问题　尽管存储芯片的存取速度较过去有很大提高，但与 CPU 的速度相比，还是有很大差距，因此在设计 CPU 与存储芯片的连接线路时，要考虑速度匹配问题。

(3) 多片存储芯片的选通　在 CPU 和存储芯片之间一般要增加外部译码电路，产生片选信号，这样才能保证在不同地址范围内，访问不同的地址芯片。

(4) 读/写控制信号　CPU 的读/写控制信号不一定与存储芯片引脚定义的控制信号相符，所以有时要增加某些附加线路来实现正确的控制。

一般 CPU 的访存信号及其时序能与静态存储器的信号相匹配，动态存储器与 CPU 的连接一般需要外加接口电路，即需要控制器以生成必要的工作信号。动态存储器还需要处理刷新问题。有关内容将在动态存储器中介绍。

5）内存条及其类型

20 世纪 90 年代之前，计算机内存都是以芯片为单位制造、销售和装配的。每个芯片的容量从几 K 位到几 M 位，在机器需要扩充存储容量时，只要将存储器芯片插入内存槽（或内存板）就可以了。

由于近 10 年来硬件技术发展非常迅速，对计算机内存容量的需求也越来越大，以芯片为单位构成计算机内存已经不能适应现代计算机组成的要求了。目前普遍的做法是将一组芯片（通常是 8 片或 16 片）安装在一块印刷电路板上，称为内存条，如图 4.12 所示。在计算机中一般有 4 个或更多个插槽（BANK）以方便内存条的安装，当然，并不需要将插槽都插满，但至少有一条。

根据电路板上是单面还是双面安装接线，可将内存条分为 SIMM（Single Inline Memory Module，单面接入内存组件）和 DIMM（Dual Inline Memory Module，双面接入内存组件）。目前，DIMM 已成为内存条封装的标准。每块 DIMM 共有 168 根镀金接线（每面 84 根），一次能够传送 64 位数据，容量已达到 256M 或以上。

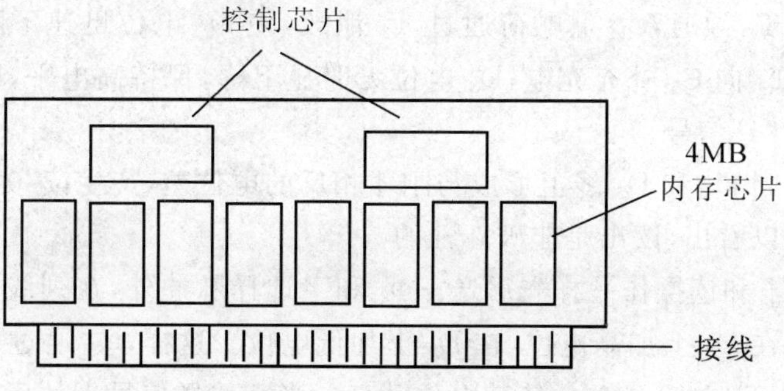

图 4.12　32MB SIMM 内存条外观

4.2.3 动态存储器(DRAM)

1) 动态存储单元

从六管静态 RAM 单元电路中可以看出,即使在存储单元不工作时,也有电流流过该电路。例如 T_1 导通,T_2 截止时,有从电源经 $T_5 \rightarrow T_1 \rightarrow$ 地的电流流动。反之,则有从电源经 $T_6 \rightarrow T_2 \rightarrow$ 地的电流流动。

和静态 RAM 不同,动态 RAM 利用 MOS 管的栅极电容来保存信息,在"信息保持"状态下,存储单元中没有电流流动,因而大大降低了功耗。

(1) MOS 管栅极电容保存信息的原理

在图 4.13 中,T_1 和 T_2 管为 MOS 反相器,电容 C_S 包括 T_3 管的栅极电容及反相器 T_1、T_2 的输出电容。

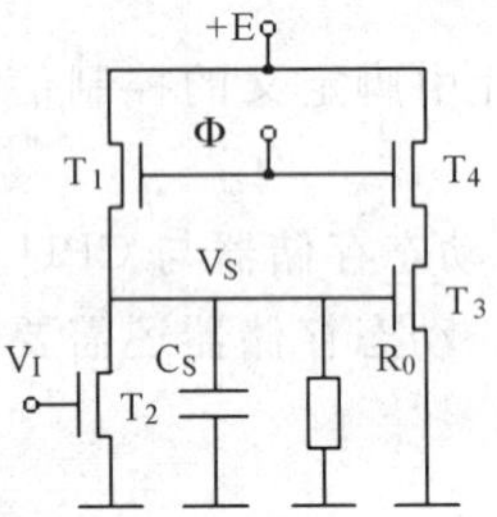

图 4.13 MOS 管栅极电容保存信息的原理

当 $\Phi = +E$ 时,若 V_I 为低电平,则 T_2 截止,电源经 C_S 到地,很快将 C_S 充电至 $+E$。反之,若 V_I 为高,T_2 导通,V_S 为 0V 左右。所以在 $\Phi = +E$ 时,C_S 的充电电压反映了 V_I 的输入状态(反相),这就是信息的写入过程。

当 Φ 变为 0V,$T_1 \sim T_4$ 均不导通,由于 T_3 的输入阻抗可视为无穷大,C_S 所充电荷就不会泄放,保持原有电平,因而 C_S 上的充电电压起作存放二进制代码的作用。然而 T_3 的输入阻抗不可能为理想的无穷大,因而 C_S 上的电荷会缓慢泄放,假定在 $t = t_R$ 时 V_S 会下降到"1"电平的临界值 V_1 以下,从而使保存的信息丢失,一般情况下可以通过计算得出 t_R 约为 2 ms~3.3 ms。这就是电容 C_S 上存"1"时,信息的最大保持时间。

(2) 四管动态 RAM 单元

根据上述原理,可制成图 4.14 所示的四管动态 MOS RAM 单元电路,图中 T_3 和 T_4 管作为控制门,又充当负载管。

① **信息保持**:字选择信号无效时,T_3 和 T_4 均不导通,因而 T_1 和 T_2 也不导通,信息存在 T_1 和 T_2 管的栅容 C_{S1} 和 C_{S2} 上。假定 C_{S2} 上充有电荷,C_{S1} 未充电的状态为"存 1"状态,反之,为"存 0"状态。

② **读操作**:首先发 $+\Phi_0$ 脉冲,使 D_{S1} 和 D_{S2} 线上的分布电容 C_{D1} 和 C_{D2} 均充电至高电平(接近 $+E$),这一过程叫预充电。然后令字选择线有效,T_3 和 T_4 导通。若原存信息为"1"(C_{S2} 为高电平),则 T_2 导通,C_{D2} 上电荷通过 T_2 泄放,使 D_{S2} 电位迅速下降。而 C_{D1} 由于 T_1 不导通,只能通过 T_3 向 C_{S2} 补充充电,D_{S1} 电位无明显下降,保持高电平,D_{S1} 和 D_{S2} 的电位差使 I/O 电路产生读"1"信号。

反之若存"0",则 D_{S1} 和 D_{S2} 线上形成与刚才相反的电位差,产生读"0"信号。

由以上过程可以看出,读出是非破坏性的。

③ **写操作**:除了和读操作一样先后送 $+\Phi_0$ 和字选择脉冲外,在列线上还要加相应的写信号。若要写"1",在 D_{S1} 上加高电位,在 D_{S2} 上加低电位。这样,C_{S1} 通过 T_4 放电,其电位迅速下降,而 D_{S1} 通过 T_3 向 C_{S2} 充电,使其电位升高。当字选择信号无效后,"1"信息就保存下来。反之,若写"0",则在 D_{S1} 线上加低电位,D_{S2} 线上加高电位。

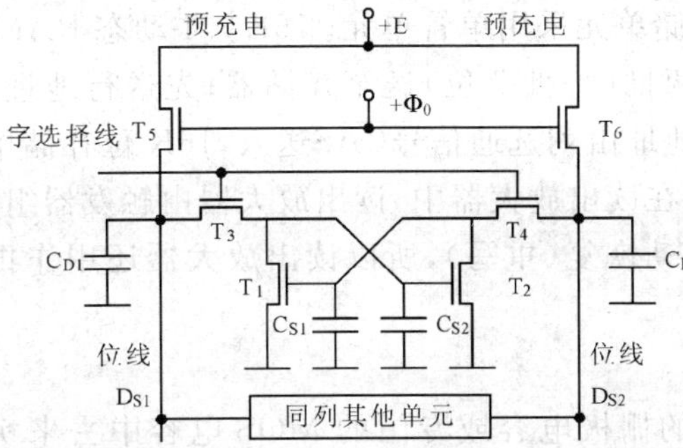

图 4.14　四管动态 MOS　RAM 单元电路图

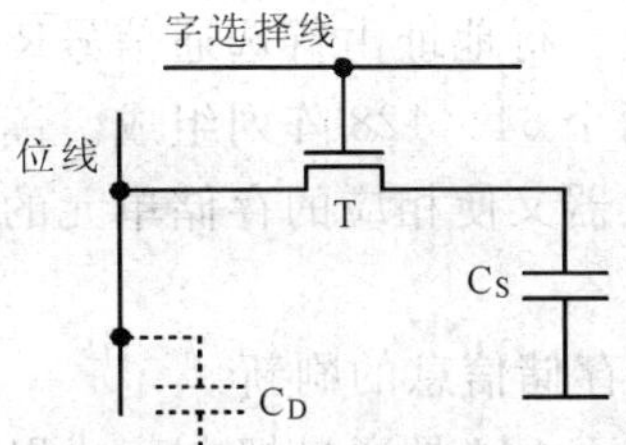

图 4.15　单管动态 MOS　RAM 单元电路图

(3) 单管动态 RAM 电路

为提高芯片的存储密度，现在动态 RAM 芯片中一般采用图 4.15 所示的单管动态单元电路，其中 T 管为字选控制管，读写时加选通脉冲使其导通。

① **读出**：若原存"1"，则 C_S 上电荷通过 T 管向位线（数据线）泄放，形成读"1"信号。反之，若原存"0"，则无泄放电流。因为读出时 C_S 上电荷泄放，电位下降，所以是破坏性读出，在读出后应有重写操作。

② **写入**：要写 1，在位线（数据线）上加高电位，经 T 管对 C_S 充电；写 0 则在数据线上加低电位，使 C_S 上无电荷。

③ **刷新（Refresh）操作**：由于 MOS 管栅容上存储的电荷会缓慢泄放，超过一定时间（2～3.3 ms），就会丢失信息。因此必须定时给栅容补充充电，这一过程称为"刷新"。具体刷新过程在下面详细说明。

2）MOS 管动态存储器

(1) MOS 管动态存储器原理

动态存储器容量一般比较大，存储单元常采用单管单元，单管单元的优点是线路简单，单元占用面积小，速度快。但它的缺点是：读出是破坏性的，故读出后要立即对单元进行重写，以恢复原信息；存储单元的读出信号很小，要求有高灵敏度的读出放大器。16K × 1 动态 RAM 的原理与更大容量的动态 RAM 相似，下面以 16K × 1 动态 RAM 为例介绍动态存储器的原理。

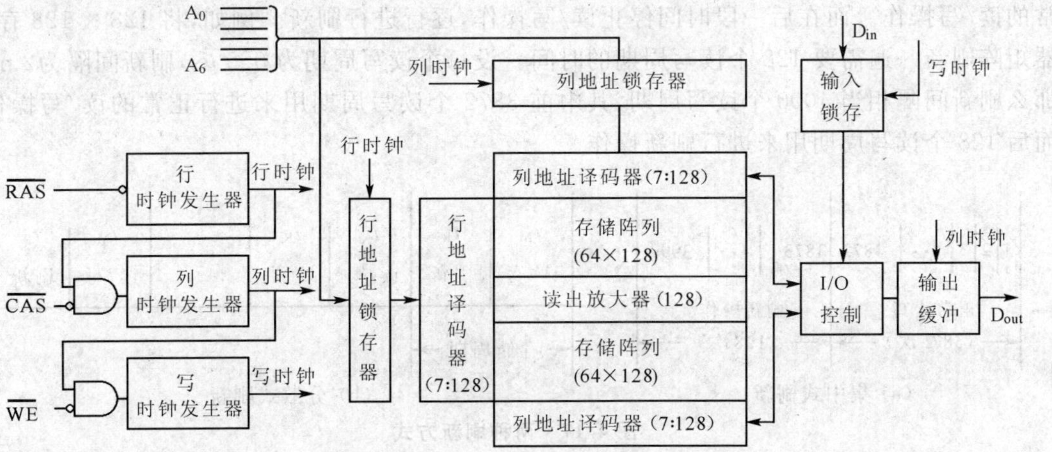

图 4.16　16K × 1 位动态存储器框图

图 4.16 是 16K × 1 动态 RAM 的框图，存储单元采用单管单元。16K × 1 动态 RAM 需要 14 位地址码，为减少封装引脚数，地址码分两批（每批 7 位）送至存储器；先送行地址，后送列地址。行地址由行选通信号 $\overline{RAS}$ 送入，列地址由列选通信号 $\overline{CAS}$ 送入，16K 位存储单元矩阵由两个 64×128 阵列组成。读出信号保存在读出放大器中，读出放大器由触发器组成。读出放大器又使相应的存储单元的存储信息自动恢复（重写），所以读出放大器还用作再生放大器。

(2) 存储信息的刷新

动态 RAM 是通过把电荷冲积到 MOS 管的栅极电容或专门的 MOS 电容中去来实现信息存储的，但是由于电容漏电阻的存在，随着时间的增加，其电荷会缓慢泄放，从而使存储的信息丢失。为保证存储信息不遭破坏，必须在其电荷漏掉之前就给电容充电，以恢复原来的电荷。把着一过程称为再生，也称为刷新。对于动态 RAM 一般在小于或等于 2 ms 进行一次刷新。由于静态 RAM 是以双稳态电路为存储单元的，因此它无需刷新。

动态 RAM 采用“读出”方式进行再生。前面已经讲过，对单 MOS 管存储单元的读出是破坏性的读出（若单元原来冲有电荷，读出时 C_S 上电荷泄放，电位下降），而接在存储单元数据线上的读出放大器是一个再生放大器，在读出的同时，读出放大器又使该存储单元的存储信息得以恢复。由于动态 RAM 的每列都有自己的读出放大器，因此只要依次改变行地址，轮流对存储单元矩阵的每一行所有单元同时进行读出操作，当把所有行全部读出一遍，就完成整个存储器的刷新，这种刷新称行地址刷新。

在刷新周期中只给动态 RAM 送行地址和 $\overline{RAS}$ 信号，这样芯片中一行的所有元素被选中并进行“读出”操作。根据读出内容对各单元进行“重写”即完成补充充电。由于没有列地址和 $\overline{CAS}$ 信号，各单元的数据读写彼此隔离，并且不会送出读出放大电路。

由上面的叙述可知，“刷新”操作一次可以刷新一行所有元素。对 128 × 128 的存储体，128 次刷新操作就可以刷新整个存储体。

(3) 刷新方式

从上一次对整个存储器刷新结束到下一次对整个存储器全部刷新一遍为止的时间间隔称刷新周期，一般为 2 ms。

常用的刷新方式有四种：集中式刷新、分散式刷新、异步刷新和透明刷新。

① 集中式刷新的时间分配如图 4.17(a)所示。在整个刷新间隔内，前一段时间用于正常的读/写操作。而在后一段时间停止读/写操作，逐行进行刷新。例如，将 128 × 128 存储器矩阵刷新一遍需要 128 个读写周期的时间。设每个读写周期为 0.5 μs，刷新间隔为2 ms，那么刷新间隔相当 4000 个读写周期，其中前 3872 个读写周期用来进行正常的读/写操作，而后 128 个读写周期用来进行刷新操作。

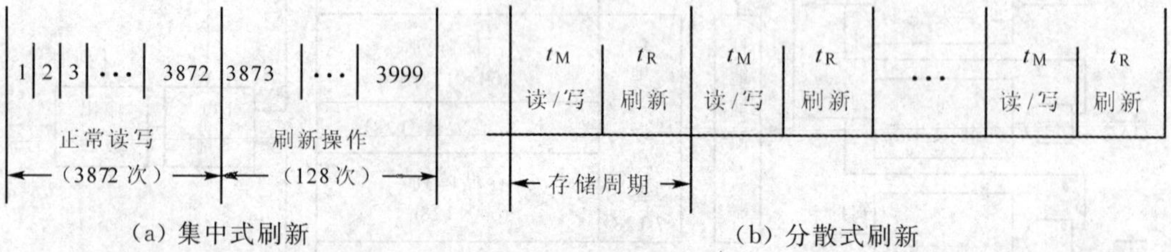

图 4.17 两种刷新方式

集中式刷新在整个刷新间隔内进行的刷新操作的次数，正好是将存储器全部刷新一遍所需要的操作次数，所以用于刷新的时间最短。但是，由于它在一段较长的时间里（如上例为 $128\times0.5\ \mu s$）不能进行正常的读/写操作（这个时间段称死区），如果某应用不允许出现这个死区，就不能采用集中式刷新。

② 分散式刷新的时间分配如图 4.17(b)所示。在分散式刷新中一个存储周期的时间分为两段，前一段时间 t_M 用于正常的读/写操作，后一段时间 t_R 用于刷新操作。这样不存在死区，但是每个存储周期的时间加长。假定读/写操作和刷新操作的时间都为 0.5 μs，则一个存储周期为 1 μs。因为每个存储周期内都有一次刷新操作，在 2 ms 内进行了 2000 次刷新操作，比所需要的 128 次刷新操作多得多，当然能满足刷新要求，但是在 2 ms 时间内只能进行 2000 次读/写操作，而集中式刷新在这段时间内能进行 3872 次读/写操作。

③ 异步刷新是将上述两种刷新方式结合起来构成。仍以 128 行为例，在 2 ms 时间内必须轮流对每一行刷新一次，即每隔 15.5 μs 刷新一行。这时仍假定读/写与刷新操作时间都为 0.5 μs，那么前 15 μs 可以进行 CPU 的读/写操作，而最后 0.5 μs 完成刷新操作。这种刷新方式比前两种效率高，目前用得较多。

④ 透明刷新（或称稳含式刷新），前三种刷新方式均会延长存储器系统周期，占用了 CPU 的时间。实际上 CPU 在取指周期后的译码时间内，存储器为空闲阶段，可利用这段时间插入刷新操作，这不占用 CPU 时间，对 CPU 而言是透明的。这时设有单独的刷新控制器，刷新由单独的时钟、行计数与译码独立完成，目前高档微机中大部分采用这种方式。

3）动态 RAM 芯片

(1)芯片举例

为了增大动态 RAM 芯片容量减少芯片上的引脚数，从而减小体积，绝大多数产品都采用一位输入输出，例如：256K×1、1M×1、4M×1 等。而且它的行地址和列地址通过相同的管脚分先后两次输入，这样地址引脚数可减少一半。行、列地址由信号 $\overline{RAS}$ 和 $\overline{CAS}$ 控制分时输入，当 $\overline{RAS}$ 低电平时输入行地址，$\overline{CAS}$ 低电平时输入列地址。图 4.18 给出了两种动态 RAM 芯片的引脚图。

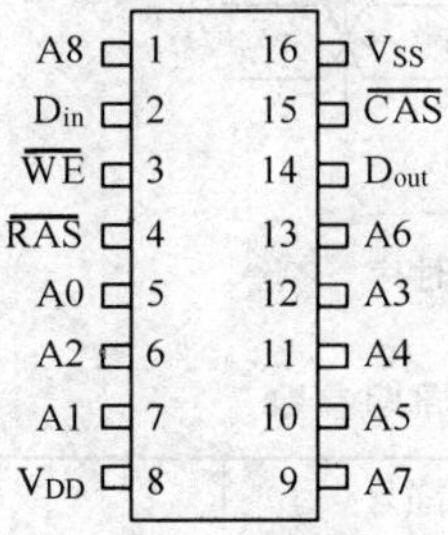

(a) 256K×1 DRAM 芯片

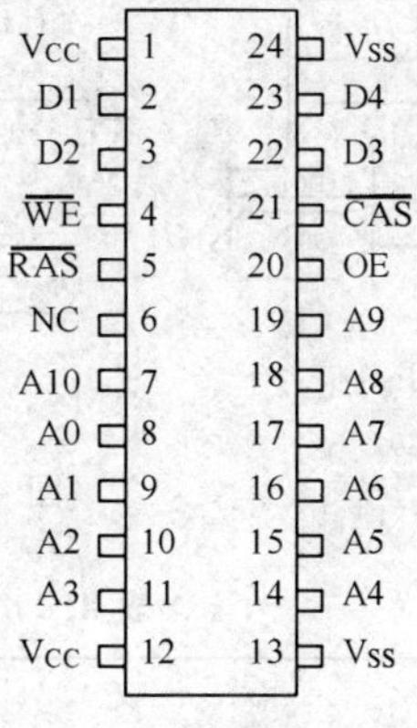

(b) 2M×4 DRAM 芯片

图 4.18　两种 DRAM 芯片

(2) 动态 RAM 芯片的读写和再生(刷新)时序

① **读周期**：如图 4.19(a)所示。

为了使芯片能正确地接收行、列地址并实现读操作，各信号的时间关系应符合下面的要求。

· 行地址必须在$\overline{\text{RAS}}$信号有效之前送到芯片的地址输入端。

· $\overline{\text{CAS}}$信号应滞后$\overline{\text{RAS}}$一段时间，并滞后于列地址送到芯片地址输入端的时间。

· $\overline{\text{RAS}}$、$\overline{\text{CAS}}$应有足够的宽度。

· $\overline{\text{WE}}$信号为高（无效），并在$\overline{\text{CAS}}$有效之前建立。

② **写周期**：如图 4.19(b)所示。$\overline{\text{RAS}}$与$\overline{\text{CAS}}$之间的关系，以及它们与地址信息之间的关系和读周期相同。但有两点需要说明一下：

· $\overline{\text{WE}}$信号为低（有效），并在$\overline{\text{CAS}}$信号有效之前建立。

· 写数据必须在$\overline{\text{CAS}}$有效之前出现在 D_{in} 端。

读写周期各参数意义见表 4.2

③ **刷新**

刷新采用“读出”的方法进行。刷新时序如图 4.19(c)所示。在刷新时，通常由存储芯片外部的 DRAM 控制电路发出$\overline{\text{RAS}}$信号，并使$\overline{\text{CAS}}$保持高电平。$\overline{\text{RAS}}$信号送到所有芯片，使各芯片同时完成一行元素的刷新。DRAM 控制电路还向所有芯片提供刷新时的行地址，每产生一行，这个地址自动加一，如此周而复始。

为了使一次行地址刷新尽可能多地对一些单元进行操作，具有 N^2 个存储矩阵单元的芯片中并不按 $N \times N$ 的方式排列这些元素，而是使行数少一些，而列数多一些。例如 M4164 芯片（64K×1），其内部元素不是排成 256×256 的矩阵，而是由四个 128×128 的存储矩阵构成。刷新时 4 个存储矩阵同时对 128 个元素操作，一次行刷新就可完成 512 个元素，因此整个芯片只要 128 次行刷新操作就可全部完成。

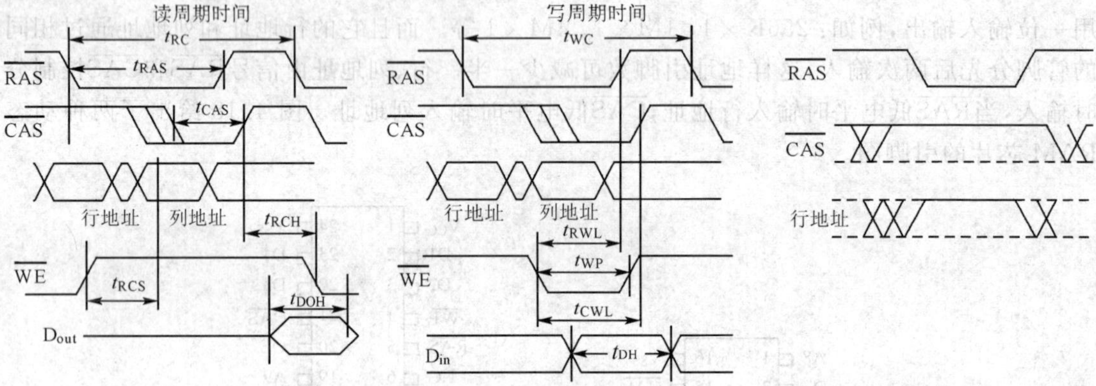

(a) 读周期　　(b) 写周期　　(c) 只用 $\overline{\text{RAS}}$ 的刷新周期

图 4.19　DRAM 时序

表 4.2　DRAM 读/写周期参数

参数符号(读)	意　义	参数符号(写)	意　义
t_{RC}	读周期时间	t_{WC}	写周期时间
t_{RAS}	RAS 脉冲宽度	t_{WP}	写命令脉冲宽度
t_{CAS}	CAS 脉冲宽度	t_{RWL}	RAS 无效到写命令开始时间
t_{RCS}	读命令建立时间	t_{CWL}	CAS 无效到写命令开始时间
t_{RCH}	读命令保持时间	t_{DH}	写入数据保持时间
t_{DOH}	数据读出保持时间		

4) DRAM 控制器

DRAM 控制器是 CPU 与 DRAM 芯片之间的接口，它一方面将 CPU 的控制信号变换为适合 DRAM 芯片的控制信号；另一方面，DRAM 的刷新需要独立的硬件电路支持，这也由 DRAM 控制器完成。

图 4.20 为 DRAM 控制器的结构框图，它的主要组成部分如下：

① **地址多路开关**：由于要向 DRAM 芯片分时送出行地址和列地址，所以要由地址多路开关将 CPU 的地址转换成分时产生的行地址和列地址。

② **刷新定时器**：定时产生刷新请求。假定采用 1M 位的 DRAM 芯片，允许的刷新间隔为 8ms，则要求在 8ms 内产生 512 个刷新请求。

③ **刷新地址计数器**：提供刷新行地址。

④ **仲裁电路**：如果来自 CPU 的访存请求和来自刷新定时器的刷新请求同时产生，就要由仲裁电路对二者的优先权进行仲裁。

⑤ **控制信号发生器**：提供 $\overline{RAS}$、$\overline{CAS}$ 和 $\overline{WE}$ 信号以满足对 DRAM 读/写和刷新的需要。

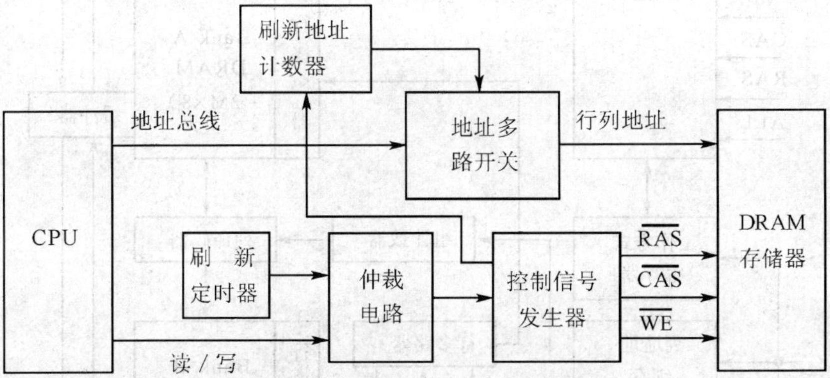

图 4.20 DRAM 控制器结构框图

5) 新型 DRAM 芯片

DRAM 具有存储密度大、功耗小、成本低等优点，但由于它需要定时刷新，对其工作速度有较大影响。

近几年来，DRAM 芯片采用了一些新的结构，使其性能大大改善，下面介绍两种新型的 DRAM。

(1) EDO

前面讨论的 DRAM 属于 FPM(Fast Page Mode，快页型)DRAM，后来逐渐被 EDO (Extended Data Output，扩展数据输出)型 DRAM 所取代。EDO DRAM 允许在前一个内存访问周期结束之前启动第二个主存访问周期。这种简单的流水线技术虽然没有加快单次主存访问速度，但以较少的硬件代价换来了存储器整体的带宽，使单位时间内能输出更多的数据。

FPM 型和 EDO 型 SDRAM 都属于异步 DRAM。

(2) SDRAM

SDRAM(Synchronous DRAM，同步 DRAM)的工作方式与传统的 DRAM 有很大不同。SDRAM 的读写和处理机一样受系统时钟控制，它将处理机或其他主设备发出的地址和控制信息锁存起来，经一定数量的时钟周期后，给出响应。因此主设备在这段时间内，可以安全地进行其他操作。图 4.21 给出了 SDRAM 的内部逻辑。SDRAM 采用成组传送的工作方式，在第一次存取后，不再需要地址建立和行、列预充电的时间，就能连续快速地输出一组数据，这一特点对顺序访问那些与第一次访问的信息在同一行的数据时特别有用。

此外，SDRAM 内部采用双存储体结构，极大地改善了片内存取的并行性。

SDRAM 的工作方式寄存器也很有特色，它提供了按特定的需要来定制 SDRAM 的机制。工作方式寄存器规定了数据组的长度。编程人员还可以指定 SDRAM 从收到读命令到开始传送数据的延迟时间。

SDRAM 在存取大块的有序数据时性能最优，特别适合"文字处理"、"多媒体"等应用场合。

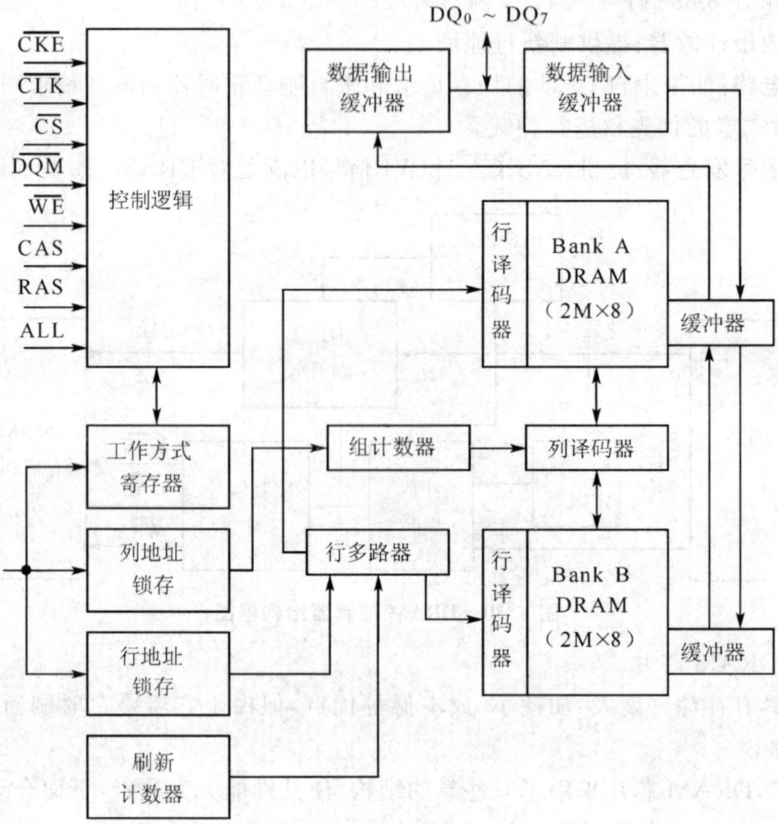

图 4.21 SDRAM 内部逻辑示意图

(3) DDR SDRAM

随着对存储器性能提高的不断追求，人们在 SDRAM 的基础上又研制出了更高速度的存储器芯片 DDR SDRAM(Double-Data-Rate SDRAM)。标准的 SDRAM 是在每个时钟的上升沿完成所有的操作，而 DDR SDRAM 访问存储元件阵列的方法与标准 SDRAM 一样，但数据传送却在时钟的上下沿都进行，因而速度比标准 SDRAM 快一倍。目前 DDR SDRAM 被广泛用于高性能微机系统中。

4.3 半导体只读存储器

上述半导体静态存储器(SRAM)和动态存储器(DRAM)均为可任意读/写的随机存储器，当电源撤消时，存储的数据也随之丢失，因此称为易失性存储器(Volatile Memory)。下面介绍的半导体只读存储器ROM(Read Only Memory),即使掉电,所存储的内容也不会丢失,是非易失性存储器(Nonvolatile Memory)。

ROM用途很广,如在主存中用来存放一些监控程序、启动程序、磁盘引导程序等;在I/O设备中用来存放字符发生器、字库等;ROM还可以用作控制存储器、函数发生器、代码转换器等。

根据只读存储器的制造工艺的不同,可分为ROM、PROM、EPROM、EEPROM(E^2PROM)和Flash Memory等类型。

4.3.1 掩膜只读存储器(Masked ROM)

掩膜ROM存储的信息由生产厂家在掩膜工艺过程中"写入",用户不能修改。

掩膜ROM也有双极型和MOS型两种。

掩膜ROM主要用于一些固定程序而生产批量较大的产品,如手机、游戏机等。

4.3.2 可编程ROM(PROM)

这类ROM允许用户用特定的编程器向ROM中写入数据,写入后,不能修改。PROM有P-N结破坏型和熔丝烧断型两种,如图4.22、4.23所示。

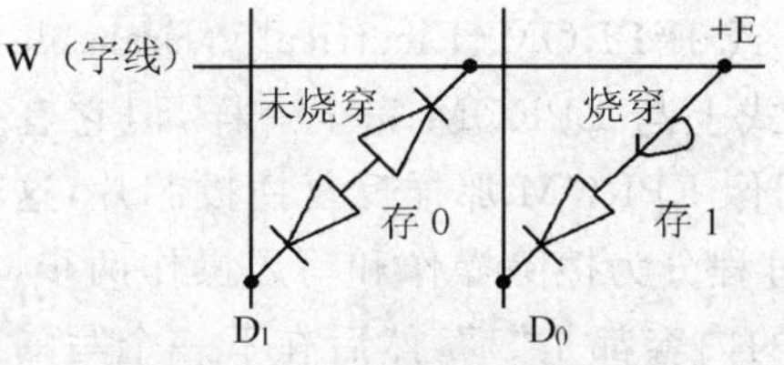

图4.22 P-N结破坏型PROM

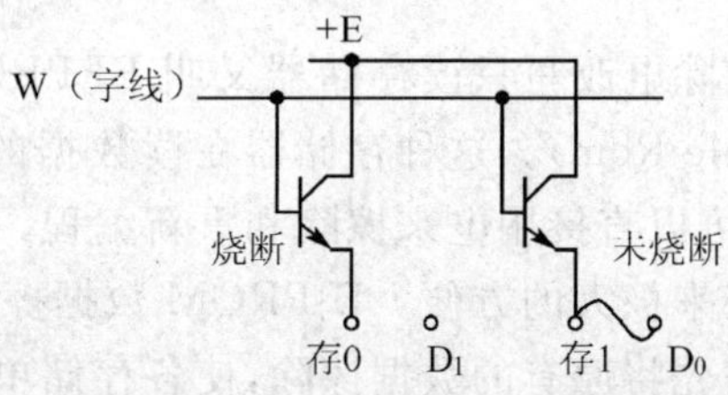

图4.23 熔丝烧断型PROM

PROM由于使用不方便,成本高,目前已基本淘汰。

4.3.3 可擦除和可编程的ROM(EPROM)

一般采用浮栅雪崩注入MOS存储器FAMOS(Floating-gate Avalanche Injection MOS)图4.24是N沟道FAMOS存储元件的结构图。

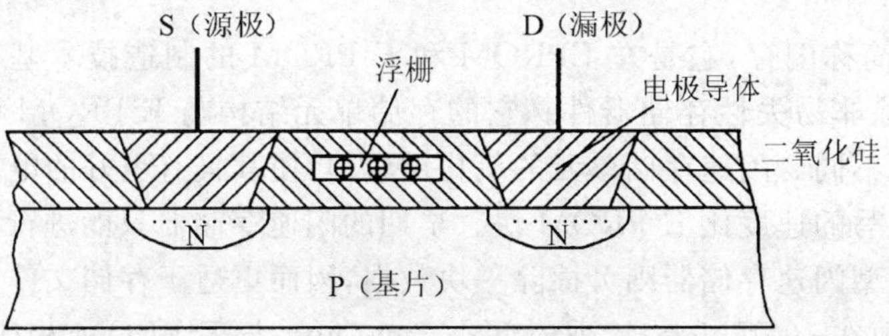

图4.24 N沟道FAMOS存储单元结构

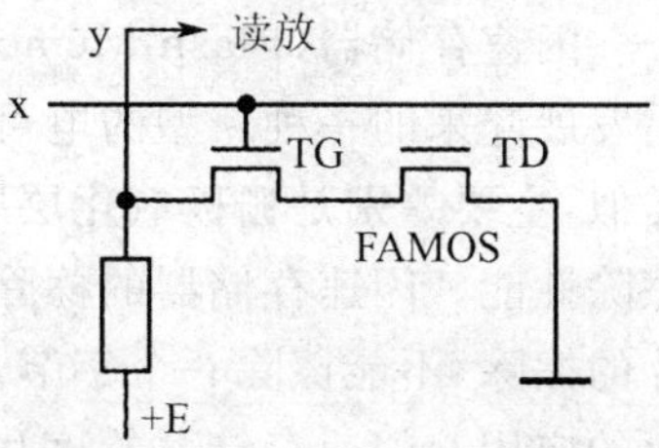

图4.25 FAMOS存储单元电路

N沟道FAMOS管的工艺类似于NMOS电路。两者的主要区别是:FAMOS管的栅极上没有电极引线，栅极是埋在二氧化硅(SiO_2)绝缘层中，所以称“浮栅(floating-gate)”。

平时，浮栅不带电荷，源-漏之间没有沟通，处于关闭状态。当S(源极)接地，D(漏极)上加正高压(20～30 V)时，漏极P-N结局部击穿，产生漏电流IPS，该电流在P-N结和沟道中产生热效应，进一步激发高能空穴，高能量空穴从漏区穿过很薄的氧化层到达浮栅上，浮栅积累了正电荷，漏-源向导电沟道加宽，进一步使漏电流加大，又引起更多空穴到达浮栅，这一过程愈来愈剧烈(称雪崩现象)，直到浮栅上带有足够多的正电荷为止。一般此时浮栅上电位可达＋10 V左右，好像浮栅上接有10V电源一样，使FAMOS管处于导通状态。

写入完毕后，撤消D极上的高压，由于SiO_2层的绝缘性很好(10^{14}～10^{15})，注入浮栅的电荷无泻放回路而保留在浮栅上。

如图4.25所示，若TD(FAMOS)管栅极带有正电荷，则当X线出现＋E信号时，TG、TD管导通，Y线电位接近地电位，读出“0”。反之，若TD管栅极不带电荷，则TD管不导通，Y线电位为＋E左右，读出“1”。

用紫外线或X射线照射，使大能量的光子与浮栅上的电荷发生能量交换和转移，使空穴获得足够大的能量，通过SiO_2层返回衬底，浮栅不再带有电荷。一般把EPROM芯片上的石英窗口对着紫外线灯(12 mW/cm^2规格)，距离3 cm远，照射8～20分钟，即可抹除芯片上的全部信息。

4.3.4 电擦除电改写只读存储器(EEPROM)

电擦除电改写只读存储器又叫EEPROM或E^2PROM(Electrically Erasable and Programmable Rom)。这种存储器在读数据的方式上与EPROM完全一样，但它有一个明显优点，即可以直接用电来擦除和重新编程，不用像EPROM那样反复插拔芯片，这就给现场重编程带来极大的方便。E^2PROM数据擦写过程分为擦除操作和写入操作两步，在写入数据之前需先将原有的数据擦除，使各存储单元的内容都是“1”，然后在下一个写周期中将数据写入，因此比RAM的写操作慢得多(写一个字节所需时间比SRAM/DRAM写操作时间长100到1000倍)。E^2ROM擦写时需要采用21 V电压，为此而设置的升压电路一般集成在芯片内，外部只提供单一的5伏电源。一般E^2PROM可进行1万到10万次擦除(主要原因是反复对E^2PROM单元擦写，会造成浮空门周围的绝缘层被击穿)，在不受干扰时，所存放的数据至少可维持10年。

4.3.5 闪速存储器(Flash Memory)

闪速存储器(Flash Memory)简称闪存，它是在EPROM和E^2PROM的制造技术基础上发展起来的一种新型的电可擦除非易失性存储器件。它的存储单元结构与E^2PROM的类似，主要差别是栅极氧化层厚度不同。闪速存储单元的氧化层较薄，使其具有更好的电可擦除性能。闪速存储器的擦除、重写的速度比E^2PROM快。早期的闪速存储器只能进行全片的擦除，不能擦除一个字节。新型闪速存储器则可擦除一块数据，因而更适于存储文件方面的应用。闪速存储器的擦写次数在10万以上，读取时间小于90 ns。与E^2PROM相比，闪速存储器具有密度高、价格低、可靠性高的优点。

闪速存储器在某些应用中可代替磁盘。它作为数据存储时具有高达100万小时的平均故障间隔时间，而且速度高、功耗低、体积小。闪速存储器可用于代替 ROM，即用于作为系统软件核心部分的存储器，作为系统参数的存储器，以及用于作为各种逻辑电路元件等。此外，闪速存储器还可用于计算机其他外围设备中进行数据采集。

4.4 多体交叉存储器

4.4.1 编址方式

计算机中大容量的主存，可由多个存储体组成，每个存储体都有自己的读写线路，地址寄存器和数据寄存器，称为"存储模块"。这种多模块存储器可以实现重叠与交叉存取。如果在 M 个模块上交叉编址（$M=2^m$），则称为模 M 交叉编址。编址方式如图4.26 所示。

设存储器包括 M 个存储模块，每个存储模块的容量为 L，各存储模块进行低位交叉编址，连续的地址分布在相邻的存储模块中。第 i 的存储模块的地址编号因按下式给出：

$$M \times j + i$$

其中：$i=0,1,2,\cdots,M-1$；

$j=0,1,2,\cdots,L-1$。

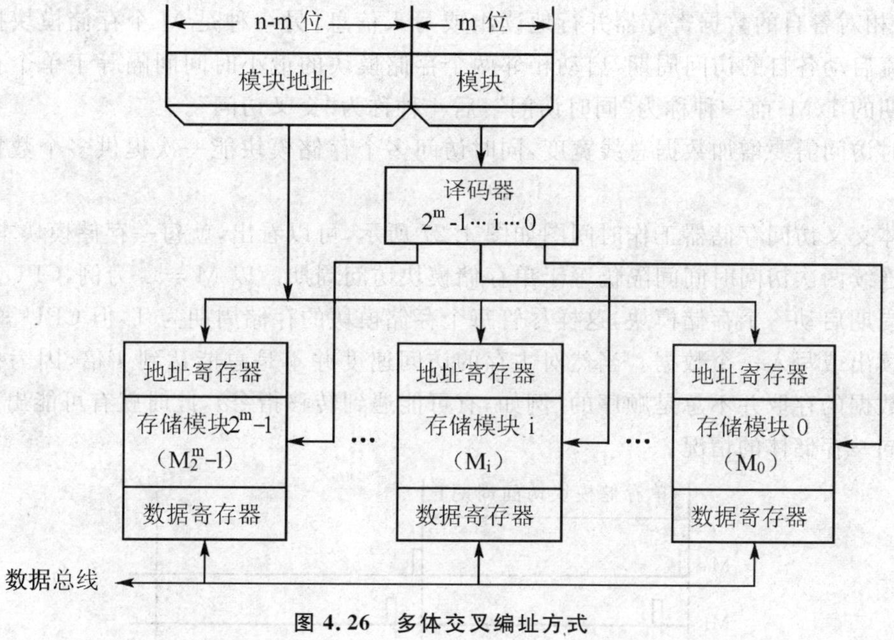

图 4.26 多体交叉编址方式

如果交叉存取的存储模块有四个：M_0、M_1、M_2、M_3，其地址分配采用"模 4"交叉方式，表 4.3 列出了模 4 交叉各存储模块的编址系列，这种编址方法使用地址的低位字段经过译码选择不同的存储模块，而高位字段指向相应的存储模块内部的存储字。连续的地址分布在相邻的不同的存储模块内，而同一存储模块内的地址是不连续的。在理想情况下，如果程序段和数据块都连续地在主存中存放的读取，那么，这种编址方式将大大地提高主存的有效访问速度。但当遇到程序转移或随机访问少量数据，访问地址就不一定均匀分布在多个存储模块之间。这种会产生存储器冲突而降低了使用率,所以 M 个交叉模块的使用率是变化的。

表 4.3 模 4 交叉编址

存储模块	地址编址系列	对应二进制地址最低两位
M_0	0, 4, 8, 12, …, 4j+0, …	0 0
M_1	1, 5, 9, 13, …, 4j+1, …	0 1
M_2	2, 6, 10, 14, …, 4j+2, …	1 0
M_3	3, 7, 11, 15, …, 4j+3, …	1 1

一般模块数 M 取 2 的 m 次幂,但有的机器采用质数个存储模块,这种方法可以减少存储器访问冲突,只有当连续访存的地址间隔是 M 或 M 的倍数时才会产生冲突,这种情况的出现机会是很少的。

4.4.2 重叠与交叉存取控制

多体交叉存储模块可以有两种不同的方式进行访问,一种是所有模块同时启动一次存储周期,相对各自的数据寄存器并行地读出或写入信息;另一种是 M 个存储模块按一定的顺序轮流启动各自的访问周期,启动相邻两个存储模块的最小时间间隔等于单个存储模块访问周期的 1/M;前一种称为"同时访问",后一种称为"交叉访问"。

同时访问需要增加数据总线宽度,同时访问多个存储模块能一次提供多个数据或多条指令。

多体交叉访问存储器工作时间图如图 4.27 所示,可以看出,就每一存储模块本身来说,对它的连续两次访问时间间隔仍等于单存储模块访问周期。以 M = 4 为例,CPU 每隔 1/4 个存储周期启动一个存储模块,这样尽管每个存储模块的存储周期为 T,但 CPU 每隔 1/4T 就可以读出或写入一个数据。当然对主存的访问速度并不是总能达到 4 倍,因为指令的读出以及数据的存取并不总是顺序的(例如,有可能遇到转移指令),此时就有可能出现连续两次访问同一存储体的情况。

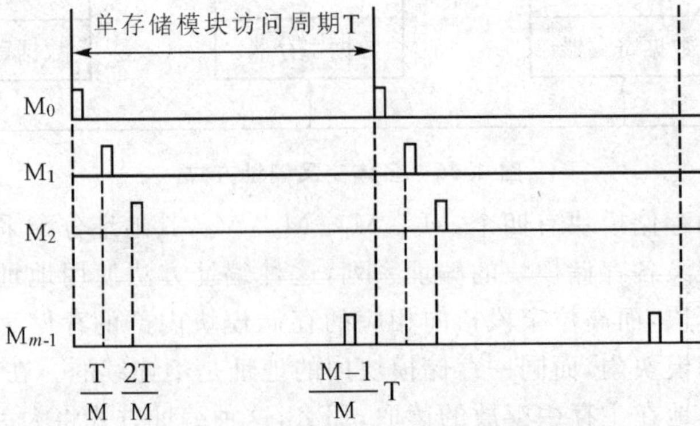

图 4.27 交叉访问的存储器工作时间图

4.5 高速缓冲存储器

4.5.1 工作原理

CPU 的性能和存储器性能的发展不平衡使得两者间速度差距越来越大，其表现就是在CPU 发出访问存储器请求后，要经过多个 CPU 周期才能读到存储器的内容。技术的发展使得生产出和 CPU 速度相当的存储器已不是问题。但这种高速存储器只能内置在 CPU 片内(因为数据经过总线传输速度将会变慢)，而在片内放置大容量存储器是不现实的，因为这将使 CPU 的价格提高，体积增大。

高速缓存(Cache)是为了解决 CPU 和主存之间的速度匹配问题，这是当前计算机系统中为了提高运行速率所采取的改进计算机结构的主要措施之一。Cache 的设立依据是程序访问的局部性原理，即：在一个较短的时间间隔内，CPU 对局部范围的存储器地址频繁访问，而对此范围之外的地址访问较少。高速缓存的逻辑位置在 CPU 和主存之间。在高档微机中为了获得更高的效率，不仅设置了处理器片内独立的指令 Cache 和数据 Cache(称为哈佛结构)，还在片外设置了二级或三级 Cache。高速缓存通常由双极型半导体存储器或高速 SRAM 构成。地址映像以及和主存数据交换机构全由硬件实现，并对程序员透明。

图 4.28 为 Cache 的结构原理图，主存和 Cache 均以页为单位，并且两者之间交换数据以页为单位进行。CPU 访存地址，经相联存储映像机构进行地址映射变换，送 Cache；如果 CPU 要访问的内容在 Cache 中，称为“命中”，则从 Cache 中读取数据送 CPU。如果 CPU 要访问的内容不在 Cache 中，称为“不命中”或称“失靶”，则 CPU 发出的地址直接到主存中读取数据。同时将主存所访问单元所在的页通过 Cache 与主存之间的多字宽通路写入 Cache；在写入 Cache 过程中，如果对应的 Cache 页已满，要按某种替换策略将 Cache 中一页调出写回主存。

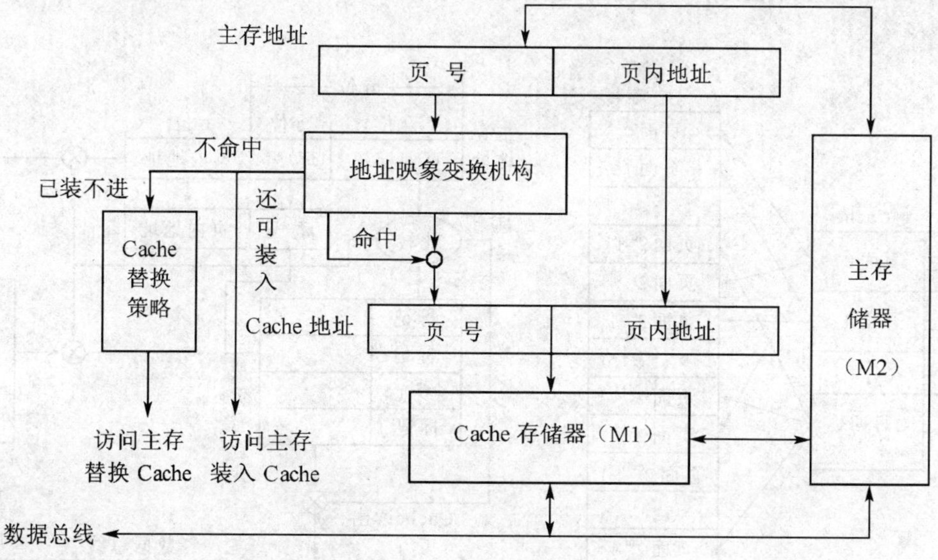

图 4.28 Cache 的结构原理图

CPU 访问存储器的速度与高速缓存的命中率有关，设主存的速度为 T_m，Cache 的速度为 T_c，命中率为 P，则 CPU 的访问速度 T_a，可由下式表示：

$$T_a = PT_c + (1-P)T_m$$

4.5.2 映像函数(Mapping)

为了便于根据 CPU 送来的地址信息到 Cache 中去读取数据，必须有某种函数把主存地址映像成 Cache 地址。实现这种映像的函数叫映像函数。常用的地址映像方式有直接映像、全相联映像和组相联映像。Cache 和主存空间都划分为大小相同的页，Cache 和主存空间的分配以及数据交换都以页为单位进行。假定主存空间被分为 2^m 个页(页号为 0，1，2，…，2^m-1)，每页大小为 2^b 个字节。Cache 存储空间分为 2^c 个页(页号为 0，1，2，…，2^c-1)，每页也是 2^b 个字节(当然 $m>c$)。

1) 直接映像

在直接映像(Direct Mapping)方式中，主存和 Cache 页号的对应关系如图 4.29 所示。

直接映像函数为 $i = j \bmod 2^c$，其中 i 是 Cache 页号，j 是主存页号。

根据映像函数不难看出：主存的 0，2^c，2^{c+1}…页只能映像到 Cache 的 0 页，而主存的 1，2^c+1，$2^{c+1}+1$ 等页，只能映像到 Cache 的 1 页，主存的 2^c-1，$2^{c+1}-1$，…，2^m-1 映像到 Cache 的 2^c-1 页。主存页号的低 c 位(即 $j \bmod 2^c$)正好是它要装入的 Cache 的页号。在 Cache 中给每一个页面设一个 t 位长的标记($t=m-c$)，主存某页调入 Cache 后，就将主存页号的高 t 位放入 Cache 相应页的标记中。

这样，CPU 访存时，首先根据访存地址中的 c 位(页号)，直接查出该主存对应的 Cache 页号。找到对应的 Cache 页后，检查它的标记和主存地址的高 t 位是否一致。若一致，访问"命中"，将 Cache 页号(c 位)和页内地址(b 位)拼接，形成 Cache 地址，从 Cache 中读数据。否则"不命中"(或失靶)，CPU 直接从主存读出数据。主存- Cache 读出映像过程如图 4.30 所示。

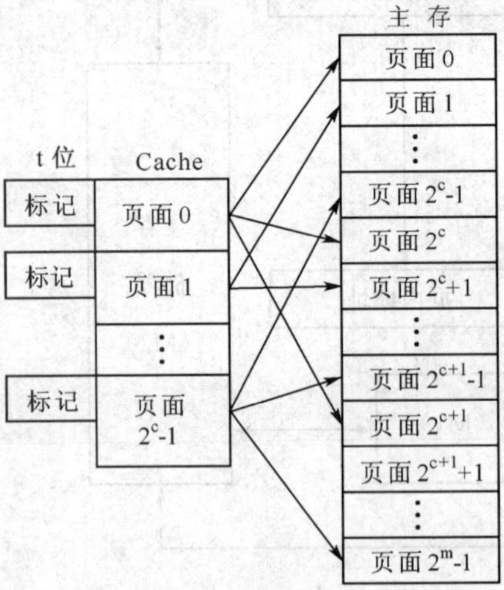

图 4.29 直接映像方式

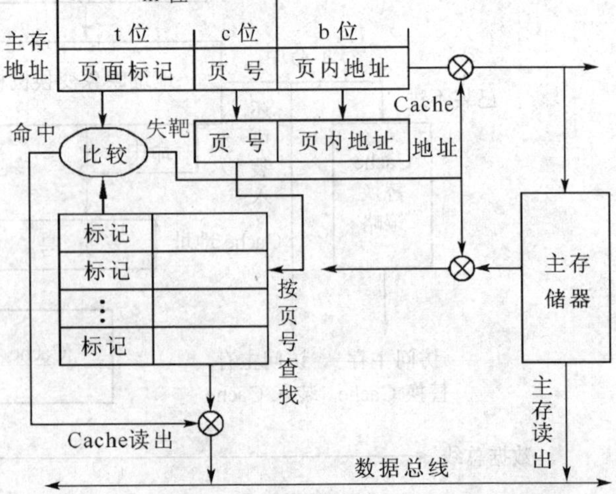

图 4.30 直接映像方式下，主存和 Cache 读出过程

直接映像的优点是实现简单，其缺点是不够灵活，冲突概率大。

例 4.1 设一个 Cache 中有 8 个页面，访问主存进行读操作的页地址序列为 10110、11010、10110、11010、10000、00100、10000、10010，即十进制的 22、26、22、26、16、4、16、18，求每次访问后 Cache 中的内容。

解：Cache 中有 8 个页面，因此访存页地址的低 3 位为 Cache 的页号，高 2 位地址作为标记位用于识别 Cache 的命中情况。在直接映像方式下，访问情况如表 4.4 所示，其中地址转换关系一栏列出访存地址对应的 Cache 页号。访问结束后 Cache 中的情况如表 4.5 所示，其中有效位为 Y 表示该页已调入 Cache；标记位为访存地址的区号部分，存放在页表中；数据栏列出 Cache 中该页所装入的存储器数据内容。每次访存后 Cache 中页分配和替换的情况如图 4.31 所示。

表 4.4 直接映像下 Cache 访问情况

地 址	命中与否	地址转换关系
10110	不命中	(10110 mod 8) = 110
11010	不命中	(11010 mod 8) = 010
10110	命 中	(10110 mod 8) = 110
11010	命 中	(11010 mod 8) = 010
10000	不命中	(10000 mod 8) = 000
00100	不命中	(00100 mod 8) = 100
10000	命 中	(10000 mod 8) = 000
10010	替 换	(10010 mod 8) = 010

表 4.5 直接映像下访问后 Cache 的内容

页 号	有效位	标记位	数 据
000	Y	10	Memory(10000)
001	N	—	—
010	Y	10	Memory(10010)
011	N	—	—
100	Y	00	Memory(00100)
101	N	—	—
110	Y	10	Memory(10110)
111	N	—	—

2) 全相联映像

每个主存页都可映像到任何 Cache 页的地址映像方式称为全相联映像(Full Associate Mapping)，如图 4.32 所示。在此方式下，主存中存储页的数据可调入 Cache 中任何页。因此，为了检查所需要的块是否在缓存中，必须把从 CPU 中接收到的地址码中的页号与缓存中的每一块的标志进行比较，将严重影响速度。为了加快“主存-Cache”地址变换速度，一般采用存放于相联存储器(一种按内容搜索的快速存储器)中的目录表来实现地址映像。

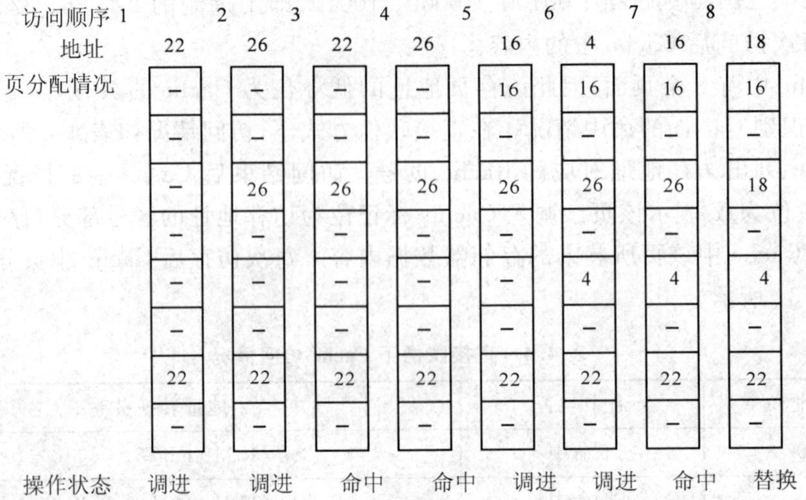

图 4.31 直接映像的页分配情况

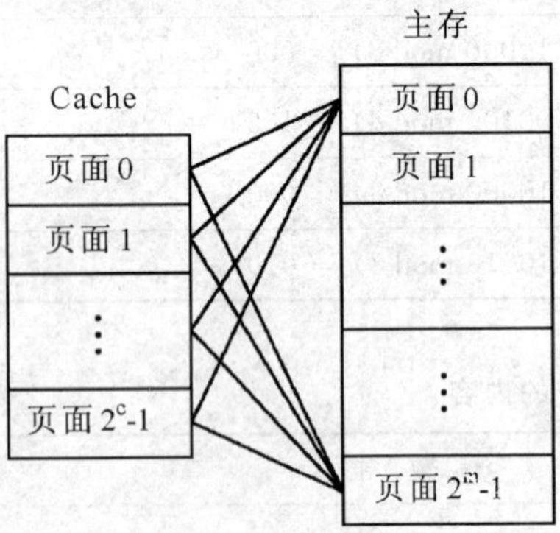

图 4.32 全相联映像方式

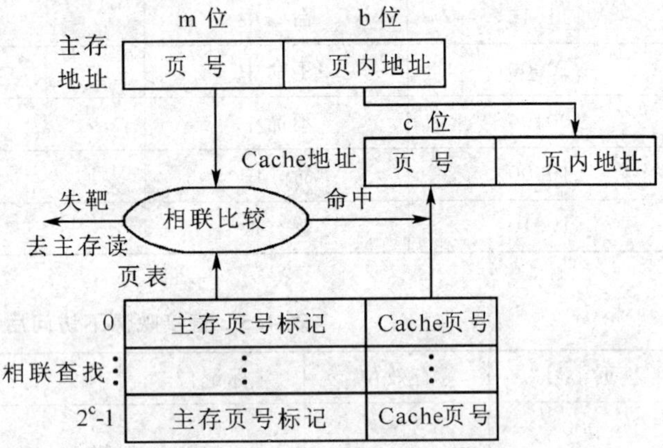

图 4.33 全相联映像地址变换

全相联映像方法中，主存-Cache 地址变换读过程如图 4.33 所示。

在给出主存地址后，让主存页号与目录表中各项的页号作相联比较。如果有相同的，则将对应行的 Cache 页号取出，拼接上页内地址就形成了 Cache 地址，去读 Cache。如相联目录表中无相同的页号，表示主存页未装入 Cache，失靶，则去主存读。全相联映像的优点是页冲突概率最低，只有当 Cache 全部装满后，才有可能出现块冲突。但由于目前的计算机系统中，Cache 容量一般都较大，而要构成大容量的相联目录表很困难，价格昂贵，查表速度也难以提高；另外，由于块的定位有完全的自由度，尽管非常灵活，但导致替换算法可能太复杂，难以实现。因此目前的计算机系统中几乎没有单纯采用全相联映像方式的。

3) 组相联映像

全相联映像和直接映像的优缺点正好相反，将二者结合起来，就产生了组相联映像(Set Associate Mapping)方式。组相联映像是将存储空间分成若干组，各组之间是直接映像，而组内各页之间则是全相联映像，如图 4.34 所示。将 Cache 空间分成组，每组 2^s 页(称为 2^s 路相联)，Cache 共有 2^q 组。主存空间分成 2^n 区，每区共有 2^q 页，与 Cache 组数相同。主存某区的页允许映射到 Cache 固定组内的任意页。

组相联映像主存地址构成：n 位区号标记，存放在页表中，用于判断数据内容是否在 Cache 对应页中；q 位组号，确定主存某区的页映射到 Cache 的组号；b 位页内地址。Cache 地址构成：q 位组号；s 位组内页号；b 位页内地址。

组相联映像的地址变换如图 4.35 所示。在访问存储器时，根据 CPU 给出地址的中间 q 位去 Cache 中选择某一组。分别读出该组中 2^s 页的标记，逐一与 CPU 给出地址中的区号标记(n 位)送比较器进行比较：

若有一致者，则"命中"，由组号、组内页号(在查相联表进行标记比较时得到)和页内地址构成字地址，从 Cache 中读出内容；

若无一致者，则"失靶"，则根据 CPU 地址去主存中读出。

在组相联映像法中，某区的第 0 页可以调入 0 组中的任意一页。某区的第 1 页可以调入 1 组中的任意一页，比直接映像法灵活。

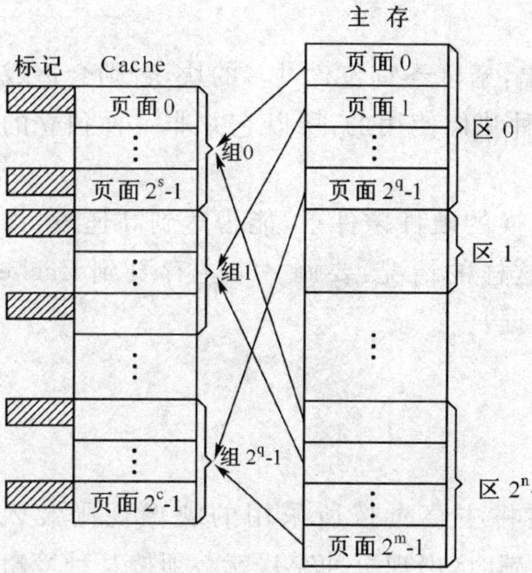

图 4.34　组相联映像方式

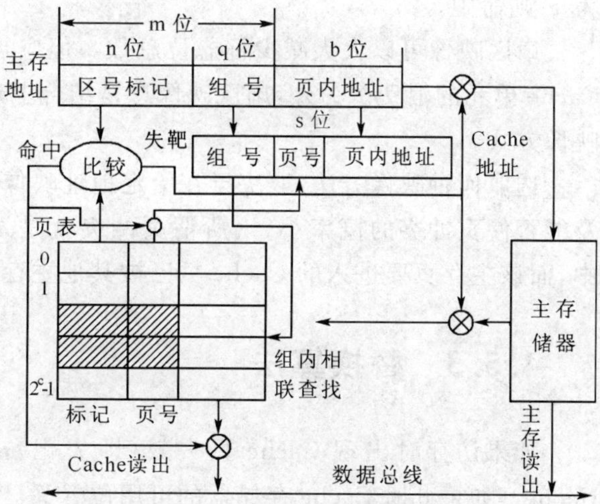

图 4.35　组相联映像的地址变换方法

组相联映像在各组间用直接映像，组内各页则是全相联映像。这样，它的 Cache 页冲突概率比直接映像低的多，由于只有组内各页采用全相联映像，地址相联表较小，易于实现，而且查找速度也快的多。

s 的选取决定了页冲突的概率和地址映像的复杂性。s 字段越大，则 Cache 页冲突越低，而相联映像表也越大。当 2^s = Cache 页数时，组相联映像就成为全相联映像；而当 S = 0(即 $2^s = 1$) 时，组相联映像就变成直接映像。经验显示，两路和四路组相联 Cache 的性能较高，如 Pentium 处理器就采用 2 路组相联映像。

应当提及的一个技术细节是，通常有一个有效位与缓存中的每一块相联系，此位用来指明装在缓存中的数据是否有效。在系统加电时，或者当新的程序和数据从大容量存储设备装入主存时，所有的有效位都被置 0。然后，当第一次从主存装入缓存中某一块时，该块的有效位置 1，有效位一旦被置 1，就一直保持，直到缓存中内容不经 CPU 而被修改，此时有效位再被置 0。有效位的引入意味着关于缓存访问的讨论要稍微修改一下，除了标志符合这一条件外，而且当有效位为1时，访问才能进行。

以上讨论的3种映像方式都是一个数据块对应一个标志及一位有效位，并且Cache与主存交换数据是以块为单位进行的。增大块容量，可以减少标志位总数（减少了Cache块数），可能提高命中率。但同时增加了数据传送量，造成时间和传送频带的浪费（大块中某些字可能根本没有用）。减少块容量，又会增加标志位总数，从而增加搜索开销和实现成本，并且可能降低命中率。

解决此问题的方法是使用另一种映像方式—扇区映像（Sector Mapping）。在扇区映像方式中，扇区由若干个块（2的幂次方）组成，每块设置一位有效位，不再设标志位（仅为每一个扇区设一个标志位）。其主存地址如下：

页	扇区	块	页内地址

Cache与主存交换数据时，仍以块为单位进行。当一块调入Cache时，相应的有效位置1。如果它是所在扇区的第一个被调入的块，则设置扇区标志位为1。访问Cache时，由扇区号选择扇区，块号选择块，并把地址中的页号与扇区标志位进行比较，若相等，且块有效位为1，则命中。

扇区映像可以大大减少标志位总数。但应当指出，扇区不宜包含过多的块，否则会造成Cache单元的浪费。另外，扇区映像总是结合上述三种映像使用的，所以它并非一种独立的映像方式。

选取何种映像方法，取决于在给定地址映像和变换的硬件条件下，能否达到高速度，以及能否使页冲突的概率小。（所谓页冲突就是发生这样的情况：要调一个主存页到Cache中，而该主存页要进入的Cache页已被其他主存页占据）

4.5.3 替换算法

如果访存时出现Cache页失效（即失靶），需要将主存页按所采用的映像规则装入Cache。如果此时Cache存储器的可用位置又已被占满时（出现页冲突），就必须按某种策略将Cache页替换出来。应当看到，Cache替换策略只涉及全相联和组相联映像，直接映像方式替换时别无选择。

替换策略的选取要根据实现的难易，以及是否能获得高的命中率两方面因素来决定。

常用的替换方法有随机算法RAND、先进先出算法FIFO及近期最少使用算法LRU等，前两种算法都不能反映程序的局部性特点，因而会带来较低的命中率。

选择近期最少使用访问的Cache页为调出页，这种算法能比较正确地反映程序的局部性，因为近期最少使用的页面一般来说也是未来最少被访问的页面。它需要随时记录各个页面的使用情况，具体实现时，要为主存中每个页面都设置一个计数器，每访问一次某页面，对应的计数器加上一个预定的正数。在一固定的时间间隔之后，所有的计数器都减去一个固定的数（计数器的最小值为0，称为饱和计数器），于是，计数器中的数最小对应的页面便是当前最少使用的页面。因Cache的调页时间要求很短，一般是微秒级，所以替换算法只能全部用硬件方法实现。在大多数Cache设计中，2～4路组相联映像采用LRU替换算法，其他采用随机替换算法。

4.5.4 Cache-主存内容的一致性问题

由于Cache存储器的地址变换和页替换算法全由硬件实现，因此"Cache-主存"层次对程序员来讲是透明的，这种透明性也会带来一些问题。例如："Cache-主存"内容不一致的问题。假定CPU在某时刻执行了写操作，要写的内容恰在Cache中，则Cache内容被更改，但该单元对应的主存内容尚没有改变，这就产生了Cache和主存内容不一致的情况。

解决这个问题的关键是选择更新主存内容的算法。一般采用如下两种算法，即"写回法"(Write Back)和"写直达法"(Write Through)。写回法如下：处理机执行写操作时，信息只写入Cache，当Cache页被替换时，将该页内容写回主存后，再调入新页。写直达法又称存直达法，在每次处理机进行写操作时，将数据既写入Cache，又利用"Cache-主存"层次中存在于处理机和主存之间的通路将信息也写回主存。这样，在页替换时，就不必将被替换的Cache页内容写回，而可以直接调入新页。

写回法的开销是在页替换时的回写时间，而写直达则在每次写入时，都要附加一个比写Cache长得多的写主存时间。一般来说，写直达法的开销大一些，但其一致性保持要好一些。

当出现写操作Cache不命中时，有一个在写主存时是否将数据读取到Cache中的问题。对应的两种更新策略：一是写分配法(Write-allocate)，即当Cache写不命中时把该地址对应的页从主存调入Cache。二是不按写分配法(No-write-allocate)，即当Cache写不命中时该地址所对应的数据页不从主存调入Cache。

这两种方法对不同的Cache命中时的更新策略效果不同，但命中率差别不大。一般写回法采用按写分配法，写直达法则采用不按写分配法。

4.5.5 Pentium Cache结构

Pentium微处理器在芯片内集成了一个代码Cache和一个数据Cache。图4.36是Pentium片内结构框图。从图上可以看出，片内的核心处理部件是两个整数ALU和浮点运算部件。两个整数ALU可并行工作，数据Cache向它们提供操作数。

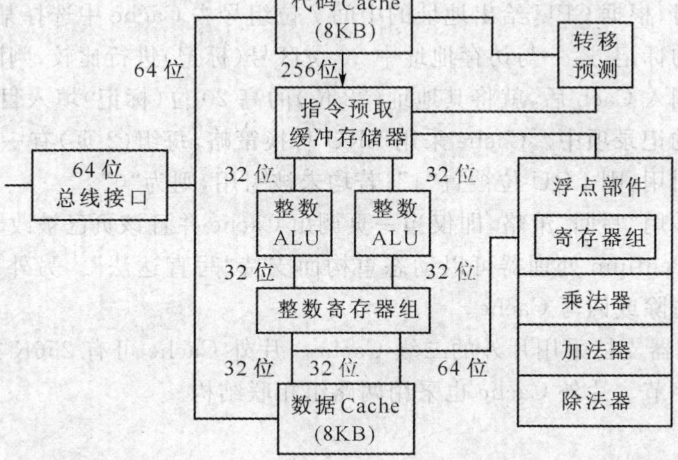

图4.36 Pentium微处理器结构框图

代码 Cache 在工作时是只读的，它给指令预取缓冲器提供预取指令队列。

数据 Cache 采用双端口结构，每个端口 32 位，各通过一组 32 位总线与一个整数 ALU 相连。两个端口可以合并为一个 64 位端口，通过 64 位总线与浮点部件相连。

片内 Cache 采用两路组相联结构，如图 4.37 所示。共 128 组，每组 2 页，每页 8 个双字 ($4\times 8=32$ 字节)。这样，每路有 4K 字节的容量，共 8K 字节。

两路(每路 128 组)各有一个目录表，每个表有 128 个记录项，即每一组 Cache 对应一个记录项。

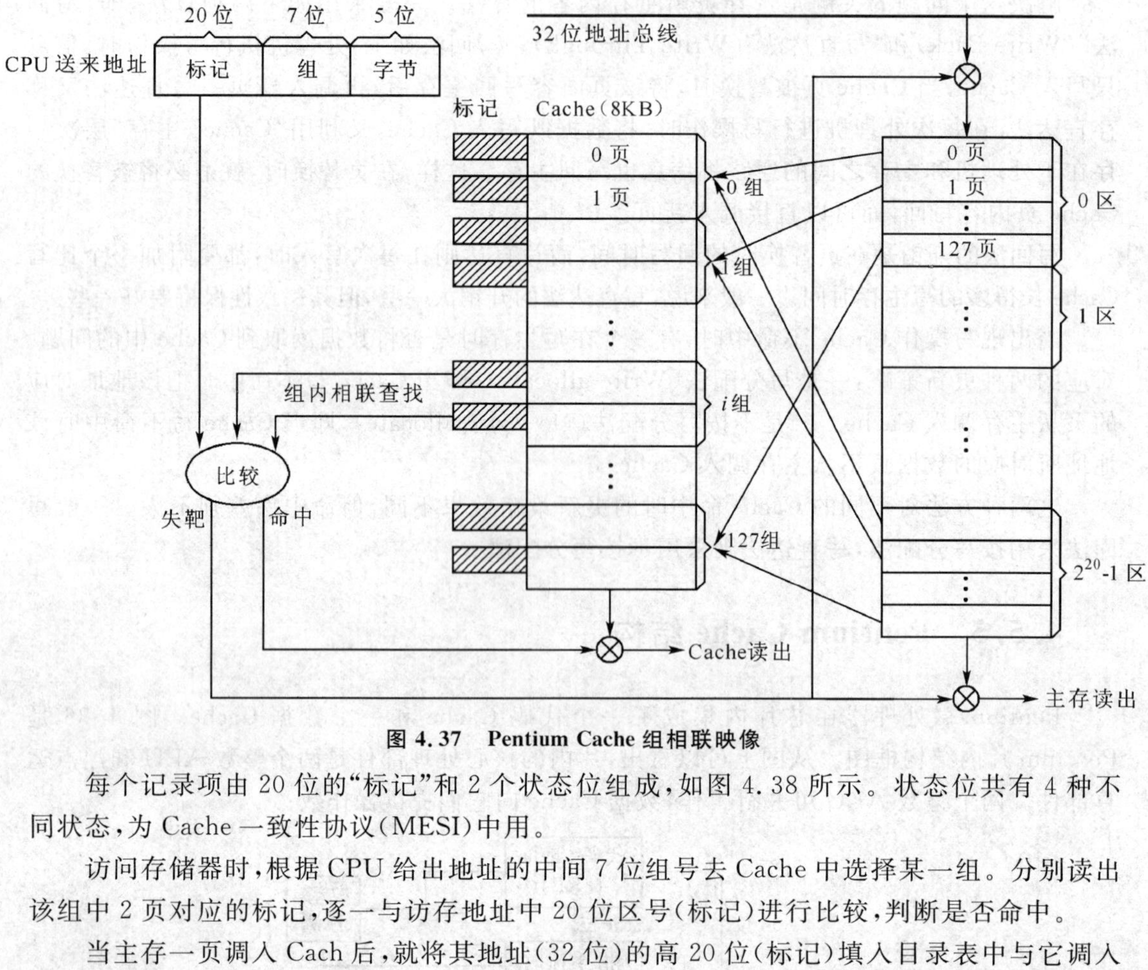

图 4.37 Pentium Cache 组相联映像

每个记录项由 20 位的“标记”和 2 个状态位组成，如图 4.38 所示。状态位共有 4 种不同状态，为 Cache 一致性协议(MESI)中用。

访问存储器时，根据 CPU 给出地址的中间 7 位组号去 Cache 中选择某一组。分别读出该组中 2 页对应的标记，逐一与访存地址中 20 位区号(标记)进行比较，判断是否命中。

当主存一页调入 Cach 后，就将其地址(32 位)的高 20 位(标记)填入目录表中与它调入的对应 Cache 页的记录项中。Cache 采用 LRU 替换策略，每组(2 页)有一个 LRU 位，只有该组中有一页被引用，则 LRU 位被置“1”；若均未被引用，则为“0”。

数据 Cache 采用“写回”策略，即仅当一页调出 Cache 并且该页已被改写时，才将其内容写回主存。不过 Pentium 处理器可以动态重构而支持“写直达法”。另外，Pentium 还有两条单独的指令来清除或回写 Cache。

Pentium 处理器支持采用片外的二级 Cache。片外 Cache 可有 256K 或 512K 字节，每路 32、64 或 128 字节。片外 Cache 也采用两路组相联结构。

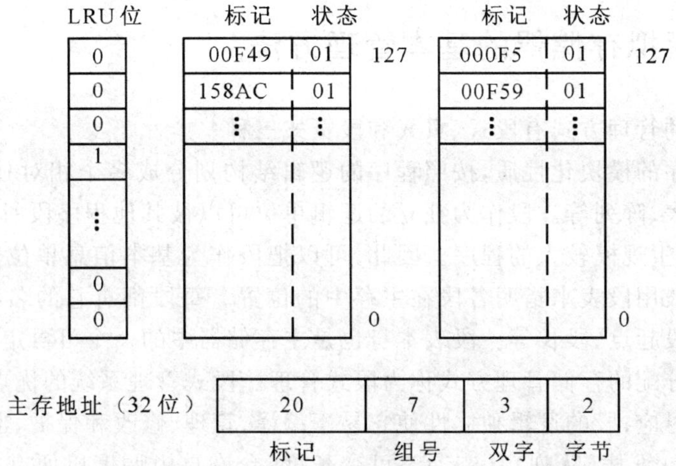

图 4.38 Pentium 片内 Cache 目录表和 LRU 位

4.6 虚拟存储器

4.6.1 虚拟存储器概述

目前，计算机主存主要由半导体存储器构成，由于成本等原因，主存的存储容量受到一定的限制。另一方面，系统程序和应用程序的规模也越来越大，要求主存容量也越来越大，这就产生了矛盾。

为了解决这个矛盾，在计算机中采用了所谓虚拟存储技术：将一部分（或全部）辅存和主存结合，把两者的地址空间统一编址，形成比实际主存空间大得多的逻辑地址空间。访存时，用软、硬件结合的方法，将逻辑地址（虚拟地址）转化为物理地址（实际地址）。在这样的系统中，面向程序员的不再是主存和辅存，而是一个统一的虚拟存储器。

虚拟存储器是建立在主存与辅存物理结构基础之上，由附加硬件装置以及操作系统存储管理软件组成的存储体系。它不仅是一种解决存储容量和存取速度矛盾的一种有效措施，而且是管理存储设备的有效方法。采用虚拟存储器，用户可自由编制程序，完全不必考虑所编程序在主存中是否装得下，或者放在辅存中的程序将来在主存中的实际位置等问题。因此，虚拟存储器给软件编程提供了极大的方便。

虚拟存储器指的是“主存-辅存”层次，它能使计算机具有辅存的容量，接近于主存的速度和辅存的位成本。当然，主存实际容量的大小会影响系统的工作效率，如果程序过大而主存容量过小，则程序运行速度会明显下降。

“主存-辅存”层次和“Cache-主存”层次有很多相似之处。它们采用的地址变换及映像方法和替换策略，从原理上看是类似的。它们都把程序划为一个个信息块（页），运行时都能自动地把信息块从慢速存储器向快速存储器调度，信息块的调度都采用一定的替换策略，新的信息块将淘汰最不活跃的旧的信息块，以提高继续运行时的命中率。但是 Cache 的替换算法和地址映像方式完全由硬件实现，而在虚拟存储系统中，一般用软、硬件结合的方法来实现。

4.6.2 虚拟存储器的基本管理方法

虚拟存储器的管理方式有段式、页式和段页式三种。

段是利用程序的模块化性质，按照程序的逻辑结构划分成多个相对独立部分，例如，过程、子程序、数据表、阵列等。段作为独立的逻辑单位可以被其他程序段所调用，这样就形成段间连接，从而产生规模较大的程序。因此，可以把段作为基本信息单位在主存-辅存之间传送和定位。一般用段表来指明各段在主存中的位置。每段都有它的名称(用户名或数据结构名或段号)、段起点、段长等。段表本身也是主存储器中的一个可再定位段。

把主存按段分配的存储管理方式称为段式管理。段式管理系统的优点是段的分界与程序的自然分界相对应；段的逻辑独立性使它易于编译、管理、修改和保护，也便于多道程序共享；某些类型的段(堆栈、队列)具有动态可变长度，允许自由调度以便有效利用主存空间。但是，由于段的长度各不相同，段的起点和终点不定，给主存空间分配带来麻烦，而且容易在实存中留下许多空白的零碎存储空间不好利用，造成浪费。

页式管理系统的基本信息传送单位是定长的页，主存的物理空间也被划分为等长的固定区域(其容量要比段小得多)，称为页面。页面的起点和终点地址是固定的。新页调入主存也很容易掌握，只要有空白页面就可容纳。可能造成浪费的是程序最后一页的零头，是不能利用的页内空间，它比段式管理系统中段外空间的浪费要小的多。但是由于页不是逻辑上独立的实体，所以处理、保护和共享都不及段式来得方便。由于段式存储和页式存储管理各有其优缺点，可以采用分段和分页结合的段页式存储管理系统。把程序按逻辑结构分段以后，再把每段分成固定大小的页。进入主存仍以页为基本信息传送单位，用段表和页表(每段一个页表)进行两级定位管理。

下面将以 Pentium 的虚拟存储器为例，介绍虚拟存储器的地址变换过程。

Pentium 存储器的地址转换过程(从虚拟地址到物理地址)如图 4.39 所示。Pentium 的虚拟地址被称为逻辑地址，其长度为 48 位，由 16 位段地址和 32 位位移地址构成，段地址中有 2 位用于存储保护，真正属于段地址的是 14 位，所以有效的逻辑地址为 46 位，虚拟地址空间为 2^{46}。

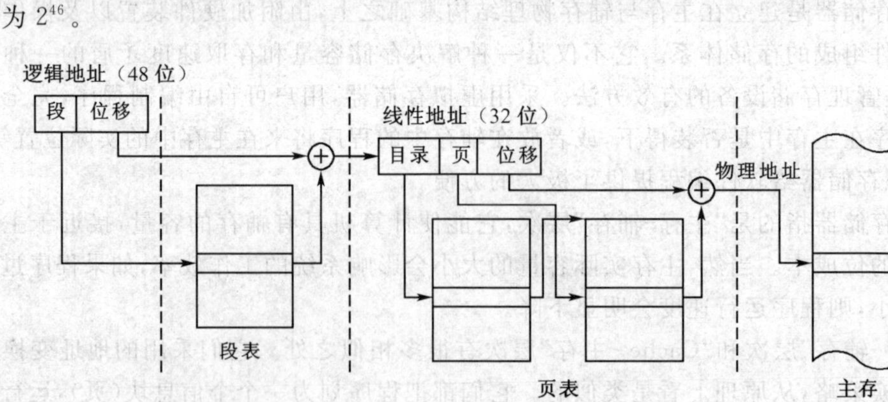

图 4.39 Pentium 存储器地址转换过程

Pentium 采用段页式地址转换机制，通过段地址查阅段表，将段表的内容与逻辑地址中的位移地址相加后得到 32 位线性地址(Linear Address)，然后通过页面转换得到物理地址。页面转换是通过页目录和页表实现的(相当于二级页表)，线性地址由页目录(10 位)、页号

(10 位)和位移地址(12 位)组成,页面大小为 4KB(12 位)。Pentium 还允许将页面大小设置为 4MB(22 位),此时页面转换只要查一次页表即可。

Pentium 存储器结构有很大的灵活性,根据其段表和页表是否设置可以有 4 种组合情况。

① 无段表和无页表的存储器。属于非虚拟存储器,其逻辑地址即为物理地址,可减少存储器结构的复杂性,在高性能的控制机中经常被采用。

② 无段表和有页表的存储器。页式虚拟存储器,此时存储器的管理和保护是通过页面转换实现的。

③ 有段表和无页表的存储器。段式虚拟存储器。

④ 有段表和有页表的存储器。段页式虚拟存储器。

4.6.3 存储保护

由于多个用户对主存的共享,就有多个用户程序和系统软件存于主存中。为了使系统能正常工作,要防止由于一个用户程序出错而破坏其他用户的程序和系统软件,还要防止一个用户程序不合法地访问不是分配给它的主存区域。为此,系统应提供存储保护。

存储保护主要包括两个方面:存储区域保护和访问方式的保护。

1) 存储区保护

对于不是虚拟存储器的主存系统可采用界限寄存器方式。由系统软件经特权指令设置上、下界寄存器为每个程序划定存储区域,禁止越界访问。由于用户程序不能改变上、下界的值,所以它如果出现错误,也只能破坏该用户自身的程序,侵犯不到别的用户程序及系统软件。界限寄存器方式只适用于每个用户占用一个或几个连续的主存区域。在虚拟存储器系统中,由于一个用户程序的各页能离散地分布于主存空间,故不能使用这种保护方式,所以,通常采用页表保护和键保护方式。

(1) 页表保护

每个程序都有自己的页表和段表,段表和页表本身都有自己的保护功能。无论地址任何出错,也只能影响到相应的几个主存页面。假设一个程序有三个虚页号并已分给它三个实页号。如果虚页号出错,超出三个虚页号范围,必然在页表中找不到,也就访问不了内存,不会侵犯其他程序空间。段表和页表的保护功能相同。除此以外,段表中还包括段长,段长通常由该段所包含的页数表示,当虚地址中的页号大于段表中的段长(用页数表示的段长)时,说明此页号为非法,可发越界中断。

这种段表、页表保护是在没形成主存地址前的保护。但是若在地址变换过程中出现错误,形成了错误主存地址,那么这种保护是无效的。因此,还需要其他保护方式。键保护方式是其中一种成功的方式。

(2) 键保护方式

键保护方式的基本思想是为主存的每一页配一个键,称为存储键,它相当欲一把"锁"。它是由操作系统赋予的。每个用户的实存页面的键都相同。为了打开这个锁,必须有钥匙,称为访问键。访问键赋予每道程序,保存在该道程序的状态寄存器中。当数据要写入主存的某一页时,访问键要与存储键相比较。若两键相符,则允许访问该页,否则拒绝访问。

(3) 环保护方式

以上两种保护方式都是保护别的程序区域不受破坏，而正在运行的程序本身则受不到保护。环状保护方式则可以做到对正在执行的程序本身进行保护。

如图4.40所示的环保护方式，是按系统程序和用户程序的重要性及对整个系统的正常运行的影响程度进行分层，每一层叫做一个环，列有环号。环号大小表示保护的级别，环号越大等级越低。例如，ECLIPSE MV系列机把它的4.3G的虚拟存储空间分成8层，每层设一个保护环，并规定0～3层(环)用于操作系统，4～7层(环)用于用户程序。

在现行程序运行前，先由操作系统规定好程序各页的环号，并置入页表中，并把该道程序开始运行时的在主存中所处的位置的环号送入现行环号寄存器，同时把上限环号置入上限环号寄存器。当程序要转换到另一页时，要把现行环号寄存器的内容同要转去的页的环号进行比较，如果现行的环号小于或等于要转去的页的环号，则可以转，这时要把现行的环号寄存器的内容改为要转去的新页的环号。如果现行环号大于要转去的页的环号，则产生中断，由操作系统判断是否可以转移，如果允许转移才能转，这时要把现行的环号寄存器内容改为这个较小的环号，如果不允许转移则按出错处理。但无论任何现行程序不能访问低于上限环号的存储区域。

在存取数据时也要进行同样的比较，只有在现行环号小于等于被访问数据所在页的环号时才能允许读写数据。

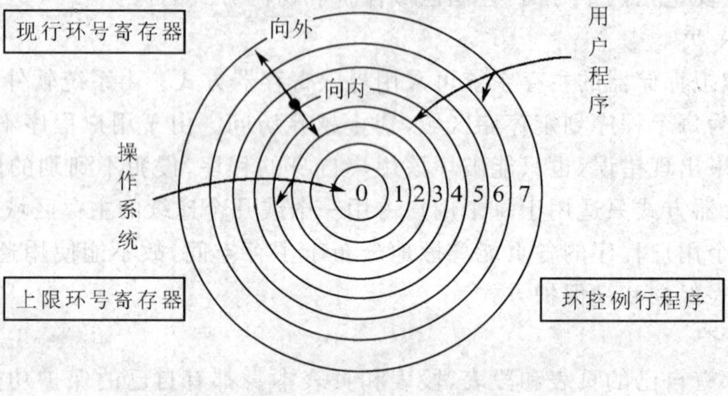

图4.40　环保护方式

2) *访问方式保护*

对主存信息的使用可以有三种方式：读(R)、写(W)和执行(E)，“执行”指作为指令来用。所以，相应的访问方式保护就有R,W,E三种以及由这三种方式形成的逻辑组合。

访问方式保护可以和上述区域保护结合起来使用。例如，在界限寄存器中加一位访问方式位；采用环式保护和页式保护时将访问方式位放在页表和段表中，使得同一环内或同一段内的各页可以有不同的访问方式，从而增强了保护的灵活性。

以上所讲的存储保护都是由硬件实现的。

为了有效地实现存储保护，还应该对计算机中某些寄存器的设置进行限制。大多数计算机在执行程序时把工作状态分成两种，一种是执行操作系统或管理程序时所处的状态，称为特权状态或管态；另一种是执行用户程序时所处的状态称为目态。为了防止因程序员编程出错而影响整个系统的工作，在机器中设置了一些特权指令(规定特权指令只有操作系统等系统程序才能使用)，如用户程序中出现特权指令，则在执行到该指令时立即中止程序的执行并发出中断。例如，前面讲到的界限寄存器的上、下界设置就是一条特权指令。程序状态字PSW的设置指令也是特权指令。某些机器将输入、输出指令、停机指令也作为特权指令。

4.7 辅助存储器

辅助存储器用于存放当前不需要立即使用的信息，一旦需要，再和主存成批地交换数据。它作为主存的后备和补充，是主机的外部设备，因此又称为外存储器。

辅助存储器的特点是容量大、成本低，通常在断电后仍能保存信息，是"非易失性"存储器，其中大部分存储介质还能脱机保存信息。目前市场上流行的辅助存储器主要有磁表面存储器和光盘存储器两大类。

4.7.1 磁表面存储器

磁表面存储器是将磁性材料沉积在盘片(或带)的基体上形成记录介质，并以绕有线圈的磁头与记录介质的相对运动来写入或读出信息。磁表面存储器包括磁鼓、磁带、磁盘和磁卡片等。目前，在计算机系统中所使用磁表面存储器是以磁盘和磁带为主。

1) *磁表面存储原理*

磁表面存储器存储信息的原理是利用铁磁材料的两种剩磁状态来存储二进制信息 0 和 1 的。信息的存取，主要通过磁头和磁层的相对运动来完成。磁层是存放信息的介质，它由非矩形剩磁特性的导磁材料(如氧化铁、镍钴合金等)构成。将用这种材料制成的磁胶涂敷或镀在载磁体上，其厚度通常为 0.1～0.5 μm，以记录信息。载磁体可以是金属合金(硬质载磁体)或者是塑料(软质载磁体)。

磁头是实现"磁-电"和"电-磁"转换的装置。用电脉冲表示的二进制代码通过磁头转换成记录介质的磁化格式，而介质上磁化信息又通过磁头转换成电脉冲。磁头通常是由高导磁率的软磁性材料(如坡莫合金和具有高频特性的铁氧体)做成铁芯，在铁芯上开有缝隙并绕有线圈，如图 4.41 所示。

当载磁体与磁头作相对运动时，若写磁头线圈通以磁化电流，则可将信息写到磁层上。当读磁头通过磁层上某一磁化单位而形成磁通回路时，磁通的变化使读出线圈两端产生感应电势，形成读出信号。

在磁表面存储器中，一般都使磁头固定，而记录介质(磁层)作高速回转或匀速直线运动。在这种相对运动中，通过磁头(其工作间隙对准磁层)进行信息存取。其读写原理如图 4.41 所示。

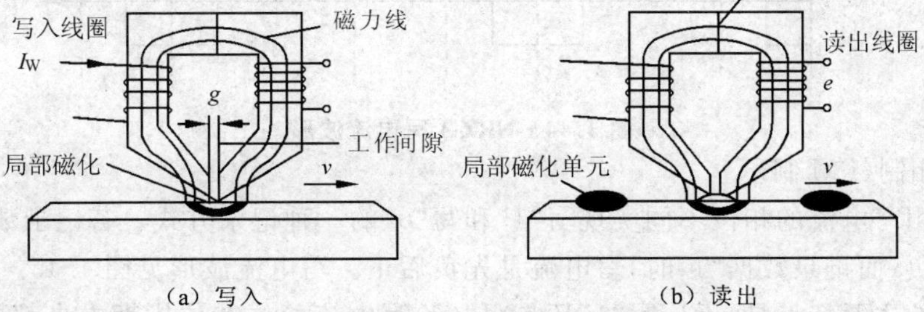

图 4.41 读写原理

2）数据记录方式

数据记录方式是指将数字信息转换成磁层表面的磁化单元所采用的各种方式。由于磁化是在磁头中通以磁化电流来实现的，故记录方式取决于写入电流波形的组合方式。记录方式的选取将直接影响到记录密度、可靠性、存储容量、传送速率以及读/写的控制逻辑。

数据记录方式按照写信息所施加的电流波形的极性、频率和相位的不同，而有归零制、不归零制、调相制和调频制等。

(1) 归零制(RZ)

写“1”时，给磁头写入线圈送入正向脉冲电流；写“0”用负脉冲电流。一位信息写完后，电流总回归到零。归零制的写电流波形见图 4.42。在两位信息之间，由于归零使得线圈里有一段时间没有电流，相应地这段磁介质也未被磁化，故记录密度较低。而且会造成原有信息对写入操作的影响，所以写入前必须先去磁。

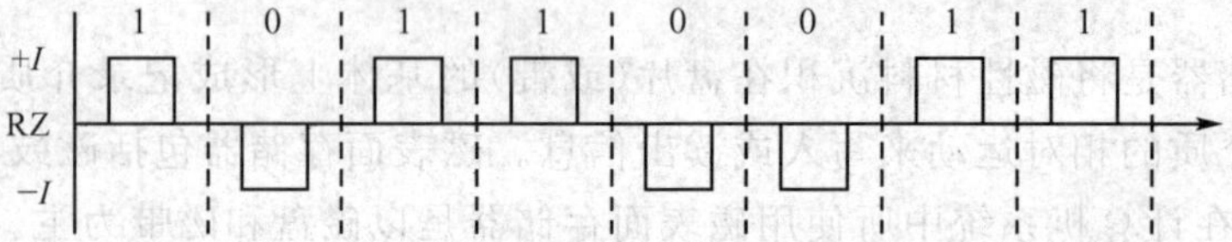

图 4.42　归零制(RZ)写电流波形

(2) 不归零制(NRZ)

在记录信息时，磁头写入线圈里的正向电流写“1”，反向电流则写“0”，而没有无电流状态。当连续写“0”或写“1”时，写电流的方向是不改变的。因此，这种记录方式比归零制减少了磁化翻转的次数。由于电流不回到零，功耗较大。写电流波形见图 4.43。

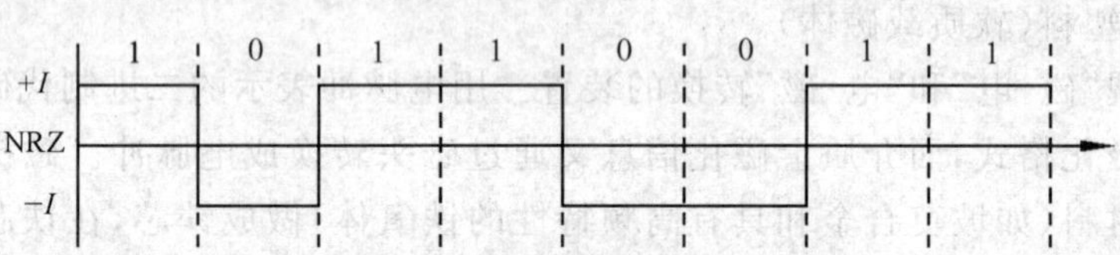

图 4.43　不归零制(NRZ)写电流波形

(3) 见“1”就翻不归零制(NRZ-1)

与不归零制一样，记录信息时，磁头线圈中始终有电流通过。不同之处在于，写电流只在写“1”时改变方向，写“0”时写电流不变，所以称作“见 1 就翻”不归零制。各信息位间也无“间隙”，记录密度较高。同样，由于电流不回到零，功耗较大。写电流波形见图 4.44。

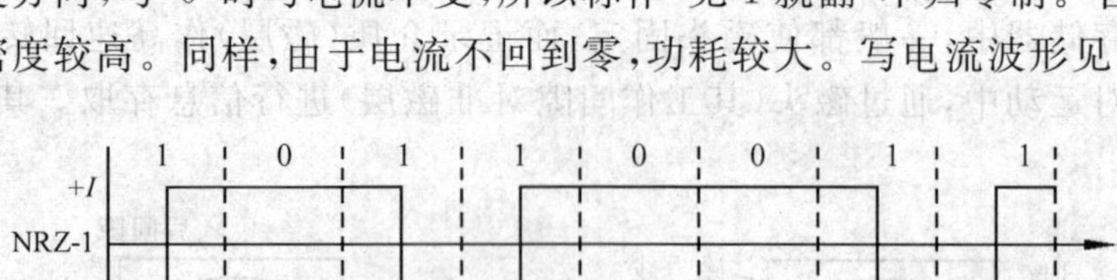

图 4.44　NRZ-1 写电流波形

(4) 调相制(PM 制)

它是利用写电流的相位不同实现写“1”和写“0”的一种记录方式。若记录数据“0”时，写电流先正后负；而记录数据“1”时，写电流是先负后正。写电流波形见图 4.45。

此方式的主要特点是：无论写“1”还是写“0”，写电流相位在位周期中央都要改变一次。当连续写入两个或两个以上“1”或“0”时，写电流相位在位周期起始处也要翻转一次。

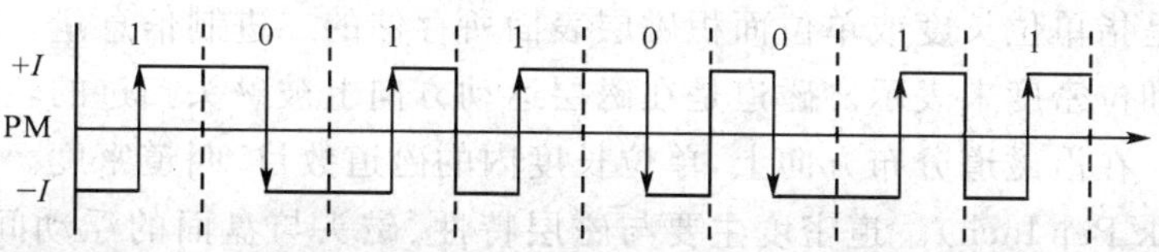

图 4.45　调相制(PM)写电流波形

(5) 调频制(FM 制)

在此方式下,记录不同的信息位时,磁头线圈中通入的写电流的频率是不相同的。写电流波形见图 4.46。

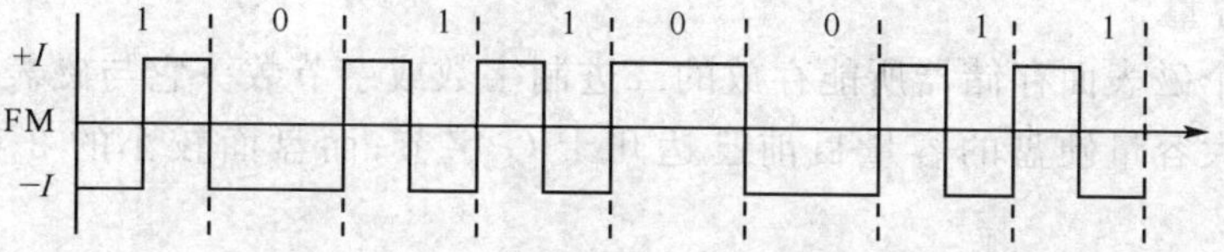

图 4.46　调频制(FM)写电流波形

调频制的主要特点:记录二进制信息时,在两个信息位的交界处,写电流一定改变方向;写“1”时,写电流的频率比写“0”时的频率高一倍。

(6) 改进调频制(MFM 制)

改进调频制和调频制的区别在于去掉了 FM 制中的冗余信息,其特点是:

① 写电流不是在每个位周期的起始处都翻转,而是只有连续记录两个或两个以上“0”时,才在位周期的起始处翻转一次;

② 每逢写“1”时,写电流在位周期中央翻转一次。这样,仍然保持了自同步能力,而使记录密度提高,故又称倍密度记录方式,在磁盘存储器中得到广泛应用。

图 4.47 是用 MFM 制的写电流波形。

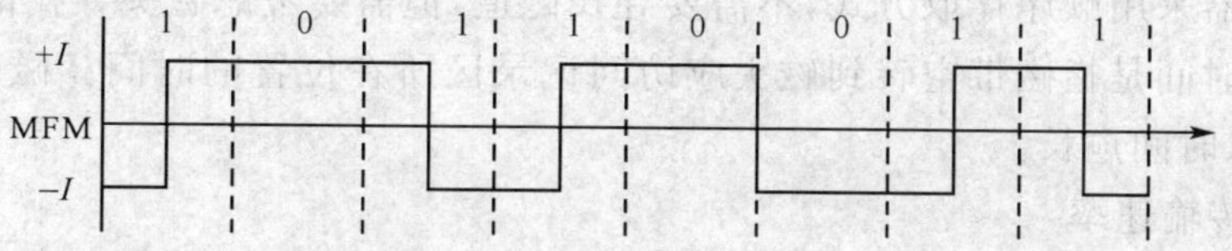

图 4.47　改进调频制(MFM)写电流波形

不同的磁记录方式特点不同,性能各异。评定一种记录方式的优劣标准主要有编码效率、自同步能力等。

编码效率又称为记录效率,是指每次磁化翻转所存储的二进制位数。例如,FM、PM 记录方式中记录一位二进制信息的最大磁化翻转次数为 2,因此编码效率为 50%。而 MFM、NRZ、NRZ-1 三种记录方式的编码效率为 100%,因为它们记录一位二进制信息的最大磁化翻转次数为 1。

磁表面存储器为了进行读写操作,必须要有时间基准信号(称为同步选通信号或同步时钟信号)。同步信号的取得,可以设置专门的磁道来记录,此方法称为外同步,但它占用了磁表面存储器的有效记录面积。所谓自同步能力是指从记录信息的读出信号中,可否提取同步信号的能力。例如,NRZ 和 NRZ-1 制记录方式是没有自同步能力的,而 RZ、PM、FM、MEM 制记录方式具有自同步能力。

3) *磁表面存储器的性能指标*

(1) 存储密度

存储密度是指单位长度或单位面积磁层表面所存储的二进制信息量。对于磁表面存储器可用道密度和位密度来表示。磁道是在磁层运动方向上被磁头扫过的轨迹。一个磁表面会有许多磁道。在沿磁道分布方向上，单位长度内的磁道数目，叫道密度。常用的道密度单位为 TPI(Track Per Inch)。道密度主要与磁层特性、磁头与盘面的浮动间隙、磁头的大小以及磁头在磁盘上的定位精度有关。

磁道单位长度内存放的二进制信息的数目叫位密度。常用的位密度的单位为 bpi(bits per inch)。位密度主要决定于磁头大小、磁层记录特性、磁头与盘面的浮动间隙等因素，另外不同的记录方式也影响位密度。

(2) 存储容量

它是指整个磁表面存储器所能存放的二进制字数或字节数。它与磁表面大小和记录密度密切相关。大容量硬盘的容量目前已达几十 G 字节；而盘面较小的 3 英寸软磁盘只有 1.44M字节。

磁盘存储器有格式化容量和非格式式化容量两个指标。格式化容量指按照某种特定的记录格式所能存储信息的总量，也是用户真正可以使用的容量。非格式化容量是磁记录表面可以利用的磁化单元总数。将磁盘存储器用于计算机中，必须首先进行格式化操作，然后才能供用户记录信息，格式化容量一般约为非格式化容量的 60%～70%。

(3) 平均存取时间

存取时间是指从发出读写命令后，磁头从原始位置移动到磁盘上所要求读写的记录位置，并准备写入或读出数据所需要的时间。存取时间由两部分组成：一是磁头寻找磁道的时间，称为定位时间(也称寻道时间)；另一个是使磁道上需要访问的信息，置于磁头之下所需时间，称为等待时间。由于磁头原有位置与要寻找的目的位置之间远近不一，故上述两个时间只能取其平均值。寻道时间和等待时间的总和称为平均存取时间。

磁带存储器采用顺序存取方式，不需要寻找磁道，但需要考虑磁头寻找记录区的等待时间。它的寻址时间是指磁带空转到磁头应访问记录区所在位置的时间。磁带愈长，带速愈慢，其平均存取时间愈长。

(4) 数据传输速率

磁表面存储器在单位时间内与主机之间传送数据的位数或字节数。传送速率与存储设备和主机接口逻辑两者有关。由于磁表面存储器和主存之间的数据交换常以批量方式进行，故数据传送速率较大。如软磁盘传送一个字节约为几个微秒，而硬盘每秒可传送几兆字节。

(5) 误码率

误码率是衡量磁表面存储器出错概率的参数。它等于访问磁盘时，出错信息位数和读出的总信息位数之比。

(6) 价格

通常用位价格来比较各种存储器。位价格是存储设备价格除以总容量，在所有存储设备中，磁表面存储器和光盘存储器的位价格是很低的。

4) 磁盘存储器

磁盘存储器是一种以磁盘或磁盘组作为存储介质的记录装置，又叫磁盘机。它具有记录密度高、容量大、速度快等优点，是目前计算机存储系统中使用最普遍的一种辅助存储器。

磁盘存储器的种类很多，根据盘片的构成及其可更换性分类如下：

- 磁盘
  - 金属机体硬盘
    - 浮动型固定磁头
      - 固定式磁盘
      - 可更换式磁盘
    - 浮动型活动磁头
      - 固定式磁盘
      - 可更换式磁盘
  - 塑料机体软盘
    - 接触型活动磁头
    - 浮动型活动磁头
    - （均为可更换式）

下面对硬磁盘和软磁盘分别作简单介绍。

(1)硬磁盘存储器

① 硬磁盘存储器的基本组成

硬磁盘存储器是指记录介质为硬质圆形盘片的辅助存储系统。它以铝合金等金属作为基盘,盘面敷有磁性记录层。硬磁盘存储器的逻辑结构如图 4.48 所示。它主要由磁记录介质、磁盘驱动器、磁盘控制器三大部分组成。磁盘控制器包括控制逻辑、时序电路、“并→串”转换和“串→并”转换电路。磁盘驱动器包括读写电路、读/写转换开关、读/写磁头与磁头定位伺服系统。

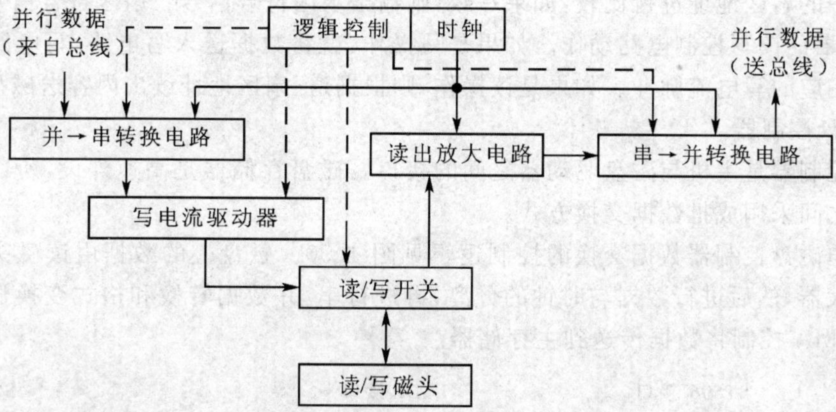

图 4.48 硬磁盘存储器的逻辑结构

② 温彻斯特磁盘存储器

温彻斯特磁盘简称温盘,是一种可移动磁头固定盘片的磁盘存储器,采用密封组合式结构,具有防尘性好、可靠性高等优点。它是目前应用最为广泛,最有代表性的硬磁盘存储器。温盘的盘片直径有 14 吋、8 吋、5.25 吋和 3.5 吋等几种,用于 IBM PC 系列机的温盘一般是 3.5 吋的,现在容量可达 160GB 以上。

③ 硬盘驱动器(HDD)

硬盘驱动器(特别是温盘的驱动器)是精密的机电装置,各部件的加工和安装有严格的技术要求,一般在超净环境下组装。它主要由定位驱动系统、数据转换系统、主轴系统和盘组(盘片)组成。图 4.49 是磁盘驱动器内部逻辑。磁盘驱动器的逻辑操作可归纳为寻址、读盘和写盘三大类。

● **寻址操作** 根据主机访问控制字中的盘地址(柱面号、磁头号、扇区号)找出目标磁道和记录块位置。磁盘控制器把盘地址送到盘驱动器的磁盘地址寄存器后,便产生寻道命令,启动磁头定位伺服系统进行磁头定位操作。此操作完成后,发出寻道结束信号给磁盘控制器,并转入等待操作。

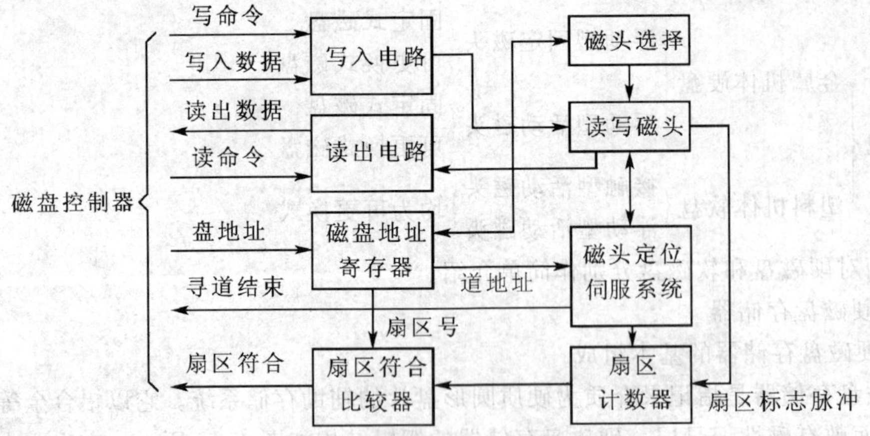

图 4.49　磁盘驱动器逻辑框图

● **读写操作**　先讲一下如何判断所找扇区已转到磁头下方。盘转动时，索引标志产生的脉冲将扇区计数器清零，以后每来一个扇区标志，扇区计数加 1，把计数内容与磁盘地址寄存器中的扇区地址进行比较，如果一致，则输出扇区符合信号。扇区符合信号送给控制器后，控制器的读写控制电路动作。如果是写操作，就将数据送入写电路，写电路根据记录方式生成相应的写电流脉冲。如果是读操作，则根据道、扇区地址读出内容送磁盘控制器。

④ 磁盘控制器

磁盘控制器是主机与磁盘驱动器之间的接口。磁盘存储器是高速外设，所以磁盘控制器和主机之间采用成批数据交换方式。

主机与磁盘控制器数据交换的控制逻辑见图 4.50。磁盘上的数据由读磁头读出后送到读出放大器，然后进行数据与时钟的分离，再进行串/并数据转换和格式变换送到数据缓冲器，经 DMA 控制将数据传送到主存储器。

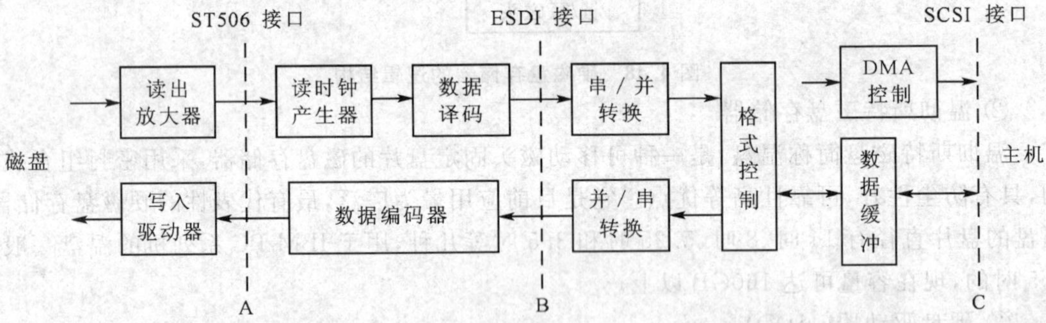

图 4.50　磁盘控制器接口

磁盘控制器与磁盘驱动器之间并没有明确的界线，两者之间交界面的划分有几种方式。如果交界面设在图 4.50 的 A 点，驱动器只完成读写和放大，数据分离后的控制逻辑都划入磁盘控制器，例如 ST506 磁盘控制器就是这样。若交界面设在图 4.50 的 B 点，则在驱动器中包含数据分离电路，而磁盘控制器仅有串/并数据转换和格式变换等逻辑。例如，ESDI 接口属于这种形式。第三种方式的交界面设在图 4.50 的 C 点，全部控制功能均在驱动器内，主机与盘驱动器之间采用标准的通用接口，例如，SCSI 接口属于这种形式。

⑤ 磁盘上的信息分布

通常把磁盘表面称为记录面,记录面上一系列同心圆称为磁道(Track),有的盘片有两个记录面,有的只有一个记录面。磁盘组上每个记录面上都有一个磁头,这些磁头在寻道时同步运动。磁盘组上直径相同的磁道构成一个柱面(Cylinder),在读写磁盘时,总是写完一个柱面上所有的磁道后,再移到下一个柱面。柱面从外向里编址,最外面的为柱面 0,最里面的为柱面 n。格式化后的磁盘,每个磁道又分为若干扇区(Sector)。

磁盘的记录格式分定长记录格式和不定长记录格式两种。在定长记录格式中,每个记录块记录的字节数固定。如 IBM PC 中每个记录块记录 128、256 或 512 字节。

定长记录格式中每个扇区记录一个数据块,每个扇区有头空、ID 域、间隙、数据域和尾空。

- **头空**:不记数据(记全“1”),磁盘转过该区域的时间是留给磁盘控制器作准备用的。
- **ID 域**:由序标、扇区地址和相应 CRC 组成。序标又称同步字符,标志扇区开始的代码。扇区地址包括柱面号、磁头号、扇区号等。
- **数据域**:由同步字符、数据标志、数据和相应的 CRC 组成。
- **尾空**:在数据块和数据块的 CRC 码后的区域,也记全“1”。

图 4.51 给出了 IBM PC 机所用软盘的记录格式,硬盘的记录格式与之类似。

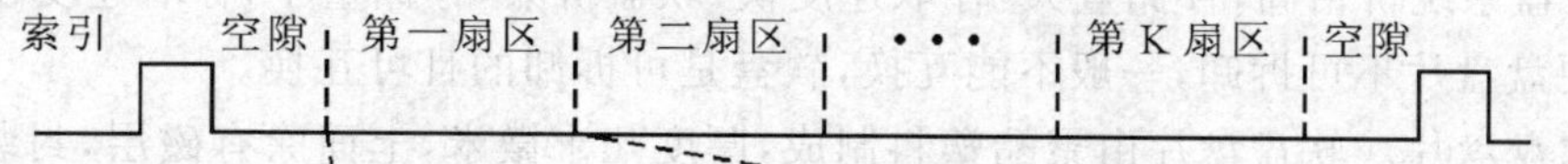

	信息名	头空	ID域 同步字符	ID域 数据标志	ID域 地址	ID域 CRC	间隙	数据域 同步字符	数据域 数据标志	数据域 数据	数据域 CRC	尾空
FM 制	字节数	40	6	1	4	2	11	6	1	128 256 512	2	27
FM 制	代码	FF	00	FE			FF	00	F8			FF
MFM 制	字节数	80	12	4	4	2	22	12	1	128 256 512	2	54
MFM 制	代码	FF	00	3个 A1 1个 FE			4E	00	F8 或 FB			FF

图 4.51　IBM PC 机所用软盘的记录格式

⑥ 硬盘容量和数据传输率的计算

a) 未格式化容量的计算。

硬盘的未格式化容量是指按道密度和位密度计算出来的容量,它没有考虑由于格式化引入的各种附加信息,称未格式化的容量(或非格式化容量),它比格式化后的实际容量要大。

未格式化容量＝记录面数×理论柱面数×内圆周长×位密度(bit)

由于磁盘每面的有效记录区域是一个环,磁道在这个环内沿径向分布。故理论上的柱面数应该等于(磁盘有效记录区外径－有效记录区内径)÷2×道密度。

另外,由于每磁道记录同样多的信息,因此内圆的记录密度最大。所以,一个磁道能记录的二进制信息位的理论值等于内圆周长×位密度。

b) 格式化后容量(实际使用容量)的计算。

格式化容量＝记录面数×实际柱面数×每道扇区数×每扇区的字节数(Byte)

c) 数据传输率。

前面已经提到,数据传输率是单位时间内磁盘与主机交换数据的二进制信息量。由于磁盘在同一时刻只有一个磁头进行读写,所以数据传输率等于单位时间内磁头划过的磁道弧长乘以位密度。

数据传输率＝每分钟转速÷60×内圆周长×位密度(bit/s)

(2) 软磁盘存储器

① 软磁盘存储器与硬磁盘存储器的差别。

a) 硬盘(温盘)转速高,磁头与磁层不接触;而软盘转速低,磁头与磁层接触。

b) 大多数硬盘采用固定盘组,软盘单片使用。

c) 硬盘系统价格高,存储量大,存取速度快;软盘价廉,存储量小,存取速度较慢。

d) 硬盘盘片不可拆卸,一般不能互换,软盘是可拆卸的且可互换。

② 软盘盘片。软盘盘片由聚酯塑料制成,厚度几十微米,上面涂有磁层,封装在方形外壳中(5.25 英寸是纸外壳,3.5 英寸是塑料外壳)。使用时盘片连同外壳一起插入软盘机,由驱动机构带动盘片匀速转动。

③ 软盘驱动器和控制器。软盘驱动器主要由驱动机构、磁头及定位机构和读写电路组成。软盘控制器解释来自主机的命令,向软盘驱动器发出控制信号,并检测软盘驱动器的状态,按规定的数据格式向驱动器读写数据。具体控制有:寻道操作、地址检测、读数据、写数据、初始化等。

上述过程较复杂,为此专门设计了软盘控制器芯片。

5) RAID 盘

CPU 的性能在近 10 年有了极大地提高,这是有目共睹的。但是磁盘性能的提高却远远跟不上 CPU 的速度,差距越来越大。

参照普遍采用的提高 CPU 性能的方法——并行处理技术,人们提出了并行 I/O 的思想。使用多个特定的磁盘组织来提高磁盘的性能和/或可靠性,形成了一个新的磁盘组织,叫做 RAID 盘。RAID 被定义为廉价磁盘的冗余阵列(Redundant Array of Inexpensive Disk)或独立磁盘的冗余阵列(Redundant Array of Independent Disk)。

RAID 的基本原理是在计算机(通常为工作站或服务器等高端计算机)旁安装一个装有多个磁盘的磁盘柜,用 RAID 控制器代替磁盘控制卡,将数据拷贝到 RAID 盘中,然后就可以进行正常读写操作了。所有的 RAID 盘都具备将数据分布到所有驱动器的特性,以支持并行读写操作。对于操作系统和应用软件,RAID 盘和单个磁盘没有什么不同,只不过性能更高、可靠性更好。另外,由于 SCSI(一种总线标准,参见第 7 章)盘具有良好的性价比,并且一个 SCSI 接口可以连接多个 I/O 设备,因此 RAID 大多采用 RAID SCSI 控制器和 SCSI 磁盘柜。

RAID 方案分为 6 级(RAID0～RAID5),这里级并不表示层次的含义,而是代表不同的

RAID设计结构。RAID0并非真正的RAID，因为它不采用冗余来改善性能，主要用于一些超级计算机的非关键性数据存储。RAID1到RAID5的区别主要在于实现冗余的方法不同。

4.7.2 光盘存储器

1）光盘存储器的分类

光盘存储器是一种采用聚焦激光束在盘形介质上高密度地记录信息的存储装置。具有记录密度高、存储容量大、信息保存寿命长、工作稳定可靠、环境要求低等特点，现已广泛应用于存储各种数字化信息，包括工作站、大型数据系统、办公自动化系统中的文件、声音和图像的存档与检索等领域，是磁盘机的重要后援设备。

按读写类型来分，目前光盘一般可分为只读型、一次写入型和可重写型、数字多用途型四种。

只读型光盘由生产厂家预先用激光在盘片上蚀刻而成，信息不能改写。例如激光视盘(LV)、数码唱盘(CD)、计算机用的CD-ROM均属于此类，目前这类光盘的应用已相当普及。

一次写入型光盘(CD-R)是指由用户一次写入、可多次读出但不能擦除的光盘。要修改的数据只能追记在盘片上的空白处，故又称为追记型光盘，它用于不需要修改的应用场合。

可重写型光盘是读/写型光盘(CD-RW)，第一代是改写型，第二代是重写型。按记录介质不同可分为磁光型、相变型两大类。其中磁光型记录技术既有光记录信息的高密度，又有磁记录介质的可擦除重写特点，故在可重写型光盘中占据重要地位。

数字多用途型光盘(DVD)最早称为数字影像盘，它在CD基础上采用了更先进的技术和工艺，使其容量比普通光盘提高了7倍，约4.7GB。

2）光盘存储器的基本工作原理

(1) 只读型光盘的信息存储机理

所有只读型光盘上的信息都以坑点形式分布，一系列的坑点(信息元)形成信息记录道。对LV盘和CD盘来讲，这种坑点分布包含着编码的视频和音频信息。对数据存储用的CD-ROM盘来讲，这种坑点分布除了包含数据的编码信息外，还有用于读出或写入光点的引导信息。由于只读型光盘是生产厂家制造，为了大量复制，所以需要制作母盘。为此将存储信息以表面坑点形式转录在母盘上。母盘是一块平整的圆形玻璃衬底，厚约0.5 cm，涂有约0.12 μm厚的光敏材料膜层。用一束待录信息调制并聚焦的激光束照射光敏膜层时，暴光的地方被吸收，局部地改变了光敏薄膜的性能。然后用化学溶液处理光敏膜，暴过光的光敏膜被溶解，从而显示出凹凸结构。要产生小尺寸坑点所需的光点不仅尺寸要小，而且强度要高，为此必须采用激光作为光源，并采用良好的光学系统才能实现。

(2) 一次写入型光盘的信息存储机理

在一次写入型(对用户而言)光盘中，记录数据以直接可读的方式录刻在光盘上。显然这种在线数据存储，正是光学录刻在计算机存储装置中应用的出发点。在这些应用中存储的数据往往是专用的，所以一般根据用户的要求进行。一旦录制完毕，存储数据就不能再进行改写，这种性质相当于PROM半导体存储器。

本质上讲,一次写入型光盘的信息存储机理与前述只读型光盘是一样的。不同之处在于其调制激光束输出强度要高的多,即用增加激光光点功率,在光盘的光敏层上直接写入可读的结果,实现数据存储。为了得到机械强度,需要用一块衬底(塑料、玻璃等)来支承非常薄的光敏膜。光敏膜可以是低熔点的薄金属或半金属,也可以是有机物质敏感膜。当用强激光束照射薄膜时,一个入射功率为 5 mW、100 ns 的聚焦光脉冲可使薄膜温度上升到 1000K。在此温度下,可以在膜层上烧蚀或蒸发出凹坑点(信息元)。由于膜层上几何形状的变化引起较大的光学反差,从而可用光学方法检测这种效果,读出所录制的信息。

3) *磁光盘存储器*

目前的磁光存储技术采用热磁光记录方法来完成写擦功能。这种方法又称热磁写入,是光学录制与磁性介质可逆特性相结合的产物。磁光介质由铁磁材料薄膜组成,它在垂直于表面的方向上十分容易磁化。

图 4.52 是磁光写入(擦除)原理示意图。图 4.52(a)表示写入过程初始状态,在外磁场 H_u 作用下,磁性薄膜在两个磁化方向上的一个方向被磁化,同时用激光脉冲加热薄膜来写入。初始状态时薄膜温度等于室温,外磁场 H_u 远小于磁性薄膜的矫顽磁场 H_c。图 4.52(b)表示写入(擦除)过程的中间变化状态,激光束光点在薄膜层上加热,使临界温度上升到居里点温度 T_c.。在此温度下材料的矫顽磁场 H_c 降到零,从而在光束加热点(信息元)处,利用外加热磁场 H_u 就可以使材料反向磁化。图 4.52(c)表示写入(擦除)过程的最终状态:在写入脉冲末端,激光束消失使加热点区域冷却下来,温度恢复到室温状态,即使外加磁场消失,记录单元处仍保持永磁特性,从而具有相反方向的磁化特性。

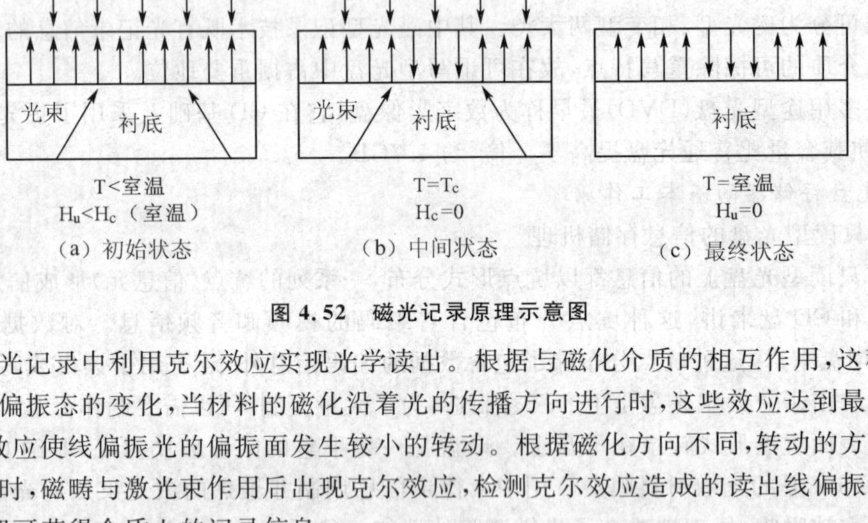

图 4.52 磁光记录原理示意图

在磁光记录中利用克尔效应实现光学读出。根据与磁化介质的相互作用,这种效应表现为光的偏振态的变化,当材料的磁化沿着光的传播方向进行时,这些效应达到最大。反射时,克尔效应使线偏振光的偏振面发生较小的转动。根据磁化方向不同,转动的方向可正可负。读出时,磁畴与激光束作用后出现克尔效应,检测克尔效应造成的读出线偏振光偏转面的旋转,即可获得介质上的记录信息。

光学头是磁光盘机的核心部件之一,主要由四大部分组成:

(1) 激光器及准直部分,由激光器、准直透镜和整形棱镜组成,其功能是把半导体激光器发出的分散椭圆光准直整形成圆形的平行光束。

(2) 分束部分,由一块或两块分束棱镜组成,其功能是把光盘反射回来的激光束分到读出及伺服信号检测器中去。

(3) 聚焦物镜,由一个高数值孔径(NA)物镜和一个二维移动音圈电机构成,主要功能是把平行的激光束在介质表面上聚焦成一个亚微米级的光斑束,以便读、写或擦去盘上信息，其中二维音圈电机起着执行跟踪和聚焦伺服动作的作用。

(4) 读出和伺服信号检测器，主要由一个或多个光电探测器和一些辅助光学元件组成，作用是检测盘上记录信息读出信号、寻道跟踪信号及聚焦误差信号。

光学头的形式分两种。一种是整体形式，即把上述四部分组合在一起；另一种是分离形式，将光学头分为运动部分和固定部分，运动部分由部分聚焦物镜组成，其他则为固定部分。整体型光学头多用于只读光盘和一次写入型光盘，分离型光学头多用于磁光型光盘。

习 题 4

4-1 某机主存储器有16位地址，字长为8位。

(1) 采用1K×4位的RAM芯片构成该存储器，需要多少片芯片？

(2) 该存储器能存放多少字节的信息？

(3) 片选逻辑需要多少位地址？

4-2 用16K×8位的SRAM芯片构成64K×16位的存储器，要求：

(1) 计算所需芯片数。

(2) 画出该存储器组成逻辑框图。

4-3 对于单管动态存储电路，如果其电容C=5pF，通过晶体管的漏电流为2nA。当电容器C被充满电荷时，两端电压为4.5V。在此电压降到3V之前，必须被刷新，请算出最小的刷新周期。

4-4 用16K×1位的DRAM芯片(由128×128矩阵存储元构成)组成64K×8位的存储器。要求：

(1) 画出该存储器组成的逻辑框图。

(2) 设存储器读/写周期均为0.5 μs，CPU在1 μs内至少要访问一次。试问采用哪种刷新方式比较合理？两次刷新的最大时间间隔是多少？对全部存储单元刷新一遍，所需实际刷新时间是多少？

4-5 某机器中，已经配有0000H～3FFFH的ROM区域，现在再用8K×8位的RAM芯片形成32K×8位的存储区域。CPU地址总线为A0～A15，数据总线为D0～D7，控制信号为R/W(读/写)、MREQ(访存)，要求：

(1) 画出地址译码方案。

(2) 将ROM与RAM同CPU连接。

4-6 用8K×8位的EPROM芯片组成32K×16位的只读存储器，试问：

(1) 数据寄存器多少位？

(2) 地址寄存器多少位？

(3) 共需多少个EPROM芯片？

(4) 画出该只读存储器的逻辑框图。

4-7 某计算机主存8M字节，分成4096d页，Cache 64KB，和主存分成同样大小的页，地址映像采用直接映像方式。

(1) 设Cache有多少页？

(2) Cache的页内地址为多少位？

图 4.53 Cache 存储器

(3) Cache 的页面地址为多少位？

(4) 设 Cache 中的主存标记如图 4.53 所示，当 CPU 送出的地址为 6807FFH 时，能否在 Cache 中访问到该单元？若送出的地址为 2D07FFH 时，能否在 Cache 中访问到该单元？若送出的地址为 7F1057H 时，能否在 Cache 中访问到该单元？若送出的地址为 000000H 时，能否在 Cache 中访问到该单元？

4-8 一个组相联映像 Cache 由 64 页(每页 128 字)构成，每组包含 4 页。主存有 4096 页，访存地址为字地址。

(1) 写出主存地址位数和地址格式。

(2) 写出 Cache 地址位数和地址格式。

(3) 画出组相联映像方式示意图。

4-9 某计算机有 64KB 的主存和 4KB 的 Cache，Cache 分组如下：每组 4 页，每页 64 字。存储系统按组相联映像方式工作。

(1) 主存地址的标志段、组字段和字字段各有多少位？

(2) 若 Cache 原来是空的，CPU 依次从 0 号地址单元顺序访问到 4344 号单元，然后重复按此序列访问存储器 15 次，页替换采用 LRU 算法。若访问 Cache 的时间为 20 ns，访问主存的时间为 200 ns，试估计 CPU 访存的平均时间。

4-10 某程序对页面要求的序列为 $P_1P_2P_3P_4P_1P_2P_5P_1P_2P_3P_4P_5$。(1)设主存容量为 3 个页面，求 FIFO 和 LRU 替换算法时各自的命中率(假设开始时主存为空)。(2)当主存容量增加到 4 个页面时，两替换算法各自的命中率又是多少？

4-11 虚拟存储系统的地址映像机构和主存与 Cache 的地址映像机构有哪些相同的地方？又有哪些不同的地方？

4-12 设磁盘组有 11 个盘片，每片有两个记录面；存储区域内直径 2.36 英寸；外直径 5.00 英寸；道密度为 1250TPI(磁道数/英寸)，内径处的位密度 52400bpi(位/英寸)，转速为 2400rpm(转/分)。试问：

(1) 共有多少个存储面可用？

(2) 共有多少柱面？

(3) 每道存储多少字节？盘组总存储容量是多少？

(4) 数据传输率是多少？

4-13 读出一个共有 800 个柱面、每柱面有 5 个磁道、每道有 32 个扇区的磁盘需要多少时间？假设首先从 0 道的 0 扇区开始读出整个磁道，然后从 1 道的 0 扇区再读出整个磁道并继续下去。旋转时间为 20 ms，相邻柱面间的寻道时间为 10 ms，最坏情况下为 50 ms。柱面内换道的时间可忽略不计。

5 指令系统

众所周知，计算机完成我们所需要的功能是通过执行程序员编写的程序来实现的，而程序由有序的编程语言指令串组成。为方便用户编程，编程语言有许多层次，导致指令也有多个层次，不同层次的指令通过翻译(解释或编译)实现沟通。真正能够被计算机硬件直接识别并执行的指令，称之为机器指令。

从指令角度看，根据编程语言的层次，指令有微指令、机器指令和宏指令之分。微指令是 CPU 硬件内部进一步解释并执行机器指令的指令，属于硬件范畴；宏指令是通过计算机软件实现的完成若干条机器指令功能的指令，属于软件范畴；而机器指令介于两者之间，是硬件和软件的交界面。计算机中所有机器指令的集合称为该计算机的指令系统，或称该计算机的机器语言指令系统。

从系统结构角度看，指令系统是软件编程的出发点和硬件设计的依据，它向上反映硬件对软件的支持能力和效率，向下反映硬件直接实现功能的能力和性能。指令系统的软硬件交界面向上提高，增加了机器的性能，但同时增加了成本；指令系统的软硬件交界面向下下降，降低了机器的性能，但同时也降低了成本。随着计算机元器件性能/价格的提高，指令系统的软硬件交界面也将在提高计算机性能/价格的基础上不断提高。

从计算机应用角度看，指令系统是一个平台，是计算机应用的工具，而不是应用的目标。进行计算机应用时希望实现什么功能，并不是指指令系统就具有什么功能，而是指应用程序利用指令系统这种平台或工具实现什么功能。针对一个具体的应用而言，指令系统只能提供对基本类型数据(不是复杂结构数据)进行一定的基本操作，并不能直接实现应用目标；而应用程序只是在指令系统平台上，确定怎样实现应用目标，至于每条指令如何执行并不关心；真正实现应用目标是通过在具有该指令系统的计算机上执行相应的应用程序实现的。

5.1 指令系统概述

5.1.1 指令系统简介

1) 指令系统组成

指令系统是计算机硬件所支持的全部机器指令的集合，反映了计算机硬件的基本功能。

虽然说软件和硬件两者间实质上是完全不同的，但它们的功能对程序员来说在逻辑上是等价的。也就是说，绝大部分硬件功能可以用软件来实现，反之亦然，区别仅为实现时在性能/价格和实现难易程度上的不等价。每条机器指令都在计算机硬件的支持下才能完成一定的功能(或者说执行一定的操作)，因此，指令系统中的每条指令的实现都需要一定的成本。

指令系统主要是为计算机应用、编译程序和操作系统提供支持。从软件应用角度来说，总希望软件的实现效率尽可能高，即高级语言的指令最好是计算机的机器指令；从硬件设计角度来说，总希望在能够完成软件功能的前提下，计算机硬件成本尽可能低，即机器中只有相对简单的、实现基本操作的机器指令。因此，指令系统中指令的引入，需要从产生的性能提高和带来的成本增加两个方面考虑。

计算机应用和硬件一直在发展，因此指令系统也必须不停地发展，以适应软件应用和硬件发展的需要。Pentium 中 MMX 指令的引入就是一个很典型的例子，增加了少量的硬件成本，很高效地实现了多媒体应用中特殊计算的需求。

指令系统一般由两种类型的指令组成：

(1) 非特权指令　这类指令主要供用户使用，又可分为功能性指令和非功能性指令两种。功能性指令主要包括算逻指令、数据传送指令、浮点运算指令、字符串指令等；非功能性指令主要包括转移指令、控制指令等。

(2) 特权指令　这类指令主要供系统程序员使用，一般不允许用户使用。其中包括 I/O 指令、停机等待指令、存储管理及保护指令、控制系统状态指令、诊断指令等。若用户希望使用这类指令，必须先通过访管指令调用操作系统，再由操作系统控制和执行这些特权指令。

2) 对指令系统性能的要求

指令系统不仅与计算机的硬件结构紧密相关，而且与用户的程序效率（编译程序将源程序翻译成机器语言程序的容易程度和效率）相关。性能较好的指令系统一般都满足下列几个原则：

完备性　指指令系统应功能齐全，给用户带来方便。用户的所有操作均可通过指令或指令串（程序或软件）实现。因此，为提高效率，指令系统应将用户常用的、简单的操作通过指令（硬件）直接实现，而复杂的操作则通过指令串（程序或软件）实现。

规整性　指指令系统的正交性、均匀性、对称性。正交性表示指令格式中各个互不相关的字段之间，在编码时应相互独立、互不相关，以方便译码和执行，如指令字可分成操作码和地址码两部分。均匀性表示指令实现的操作与处理的数据类型无关，以方便数据类型扩展，如同一指令可支持对字节、字、双字整数的运算等。对称性表示对不同指令中相同或相似的操作数具有相同的规定，以减少硬件实现的复杂性，如对不同指令中的存储单元地址所占位数、寄存器号所占位数应具有相同的规定。

兼容性　指不同机种之间具有相同的基本结构和共同的基本指令集，目的是给软件资源的重复利用带来方便。指令系统的兼容性主要指向前兼容。对系列机而言，因为不同机种具有相同的基本指令集，因而系列机中各机种上的指令系统是兼容的，所有已编的软件基本可以通用，如 Pentium 机的指令系统与 8086 指令系统具有很好的兼容性，在 8086 机上的软件可以在 Pentium 机上使用。

可扩充性　指指令系统中要保留一定的指令字空间，以便在需要时进行指令系统的功能扩充。因为计算机应用和硬件是不断发展的，原来不常用的、复杂的操作可能会变成常用的、基本的操作，需要添加到指令系统中，如 Pentium 机的 MMX 指令。

5.1.2 指令格式

计算机硬件只能识别二进制编码，指令系统的机器指令是由硬件直接识别和执行的。因此，机器指令必须由若干位二进制编码按一定的格式组成，这种格式称为指令格式。只有符合指令格式规定的指令，才能够被硬件识别和执行。

1）指令的格式

机器指令能够对具体数据类型实现具体的操作，要实现具体的操作功能就需要指定操作数（处理的对象）数据和操作结果数据的存储地点。而数据往往存放在存储器、寄存器堆等部件的某个位置，因而可用操作数所在部件的地址表示操作数和操作结果的类型和数据。指令的一般格式为

操作码 OP	地址码 A

操作码为指令所完成操作的编码，不同指令类型具有不同的编码。

地址码为操作所处理的所有操作数和操作结果的地址。不同的操作需要的操作数个数（地址的个数）也会有所不同。

根据操作所需地址个数对指令格式进行分类，可分为：

（1）三地址指令

该类指令明确了两个源操作数和存放操作结果的单元地址，指令格式如下：

OP	A1	A2	A3

执行操作 （A1） OP （A2）→ A3

三地址指令中的地址太多，使指令字太长、运行效率低，现在已不常用。

（2）二地址指令

该类指令的操作结果存放在一个源操作数地址中，该操作数称为目标操作数，另一个操作数称为源操作数，指令格式如下：

OP	A1	A2

执行操作 （A1） OP （A2）→ A2

二地址指令对硬件、指令字长的要求不太高，经常被使用。

（3）单地址指令

该类指令用 CPU 中一个专用寄存器 AC（称累加器）作为目标操作数存储部件，指令格式如下：

OP	A1

执行操作 （A1） OP （AC）→ AC

单地址指令短，又由于一个操作数已在 CPU 内，所以执行速度较快。

（4）零地址指令

零指令的指令字中只有操作码，无地址码。指令格式如下：

OP

执行操作 OP

例如空操作、停机等不需要操作数的指令，或者操作数隐含在堆栈中，其地址为堆栈的栈顶或次栈顶。

2）指令字长度

计算机中 CPU 能直接处理的二进制的位数称为机器字长，它是计算机的主要性能指标之一。机器字长通常与一次存取主存单元的位数、寄存器宽度一致，如 Pentium 的机器字长为 32 位。值得注意的是，机器字长和数据字长（一个数据字的长度）不是一个概念，数据字长是计算机中定义数据长度的单位，如 Pentium 的数据字长为 16 位，它和机器字长就是不一样的。

指令格式通常又称为指令字。一个指令字包含的所有二进制代码的位数（操作码的长

度+各操作数地址的长度之和),称为指令字长度,或称指令字长。指令字长等于机器字长的指令,称为单字长指令;指令字长等于半个机器字长的指令,称为半字长指令;指令字长等于两个机器字长的指令,称为双字长指令。

若指令系统中各种指令的指令字长都是相等的,该指令字结构称为等长指令字结构。指令一般为单字长指令或半字长指令。这种指令字结构简单,指令的控制相对简单,便于 VLSI 实现,但指令空间的利用率可能不够高。如 Power PC 机中指令字长只有 32 位一种长度。

若各种指令的指令字长随功能而异,该指令字结构就称为变长指令字结构。这种指令字结构灵活,指令字空间利用率较高,但指令的控制较复杂。在 Pentium 系列机中,指令字长有 8 位、16 位、32 位、64 位等多种指令字长。

使用变长指令结构可以减少指令所占的存储空间,以达到减少存储空间浪费、节约成本的目的。早期的计算机硬件成本相对较高,因此多采取变长指令字结构;随着计算机硬件性能/价格的提高、VLSI 的发展及并行处理的发展,现在采用等长指令字结构指令系统的计算机越来越多。

3) 指令助记符

用二进制码来编写程序非常麻烦,为便于编写和阅读程序,每条指令通常用几个容易识别的英文缩写字母来表示,这种缩写码称为**指令助记符**。

由于指令助记符提示了每条指令的功能(操作),因此比较容易记忆,编写和阅读也较方便。常用助记符如表 5.1 所示。例如,用 ADD 表示 001 所代表的加法操作码,显然比较容易编写和阅读。

表 5.1 常用指令助记符

指令类型	指令助记符	二进制操作码
加法	ADD	001
减法	SUB	010
传送	MOV	011
跳转	JMP	100
存储	ST	101
读数	LD	110

值得一提的是,不同的计算机对指令助记符的规定是不一样的,必须区别对待。

由于计算机硬件只能识别二进制语言,因此必须将编写的助记符形式的程序转换成二进制程序,才能被计算机硬件识别和执行。这种转换需要借助于汇编程序自动完成,汇编程序相当于一个“翻译器”。

因此,各种指令助记符和其他便于编写程序的、不会被硬件识别的伪指令组合在一起,就构成了汇编语言。使用汇编语言编写程序(称为汇编语言源程序),然后通过汇编程序将汇编语言源程序翻译成计算机硬件能够识别和执行的二进制目标代码(基于机器指令的程序)。同样应该注意的是,不同计算机(指令系统不同)的汇编语言、汇编程序是不同的。

5.1.3 指令系统设计概论

1) 指令系统设计的基本思路

指令系统设计的任务是确定所有机器指令的格式、类型、操作以及对操作数的访问方式。

如何进行指令系统设计，很重要的一个出发点是提高指令系统的性能/价格比。即指令系统是为应用服务的，设计结果应使指令系统的应用效率最高，硬件实现成本最低。例如，指令系统为何包含这些指令、指令格式中操作码为何如此设计、地址码部分如何设计使译码器的译码效率最高等问题，带着这些问题去分析、设计，才能够生成一个好的指令系统。

指令系统的基本设计思想是：

(1) 确定计算机系统中的基本操作(包括操作系统和高级语言的)是由硬件实现还是由软件实现。

(2) 按照尽量缩短平均码长、方便译码与执行的原则，设计指令字格式。

简单地讲，指令系统的设计分功能设计和指令格式设计两个阶段，功能设计包括指令基本功能设计和优化功能设计两个步骤，而指令格式设计包括操作码设计、地址码设计和指令字优化设计三个环节。

对基本功能设计而言，主要的任务是确定指令系统包含哪些基本操作。因为基本操作的软件和硬件实现在逻辑上是等价的，实现方式不同仅反映在操作时间和实现效率不一样而已。从概率角度讲，计算机系统性能体现在其对大概率事件处理性能的好坏，即所谓的加权平均思想。因此基本功能设计中选择的基本操作只能是常用的和必须具有的操作。

对优化功能设计而言，主要的任务是从对目标程序、操作系统、高级语言的支持角度，确定哪些常用的、相对复杂的操作(指令串)可作为指令系统包含的操作(指令)。因为指令系统的好坏，一方面表现为其硬件执行效率的好坏；另一方面表现为对目标程序支持的好坏，主要是看目标程序的实现效率是否高，即看各种复杂操作(指令串)是否用单条指令实现更有效；第三是对操作系统支持的好坏，因为操作系统几乎占用了计算机系统资源的 1/3，面向操作系统进行指令系统优化，有利于进一步减少运行操作系统所需的辅助操作时间和节约操作系统软件所占用的存储空间；第四是对高级语言支持的好坏，我们往往使用高级语言编写程序，编译程序将高级语言源程序转换成机器语言程序的转换效率很大程度上与高级语言和机器语言之间的语义差别有关。

对指令格式设计而言，主要的任务是设计出平均码长较短、便于译码和执行的指令字。指令字平均码长较短，意味着目标代码占用存储空间较小，代码密度较高；便于译码和执行，意味着指令的执行效率较高。根据功能设计的结果，可以设计出指令系统指令的操作码；根据操作数地址取得操作数方法的使用频率，可以选择出每种指令包含的寻址方式；在操作码和与寻址方式对应的地址码的基础上，自然产生出了指令字，但指令字长不规整，必须进行规整和优化设计，形成长度规整的、信息冗余较小的指令字。

2) 衡量指令系统性能的指标

对具有相同计算机应用需求的不同指令系统而言，指令系统的性能可从如下几个方面衡量：

(1) 从存储空间方面看，衡量指令所占存储空间是否尽可能小，主要指指令中代码密度是否高、信息冗余量是否少。代码密度是指表示相同数量信息时使用的二进制位数，如等长编码和霍夫曼编码的代码密度是不一样的。信息冗余量是指指令中空闲或未用的位数。指令所占存储空间从一个侧面同时反映了指令系统的成本。

(2) 从代码效率方面看，衡量指令代码对应用需求的效率是否高，主要指非特权指令中功能性指令所占比例是否高、指令中操作数的访问范围满足应用需求的概率是否大、对操作系统和编译程序的支持程度是否高。非特权指令中功能性指令越多,指令系统处理操作的能力越强,指令系统中指令的平均效率就越高。操作数的访问范围指某些寻址方式的地址码的最大值域,反映了代码的应用效率。若访问范围较小,则经常需要将表示操作的一条指令用两条指令完成,代码的效率自然降低。对操作系统的支持程度主要指指令系统能否使操作系统的辅助开销尽可能小,对编译程序的支持程度主要指能否使高级语言程序产生的目标代码效率尽可能高,若在这个方面存在缺陷,将严重影响使用指令系统指令的代码效率。代码效率是反映指令系统的性能的一个重要指标。

(3) 从执行效率方面看,衡量指令的译码速度、执行速度是否快。指令的运行过程可分成译码、取操作数、执行、写操作结果等几个阶段,为使指令的执行效率高,应尽快译码、提前知道使用的操作部件、提前产生操作数地址等。译码速度是指译码器识别指令的速度,对满足指令正交性的指令系统,不需要等到指令全部译码完成,就能得到部分信息,给执行部件更多的执行时间,有利于提高指令的运行速度。执行速度是指硬件执行指令的时间,这和与指令系统对应的执行部件的设计有很大关系。执行效率是反映指令系统的性能的一个直接指标。

5.2 操作数类型及存储方式

5.2.1 操作数类型

1) 操作数的类型

机器指令可完成对操作数的操作。通常,操作数有 4 种类型:

(1) 数值　数值类型可以是整数和浮点数。整数可以是无符号和有符号整数,数据长度可以是字节、字或者双字数据。浮点数可以是单精度数据和双精度数据。

(2) 字符　字符类型是一种非数值类型,通常用 ASCII 码(7 个二进制位)表示,数据长度为一个字节长,未使用的最高位填 0。

(3) 地址　地址是指存储器地址,根据计算机存储管理的分段或分页管理方法,地址由段/页地址和段/页内偏移量组成,而段/页地址则由专门的寄存器存放。指令中只要表示偏移量即可,可以认为它是无符号单字整数。

(4) 逻辑数据　逻辑数据的值只有 0 和 1,用一个二进制位表示即可。逻辑数据和数值数据在形式上无任何差异,都是一串 0/1 序列,靠机器指令的操作码来决定数据的类型。数据长度与整数的数据长度一致。

所有机器指令支持的数据类型,都称之为数据表示,它需要硬件支持来进行识别和运算。

指令系统中的操作究竟支持哪些数据类型,这个问题是数据表示设计问题,限于篇幅,我们不展开讨论。本书假设指令系统支持上述几种数据类型。

2) 操作数类型在指令中的表示

操作数类型无论是数值类型还是字符类型,都是一串二进制序列。为表示数据的类型,通常需要增加一些二进制位标识类型。类型的标识有两种时机:存储时标识或处理时标识。对在存储时标识而言,标识需要在存储器中增加标识空间,因数据可以是以字节、字、双字形式出现的,因此必须在每个字节中标识,而以字、双字形式出现的数据概率较大,每个字节标识会造成存储器极大的空间浪费,而且控制比较复杂。对处理时标识而言,需要在指令中增加标识空间,无论数据长度如何,仅需一次标识。因此,在指令中标识数据类型是理所当然的选择。

从指令系统的规整性方面讲,机器指令的操作应与具体操作的数据类型无关。也就是说,指令的操作码仅表示要实现的操作,而具体处理什么类型的数据应在地址码中确定。那么,可对多种数据类型操作的指令如何在地址码字段表示操作数的类型呢?

最容易想到的方法是在每个操作数的地址码前增加一个标识位(DF1、DF2),以二地址指令为例,结果如图 5.1(a)所示。

但在绝大多数情况下,处理部件对数据进行处理时,参与处理的数据类型都是相同的。因此,在指令中设置一个专门的标识位(DF),标识所有参与处理的数据类型更为有效,节省了空间和译码时间。图 5.1(b)所示的指令结构比图 5.1(a)的指令结构更有效。

OP	DF1	A1	DF2	A2

(a) 每个操作数标识

OP	DF	A1	A2

(b) 所有操作数共一个标识

图 5.1　二地址指令数据类型表示方法

因操作码和标识位在指令中均是惟一的,所以通常将操作码与数据类型标识合并成新的操作码。即对不同数据类型的相同操作有不同的操作码,或者说对不同数据类型、相同操作的指令是两种不同的指令。

5.2.2　操作数存储方式

从指令角度讲,指令的操作数可以存储在指令、寄存器、堆栈和存储器中。而操作数的位数可以是字节、字、双字等。

对指令而言,可以存放数据的长度是固定的。操作码已经确定了数据的类型。

对寄存器而言,可以存放数据的长度是固定的,一般与机器字长一致。当操作数长度小于寄存器长度时,操作数总是存放在寄存器的低端。处理部件通过操作码中数据类型标识从寄存器中取相应长度的数据去处理。

对堆栈而言,它是一种特殊的存储区,操作数必须按先进后出或后进先出方式存储到这个存储区中,每次访问的数据长度由指令确定,可以是字节、字、双字等。具体的存取方式在 5.2.4 小节中介绍。

对存储器而言,一次访问存储器单元的取得位数一般与计算机机器字长是相同的,目的是使 CPU 能够一次访问到操作数的全部。现代计算机的存储器大多是以字节为单位编址的,即每个存储单元地址对应一个字节的数据空间。存储器硬件特性决定了一次访问存储器所能取得的数据肯定是在连续的地址中,因此当操作数长度大于一个字节时,操作数就必须存放在从指定地址开始的相邻的多个字节(操作数长度对应字节数)的存储器空间中。按照操作数的高字节和低字节在存储器中的存储次序,可分为大端(Big-endian)和小端(Little-endian)两种数据存储方式。将最低字节存储在指定存储器空间中最小地址位置的存储方法称为小端方式;将最低字节存储在指定存储器空间中最大地址位置的存储方法称为大端方式。

假设一个操作数由 4 个字节组成,需要存储在从 N 开始的存储器地址中,用 B_3、B_2、B_1、B_0 分别表示操作数的 4 个字节,其中 B_3 为操作数的最高字节,B_0 为操作数的最低字节,该操作数的大端和小端数据存储方式结果如图 5.2 所示。

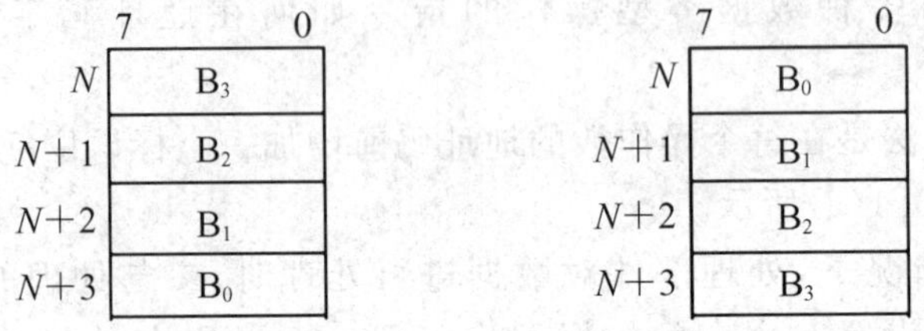

(a) 大端存储方式　　(b) 小端存储方式

图 5.2　数据在存储器中的两种存放方式

数据存储采用大端存储方式的处理机有 IBM 360/370,Motorola 68000,MIPS,SPARC,HPPA 等。数据存储采用小端存储方式的处理机有 Intel 80×86 /Pentium,DEC VAX,DEC Alpha 等。Power PC 是一个既支持大端方式,又支持小端方式的双端序机器,数据存储方式的管理由系统寄存器中的特定标志位决定,操作系统或软件人员可以通过改变系统寄存器的这个特定标志位来设定数据存储是大端还是小端方式。

注意,大端、小端存储方式是指数据的字节间的存储次序,而字节内的数据无大端、小端之分,永远是 bit7 为字节内数据的最高位,bit0 为字节内数据的最低位。

5.2.3　数据对齐方式

存储器存储单元的编址从 0 开始,内部的存储空间是阵列形式的(如图 5.3 所示,但不一定是 4 个字节),存储器一次能够存取如图 5.3 所示的一行的数据,这是存储器的存取特征。

对机器指令而言,操作数长度有字节、半字、字、双字等数据长度,要求存储器必须一次能够存取这些长度的操作数。因此,操作数在存储器中应存储在存储空间阵列的同一行。假如操作数不能够存储在同一行,则机器指令取操作数至少需要两个访存周期,严重影响了机器指令的执行速度。

例如,假设机器字长和存储器一次访问位数均为 32 位,一个 32 位长的数据存储在地址 N～N+3 中,一个 16 位长的数据存储在地址 M～M+1 中,一个 8 位长的数据存储在地址 P 中。若 N、M 为任意地址,则 32 位、16 位的数据就可能不在存储阵列的同一行,如图 5.3(a)所示,称为边界不对齐,不能够实现一次存取整个数据。P 为任意地址,则字节数据永远能够实现一次存取整个数据。如图 5.3(b)所示,只有当 N 为 4 的倍数、M 为 2 的倍数,即地址 N 最低两位为 00、地址 M 最低一位为 0 时,从而实现一次存取整个数据。因此,当 32 位、16 位的数据存储在地址 4N～4N+3、2M～2M+

1 中时，可以实现一次存取。

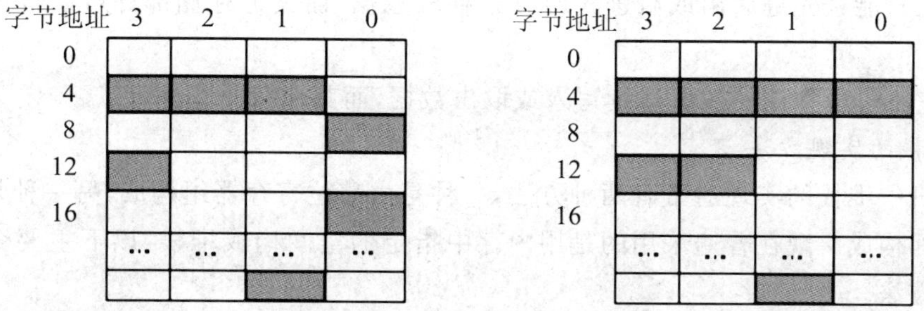

(a) 边界不对齐　　(b) 边界对齐

图 5.3　数据的边界对齐

若数据长度为 2^n 个字节，则该数据在存储器中最小存储地址的最低 n 位应为 0，这就是所谓的信息按整数边界存储原则。

信息按整数边界存储提高了指令对操作数的访问速度，但缺点是浪费了部分存储空间，增加了硬件成本。而信息不按整数边界存储，虽然节约了部分存储单元，但为达到不降低访存速度的效果，处理机或存储器的设计就变得复杂了。在早期的计算机中，有许多计算机为节约存储单元，采用信息不按整数边界存储方式。现在，随着硬件性能/价格的提高，基本上所有计算机都采用信息按整数边界存储方式存储数据。

5.2.4　堆栈存取方式

1）堆栈

堆栈是一种按特定顺序访问的存储区。堆栈中数据的写入和读出不需要提供地址，而是根据写入的顺序决定读出的顺序：先进后出（FILO）或后进先出（LIFO）。

2）堆栈存取方式

圆桶中放入、取出木板与堆栈存取数据方式比较类似：堆栈就像圆桶，一个字节大小的数据就像面积为圆桶面积、高度恒定的圆形木板，堆栈存取数据方式和圆桶中放入和取出木板的方式完全一致。圆桶中最底部可放木板的位置是固定不变的，在堆栈中这个位置称之为栈底；圆桶中所放的最上面一块木板的位置是不停变化的，在堆栈中这个位置称之为栈顶。

堆栈中存放的数据按写入的顺序依次排列，最先写入的数据总是放在栈底，刚写入的数据总是放在栈顶。存取数据只能在栈顶进行，不可中间插入或者从中间将数据取出，这就是堆栈的存取方式。

堆栈操作只有入栈（Push，或称进栈，亦可称压栈）和出栈（Pop，或称弹出）两种。入栈操作是将数据写入栈顶上面一个新的单元空间，单元空间大小和写入的数据的长度一致，栈顶变成新写入数据在堆栈中的位置。出栈操作是从栈顶位置取出一个数据，所取数据的长度由命令给出，堆栈中数据原来所占空间将被释放，栈顶变成释放所取数据空间后上面数据的位置。

堆栈和其他形式的存储部件之间的差别主要在于：

(1) 它在数据存取时不需要地址,而其他存储部件在数据存取时需要地址;

(2) 它只能按先进后出或后进先出方式存取数据,而其他存储部件可以根据地址随机存取数据;

(3) 它不可以在同一位置连续写入或取出数据,而其他存储部件可以。

3) 堆栈的实现方法

计算机中堆栈的实现通常有两种方法,一种是由移位寄存器组构成,另一种是由内存中指定的空间构成。现在普遍采用的是用内存中指定的空间构成堆栈,以下主要介绍堆栈的这种实现方法。

在内存中指定一定空间作为堆栈,这种堆栈称之为存储器堆栈。存储器堆栈的具体位置由程序员指定,空间大小由程序员分配。

相对于寄存器堆栈,存储器堆栈有 3 个优点:一是堆栈空间大小能够满足程序员要求的任意长度;二是堆栈的个数无限制,即每个任务或进程都可具有一个堆栈;三是可以补救堆栈的破坏性读出的后果和优化顺序访问的效率,即可用对存储器寻址的任何一条指令取得超出栈顶的或在栈顶与栈底之间的数据。

因存储器单元中的数据不容易从一个单元向另一个单元传送,所以存储器堆栈必须采用栈顶动态变化的存取实现方法。因堆栈空间在存储器中,而存储器是有地址的,所以只要在 CPU 中专门设置称之为堆栈指针 SP 的寄存器,就可以指示栈顶位置。这种堆栈一般采用自底向上生成方式,即栈底是堆栈中最大的单元。

存储器堆栈的建立方法是通过程序设置栈底的位置,即把一个内存地址送入堆栈指针 SP,该地址为堆栈栈底的单元地址加一。例如,当堆栈的地址范围是 2000H～3000H 时,我们建立堆栈时必须把 3001H 送入 SP,其原因与入栈操作有关。

存储器堆栈的入栈和出栈操作步骤如下:

入栈操作步骤:i)SP-1→SP;ii)存入的数据→(SP)。

出栈操作步骤:i)(SP)内容读出到目标处;ii)(SP)+1→SP。

图 5.4 所示的是当堆栈栈底为 3000H 时,堆栈的建栈、入栈和出栈操作过程。

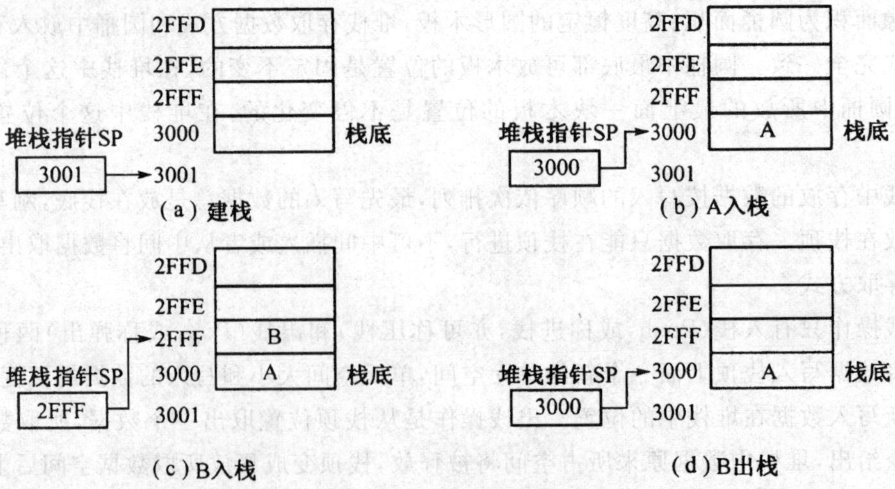

图 5.4 自底向上堆栈操作示例

4）堆栈存取方式在指令中的应用

堆栈存取方式可以作为与存储器存取方式等同级别的一种数据存取方式应用到指令系统中。如临时保存和恢复某些数据时，该方式操作极为简便。该存取方式对应的操作有建栈、入栈和出栈三种，可对应指令系统中的三条指令。而建栈操作只是把存储器地址赋值给堆栈指针 SP，因此建栈操作对应的指令可与常规赋值指令相同。实际上指令系统中对堆栈的操作指令只需要入栈（Push）和出栈（Pop）两种指令即可。

5.3 指令系统功能设计

计算机中各种机器指令的集合称为指令系统，或称指令集。每种指令完成一定的功能（操作），指令集中包含的所有操作功能的集合称为指令系统的功能集（操作集）。

指令均包含操作码和地址码两个部分，操作码是指令系统功能集中各种功能（操作）的编码。每个指令的操作码均和其他指令的操作码不同，代表各指令不同的操作。

设计指令系统首先必须设计指令系统的功能集。本节首先介绍计算机应用中所需功能的分类，然后介绍指令系统中功能集设计的方法。

5.3.1 功能类型分类

计算机所能实现的各种基本操作大多数都有相应的一条指令。为方便对功能分类的解释，本部分内容均采用指令概念代替功能概念进行介绍。这些指令（基本操作对应的功能）主要包括数据传送类指令、算术运算类指令、逻辑运算类指令、程序控制类指令、输入输出类指令、字符串类指令、系统控制类指令和其他指令。

1）数据传送类指令

这类指令主要完成将数据从一个地方传送到另一个地方的功能，一般可按字节、字传送，特殊情况下可以位为单位进行传送。传送的源和目的地主要包括寄存器、存储器和堆栈三种存储部件，数据源也可以是常数操作数。主要指令及功能如下：

（1）传送（MOV）指令　实现寄存器与寄存器间、常数操作数与寄存器间的数据传送；

（2）取数（LOAD 或 LD）指令　实现存储器到寄存器的数据传送；

（3）存数（STORE 或 ST）指令　实现常数操作数或寄存器到存储器的数据传送；

（4）数据交换（XCHG）指令　实现两个数据之间的交换，可以看成是双向传送；

（5）入栈（PUSH）指令　实现寄存器或存储器到堆栈的数据传送；

（6）出栈（POP）指令　实现堆栈到寄存器或存储器的数据传送。

2）算术运算类指令

这类指令主要实现对数据进行算术运算功能。指令主要包括加（ADD）、减（SUB）、乘（MUL）、除（DIV）指令，求反（NOT）、求补（NEG）指令，算术移位（SLA、SRA）、算术比较（COMP）指令等。加减乘除指令可以对各种数据类型进行运算，为区分数据类型和运算规则，可形成扩展的加减乘除指令，如十进制运算、带进位运算、双精度运算等指令。有些计算机中还有对向量的运算指令，如对向量或矩阵的求和、求积指令。

3）逻辑运算类指令

这类指令主要完成对逻辑型数据的运算或对数据的逻辑操作功能，数据应为无符号数据。指令主要包括逻辑与(AND)、逻辑或(OR)、逻辑异或(XOR)、逻辑非(NOT)、逻辑移位(SLL、SRL)、循环移位(ROL、ROR、ROLC、RORC)指令。因逻辑数据只需要一个二进制位表示，因此两个操作数的逻辑与、逻辑或、逻辑异或指令和按位操作的按位与(乘)、按位或、按位加指令含义相同；逻辑非指令和算术运算中的求反指令含义相同。

4) 程序控制类指令

这类指令主要实现改变指令执行方向的功能。指令主要包括无条件转移(JMP)、条件转移(Jcc，其中 cc 表示某种条件)、跳步(SKIP)、转子(CALL)、返主(RET)、循环(LOOP)指令等。

计算机执行程序时，通常按 CPU 中程序计数器 PC 的内容取指令并执行。PC 中内容为下一条(后续执行)指令的地址，在指令取指完成时，CPU 将自动修改 PC 的内容，以保持其总是后续执行的指令地址。

若当前指令为顺序执行指令，PC 的内容总是原 PC 的内容加上当前指令的长度(字节数)。

若当前指令为非顺序执行指令(如程序控制类指令)，那么后续执行指令的地址(即 PC 的内容)在转移发生时，必须从当前指令的地址码字段中取得，而不是当前指令取指完成时的下一条指令地址。程序控制类指令的地址码给出的地址格式可以是直接给定的地址，也可以是相对于当前指令位置的偏移地址，或其他方式给出的地址。

5) 输入输出类指令

这类指令主要实现 CPU 与外部设备间交换数据、传送控制命令及取得设备状态等功能。各种计算机的输入输出类指令差别较大，外部设备独立编址(相关内容在第 9 章介绍)的计算机其指令系统必须设置这类指令。

这类指令只有输入(IN)和输出(OUT)两种指令。

6) 字符串类指令

这类指令主要完成对字符串操作的功能，是一组非数值运算的指令。指令主要包含字符串转换(把一种编码格式的字符串转换成另一种编码格式的字符串)、字符串传送、字符串比较、字符串查找(查找字符串中某一子串)、字符串抽取(提取某一子串)、字符串替换(把某一子字符串用另一字符串替换)等指令。

7) 系统控制类指令

这类指令主要完成改变系统的工作状态、实现操作系统所需要的特殊功能。大多数计算机将这类指令划为特权指令，只能被操作系统等系统软件使用，而用户一般不可以使用。指令主要包括停机(HALT)、开中断(STI)、关中断(CLI)、自陷(Trap，即软中断 INTn)、系统管理(LIDT、LLDT、LGDT 等)、存储管理(INVLPG、INVD 等)指令等。

8) 其他指令

除上述类型指令外，系统尚有一些必须具有特定功能的专用指令。这类指令主要包含状态寄存器置位(STC、CLD 等)、暂停(WAIT)、测试(TEST)、空操作(NOP)、中断返回(IRET)等指令。

5.3.2 指令系统功能集设计

计算机总是根据具体的应用需求进行设计的，而应用需求则是通过大量应用程序体现的。衡量某计算机的性能/价格比，也就是衡量这些应用程序在该计算机上实现的性能/价格，而指令系统是计算机软硬件的主要交界面，直接反映了计算机的性能/价格。因此，这些应用程序在计算机上实现的性能/价格能够反映计算机指令系统的性能/价格。这也是计算机指令系统设计的基础。

应用程序由一系列的操作构成，这些操作又可能由一些更基本的操作组成，可以认为应用程序是由一些使用频率不同的基本操作构成的。那么，计算机的指令系统到底支持哪些类型的基本操作呢？这就是指令系统的功能设计问题。

当前，在这一问题上有两种截然不同的方向。一个方向是强化指令功能，实现软件功能向硬件功能转移，认为计算机性能的提高主要依靠增加指令功能（亦增加了指令的复杂性）来获取，基于这种指令集结构的计算机系统称为复杂指令集计算机（CISC）。另一个方向是尽量简化指令功能，只保留功能简单、执行速度较快、使用频度较高的指令，认为此种结构更适合 VLSI、指令流水线和并行处理的应用，更能够提高计算机的性能，基于这种精简指令集结构的计算机系统称为精简指令集计算机（RISC）。

下面将分别介绍这两个方向的指令系统功能集的设计问题。

1）CISC 指令系统功能集设计

CISC 指令系统功能集设计分基本功能设计和优化功能设计两个步骤。

（1）基本功能设计

应用程序由一些使用频率不同的基本操作构成。从概率角度看，要提高应用程序的性能，就必须首先提高使用频率较高的基本操作的性能；要降低计算机成本，首先应该降低使用频率较高的操作的成本。从性能/价格角度看，因计算机软件和硬件在逻辑上是等价的，只是实现效率和成本不同而已，所以应用程序中使用频率较高的基本操作应该用硬件实现，而使用频率较低的基本操作应该用软件来实现，某些无法用软件实现的、使用频率较低的操作也必须用硬件实现。也就是说，指令系统功能集中的操作由应用程序中使用频率较高的基本操作和无法用软件实现的基本操作组成。

如何才能确定应用程序中哪些操作由硬件实现呢？可通过下列 4 个步骤确定：一是对应用程序中能够进行分解的操作做进一步分解，将所有分解后的操作进行分类；二是对分解后的应用程序进行各种操作的频率统计，包括对每种操作中操作数寻址方式的频率统计（为寻址方式设计提供依据）；三是根据计算机设计的性能要求，将使用频率较高（达到一定的百分比）的操作确定为指令系统功能集中的操作；四是使用已确定（拟由硬件实现）的操作对未确定（拟由软件实现）的操作进行再分解，将无法再分解的不属于已确定的操作确定为指令系统功能集中的操作。

这种通过统计操作频带分布来达到目标的方法称为频带分析法。在计算机系统设计中，频带分析法是经常使用的一种方法。

值得一提的是，在基本操作的分解过程中，必须确定基本操作包含的操作数个数。因为操作数个数不同会导致需要的指令数量的不同。CISC 风格指令系统确定操作数个数的原则是尽可能增加操作数个数，但要保证由此产生的硬件成本变化不大，以提高操作的性能/价格。因为 CISC 风格的指令系统强调每条指令实现功能的大小，而对指令执行时间、指令字长度要求无太多限制。

（2）优化功能设计

CISC 结构的指令系统强调增强指令的复杂性和功能，尽量缩短高级语言和机器语言之间的语义差别，以实现提高系统性能的目的。如何增强指令的复杂性和功能，就是优化功能设计问题。指令系统功能集可从下列 3 个方面进行优化：

① 面向目标程序的优化　目标程序是由机器指令直接组成和执行的，面向目标程序优化的目标有两个：一是对使用频率高、执行时间长的指令，用硬件使其执行速度更快；二是对使用频率较高的指令串用新的指令取代。优化目标程序有两个优点：一可以缩短程序长度，减少程序存储的空间开销，二可以缩短程序执行时间（指令个数减少了），减少程序执行的时间开销。具体的优化方法是：对大量的目标程序进行静态（代码空间）频度分析和动态（执行时间）频度分析，得到频率较高的指令或指令串，再着手在空间上和时间上进行优化。例如提高运算型指令功能、提高传送指令功能、增加程序控制指令功能等都是有效的方法。

② 面向高级语言和编译程序的优化　目标程序基本上全部由高级语言程序经编译程序编译而成，因此指令系统对高级语言和编译程序的支持程度，直接影响目标程序生成的效率，即直接影响指令系统的性能。优化的目标是：在高级语言源程序中，对使用频度高、执行时间长的语句，增强相关的机器指令性能，或增加相关专门指令，以实现缩短目标代码长度、减少目标程序执行时间的目的。优化的方法是：对高级语言源程序采用频带分析法进行优化。例如加 1、减 1 指令（INC、DEC）的引入，转移指令功能的增强都是很典型的例子，因为他们出现的频率很高。

③ 面向操作系统的优化　计算机系统必须在操作系统的支撑下才能工作，而操作系统又必须用指令系统来实现，操作系统的实现效率严重影响整个计算机系统的性能。虽说操作系统的实现很大程度上取决于系统结构的支持，如系统结构对中断处理、进程管理、存储管理和保护、系统工作状态建立与切换的支持，但系统结构的支持很多方面是靠指令系统支持的。有些指令虽然使用频率很低，但如果没有这些特权指令的支持，操作系统将很难实现，或根本不能实现。优化的目标是：将操作系统所必须的，或使用频率较高的操作作为指令系统功能集的操作。例如机器状态字存取、任务寄存器存取、管理模式切换等指令对操作系统的支持程度较好都是不争的事实。

2）RISC 指令功能集设计

在 20 世纪 70 年代后期，人们已感到 CISC 日趋庞杂的指令系统不易实现，且随着硬件性能/价格的提高，计算机系统的性能/价格不能得到相应的提高。CISC 指令系统存在几个缺陷：

第一，各种指令的使用频率相差悬殊，统计结果表明，有 80%的指令只在 20%的运行时间内才会用到。

第二，指令系统的复杂性使计算机系统结构复杂化，不仅增加了研制时间和成本，而且容易产生错误。

第三，指令系统的复杂性使编译程序复杂化，产生的目标代码效率不高，原来指令系统面向编译程序优化的效果明显下降。

第四，指令系统的复杂性使得控制器设计复杂，不利于 VLSI 的实现。

第五，由于指令的功能不均衡性，不利于采用先进的流水或并行处理技术来提高系统的性能。

RISC 结构主要想克服 CISC 的缺点，使计算机系统结构更加简单、合理和高效，机器速度更快，程序运行时间缩短，从而提高计算机系统的性能，更加适应 VLSI 实现和并行处理的发展趋势。从指令系统角度看，RISC 指令系统希望达到如下目标：

第一，尽量简化指令系统，只选择使用频率最高的指令和寻址方式，采用简化的指令格式。如指令条数少、寻址方式少、指令格式少、指令字长一致等，都是简化指令系统的结果。

第二，每条指令的功能尽可能简单，并争取在一个机器周期内完成。

第三，指令系统中除 Load/Store 指令可访问存储器外，其余指令均以寄存器—寄存器方式工作。

第四，硬件实现绝大部分采用硬联线控制，不用微程序实现，以进一步提高指令执行速度。

第五，以简单有效的方式支持高级语言和编译程序，以优化目标代码生成。

RISC 的这些目标对计算机的硬件提出了许多要求，同时也已经明确了指令系统的许多设计指标。

RISC 指令系统功能集设计同样分基本功能设计和优化功能设计两个步骤。

(1) 基本功能设计

与 CISC 的基本功能设计类似，RISC 基本功能设计同样选择频率很高的操作作为功能集中的操作，但是其划定的频率下限值相对 CISC 要高得多。因为 RISC 旨在简化指令系统，因此只选用最常用的基本操作；在无法用软件取代的操作上的选择原则是一致的。结果是，RISC 指令系统的功能集由使用频率很高的操作和必须由硬件实现的操作组成。

设计方法与 CISC 相同，同样采用频带分析方法。

和 CISC 一样，在基本操作的分解过程中，必须确定基本操作包含的操作数个数。RISC 风格指令系统确定操作数个数的原则是保证指令在单机器周期内完成执行，所有指令长度尽可能相同。因此 RISC 指令系统的操作数个数在 1～3 个之间，当操作数个数导致指令过长时，采用寻址方式缩短操作数地址长度以达到所有指令长度相同的要求。

(2) 优化功能设计

RISC 的优化功能设计目标与 CISC 类似，都是面向对目标程序、高级语言和编译程序、操作系统的支持。但其采用方法并非一味地增加新指令，与 CISC 采用方法不同的主要有如下几点：

① 面向目标程序优化　优化目标是使用硬件方法提高指令执行速度，使绝大多数指令能在一个指令周期内完成，从而更适应流水和并行处理技术的应用，以提高系统的性能。RISC 的优化思路是提高速度，而不是减少指令条数。例如采用硬布线控制逻辑方法，而不采用微程序方法就是典型的例子。再如采用固定的指令格式，使译码电路简化、控制部件的速度加快也是一个提高执行速度的代表。

② 面向高级语言优化　优化目标同样是对高级语言源程序中使用频度很高的机器指令串用新指令代替，但其补充的是那些最有用的指令。例如加 1、减 1 指令的引入，比较和转移指令合并等，但不像 CISC 补充了太多的新指令，反而对其他方面产生副作用。

③ 面向编译程序优化　优化目标是使编译程序能够产生高效的、适应流水和并行处理的目标代码。为达到此目标，采用 4 个手段：一是大多数指令在一个指令周期中完成，为编译程序调整指令顺序提供了极大的方便；二是增加大量的寄存器并采用先进的寄存器分配算法，使编译程序在生成目标代码时，更合理地使用寄存器；三是强化指令系统中指令的规整性，使得编译程序能产生高效的目标代码，如寻址方式的对称性；四是适合流水和并行处

理的编译技术，使目标代码在先进的执行方式下速度更快，如采用优化延迟转移、指令取消、寄存器窗口重叠、循环体展开后调度等技术。

无论是 CISC 还是 RISC 指令系统，指令系统功能设计的结果都是：指令系统中包含的所有操作（功能），以及这些操作（功能）的使用频率。这个结果是指令字格式设计中操作码编码设计的依据。

5.4 寻址方式

在 5.1 中已讲过，指令能够实现所规定执行的操作，但必须给出具体的操作数或操作数地址，这样指令才能对操作数进行相应的操作。指令指定操作数或操作数地址的方式，称之为操作数寻址方式。

操作数可以存放在指令、寄存器、存储器、堆栈和累加器中。对堆栈和累加器是不需要寻址的，通过指令中的操作码就可以支持对堆栈和累加器中的操作数的访问。因此，操作数的寻址方式主要解决的是操作数存放在指令、寄存器和存储器中的寻址问题。

本节首先介绍常见的几种寻址方式，使大家掌握每种寻址方式的工作原理，然后再介绍指令系统中各指令寻址方式的设计方法。

5.4.1 常见寻址方式

常见的寻址方式有立即寻址、直接寻址、间接寻址、寄存器（直接）寻址、寄存器间接寻址、相对寻址、基址寻址、变址寻址、隐含寻址等方式。

从寻址方式本身角度讲，其目标是：寻址方式对应操作数地址码位数应尽可能短；寻址方式对应操作数地址码能够访问的空间范围应尽可能大；寻址方法应尽可能简单（寻址时间短）；寻址方式能够适用于数组、串、表格等复杂数据结构。

本节描述寻址方式时采用如下符号表示一定的含义：

A、R、B：指令中地址码字段的内容，如立即数、偏移量、地址和寄存器编号；

EA：操作数的有效地址，即 EA 所指地址的内容为操作数，其地址为段内地址；

（X）：X 中的内容，X 为地址时表示地址中的内容，X 为寄存器时表示寄存器中的内容；

Fn：表示不同的寻址方式，如 F1 表示立即寻址方式，F2 表示直接寻址方式等。

1）立即寻址

指令地址码字段直接给出操作数本身，这种寻址方式称为立即寻址方式。立即寻址方式如图 5.5 所示。

图 5.5 立即寻址

结果：操作数 = A。A 为常数。

这种寻址方式的特点是：执行速度最快，因为它不需要访问寄存器或存储器。

这种寻址方式适合指令中对常数的操作。

2）直接寻址

指令地址码字段给出的是操作数的（有效）地址，这种寻址方式称为直接寻址方式，又称绝对寻址方式。直接寻址方式示意图如图 5.6 所示。

结果：操作数 = （A），或 EA = A。A 为存储器地址。

这种寻址方式简单、直观，硬件实现时不需要进行计算。随着存储空间的不断扩大，所需地址码也越来越长，指令长度也相应增加。

这种寻址方式适合访问固定存储器单元的操作。

3）间接寻址

指令地址码字段给出的是存放操作数地址的地址，这种寻址方式称为间接寻址方式，又称存储器间接寻址方式。间接寻址方式示意图如图 5.7 所示。

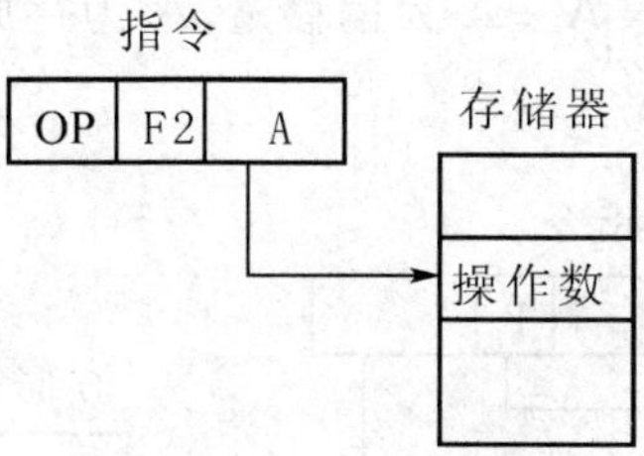

图 5.6　直接寻址

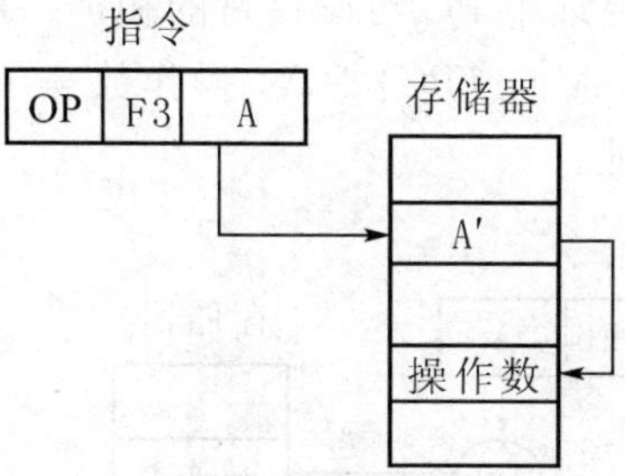

图 5.7　间接寻址

结果：$A' = (A)$，操作数 $= (A')$，或 $EA = A'$。A、A′均为存储器地址。

这种寻址方式有很强的寻址能力，但需要两次访问存储器才能取得操作数，降低了执行速度（访问时间接近直接寻址的一倍）。这种方式称为一级间址，有些计算机中还可设置多级间址。

这种寻址方式适合于高级语言中指针的操作。

4）寄存器（直接）寻址

指令地址码字段给出的是存放操作数的寄存器编号，这种寻址方式称为寄存器寻址方式，又称寄存器直接寻址方式。寄存器寻址方式示意图如图 5.8 所示。

结果：操作数 $= (R)$。R 为寄存器编号。

这种寻址方式有两个特点：因不需要访问存储器，因而速度较快；又因寄存器数量较少，存放操作数的寄存器编号所占位数较少，从而减少了指令长度。

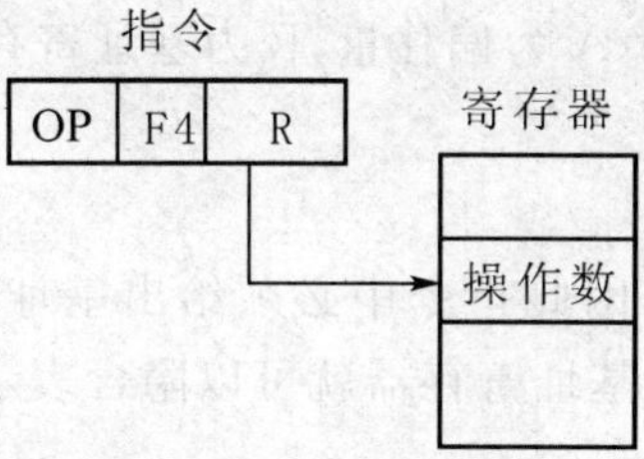

图 5.8　寄存器寻址

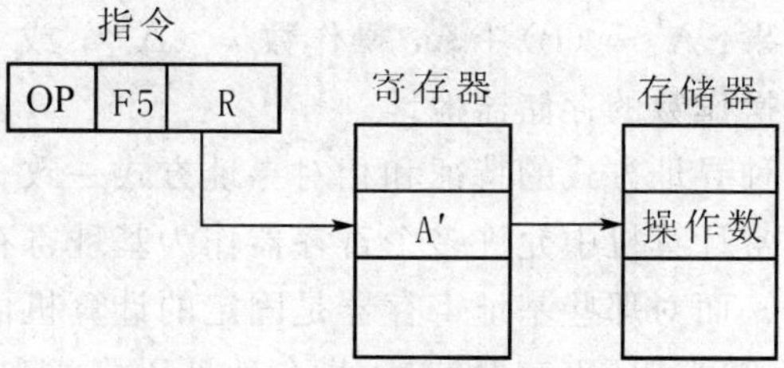

图 5.9　寄存器间接寻址

5）寄存器间接寻址

指令地址码字段给出的是存放操作数地址的寄存器编号，这种寻址方式称为寄存器间接寻址方式。寄存器间接寻址方式示意图如图 5.9 所示。

结果：$A' = (R)$，操作数 $= (A')$，或 $EA = A'$。R 为寄存器编号，A′为存储器地址。

这种寻址方式有很强的寻址能力，指令长度较短。因需要访问存储器，执行速度和直接寻址相当。

这种寻址方式适合于对复杂数据结构的数据元素进行寻址。当访问不同的数据元素时，只需要改变寄存器中的内容（地址），指令中地址码部分不变。

6）相对寻址

操作数地址为程序计数器 PC 的内容加上指令地址码字段给出的形式地址（又称偏移量），这种寻址方式称为相对寻址方式。因为 PC 的内容为当前指令的地址，因此，相对寻址就是相对于当前的指令地址而言的寻址方式。形式地址可以是正值，也可以是负值，通常用补码表示。相对寻址方式示意图如图 5.10 所示。

相对寻址中 PC 与偏移量的相加一般由硬件或操作系统完成。

结果：$A' = (PC) + A$，操作数 $= (A')$，或 $EA = A'$。A 为偏移量，A'为存放操作数的存储器地址。

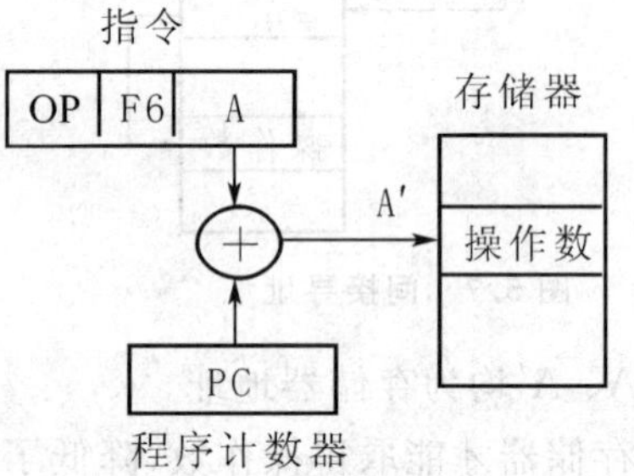

图 5.10　相对寻址

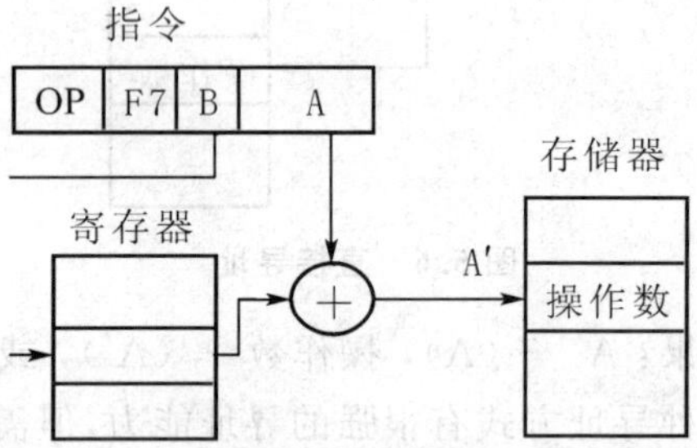

图 5.11　基址寻址

这种寻址方式有三个特征：需要进行硬件计算才能得到操作数地址；指令长度较短；因需要计算和访问存储器，执行速度相对较慢。

这种寻址方式很适合编制可浮动程序，程序员无须用绝对地址编程；而且它适合转移操作的实现。

7）基址寻址

操作数地址为 CPU 中某个基址寄存器的内容加上指令地址码字段给出的形式地址（又称偏移量），这种寻址方式称为基址寻址方式。基址寻址方式示意图如图 5.11 所示。

基址寻址中基址寄存器与偏移量的相加一般由硬件或操作系统完成。

结果：$A' = (B) + A$，操作数 $= (A')$，或 $EA = A'$。A 为偏移量，B 为基址寄存器，A'为存放操作数的存储器地址。

这种寻址方式的特征和相对寻址方式一致。

通常计算机中允许多个寄存器作为基址寄存器使用，因此指令中必须给出基址寄存器的编号。而对那些基址寄存器是固定的计算机而言，这时基址寄存器就可以隐含表示，指令中可不给出基址寄存器编号，指令地址码格式和相对寻址一致。

基址寻址方式很适合应用于逻辑空间到物理空间的地址变换。基址寄存器的内容能够提供整个主存空间的寻址能力，这就为实现程序的动态再定位提供了有力的支持。例如，在多道程序运行环境下，每个用户程序给定一个基地址，这个基地址存放在某个基址寄存器中，所有指令均基于这个基地址（基址寄存器的内容）寻址，因此在程序装载时，只要改变基地址内容，就可以很方便地实现程序在主存中的再定位。

8）变址寻址

操作数地址为 CPU 中某个变址寄存器的内容加上指令地址码字段给出的形式地址，这种寻址方式称为变址寻址方式。

变址寻址方式和基址寻址方式很类似，只需要将基址寄存器换为变址寄存器即可。

变址寻址方式适合于对数组进行访问。当需要访问数组元素时，可通过采用变址寻址方式的指令进行循环即可，指令中形式地址为数组的第一个元素地址，数组元素下标存放在变址寄存器中，每次循环只有改变变址寄存器中的值，即可实现对数组元素的任意访问。

变址寻址方式和基址寻址方式的用法是不同的：基址寻址方式中基址寄存器的内容是不变的，不停变化的是形式地址（这里讲偏移量较好）；而变址寻址方式中变址寄存器的内容是不停变化的，不变化的是形式地址（这里不能讲偏移量）。即连续访问不同的地址时，基址寻址中需要执行多条指令，每条指令的形式地址（偏移量）均不相同；而变址寻址中只需要重复执行一条指令即可，指令中的形式地址不变，变址寄存器均不相同。因此，基址寻址主要应用在逻辑地址到物理地址的变换上，而变址寻址主要应用在如数组等数据结构的数据访问上。

9）隐含寻址

指令中不指出操作数的地址，而是根据指令的操作码或寻址方式位来判定操作数的存储位置，即操作数的地址隐含在操作码或寻址方式位中，这种寻址方式称为隐含寻址方式。这种寻址方式有助于缩短指令长度。

例如，操作数存放在堆栈或累加器中时，可采用这种寻址方式。

10）其他寻址方式

有些计算机指令系统中还有更复杂的寻址方式，如基址变址寻址、位寻址、块寻址、串寻址等，这里不再赘述。

从以上的介绍可以看出，许多寻址方式之间可以进行相互转换，如立即寻址方式可以用寄存器寻址方式替代，直接寻址方式可用寄存器间接寻址替代，变址寻址在非循环使用时和基址寻址是一致的等。转换后的寻址方式仅效率和所需资源不一样，这也证明了软件和硬件在逻辑上是等价的论点。

一台计算机往往包含许多种寻址方式，寻址方式越多，给程序员编程带来的方便就越大，但同时给计算机控制器的实现带来的复杂性也越大，由此带来的指令系统的成本也越大。

5.4.2 寻址方式设计

指令格式包含操作码和地址码两部分。操作码表示指令能够实现的操作类型，地址码表示操作所需每个操作数的地址，而这些地址是通过寻址方式来取得的。

寻址方式设计主要指从指令系统的应用角度出发，设计出具有较好的性能/价格比的寻址方式。寻址方式设计的主要内容有：

(1) 指令系统的寻址方式集，即指令系统支持的寻址方式的集合；

(2) 指令系统中每条指令的寻址方式子集，即每条指令支持的寻址方式的集合；

(3) 寻址方式集中每种寻址方式的性能参数。

1）指令系统寻址方式集设计

指令系统寻址方式集是指指令系统中所有指令支持的寻址方式种类的集合。一般指令系统寻址方式集均包含多种寻址方式，但不是包含所有的寻址方式。

和指令系统功能集一样，指令系统寻址方式集中的寻址方式同样分为常用的和必须的两种类型。常用的寻址方式仅影响指令系统的性能，而必须的寻址方式影响的是指令系统能够实现的功能。例如指令系统寻址方式集中若不包含对存储器的寻址，则无法实现对存储器中操作数的操作。

从 5.4.1 中许多寻址方式之间可以相互转换的结论可以看出，指令系统寻址方式集不包含某些寻址方式时，不会影响指令系统实现的功能，影响的仅仅是指令系统的性能。因此寻址方式集中必须具有影响指令系统功能的寻址方式，而对仅影响指令系统性能的寻址方式可以根据使用频率考虑是否选择。

指令系统寻址方式集的设计目标是选择指令系统所支持的所有寻址方式。下面就寻址方式集中常用的和必须的寻址方式设计分别展开讨论。

(1) 寻址方式集的常用寻址方式设计

设计原则：根据指令系统风格（CISC 和 RISC）和各种寻址方式的使用频率，选择使用频率较高的寻址方式作为指令系统寻址方式集的常用寻址方式。

设计方法：使用频带分析法。这和指令系统功能集中基本功能设计的方法是一致的。具体步骤有三个：第一是对表示应用需求的大量应用程序中指令的寻址方式做进一步分解，特别是对复杂数据结构寻址方式的分解，将所有的寻址方式进行分类；第二是对分解后的各种寻址方式进行频率统计，包括每种寻址方式中性能参数（如立即数、偏移量范围等）频率分布的统计（为寻址方式性能参数设计提供依据）；第三是根据指令系统的风格和对计算机设计的性能要求，将使用频率较高的寻址方式作为指令系统寻址方式集的常用寻址方式。

需要注意的是：CISC 和 RISC 对使用频率较高的定义大不相同；计算机设计中不同的性能/价格比要求，对使用频率较高的定义（即选择的频率下限）也不相同。

为缩短指令系统的设计时间、减少寻址方式设计对功能操作频率统计的影响，上述步骤的第一步工作（寻址方式分解）应与指令系统基本功能设计的基本操作分解工作同步进行。

(2) 寻址方式集的必须寻址方式设计

寻址方式集的必须寻址方式主要是解决常用寻址方式设计中对寄存器、存储器寻址的遗漏问题。通常情况下，必须寻址方式设计可以省略。

设计原则：当常用寻址方式中已包含对寄存器和存储器寻址的寻址方式时，必须寻址方式的集合为空集；否则，必须寻址方式中必须包含常用寻址方式中所缺的对寄存器或存储器寻址的寻址方式。

设计方法：当常用寻址方式缺少对寄存器或存储器寻址的寻址方式时，利用常用寻址方式设计时所统计出来的各种寻址方式频率分布，在其中选择使用频率最高的对寄存器或存储器寻址（常用寻址方式中所缺的）的一种寻址方式作为必须寻址方式中的寻址方式。

2) 指令寻址方式子集设计

指令寻址方式子集是指特定指令所支持的寻址方式的集合。指令寻址方式子集是针对各条指令而言的，每条指令均有一个寻址方式子集。

理论上讲，从指令系统的规整性原则出发，每条指令应支持指令系统寻址方式集的所有寻址方式，即每条指令的寻址方式子集和指令系统的寻址方式集是一致的。但每条指令均对应一定的硬件，即每条指令均有一定的成本，因此为提高指令系统的性能/价格，每条指令的寻址方式子集的寻址方式应是那些该指令常用的寻址方式，而不是全部寻址方式。这就带来了寻址方式子集的设计问题。

寻址方式子集的设计目标是为指令系统中每条指令确定它所支持的寻址方式。

寻址方式子集的设计方法和指令系统寻址方式集的设计方法类似。同样是采用频带分析法进行设计，即首先对该指令所使用的寻址方式进行使用频率的统计，然后将使用频率较高的寻址方式的集合作为该指令所支持的寻址方式子集。为节省时间和提高效率，可以直接使用寻址方式集设计时的基本数据进行统计。

指令寻址方式子集与指令系统寻址方式集的设计有如下不同的地方：

(1) 寻址方式子集设计不存在必须的寻址方式问题，因为指令系统寻址方式集包含了对所有存储操作数的部件的寻址方式。可以通过寻址方式转换的方法解决问题，实在不行时，还可以通过编译程序增加一条传送指令解决问题。

(2) 指令系统寻址方式集的设计是针对所有指令进行的，而指令寻址方式子集设计是针对某条具体的指令进行的。

3) 寻址方式性能参数设计

寻址方式性能参数是指该寻址方式满足应用需求所需要的操作数或操作数地址码位数。应用需求是指这种寻址方式所能访问的操作数范围或存放操作数地址的空间范围。

寻址方式性能参数设计的任务是确定指令系统寻址方式集的每种寻址方式的性能参数。例如，立即寻址方式中地址码部分存放的是操作数本身，因此我们需要根据直接访问的操作数的值域来确定该寻址方式的地址码的位数，这就是立即寻址方式的性能参数设计。

寻址方式性能参数设计时应遵循以最短的操作数或操作数地址位数来满足应用需求的原则。

指令系统的规整性指出：对相同的操作数或操作数地址应有相同的规定。这样要求的目的是为了提高功能部件的性能/价格比和通用性。例如，对存储器地址而言，假设指令 A 需要的寻址范围是 1MB，指令 B 需要的寻址范围是 16MB，系统必须具有一套寻址范围为 16MB 的存储器寻址硬件，这时有两种解决方法：一是通过硬件限制指令 A 只能寻址 1MB，指令 B 无限制；二是指令 A 和指令 B 均可寻址 16MB，由此可看出：相同的操作数或操作数地址有不同的规定时不仅性能不能提高，成本反而增加。因此各种寻址方式对相同参数的规定应该是一致的。

从 5.4.1 可以看到，与寻址方式相关的显式存放操作数的位置只有指令、寄存器和存储器 3 种类型，与寻址方式性能参数相关的有寄存器号、存储器地址、立即数、形式地址（又称偏移量）参数，这些参数与指令字长度有关。下面就一一介绍这些参数的设计。

(1) 寄存器号编码长度设计

指令系统可用的寄存器个数往往是固定的，并且指令最好均匀地使用这些寄存器（减少特例是提高性能/价格的好方法），这是应用对寄存器的需求。因此寄存器号采用等长二进制方式编码是最理想的。

由于指令系统应可使用所有可用寄存器，寄存器号编码长度设计的结果是：寄存器号编码长度为 $\log_2 N$ 位，其中 N 为指令系统可用寄存器个数。

值得一提的是，当某寻址方式中指定专用的寄存器存放操作数、操作地址或与操作数地址相关数据时，则在寻址方式对应地址码中应省略该寄存器号编码，以减少指令地址码长度。例如相对寻址中的程序计数器 PC 就是一例。

(2) 存储器地址编码长度设计

计算机中存储器空间是固定的，而且对存储器单元的访问频率是未知的（只能认为是均匀的），这是应用对存储器的需求。因此存储器地址编码同样应采取等长二进制编码方式。

因操作数可能存放在存储器空间的任何位置，存储器地址编码长度设计的结果是：存储器地址编码长度为 $\log_2 M$ 位，其中 M 为指令系统可用存储器空间。

需要注意的是，在指令中表示存储器地址的方式有多种。例如指令中存储器地址用相对于某地址的形式地址（偏移量）表示时，形式地址编码长度不受存储器地址长度限制，因为形式地址仅仅是个偏移量，是数据而非地址。

(3) 寻址方式中立即数长度设计

立即数（操作数）只在立即寻址方式中出现，立即数长度的不同表示指令允许操作数值域大小的不同。要进行立即数长度设计，首先必须确定应用需求对寻址方式中立即数值域的要求，一旦根据应用需求确定好寻址方式中立即数值域，立即数长度设计就很简单了。

立即数长度设计结果是：寻址方式中立即数长度为根据应用需求确定的立即数值域上限值范围以二进制或十进制进行编码时的长度范围。

如何确定立即数的值域范围呢？由于应用需求的量化标准是准备在新设计的计算机上使用的大量的应用程序，因此对应用程序中所有采用立即寻址方式的指令进行不同长度立即数的频率分布统计，统计出各种长度立即数的使用频率，然后根据能够接受的使用频率下限范围，在频率分布中确定对应的立即数长度（值域）范围。

为什么设计的结果是范围而不是具体值呢？因为立即数最终是在指令字地址码中使用的，事先确定具体的长度可能会导致整个指令字在存储空间上的极大浪费。例如，假设现在确定的长度是 17 位，当指令字中立即数长度为 16 位时，指令字字长刚好为单字长，而长度为 17 位时指令字长很痛苦地需要增加一个字节，若现在长度为 15～17 位时就好办多了。

需要注意的有两点：

① 不同长度立即数的频率和不同立即数长度的频率具有不同的特性。例如，假设长度为 1 位的立即数的使用频率是 5%，长度为 2 位的立即数的使用频率为 10%，长度为 3 位的立即数的使用频率为 4%，则立即数长度为 3 位时的使用频率为 19%。也就是说，立即数长度为 n 时的使用频率应为所有长度小于等于 n 的立即数的使用频率之和。这点和指令系统功能设计中各个操作的频率均是相互独立的有所不同。

② 如何选择能够接受的使用频率下限范围？假设我们能够接受的频率下限是 90%～95%，则其他 5%～10% 的每条指令必须用两条指令来完成原有的功能，增加了系统的成本。因此，频率下限范围的选择应很慎重，这要根据指令格式设计来确定。

(4) 形式地址（偏移量）长度设计

形式地址或偏移量出现在相对寻址、基址寻址和变址寻址等方式中，其设计方法和立即数长度的设计方法完全一致。

5.5 指令字格式设计

从前几节的介绍可以看到，指令系统设计包括功能设计、寻址方式设计和指令格式设计三个阶段。功能设计是根据应用程序中各种操作的使用频率，设计出指令系统支持的操作；寻址方式设计同样是根据应用程序中寻址方式的使用频率，设计出指令系统支持的寻址方式及每条指令支持的寻址方式；指令格式设计就是设计出指令系统的各种指令字的格式。

指令格式设计主要解决如下几个问题：

(1) 指令系统由哪些指令构成？

(2) 每条指令中操作码表示什么？为什么这样编码？

(3) 当一条指令的操作数有多种表示形式时，如何区分不同的寻址方式？

(4) 指令字格式如何确定？如何提高指令格式的性能/价格比？

5.5.1 指令系统指令数目设计

由哪些指令构成指令系统，要从指令系统存在的目的来找答案。指令系统是软件和硬件的交界面，是为软件功能的实现提供硬件支持而存在的，指令系统中的指令必须能够实现指令系统功能集中支持的所有操作。

指令系统是所有指令的集合，每条指令完成一个特定的操作，因此指令系统功能集中包含多少个操作，指令集中就必须对应多少条指令。这就是前面所说的指令系统功能集设计是指令系统指令格式设计的基础的原因。

需要指出的是，指令完成的操作只对应指令操作码部分，即每种操作码代表不同的操作。而同一种操作可能对多种数据类型有效，考虑硬件对这些相同种操作、不同数据类型识别和执行的方便性(参见 5.2.1 小节)，将对不同类型操作数的相同操作作为不同的操作进行设计。

因此，指令系统中指令数等于功能集中操作的数量加上同一操作对应多种数据类型所增加出来的指令的数量。

5.5.2 指令字操作码编码设计

计算机硬件识别和执行指令系统的指令是通过二进制编码实现的。为区分指令系统中对不同种类的操作和对不同数据类型的相同操作，每种操作码对应不同的操作和对不同数据类型的相同操作。

不同编码方式产生的操作码所占空间、译码速度和译码器成本是不一样的。从操作码所占空间角度看，操作码长度应该是可变的(变长)，频率高的操作码长度尽可能短，使得所有操作码的平均码长较短，从而使所有操作码平均所占空间较少；从译码速度角度看，因译码速度与需要译码的编码长度是成正比关系的，操作码长度应该是可变的，频率高的操作码尽可能长度短，使得所有操作码的平均译码速度较快，从而能够尽快去执行；从译码器成本角度看，操作码长度应该是定长的，这样译码器硬件最简单、成本最低。

目前指令系统的操作码设计主要有如下两种编码方式。

1) *定长操作码编码*

定长操作码编码中所有操作码的长度固定，即等长二进制编码方式。

假设指令系统功能集共支持 N 种操作，采用定长编码的二进制操作码长度为 n 位，则应满足关系式：$2^{n-1} \leqslant N \leqslant 2^n$。所有操作码的平均码长为 n 位。

这种操作码编码设计最简单，编码方式主要考虑译码器的成本，对译码速度要求的考虑相对较少。

通常有三种类型的计算机使用定长操作码编码方式。第 1 种是具有 CISC 风格指令系统的计算机，因为 CISC 风格的指令系统侧重指令的功能增强，大多数指令执行时间都很长，需要许多机器周期，不在意定长和变长操作码编码在译码速度上的一点差异，如 PC 系列机、IBM370 机、VAX-Ⅱ机等计算机均使用这种方法；第 2 种是指令字长较长的计算机，因指令系统中单字长指令较多，字长较长的计算机并不十分在意操作码每位二进制的编码效率，且定长编码方式的操作码字段很规整，有利于简化译码器的设计，广泛应用于指令字长较长的大中型和超级小型机中；第 3 种是部分 RISC 风格指令系统的计算机，因为 RISC 机中指令条数少，操作码所占二进制位数较少，定长与变长编码的差别很小，因此主要考虑译码器的成本反而显得更能够提高性能/价格比。

定长编码(等长二进制编码)平均码长为 $\log_2 N$，是平均码长最长的一种。

2) 变长操作码编码

变长操作码编码中不同频率操作码长度不一样，即使用频率较高的操作码长度较短，使用频率较低的操作码长度较长。这种编码方式的操作码平均码长较短，所占空间较小。

操作码的平均码长为：$l_{\text{avg}} = \sum_{i=1}^{N} P_i l_i$，其中，$N$ 为操作的种类，P_i 为第 i 种操作出现的频率，l_i 为第 i 种操作的编码长度。霍夫曼编码方式采用与频率相关编码方法进行编码，其平均码长最短，因而得到了普遍应用。限于篇幅，本书不对霍夫曼编码方法作进一步的探讨，有兴趣的读者可参考相关书籍。

5.5.3 指令字寻址方式表示设计

指令系统地址码字段表示所有操作数或操作数的地址。在 5.4 节中我们说过：为提高指令使用的方便性，操作数地址在地址码字段可能有多种寻址方式；为提高每条指令地址码字段的性能/价格比，它只支持使用频率较高的几种寻址方式。

寻址方式表示设计的目标是确定操作数地址的寻址方式用什么方法表示及如何表示。

1) 寻址方式的表示方法

从指令系统的规整性出发，指令系统中表示同一种寻址方式的表示方法在所有指令中都是相同的。通常在指令中有两种寻址方式的表示方法。一种是将寻址方式标志编码于操作码中，即操作码在描述指令操作类型的同时，也描述取得操作数的寻址方式，如图 5.12(a)所示，其中 F 为寻址方式编码；另一种是在地址码字段为每个操作数设置一个地址描述符，由该地址描述符表示该操作数的寻址方式，如图 5.12(b)所示，F 为地址描述符。

OP	F	A_1	…	A_n

(a) 在操作码中表示寻址方式

OP	F_1	A_1	…	F_n	A_n

(b) 在地址码中表示寻址方式

图 5.12 寻址方式的两种表示形式

在操作码中表示寻址方式，可以简化指令字地址码复杂程度，可使取操作数时间提前。但也有增加指令条数、导致指令二义性、增加译码器成本的缺点；在地址码中表示寻址方式的优缺点与在操作码中表示刚好相反。究竟选择哪种方法表示寻址方式，主要由指令系统的寻址方式集大小及其使用范围，以及操作数个数决定。

如果某指令系统寻址方式集的寻址方式种类较多(如 10 种)，指令包含操作数的个数较多(如 1～5 个)，所有寻址方式的应用范围较均匀(每个操作数均可采用大多数的寻址方式)，对这种规模较大的寻址方式组合，寻址方式表示放在操作码中显然不合适，不仅增加了指令的数量，导致同一类指令的多样性，而且增加了 CPU 对指令译码的成本，这种情况下只能采取增设地址描述符的方法来描述寻址方式，Pentium 指令系统就是典型的一例。如果指令系统寻址方式集只有有限几种寻址方式(如 5～6 种)，指令包含的操作数较少(1～3个)，而且寻址方式的应用范围不均匀(每种指令只支持 1～3 种寻址方式)，这种情况下将表示寻址方式的编码放在操作码中是十分合适的。

2) 寻址方式的编码方法

当寻址方式在地址码中表示时，一般寻址方式的应用范围较均匀，即大多数指令都支持所有寻址方式。因此寻址方式编码必须能够对任何指令适用，在这种情况下，采用等长二进制编码方式对所有寻址方式编码较为合适。

当寻址方式在操作码中表示时，一般寻址方式的应用范围不均匀，即某种类型的指令只支持 1～2 种寻址方式，这时寻址方式就不必进行统一编码，只要对具体指令类型进行编码即可。如 Power PC 的算术类指令只支持寄存器寻址和立即寻址，算术类指令只需要一位就可以区分该类指令支持的寻址方式。有人会问，这样不是给译码器设计增加了许多难度和成本吗？实际结果并非如此，因为这种编码方式是针对某种指令类型的，而不是针对每条指令的，一般指令系统指令的分类中指令类型仅有几种而已，而不是几十种。

5.5.4 指令字格式设计

指令字格式设计的主要任务是确定指令系统中各指令的具体组成格式，同时使指令字格式具有较好的性能/价格比。

指令字格式设计的条件有 4 个：第一，5.5.2 小节操作码编码设计产生的各指令的操作码；第二，5.3.2 小节功能集设计产生的每条指令的操作数个数；第三，5.5.3 小节寻址方式表示设计产生的寻址方式表示方法及编码；第四，5.4.2 小节寻址方式设计产生的各寻址方式性能参数。有了这些条件，就可以开始设计指令字格式了。

为方便指令字格式设计介绍，若寻址方式在操作码中表示，将寻址方式编码归入到操作码中，统称操作码；若寻址方式在地址码中表示，将寻址方式编码归入到每个操作数地址码中，统称地址码。即后面所讲的操作码和地址码中已包含寻址方式编码。

下面分别介绍指令字格式设计和指令字格式优化设计。

1) 指令字格式设计

指令字由操作码和地址码组成，根据前面所讲的指令字格式设计的 4 个条件，只要按序组合，就自然形成了指令系统的各种指令的指令字格式雏形。指令字格式中尚有每种寻址方式性能参数长度未固定，是一个变数，计算指令字长度时按其最小值计算。

目前，对指令字格式进行设计的方法有变长编码格式、定长编码格式和混合编码格式 3 种类型。

(1) 变长编码格式

这种编码方式的指令字有多种长度。这种编码格式可以有效地减少指令系统中指令字的平均长度，降低目标代码的长度。但这种编码格式会使各指令字长短不一，增加了译码器的实现难度和译码时间。而且各指令执行时间悬殊较大，不利于流水和并行处理技术的应用。因指令字长度可以较长，这种编码格式的指令操作码往往采用定长编码格式，寻址方式往往在地址码中表示。这种编码格式的指令系统一般指令数量和寻址方式种类较多，多数 CISC 计算机的指令系统均采用这种编码格式。

(2) 定长编码格式

这种编码方式的指令字长度均相同。当指令数量和寻址方式较少时，这种编码格式可以有效地减少指令译码的复杂性和提高译码速度。而且因指令寻址方式少，执行速度较快，很适合流水和并行处理技术的应用。但这种编码格式会使各指令字空间的利用率不够高，增加了目标代码的长度。因为指令字长度固定，因此这种编码格式的指令操作码往往采用变长编码格式，寻址方式往往在操作码中表示(提高指令空间利用率)。这种编码格式的指令系统一般指令数量和寻址方式种类较少，多数 RISC 计算机的指令系统往往采用这种编码格式，如 DLX、MIPS、Power PC 等。

(3) 混合编码格式

这种编码方式的指令字长度只有有限的几种。这种编码方式的目的是通过提供几种指令字长度，期望兼顾目标代码长度和降低译码复杂性这两个目标。这种编码格式是变长和定长编码格式的折中，对流水和并行处理技术的应用方便性一般。因为指令字长度有几种，因此这种编码格式的指令操作码和寻址方式表示与变长编码方式基本一致，指令数量和寻址方式种类适中，如 IBM 360/370 和 Intel 80×86 等均采用这种编码方式。

一般来说，若应用需求感兴趣的是目标代码大小，而不是性能，则指令系统通常采用变长编码格式，早期硬件元器件性能/价格比较低，通常采取这种编码方式。若应用需求感兴趣的是性能，而不是目标代码长度，则指令系统通常采用定长编码格式。现在硬件元器件性能/价格比较高，通常采取这种编码方式，通过牺牲目标代码空间获得在实现和性能上的好处。而混合编码方式，一方面是变长和定长编码方式的折中，另一方面往往是产品兼容的产物。

各指令字的长度是操作码长度和每个操作数地址码长度相加的结果。从各指令字格式雏形的结果来看，指令长度参差不齐，很可能不是字节或字的整数倍，必须对指令字进行格式规整设计(指令字长为字节的整数倍)，以减少目标代码的存储空间和硬件的译码和执行时间。

指令字的规整设计给寻址方式中立即数和偏移量长度的确定带来了选择空间。通过这两种寻址方式在各指令中的长度分布频率，在其性能参数可选范围内选择一个合适的长度。所谓合适是指不影响指令字规整要求，极少数指令字长不够的指令可通过指令字格式优化设计来满足寻址方式参数。

指令字规整势必产生指令字内部空间的冗余，如何才能使空间冗余最小呢？这就是指令字优化设计所完成的工作。

2) 指令字格式优化设计

指令字格式优化设计是指在不增加指令字长的前提下，尽可能使指令功能增强，冗余空间最少。冗余空间小意味着代码密度高。

指令字格式优化包含对操作码优化和对地址码优化两个方面。

(1) 对操作码进行优化

对操作码的优化主要是指当操作码采用变长编码方式时，为提高操作码的规整性，减少译码器译码和实现难度而进行的优化，对定长操作码无优化可言。例如将相同类型的操作码集中在一起，译码器实现时可以利用某些特征位减少译码成本和提高译码速度，或利用指令空闲位作为操作码扩展。

(2) 对地址码进行优化

指令字中地址码字段性能的好坏直接影响整个指令字的功能和性能。因此，地址码优化设计是指令字优化设计中最重要的一个环节。

指令字地址码优化设计的基本思想是：采用大概率事件优先原则，对高频率的指令，尽量缩短其指令长度以提高性能；对低频率的指令，主要考虑扩展指令功能以提高性能/价格比。

指令字地址码优化设计的原则有两点：

第一，当地址码字段长度富裕时，可增加寻址方式或地址制，以增加指令的功能；

第二，当地址码字段长度紧张或不够时，可采用特定的寻址方式，提高指令的性能/价格比；或增加指令字长，扩展指令的功能。

总而言之，指令字格式优化就是充分利用指令空间满足功能要求，同时提高指令的性能。需要注意的是，指令字优化设计是一个反复优化、循环往复的过程。

到本节为止，我们已经了解了整个指令系统的完整的设计过程和设计方法。下面通过典型指令系统的举例说明，使读者对指令系统有更进一步的了解。

5.6 指令系统举例

5.6.1 Pentium 指令系统

Pentium 处理器的机器字长为 32 位，数据字长为 16 位，具有 8 个 32 位通用寄存器，外部地址总线宽度为 36 位，但也支持 32 位物理地址空间访问。指令系统属于 CISC 结构，共有 191 条指令，支持 9 种寻址方式，指令长度有多种，指令格式也有多种。

1）寻址方式

Pentium 指令系统共支持 9 种寻址方式，如表 5.2 所示。

表 5.2 Pentium 的寻址方式

序号	寻址方式名称	线性地址 LA 算法	说　明
1	立即寻址		操作数在指令中给出
2	寄存器寻址		操作数为指定寄存器的内容
3	偏移寻址	LA = (SR) + A	对应 5.4.1 小节直接寻址
4	基址寻址	LA = (SR) + (B)	对应 5.4.1 小节寄存器间接寻址
5	基址＋偏移寻址	LA = (SR) + (B) + A	对应 5.4.1 小节基址寻址
6	比例变址＋偏移寻址	LA = (SR) + (I) × S + A	S 为 1 时对应 5.4.1 小节变址寻址
7	基址＋变址＋偏移寻址	LA = (SR) + (B) + (I) + A	对应 5.4.1 小节基址＋变址寻址
8	基址＋比例变址＋偏移寻址	LA = (SR) + (B) + (I) × S + A	
9	相对寻址	LA = (PC) + A	PC 为程序计数器或指令指针

注：(X)——X 的内容；SR——段寄存器；PC——程序计数器；A——指令中给定段内偏移量
B——基址寄存器；I——变址寄存器；S——比例系数

Pentium 的寻址方式名称与常用的寻址方式名称有些区别，同时需注意有效地址 EA 和线性地址 LA 之间的区别主要在段地址上。下面对寻址方式做几点说明：

(1) 立即寻址　立即数长度可以是 8 位、16 位或 32 位。

（2）寄存器寻址　指令可使用8位通用寄存器（AH～DH、AL～DL）、16位通用寄存器（AX～DX、SI、DI、SP、BP），或32位通用寄存器（EAX～EDX、ESI、EDI、ESP、EBP）中任何一个。

（3）偏移寻址　偏移量长度可以是8位、16位或32位。

（4）基址寻址　基址寄存器可以是16位（实模式下）/32位通用寄存器中任何一个。

（5）基址＋偏移寻址　基址寄存器可以是16位（实模式下）/32位通用寄存器中任何一个。

（6）比例变址＋偏移寻址　变址寄存器可以是16位（实模式下）/32位通用寄存器中除SP/ESP外的任何一个。比例系数可以为1、2、4、8。

（7）基址＋变址＋偏移寻址　是（4）和（6）的比例系数等于1时的组合。

（8）基址＋比例变址＋偏移寻址　是（4）和（6）的组合。

（9）相对寻址　适用于程序控制类指令。

因Pentium指令系统属于CISC结构，它具有9种寻址方式很正常。寻址方式中有两点值得一提：一是比例变址寻址很有特色，能够较好地支持对多维数组、矩阵等数据结构元素的访问；二是立即数和偏移量可以是不同的长度，同时又不浪费指令长度，能够有效地减少目标代码长度。

2）指令格式

Pentium指令系统的指令字长度是可变的，可从1个字节到12个字节不等，这种有多种指令格式长度是CISC结构指令系统的特征。其指令格式由指令前缀和指令本身两部分组成，如图5.13所示。

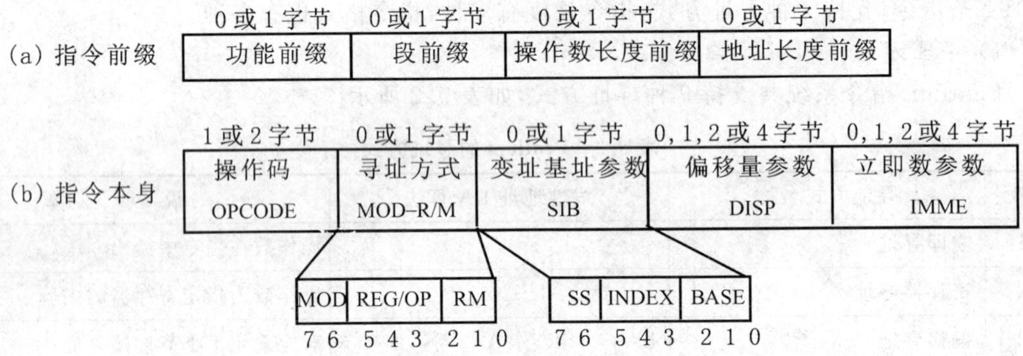

图5.13　Pentium指令格式

（1）指令前缀

指令前缀是可选项，其作用是显式约定指令中的相关条件或参数。大部分指令并无前缀，它们使用默认的条件或参数进行操作。指令前缀包含4个前缀字段，使用时可选择其中的任意多个字段，每个字段占一个字节。其4个字段部分说明如下：

① 功能前缀字段　实现指定指令对存储器是独占访问或重复执行功能，本指令按此规则执行。它包括以下4种指令功能：LOCK、REP、REPE和REPNE。LOCK前缀用于指令对多处理机中共享存储器的独占访问，它将封锁系统总线，实现对存储器的独占访问。REP、REPE和REPNE用于串操作指令的重复执行，以获得比软件循环更好的效率，重复执行时ECX寄存器内容每次减1，停止条件是ECX内容减至为零。功能前缀缺省时指令对存储器的访问是共享访问，指令不重复执行。

② 段前缀字段　实现指定段寄存器的功能，供本指令使用。段前缀缺省时，根据上下

文关系，当前指令使用的段寄存器与上一条指令使用的段寄存器相同。

③ 操作数长度前缀　实现指定操作数长度的功能，供本指令使用。操作数可能是寄存器、指令或存储器中的操作数。指定的操作数长度只有 16 位和 32 位两种。操作数长度前缀缺省时，在实模式下，操作数长度默认值是 16 位；在保护模式下，由段描述符中的 D 位来确定操作数默认长度：当 D = 1 时，操作数长度的默认值是 32 位，当 D = 0 时，操作数长度的默认值是 16 位。

④ 地址长度前缀字段　实现指定地址长度的功能，供本指令使用。地址可能是寄存器、指令中的存储器地址，非形式地址。地址长度缺省时的缺省规则和操作数长度前缀的缺省规则相同。

需要指出的是，Pentium 的各种指令前缀编码必须能够和指令本身的操作码编码区分开来，以保证译码器能够正确译码。即功能前缀、段前缀、操作数长度前缀、地址长度前缀和操作码这几种编码均由标识和参数两部分组成，各种标识部分必须不同，参数部分可相同。

(2) 指令本身

指令本身是必选项，其作用是完成具体的操作功能，任何指令不可能只有指令前缀而无指令本身。指令本身包含 5 个字段，使用时操作码字段为必选字段，其他字段均为可选字段。指令本身的各字段部分说明如下：

① 操作码(OPCODE)字段　指定了实现操作的功能类型。它还可包含以下信息：数据是字节还是全字长，数据长度常规是全字长，本指令的全字长的值可通过操作长度前缀重新指定为 16/32 位；数据传送的方向，即寻址方式字段中指定的寄存器是源还是目标寄存器；指令中有立即数时，是否对它进行符号位扩展，即立即数可能为负数。

因 Pentium 指令系统属于 CISC 风格，所以操作码长度较长(1～2 个字节，可容纳几百到上万条指令)，对操作码长度的优化不是缩短长度，而是考虑译码器译码和实现的方便性。

② 寻址方式(MOD-R/M)字段　主要指定了指令中操作数的寻址方式和地址码。该字段是一个可选字段，当指令中操作数个数不为 0 或作为操作码扩展使用时，该字段才会在指令中出现。该字段由 MOD(2 位)、REG/OP(3 位)和 RM(3 位)三部分组成。Pentium 指令的操作数最多两个，因 Pentium 指令采用 RS 型指令结构，指令格式中只有一个存储器操作数。

REG/OP 指定了一个操作数使用的寄存器号，只有 3 位的原因是指令可用的通用寄存器只有 8 个，它也可以是操作码的扩展编码，如转移指令的转移条件等。第一个操作数只有立即寻址和寄存器寻址两种寻址方式。

MOD 和 RM 组合在一起(5 位)指定了另一个操作数及两个操作数的寻址方式，5 位可以区分 32 种可能性。用 8 种可能性表示该操作数采用寄存器、偏移、基址、基址＋偏移寻址方式时使用的 8 个寄存器号，该操作数可有 9 种寻址方式；用其余 24 种可能性表示 24 种寻址方式，其中包括两个操作数寻址方式组合的 18 种寻址方式。

③ 基址变址参数(SIB)字段　主要指定与比例变址寻址有关的操作数地址码。该字段是一个可选字段，当寻址方式与比例变址有关或为基址＋变址＋偏移寻址时，该字段才会在指令中出现。它由 SS(2 位)、INDEX(3 位)和 BASE(3 位)三部分组成。SS 定义比例系数，2 位可组合成×1、×2、×4、×8 共 4 种比例系数。INDEX 表示操作数地址码中的变址寄存器号。BASE 表示操作数地址码中的基址寄存器号。基址＋变址＋偏移寻址是基址＋比例变址＋偏移寻址中比例系数为×1 的特例。

④ 偏移量参数(DISP)字段　主要指定与存储器有关的寻址方式的操作数偏移量(形式

地址）。该字段是一个可选字段，当寻址方式与存储器有关并且寻址方式为非基址寻址方式时，该字段才会在指令中出现。该字段的内容不是完整的存储器地址，而是相对某地址的偏移量。Pentium 对偏移量的性能参数的选择方法是可变长参数，即它可为 1 字节（值≤255）、2 字节（值≤65535）、4 字节（值≤4294967295）长度，可满足指令对偏移量的所有要求，所以指令代码效率较高。

⑤ 立即数参数（IMME）字段　主要指定立即寻址方式中的立即操作数。该字段是一个可选字段，当操作数为立即数时，该字段才会在指令中出现。

需要注意的是，基址变址参数、偏移量参数、立即数参数字段可为指令中任何一个操作数的地址码，即寻址方式字段中的 REG/OP 可能没有被使用。

从以上描述可以看到，Pentium 的指令格式相当复杂。主要原因有两点，第一因为它必须与 8086 指令系统兼容，而 8086 的指令格式本身就比较复杂；第二因为 Pentium 对地址和数据的 32 位扩展，以及其对寻址方式灵活性的增加所致。

笔者认为，Pentium 处理机的指令系统过于复杂，没有必要。虽然它可以减少目标代码长度，但控制器设计及实现过于复杂，不利于 VLSI 的实现；指令执行的不均匀性，导致采用普通流水和超标量流水时的处理更加复杂；其通用寄存器数量较少，加上指令格式的复杂性，影响了编译程序生成有效的目标代码效率。从理论上分析似乎很容易改进，但其兼容性的要求使得 Pentium 指令系统不可能抛弃其看来不合理的部分，而且随着应用需求的增加，Pentium 系列指令系统的寻址方式和指令格式将会越来越复杂。

5.6.2 Power PC 指令系统

Power PC 处理器的机器字长为 32 位，数据字长为 32 位，具有 32 个 32 位通用寄存器，支持 32 位物理地址空间访问。指令系统属于 RISC 结构，支持 6 种寻址方式，指令长度只有 32 位一种，指令格式有 4 种。下面主要介绍指令系统的寻址方式和指令格式。

1）寻址方式

Power PC 和大多数 RISC 计算机一样，都普遍采用简单和直截了当的一组寻址方式。指令系统支持 6 种寻址方式，如表 5.3 所示。相对 RISC 风格指令系统而言，虽说 Power PC 的寻址方式多了一些，但不同的指令类型只使用 1～3 种，还是比较简单的。

表 5.3　Power PC 的寻址方式

序号	寻址方式名称	线性地址 LA 算法	应用指令类型	说　明
1	立即寻址		定点指令	操作数在指令中给出
2	寄存器寻址		定点、浮点指令	操作数为指定寄存器的内容
3	绝对寻址	LA＝(SR)＋A	转移指令	对应 5.4.1 小节直接寻址
4	间接寻址	LA① ＝(SR)＋(B)＋A	装入、转移指令	对应 5.4.1 小节基址寻址
5	间接变址寻址	LA＝(SR)＋(B)＋(I)	装入指令	对应 5.4.1 小节基址变址寻址
6	相对寻址	LA＝(PC)＋A	转移指令	PC 为程序计数器

注：(X)——X 的内容；SR——段寄存器；PC——程序计数器

A——段内偏移量；B——基址寄存器；I——变址寄存器

说明：①对转移指令可有 LA＝(链接或计数寄存器)，两种地址的选择可通过操作码扩展决定。

因每种寻址方式一般仅供一种指令类型使用，下面按指令类型对寻址方式作几点说明：

(1) 算术指令的寻址方式

下述两种寻址方式均可用于定点运算指令，浮点算术指令只可采用寄存器寻址方式。

① 立即寻址　立即数长度为16位，立即数是有符号数，最高位为符号位。

② 寄存器寻址　指令可使用32个通用寄存器中的任何一个。

(2) 装入/存储指令的寻址方式

① 间接寻址　基址寄存器可以是32个通用寄存器中的任何一个；偏移量长度为16位，偏移量是有符号的数，最高位为符号位。注意，转移指令的间接寻址与本类指令的间接寻址用法完全不同。

② 间接变址寻址　基址寄存器可以是32个通用寄存器中的任何一个；变址寄存器可以是32个通用寄存器中的任何一个。

间接寻址和间接变址寻址方式原理如图5.14所示。值得一提的是图中虚线部分的功能：指令可指定将新计算的有效地址反馈给基址寄存器，来修改基址寄存器的值。这种修改功能对以循环方式顺序索引阵列是很有用的。修改功能的实现由指令中的相关操作码扩展指定。

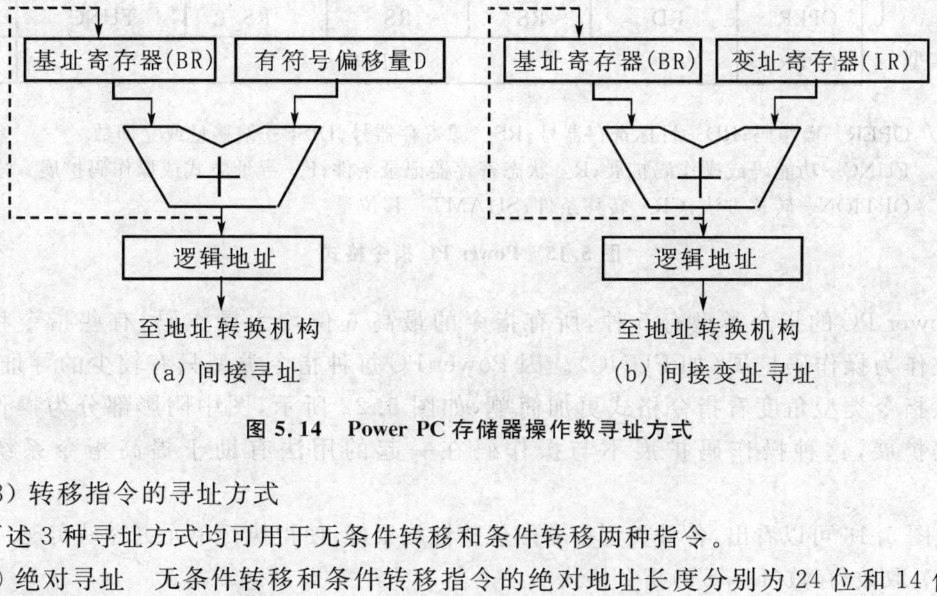

(a) 间接寻址　　(b) 间接变址寻址

图5.14　Power PC存储器操作数寻址方式

(3) 转移指令的寻址方式

下述3种寻址方式均可用于无条件转移和条件转移两种指令。

① 绝对寻址　无条件转移和条件转移指令的绝对地址长度分别为24位和14位。绝对地址可扩展为32位有效地址，扩展方法是将绝对地址的最低位后添两个0(即绝对地址左移两位，因指令字按整数边界对齐原则存储，编译程序已将绝对地址的最低两位去掉了)，绝对地址高端进行符号位扩展。

② 相对寻址　相对寄存器为程序计数器PC；无条件转移和条件转移指令的偏移量长度分别为24位和14位，通过与绝对寻址一样的方法扩展(主要是左移两位和符号位扩展)后，再和程序计数器PC内容相加得到下一条指令的有效地址。

③ 间接寻址　转移指令的间接寻址和装入/存储指令的间接寻址是不一样的，转移指令的间接寻址实际上就是我们在5.4.1中所讲的寄存器间接寻址。它使用链接寄存器或计数寄存器的内容作为转移地址，当用计数寄存器的内容表示转移地址时，此时计

数寄存器不能作计数器使用。当链接寄存器或计数寄存器的内容为主程序调用子程序处的下一条指令地址时，这种用法很有效，即寄存器中内容为子程序的返回地址。如何才能够将子程序的返回地址放入寄存器中呢？Power PC 的转移指令均有一个标志位，指示是否将转移指令的下一条指令地址放入链接寄存器或计数寄存器中，当转移指令为调用子程序处的转移指令时，设置该标志位可将下一条指令地址（子程序的返回地址）保存在寄存器中。

Power PC 指令系统的寻址方式中有两点值得一提：一是对转移指令而言，它把寄存器间接寻址归入了间接寻址，无形中增加了一种寻址方式；二是偏移量（形式地址）对不同指令可以是不同的长度，有效地利用了指令冗余空间。

2）指令格式

Power PC 指令系统的指令字长度是固定的（32 位），其指令格式相对较少（4 种），这和 RISC 结构指令系统的特征相符。从整个指令系统角度看，指令格式如图 5.15 所示。

	6位	5位	5位	5位	5位	4~5位	0~2位
立即数型	OPER	RD/OPTION	RS/CR	DISP			R/F
寄存器型	OPER	RD/RS	RS/RD	RS/SHAMT	FUNC/MOVL		R
	OPER	RD	RS	RS	RS	FUNC	R
转 移 型	OPER	DISP					F

OPER—操作码；RD—目标寄存器号；RS—源寄存器号；DISP—偏移量或立即数
FUNC—功能码或操作码扩展；R—状态寄存器记录条件；F—寻址方式或操作码扩展
OPTION—转移方法；CR—转移条件；SHAMT—移位量

图 5.15　Power PC 指令格式

Power PC 的指令类型有 5 种，所有指令的最高 6 位均为操作码，有些指令将其他一些位作为操作码扩展（如 FUNC）。因 Power PC 每种指令类型只有较少的寻址方式，因此从指令类型角度看指令格式更加简单，如图 5.22 所示，图中阴影部分为操作码或操作码扩展，这种操作码扩展不与操作码在一起的用法有助于提高指令系统的规整性。

从图 5.16 可以看出，各种类型指令的规整性均很好，使得执行单元更容易实现。

(1) 取数/存数(LD/ST)指令格式

取数/存数(LD/ST)指令的操作码之后是 2～3 个 5 位的寄存器字段，32 个通用寄存器均可被使用，编译程序可以很方便地选择寄存器。

(2) 转移指令格式

转移指令中有两个标志位作用很大，一个是链接(L)位，它指示此转移指令之后的那条指令的有效地址是否放入链接寄存器（返回地址）中，这个功能是转移指令能够使用间接寻址方式返回主程序的保证。另一个是寻址方式(A)位，它指示寻址方式是绝对寻址还是相对寻址，即指令中的形式地址或偏移量是绝对地址还是相对于 PC 的地址。

条件转移指令中的 CR 位字段指定了指令将对条件寄存器（标志寄存器）中哪些位进行

6 位	5 位	5 位	14 位	1 位	1 位
无条件转移	形式地址或偏移量			A	L
条件转移	选项	CR 位	形式地址或偏移量	A	L
条件转移	选项	CR 位	链接寄存器或计数寄存器（转移地址）		L

(a) 转移类指令

CR	目标位	源位	源位	与、或、异或等	/

(b) 条件寄存器逻辑指令

LD/ST 间接	目标寄存器	基址寄存器	偏移量		
LD/ST 间变	目标寄存器	基址寄存器	变址寄存器	大小、符号、修改	/
LD/ST 间接*	目标寄存器	基址寄存器	偏移量		XO

(c) 装入/存储类指令

算术运算	目标寄存器	源寄存器	源寄存器	O	加、减等		R
算术运算	目标寄存器	源寄存器	有符号立即数				
逻辑运算	源寄存器	目标寄存器	源寄存器	与、或、异或等			R
逻辑运算	源寄存器	目标寄存器	有符号立即数				
环移	源寄存器	目标寄存器	移位总量	屏蔽开始	屏蔽结束		R
环移或移位	源寄存器	目标寄存器	源寄存器	移位类型或屏蔽			R
环移*	源寄存器	目标寄存器	移位总量	屏蔽	XO	S	R
环移*	源寄存器	目标寄存器	源寄存器	屏蔽	XO		R
移位*	源寄存器	目标寄存器	移位总量	移位类型或屏蔽		S	R

(d) 整数算术、逻辑、移位/环移类指令

浮点单双精度	目标寄存器	源寄存器	源寄存器	源寄存器	浮点加等	R

(e) 浮点算术类指令

A—绝对或 PC 相对寻址；L—链接到子程序（下条指令地址作为返回地址）；XO—操作码扩展
O—XER 中记录溢出；R—将状态标志记录到状态寄存器中；S—移位总量字段的一部分
*—仅在 64 位时支持的指令，32 位时不支持这 4 种指令格式

图 5.16 Power PC 按指令类型分类的指令格式

测试。选项字段指定了转移发生的条件：

- 转移总是发生
- 若计数≠0 且测试的条件为假，则转移
- 若计数≠0 且测试的条件为真，则转移
- 若计数＝0 且测试的条件为假，则转移
- 若计数＝0 且测试的条件为真，则转移
- 若计数≠0，则转移
- 若计数＝0，则转移
- 若条件为假，则转移
- 若条件为真，则转移

(3) 算逻指令格式

大多数运算(定点、浮点和逻辑运算)类指令都有一个 R 标志位,它指示运算结果是否记录在条件寄存器中。这一特征在条件转移预测处理中是很有用的。

浮点运算指令有 3 个源寄存器字段,多数情况下只使用两个源寄存器就够了,少数指令涉及 3 个源寄存器,如两个源寄存器相乘,然后加上或减去第 3 个源寄存器要求。这种复合指令在一些常见的运算(如矩阵运算中求点积计算)中经常会用到,而且指令长度也够存放 3 个源寄存器,因此,设置 3 个源寄存器的复合指令是很有必要和成功的。

从本节的 Pentium 和 Power PC 指令系统介绍可以看到,无论是 CISC 风格还是 RISC 风格的指令系统,指令系统包含的指令其实现的操作都是常用的和必须的操作,它们支持的寻址方式、指令格式均符合其风格特征。在具体的指令格式设计中,每种指令系统都会根据其应用需求和指令系统风格特性,增加一些比较适合该指令系统的寻址方式、指令格式,以取得更好的性能。

5.7 指令系统的发展

前面已经讲过,早期的存储器及其他硬件成本很高,系统设计考虑的主要出发点是提高系统的性能/价格比。从减少成本角度看,主要目的是缩短目标代码空间,这就要求一方面尽量减少指令条数,缩短机器语言和高级语言之间的语义差别,另一方面减少每条指令的空间,CISC 指令系统的多种寻址方式、多种指令格式均有以缩短目标代码空间为目标的影子。从提高性能角度看,一方面需要增强指令功能,另一方面需要对高级语言和操作系统提供良好的支持。提高性能和减少成本的目标导致了指令系统越来越复杂,形成了 CISC 风格的计算机系统。

在 20 世纪 70 年代后期,许多公司、科研机构都开始了对 CISC 的研究,期望找到一种更好的方法来改善 CISC 的缺点,研究的结果就产生了 RISC 风格的计算机系统。这种计算机系统是 CISC 的另一个极端,其特点前面已讲过,在此不再赘述。研究者认为,这样的系统一方面性能不比 CISC 差,另一方面更适合 VLSI 的实现、适合流水和并行处理技术的应用。

从第一台 RISC 风格的计算机问世开始,CISC 和 RISC 之间的争论就开始了,这种争论持续了好多年后才平息。一方面是 RISC 随着速度和芯片密度的不断提高,RISC 系统日趋复杂,而 CISC 也逐步采用了部分 RISC 技术(如指令流水线、分级 Cache、增加通用寄存器等);另一方面,通过量化的测试,能够对两者的性能有个客观的评价。

撇开计算机的成本不谈,CISC 和 RISC 计算机究竟哪种性能更好呢?我们知道,计算机的性能就是其 CPU 执行应用程序的能力,主要从时间上来进行衡量。一个应用程序(目标代码程序)在 CPU 上执行的时间 T_{CPU} 可用如下公式表示:

$$T_{CPU} = I_N \times CPI \times T_C$$

式中,I_N 表示要执行程序的指令总数,CPI 表示执行每条指令所需的平均时钟周期数,而 T_C 表示时钟周期的时间长度。

由公式可见,CPU 执行时间取决于 3 个因素,其中 I_N 主要取决于机器指令系统和编译技术,CPI 主要与计算机组成和指令系统有关,而 T_C 则主要由硬件工艺和计算机组成决定。平均 CPI 又可用如下公式表示：

$$\mathrm{CPI}=\frac{\text{执行整个程序需要 CPU 时钟周期数}}{\text{程序中指令总数}}=\frac{\sum_{i=1}^{n}(\mathrm{CPI}_i\times I_i)}{I_{\mathrm{N}}}=\sum_{i=1}^{n}\left(\mathrm{CPI}_i\times\frac{I_i}{I_{\mathrm{N}}}\right)$$

其中，n 为程序所用指令系统中指令的种类(很多情况下就是指令系统包含的指令条数)，I_i 为第 i 类指令在程序中执行的次数，CPI_i 为执行第 i 类指令需要的时钟周期数，I_i/I_{N} 表示第 i 种指令在程序中所占的比例。从公式可知，要使平均 CPI 小，则必须使经常使用的指令的执行速度(CPI_i)尽量小，这也就是前面指令系统功能设计所讲的指令系统包含常用的操作的根本原因。

结合上面的公式，以 CISC 的 T_{C} 为基准，我们再来比较 CISC 和 RISC 的实现性能。理论上讲，CISC 的程序 I_{N} 相对较小，CPI 很大(可能超过 10)；RISC 的程序 I_{N} 相对较大，CPI 很小(基本上为 1)，其 T_{C} 一般情况下可以比 CISC 快(RISC 控制简单)。通过这种量化测试就能比较 CISC 和 RISC 性能的优劣，谁的 T_{CPU} 小谁的性能就好。只测试少数应用程序是不能够真实地反映机器性能的，需要用许多应用程序进行测试，然后再统计测试结果。至于具体的统计方法，属于计算机性能评价问题，在此就不再展开讨论了。

习 题 5

5-1 在大端存储方式下，向存储器中地址为 1000 的地方写入一个 32 位的字 $1267\mathrm{AB}92_{16}$，然后分别从存储器中地址为 1000，1001，1002，1003 的单元读取 4 个字节。问这 4 个字节的内容分别是什么？

5-2 在一地址的指令系统中，对需要两个操作数的操作(如逻辑与)，如何指定两个操作数的地址？如何存放操作结果？

5-3 堆栈存储结构的存取特点是什么？它适合哪些操作的需要？请举例说明。

5-4 对立即寻址、直接寻址、寄存器间接和变址寻址指令在指令长度、执行速度等方面作一些比较，并举出一二种应用实例。

5-5 基址寻址和变址寻址的异同是什么？请举例说明。

5-6 根据下列操作数所在位置，指出其寻址方式。

(1) 操作数在指令指定的 CPU 寄存器中。

(2) 操作数地址在指令指定的 CPU 寄存器中。

(3) 操作数由指令直接给出。

(4) 操作数地址由指令直接给出。

(5) 操作数地址为某一寄存器内容和偏移量之和。

5-7 在 Pentium 机指令系统中，用直接寻址、寄存器间接寻址和变址寻址方式分别编制解决下列问题的程序，并就程序所占用的存储器空间和程序执行的时间作一比较。

(1) $W=X+Y+Z$，其中 W、X、Y、Z 是在存储器整个寻址空间中任意分布的变量。

(2) $C=A+B$，A、B、C 是三个具有 N 个元素的数组。

5-8 若一个指令系统的应用需求已经给出，简述从应用需求设计出具体各条指令的指令格式的过程。

5-9　在 Power PC 指令字格式中,找出二三个与本章所讲的常规指令系统指令格式不同的地方,分析并说明其理由。

5-10　在一个 36 位指令字长的指令系统中,设计出能够同时满足下列 3 个要求的指令扩展操作码。

(1) 7 条具有两个 15 位地址和一个 3 位地址的指令;

(2) 500 条具有一个 15 位地址和一个 3 位地址的指令;

(3) 50 条无地址指令。

5-11　某计算机指令字长为 16 位,地址码位 6 位,指令系统只有一地址和二地址两种指令格式,设共有 N 条二地址指令,试问一地址指令最多可以有多少条?

5-12　假设某计算机指令字长为 20 位,具有双操作数、单操作数和无操作数 3 种指令格式,每个操作数地址规定用 6 位表示。若现已设计出:m 条双操作数指令,n 条无操作数指令,问此时最多可设计多少条单操作数指令?请用算式表示。

5-13　某二地址指令系统的双操作数指令有单字(16 位)和双字(32 位)两种格式:

单字指令

15　8	7	6　4	3　2	1　0
OP	S/D	Ry	M	Rx

双字指令

15　8	7	6　4	3　0
OP	S/D	Ry	M

31　16
Imm or Disp or Addr

其中 OP 为操作码(共 8 位)。该指令规定双操作数指令必须有一个操作数为寄存器寻址,该寄存器由 Ry 字段(共 3 位)指出,S/D 位用以指明 Ry 字段为源操作数还是目标操作数。另一操作数由指令字的位 3 至位 0 指出。其含义如下表:

位 3210	寻 址 方 式
00XX	寄存器寻址,寄存器号由位 1、位 0 指出,单字指令
01XX	寄存器间接寻址,寄存器号由位 1、位 0 指出,单字指令
1000	立即寻址,双字指令,第二字为立即数
1001	无定义
1010	直接寻址,双字指令,第二字为直接地址
1011	间接寻址,双字指令,第二字为间接地址
1100	基址寻址,双字指令,第二字为位移量地址,使用基址寄存器 BP
1101	相对寻址,双字指令,第二字为位移量地址,使用程序计数器 PC
1110	源变址寻址,双字指令,第二字为基准地址,使用源变址寄存器 SI
1111	目标变址寻址,双字指令,第二字为基准地址,使用目标变址寄存器 DI

试回答下列问题:

(1) 若不考虑单操作数指令和无操作数指令,问该指令系统最多可定义多少种双操作数指令?

(2) 指出各种寻址方式中操作数存于何处?若操作数在内存中,请写出有效地址 EA

的表达式。并指出取得操作数需要访问内存多少次？

(3) 若立即数为补码表示，请写出立即数的表示范围是多少？

(4) 直接寻址的范围是多大？间接寻址呢？

(5) 若变址寄存器 SI、DI 均为 8 位，变址值为正整数，变址寻址的范围为多少？

(6) 若基址寄存器为 24 位，位移量 16 位可正可负，基址寻址的范围为多大？

(7) 若 PC 为 16 位，位移量可正可负，PC 相对寻址的范围为多大？

5-14　某机字长为 24 位，CPU 中有 16 个 32 位通用寄存器，试设计一种至少能容纳 200 种操作，并至少有 10 种寻址方式的指令系统。如果用寄存器间接寻址方式，能访问的最大主存空间是多少(假定存储器按字节编址)？

6 中央处理器

CPU 的主要工作就是取指令,然后执行指令。我们已经知道,CPU 包含运算器和控制器两个功能部件。运算器在第 3 章已经介绍过了,本章主要介绍控制器的功能、组成、工作原理以及 CPU 组织结构、性能设计等。

6.1 CPU 的结构和功能

6.1.1 CPU 的组成与操作

在 1.3.3 中我们简单介绍了计算机的工作过程。图 6.1 是将图 1.3 中 CPU 各部件通过一个单总线结构连接起来从而形成 CPU 的数据通路。

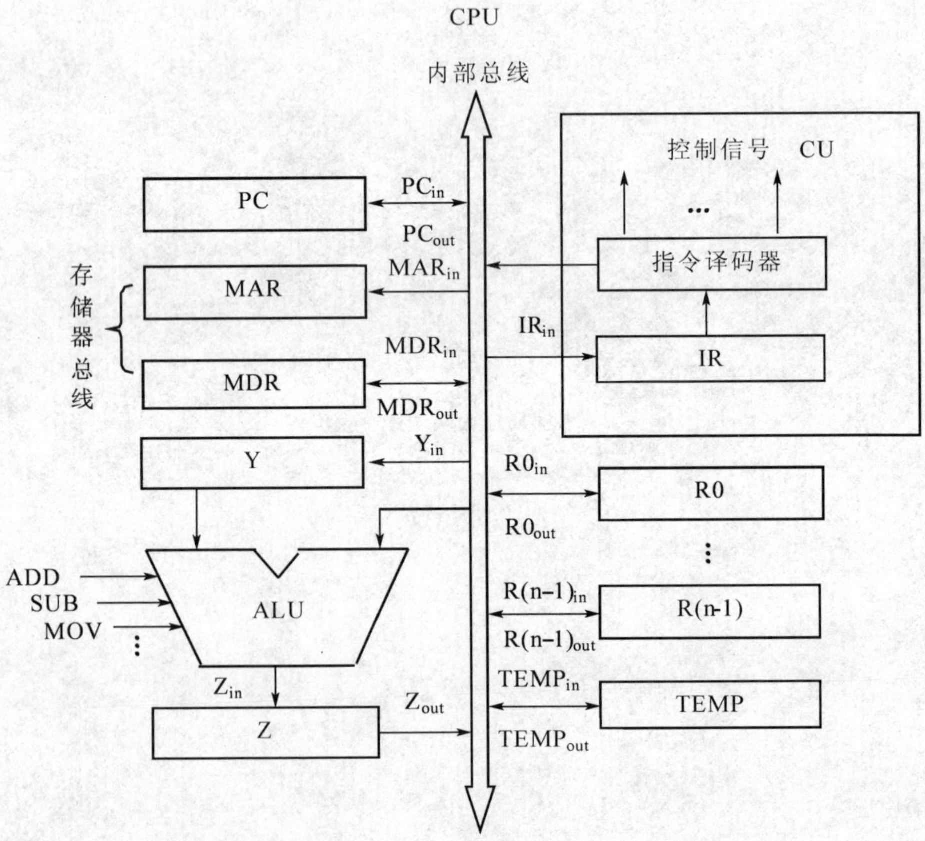

图 6.1 CPU 内部结构

图中标出的各种控制信号如 PC_{in}、PC_{out}、IR_{in}、ADD、MOV 等都是由 CPU 的控制器 CU 在一定的时序信号控制下发出的，它们被称作微操作（Micro-operations）。微操作是 CPU 最基本的或者说是原子的操作，也是实现控制器的硬件基础。Y、Z、TEMP 是对程序员透明的内部寄存器，用来存放临时数据。使用总线来形成 CPU 的数据通路是目前普遍采用的办法，它简化了各个部件的互连情况以及 ALU 的控制，这在微处理器中尤为重要。当然，单总线并非惟一的选择，为提高 CPU 的性能，许多机器采用了双总线、三总线等。

为简单起见，假定一条指令占一个存储字，那么 CPU 执行一条指令要完成以下 3 步：

(1) 根据 PC 的内容访问存储器，将取出的指令码送入指令寄存器。

$$IR \leftarrow ((PC))$$

(2) 将 PC 的内容自增。

$$PC \leftarrow (PC)+1$$

(3) 执行指令。

如果指令占据多个存储字，那么第(1)、(2)两步需要重复执行，直到取出完整的指令为止。这两步通常叫做取指周期，而第(3)步则称为执行周期。

除极个别情况外，一条指令的执行都可以通过以下的操作完成：

- 存储器读；
- 存储器写；
- 寄存器间及寄存器和运算器间数据传送；
- 进行算术和逻辑运算并保存结果至寄存器或存储器。

了解 CPU 的这 4 种基本功能的具体实现技术对于深刻理解 CPU 的组成及工作原理有很大的帮助。因此，以下将以图 6.1 中的 CPU 结构为例，对这 4 种操作进行详细的讨论。

1）存储器读

CPU 要进行存储器读操作，必须做两件事：一是将所要读的主存单元的地址通过地址总线送往存储器，二是通过控制总线向存储器发一个读信号。所读内容可能是一条指令，也可能是一个操作数，这取决于 CPU 的工作状态。例如，若 CPU 处于取指周期，读取的内容必然是一条指令。

由于 CPU 的速度通常比主存的速度快得多，因此在 CPU 发出地址信息和读信号之后不能立即取得数据，必须等到主存完成读操作为止。所谓读操作完成是指数据已从主存中读出并已放在数据总线上。CPU 是如何知道存储器是否完成读操作的呢？这就要了解 CPU 和主存之间的通信方式。“同步”和“异步”是常用的两种通信方式。

同步通信方式下，在 CPU 和主存之间建立一条公共时钟线。时钟线上载有固定频率的持续不断的时钟脉冲，这些脉冲同时向 CPU 和主存提供公共的定时信号。在一个时钟周期内，将完成一个主存操作。这种同步通信的方案使得通信双方的接口比较简单，然而同步方式不适合双方的工作速度相差较大的情况。

异步方式是指一个设备（如 CPU）启动一个传送操作，然后等待另一个设备（如存储器）回答“操作完成”，此时传送操作即可完成。例如，当存储器接到 CPU 的地址和读信号后，经过地址译码和读出放大等操作后，将数据放在数据线上，同时通过控制线向 CPU 发出一个“存储器操作完成”信号 MFC（Memory Function Completed）。当 CPU 接到 MFC 信号后，就表明数据已通过数据线送入 CPU 的寄存器 MDR 中，可供使用了。本书将以异步方式作为 CPU 和主存间的通信方式。

作为一个例子，假定要从主存单元 ADDR 读出数据并送入寄存器 R0 中。完成此功能的 CPU 操作序列如下：

t1：MAR ← ADDR

t2：Read

t3：WMFC；等待 MFC 信号

t4：R2 ←（MDR）

第(3)步的持续时间取决于存储器的速度。由于主存操作的时间通常比 CPU 操作的时间要长，因此，在这个等待时间里，CPU 可以完成一个内部操作，如 PC 自增。很显然，此内部操作不能使用 MAR 和 MDR。

2）存储器写

CPU 要完成存储器写操作，首先要将主存地址装入 MAR，要写入的数据字装入 MDR，然后向存储器发一个“写”信号。例如，假定要写入的数据字放在寄存器 R2 中，主存单元地址放在 R1 中，则写操作序列如下：

t1：MAR ←（R1）

t2：MDR ←（R2）

t3：Write

t4：WMFC

第 1、2 步的次序是无关紧要的，甚至当两个传送不使用相同的物理通路时，它们可同时执行。当然，在图 6.1 所示的 CPU 单总线数据通路组织里，任何时刻只能有一个寄存器输出到总线，因此，第 1 步和第 2 步不能并行完成。

在这个序列中，第 4 步是不可缺少的。因为存储器的写操作需要花费一定的时间，时间的长短取决于存储器的性能。如果紧接着 CPU 的下一个操作还是访存操作，没有 WMFC，很可能导致非常严重的后果。例如，前一次的写操作尚未完成，地址线和数据线上的内容可能已经改变，从而使写操作无法完成或产生错误的结果。

3）寄存器间及寄存器和运算器间数据传送

为了保证寄存器间能够通过公共总线正确地交换数据，每个寄存器必须设置输入门和输出门，如图 6.2 所示。图 6.3 显示了寄存器一位的输入门、输出门的组成。

每个输入门和输出门都有一个控制信号用来控制寄存器的输入和输出。例如，当 PC_{in} 置 1 时，PC 的输入门便被打开，总线上的数据就会装入 PC；当 PC_{out} 置 1 时，PC 的输出门便被打开，PC 的内容就会传到总线上。下面的操作将使寄存器 R1 的内容送入寄存器 R2。

$R1_{out}, R2_{in}$

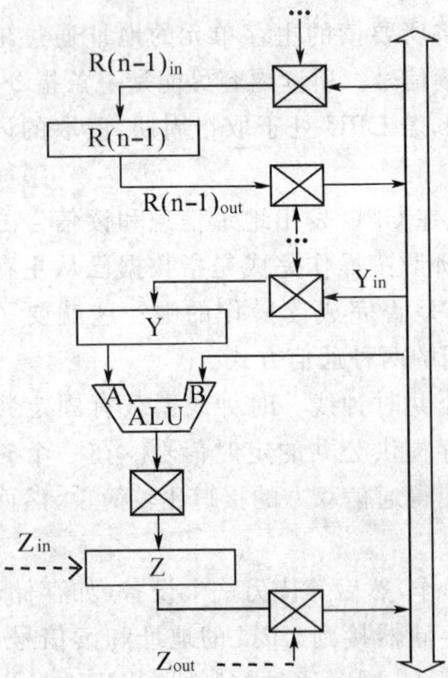

图 6.2　寄存器的输入门和输出门

4）进行算术和逻辑运算并保存结果至寄存器或存储器

由于 ALU 通常为组合逻辑电路，本身没有记忆功能。因此，两个输入端须同时被置上操作数然后才能进行运算，运算结果也须保存在一个寄存器中。在图 6.2 中，寄存器 Y 输出端和总线分别连在 ALU 的两个输入端上提供源操作数；寄存器 Z 用来临时保存运算结果。例如，要完成将 R1 的内容和 R2 的内容相加，并把结果保存在寄存器 R3 的操作序列如下：

t1：$R1_{out}$，Y_{in}

t2：$R2_{out}$，ADD，Z_{in}

t3：Z_{out}，$R3_{in}$

需要特别注意的是，在以上描述实现 CPU 基本功能的微操作序列中，t*i* 是一个等长的时间单位，在这个时间内足以完成每一步的微操作。另外，有些微操作可以放在同一步中完成，有些则必须在不同的步中完成。对于微操作的分组必须考虑到操作执行的顺序以及避免功能部件冲突，例如，存储器读操作必须先送地址和读信号，在同一个单位时间内不允许读写同一寄存器，在单总线数据通路中同一时刻只能有一个寄存器输出等。

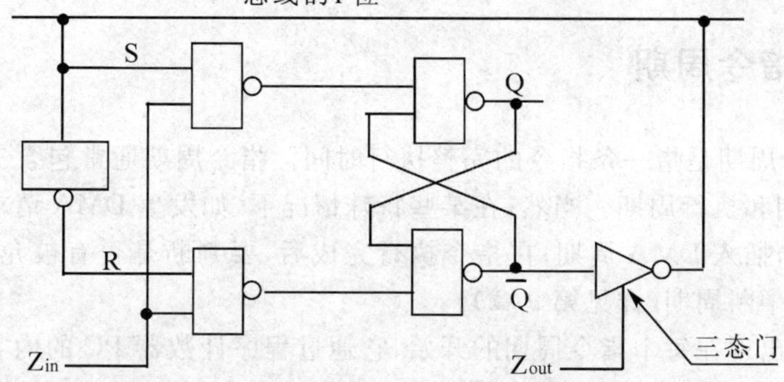

图 6.3　寄存器的 1 位输入门、输出门的组成

6.1.2　寄存器组织

在第 4 章中我们讨论了计算机系统的存储器分级结构。存储器系统中级别最高、速度最快的就是寄存器。寄存器在 CPU 中用来保存运算和控制过程中的中间结果、最终结果以及控制、状态信息。在现代计算机中通常都设置了大量寄存器用以减少访问存储器的次数，提高运算速度。

在 CPU 中有两类寄存器：一类是通用寄存器；另一类是专用寄存器。

通用寄存器可被程序员用作各种用途，如存放数据、寻址等。如 Pentium 处理器有 8 个 32 位通用寄存器 EAX、EBX 等。通用寄存器都属于程序员可见的寄存器，也就是指可以通过机器语言或汇编语言访问的寄存器。

专用寄存器是指 CPU 专门用来完成某一种特殊功能的寄存器。专用寄存器中有一部分属于程序员可见的寄存器，如 Pentium 处理器中的段寄存器 CS、DS 等。另一部分在 CPU 中起操作控制作用的寄存器在大部分机器上是用户不可见的，当然在某些机器上这类指令的一部分可由操作系统核心程序访问,如 Pentium 处理器中的系统级寄存器组。

CPU 寄存器组的设计要考虑的主要原则有:

(1) 使用完全通用的寄存器还是完全专用的寄存器或者是两者结合。这将影响指令系统的设计。专用寄存器的使用可减少指令的长度,但却限制了程序员的灵活性。目前的趋势是朝着专用寄存器的方向发展。

(2) 寄存器数量。这对于指令系统的设计也有影响。寄存器数量增加,对寄存器的寻址位就要增加,必然导致指令字的长度增加。在很多情况下,太多的寄存器并不能显著地减少存储器访问,反而影响 CPU 整体结构的设计。当然,太少的寄存器将会导致更多的存储器访问,对 CPU 的性能不利。

(3) 寄存器长度。例如,对于地址寄存器,一般应能放下最长的地址值,或者能和其他寄存器配合寻址到整个主存空间。对于数据寄存器长度,绝大多数都设计成和 CPU 的字长相等。

现代处理器大多具有大量的通用寄存器。所有通用寄存器都被放入一个被称为寄存器堆(Register File)的单独模块中。在 VLSI 技术中,实现这些寄存器最有效的方法是采用存储元件阵列,这有点类似于实现 RAM 的技术。

6.1.3 指令周期

CPU 的指令周期是指一条指令的完整执行时间。指令周期通常包含三个子周期:取指令周期、间址周期和执行周期。当然,在某些特殊情况下,如发生 DMA 请求并被允许时,指令周期将被中断,插入 DMA 周期;在指令执行完成后,要判断是否有被允许的中断请求产生,若有,则转入中断周期(详见第 9 章)。

取指令周期出现在每个指令周期的开始,它通过程序计数器 PC 的内容访问存储器,并将取回的指令码送入指令寄存器 IR。

间址周期是在指令执行前从存储器取得操作数,操作数地址的形成取决于寻址方式。操作数个数和寻址方式的不同使得访问存储器的次数也不同。当然,有些指令没有操作数或者操作数在寄存器中,就不需要间址周期。

执行周期是根据操作码的内容完成指令的执行。

指令周期的长度通常依照指令的复杂度不同而不同。指令越复杂,周期就越长;指令越简单,周期就越短。以下是 4 种典型指令的指令周期的确定:

1) 非访存指令

这类指令除了取指令需要访问主存外,执行指令不需要访问主存,也就是说,这类指令或者没有操作数,或者操作数在 CPU 的寄存器中。

2) 直接访存指令

这类指令需要通过一次存储器访问才能取得操作数。因此,除了取指令外,CPU 至少还要访问一次存储器。若有几个直接寻址的操作数,CPU 就要访存几次。

3) 间接访存指令

这类指令需要 CPU 两次访问存储器才能获得一个间接寻址方式的操作数。因此,它们的指令周期一般都比较长。

4）程序控制指令

这类指令主要用来控制程序执行的顺序。根据目的地址的寻址方式的不同，指令周期的长短也不同。

6.2 控制器的功能和组成

6.2.1 控制器的功能和组成

控制器是整个计算机系统的神经中枢，它控制并协调计算机的各个功能部件执行时形成的指令流和数据流。CPU 的控制流程如图 6.4 所示。

● 取指令　由程序计数器(PC)指出当前指令地址，通过执行“MAR←(PC)”和“Read”命令，从主存中取出指令。

● 分析指令　或称解释指令、指令译码等。对取出的指令进行分析，指出它执行什么操作，产生相应的操作控制信号。并根据寻址方式形成操作数地址。

● 执行指令　根据指令分析得到的“操作命令”和“操作数地址”，按一定的算法形成相应的操作控制命令序列，通过运算器、存储器及外部设备等的具体执行，实现每条指令的功能。

● 对异常情况和某些请求的处理　当机器出现某些异常情况，如算术运算溢出、数据传送校验错等；或者某些外来请求，(如磁盘成批数据送存储器结束或程序员从键盘送入命令)等，此时由这些部件或设备发出“中断请求”信号，待执行完当前指令后，CPU 响应该请求，中止当前执行的程序，转去执行中断服务程序。当处理完毕后，再返回原程序继续运行。

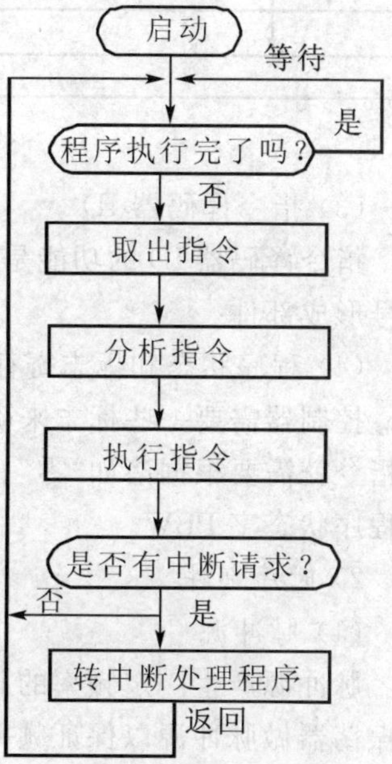

图 6.4　CPU 控制流程

通过对控制器的功能和控制流程的分析，可得出控制器完成的基本任务有：

● 排序　根据指令流执行顺序，控制器以一定的时序安排相应的微操作序列。

● 执行　控制器通过发出各种微操作信号使得指令得以完成。

图 6.5 显示了控制器的组成框图。从图中可以看出，控制器由以下五大功能部件组成。

1）指令部件

(1) 程序计数器 PC

程序计数器 PC 用来存放将要执行的指令的地址。每当取指令过程结束，PC 将自增以指向下一条要执行的指令(自增多少取决于指令所占字节数)。如果是转移指令，PC 则装入转移的目的地址。

(2) 指令寄存器 IR

指令寄存器 IR 用来存放正在执行的指令码。在指令执行完成以前，其内容都不会改变。

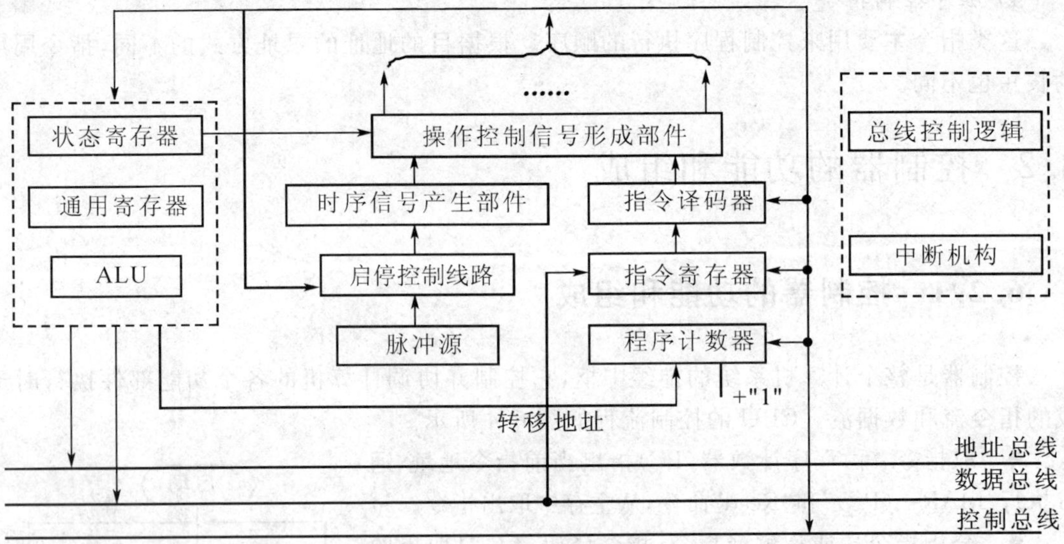

图 6.5 控制器组成框图

(3) 指令译码器 ID

指令译码器 ID 的功能是对现行指令码进行分析，产生相应的控制电位提供给操作控制信号形成部件。

(4) 程序状态和标志寄存器

控制器需要一些标志来确定 CPU 的状态和前面 ALU 运算所产生的结果。如条件转移指令就需要根据诸如“零”、“负”等标志是否置位来确定转移的目的地。这种寄存器也称为程序状态字 PSW。

2) 时序部件

(1) 脉冲源

脉冲源产生一定频率的脉冲信号作为整个机器的基准(主)时钟脉冲。一般采用石英晶体振荡器做脉冲源以保证频率的稳定性和一致性。

(2) 启停控制线路

启停线路根据机器的需要可靠地开启和封锁时钟脉冲，控制时序信号的发生或停止，实现对机器的启动和停机。

(3) 时序信号产生部件

以机器的基准时钟为基础，产生各种时序信号，保证各部件的定时和按序执行。

3) 操作控制信号形成部件

综合指令译码信息、时序信号和被控部件反馈的状态条件信号，产生指令执行时所需的各种操作控制信号。它是控制器中最复杂的部件。

4) 中断控制逻辑

中断控制逻辑是用来控制中断处理的硬件逻辑，实现对异常情况和某些外设请求的处理。

5) 总线控制逻辑

实现对总线数据传输的调度和控制。

4)和 5)两部分将在后面章节中详细论述。

6.2.2 CPU 的时序系统及控制方式

CPU 的时序系统为指令的执行提供了各种定时信号。目前在计算机中多采用机器周期、节拍、工作脉冲三级时序系统，如图 6.6 所示。

1) 机器周期

机器周期又叫做 CPU 周期。通常把一个指令周期划分为若干个机器周期，每个机器周期都是指令执行过程中的相对独立的阶段。一般将指令的执行过程分为取指令、地址计算及取操作数、执行指令 3 个基本的工作周期。不同指令所包含的周期数是不一样的，但指令至少有一个取指周期。

由于 CPU 工作时需频繁访问存储器，而存储器工作周期(读、写周期)一般比 CPU 内部的各部件的操作时间长很多，所以通常以主存的工作周期为基础来定义 CPU 周期，这样可使两者的工作同步起来。

对应每一个机器周期，控制器都设立一个标志触发器。当机器运行在不同的机器周期时，其对应的标志触发器就被置 1。显然，任何时刻 CPU 只能工作于一个机器周期，也就是只有一个标志触发器被置 1。

2) 节拍

在一个机器周期内，CPU 要完成多个操作。这些操作有的可同时(并行)执行，有的却须按先后次序(串行)执行。因此需要把一个机器周期分为若干个相等的时间段，每一时间段对应一个电位信号，称为节拍电位。

由于不同的机器周期内需完成的操作个数及难易程度都不同，因而不同的机器周期所需要的节拍数及节拍宽度也不相同。在周期一定的情况下，节拍数和节拍宽度是相互影响的，必须综合考虑。节拍的选取一般有以下 3 种方法：

(1) 统一节拍

以最复杂的机器周期所需的节拍数作为所有周期统一的节拍数，每一个节拍的宽度也以完成最繁杂的操作为标准。这种方法使得所有机器周期长度相同，每一机器周期内节拍数和节拍宽度都相等，因此称为定长 CPU 周期。统一节拍实现简单，但 CPU 的效率受到很大影响。

(2) 分散节拍

按照每一个机器周期的实际需求来安排节拍数。例如，复杂机器周期需要较多的节拍数，就提供较多的节拍；简单机器周期需要的节拍少，就提供较少的节拍。这种按需分配节拍的方法使得各机器周期长短不一，故称为不定长 CPU 周期。显然，采用分散节拍对 CPU 的时间利用率比采用统一节拍要高，但实现起来要复杂得多，它也不能减少在一个节拍内执行较简单操作时所出现的空闲时间。

(3) 延长节拍

延长节拍是前两种方法的折中。选取适当的节拍数作为基本节拍，以满足大多数机器周期的需求。对于少数复杂机器周期，如果基本节拍无法完成周期内的所有操作，则可以延长一到两个节拍。这种方法在一定程度上节省了时间，但因可延长的节拍数有限，不可能完全解决指令执行时间不统一的问题。

3）工作脉冲

在一个节拍里，某些操作需要同步定时脉冲以保证触发器可靠稳定地翻转。如将数据稳定地打入寄存器，周期切换等。为此，在一个节拍内常常要设置一个或几个工作脉冲。工作脉冲的宽度一般只占节拍的很少部分，并处于节拍尾部。为简化时序线路，在微型计算机中一般不单独设置脉冲，而利用节拍电位本身及其前后沿直接控制有关操作。

一个机器周期包含若干个时钟周期，时钟周期数取决于需完成的操作个数及相应功能部件的速度。

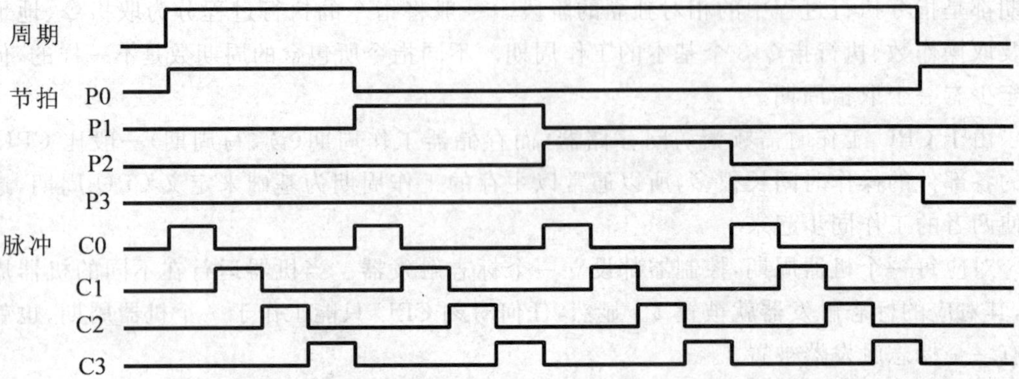

图 6.6　三级时序系统

节拍和脉冲具有不同的控制作用。节拍电位是信息的载体，它在数据通路中用于门电路的开关；脉冲起着定时触发作用，用于触发器的脉冲输入。图 6.7 显示了节拍和脉冲的配合关系。

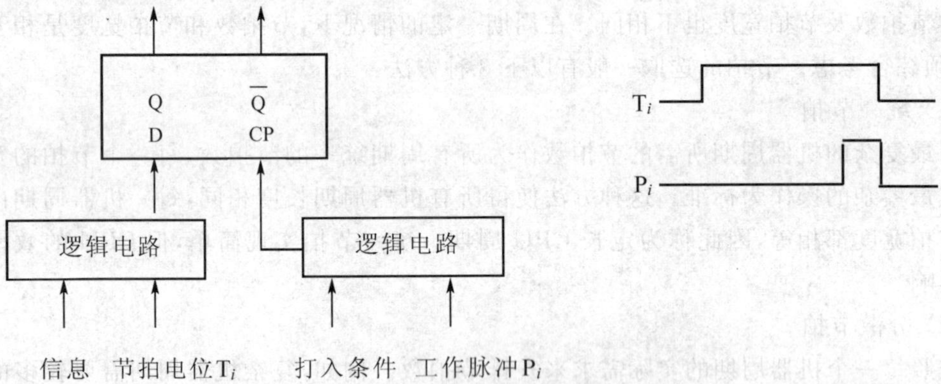

图 6.7　节拍和脉冲的配合

时序系统中各种时序信号的控制方式有 3 种：同步控制、异步控制和联合控制。

1）同步控制方式

同步控制方式是指指令执行过程中每个操作的完成，都由确定的具有基准时标的时序信号来控制。每个时序信号的结束，就意味着所对应的操作完成。通常同步控制方式应以最复杂指令和最复杂操作的时间作为统一的时序标准，在每个机器周期中产生统一数目的节拍电位和工作脉冲。

同步控制方式设计简单，实现容易。但对于简单指令，会造成比较大的时间浪费，影响指令执行的速度。

2）异步控制方式

异步控制方式是按照指令所对应的操作数目及每个操作的繁简来分配相应的时间，而不采用统一的周期、节拍等时序信号控制。各操作之间的衔接是由应答方式完成的。通常由前一操作的完成时产生的“结束”信号，或由下一操作的执行部件产生的“就绪”信号作为下一操作的“起始”信号。

异步控制方式没有集中统一的时序信号形成和控制部件，“结束”、“就绪”等信号的形成和控制电路是分散在各功能部件中的。因此，又称为分散控制方式或局部控制方式，有时也叫做可变时序控制方式。

异步控制方式没有固定的周期和节拍，没有严格的时钟同步，完全按需分配时间。因此，没有时间上的浪费，机器效率高。但此种方式实现起来非常复杂，很少有机器的时序系统完全采用该方式。

3）联合控制方式

联合控制方式是同步和异步控制方式相结合的产物。对于不同指令的操作序列以及每个操作，实行部分统一、部分区别对待的方式。把那些可以统一起来的操作采用同步控制方式，就是安排在一个具有固定周期、节拍和严格时钟同步的时序信号控制下执行；而把那些难以统一，甚至执行时间都难以确定的操作采用异步控制方式，按需分配时间。

联合控制方式通常的做法是在功能部件内部基本采用同步控制方式，按大多数指令的需要设置周期、节拍和脉冲信号，对于复杂指令如果固定的节拍数不够，可采取延长节拍等方式来满足。在功能部件之间采用异步控制方式，如CPU和主存、外设等交换数据时，采用异步方式可使速度差异较大的设备按照自己的时钟去安排操作。

现代计算机大多采用的是联合控制方式和同步控制方式。

6.2.3　一条指令的完整执行过程

为了进一步说明控制器的功能和组成，以下详细描述一条指令的完整执行过程。首先考察一条简单的加法指令：

ADD　@R0,R1

该指令的功能是将某存储单元的内容与寄存器R1的内容相加，结果存入R1中。存储单元的地址放在寄存器R0中（寄存器间接寻址）。执行这条指令需要下列动作：

(1) 取指令；

(2) 取第一个操作数（由R0所指出的存储单元的内容）；

(3) 完成加法运算；

(4) 结果存入R1中。

表6.1给出了完成这些操作的控制步序列（或称微操作序列），这里假定CPU内部数据通路为图6.1所示的单总线结构，每条指令、每个操作数占一个存储字，CPU和存储器之间采用异步通信方式。指令执行过程如下：

第1步，将PC的内容送入MAR，并向存储器发出一个读请求来完成取指令操作。同时，通过ALU使PC自增1。实现的办法是将ALU的一个输入端（寄存器Y）置0，另一个输入端（CPU总线）为PC当前值，并将ALU的末端进位置1，然后执行加法操作。更新后的 PC 值先存入寄存器 Z 中，在第 2 步送回 PC 中(为什么要在第 2 步？请读者考虑)。当然，使用 ALU 中的加法器来实现 PC 加 1 并不是最快的方法，更好的办法是用可并行置数的计数器来实现 PC 自增。

第 2 步，寄存器 Z 的内容(更新后的 PC 值)通过总线打入 PC，并等待存储器操作完成。注意，第 2 步在第 1 步结束后立即开始，不需要等待存储器操作完成。

第 3 步，将从存储器取来的指令(在 MDR 中)装入 IR 中，指令译码器立即对 IR 的内容进行译码，并为微操作序列产生正确的控制信号。第 3 步却必须等待 MFC 信号到达以后才能开始，这是因为第 2 步包含 WMFC 信号。

第 4 步，寄存器 R0 的内容送到 MAR 中，同时发出一个存储器读信号，用来读取第一个操作数。

第 5 步，将 R1 的内容送寄存器 Y，然后等待存储器操作完成信号。当读操作完成以后，MDR 中就存有来自存储器的操作数。

第 6 步，完成加法运算，结果暂存于 Z。

第 7 步，将结果送入 R1。第 7 步里的 End 信号表明当前指令的结束，它将控制返回到第 1 步，进入一个新的取指周期。

第 1 步到第 3 步就构成了取指周期，第 4 步到第 7 步构成了指令的执行周期。当然，对所有指令来说，取指周期都是一样的。

表 6.1　指令 Add (R0),R1 的执行控制序列

步	动　作
1	PC_{out}, MAR_{in}, Read;Clear Y,1→C0,Add,Z_{in}　;取指,(PC)+1
2	Z_{out}, PC_{in}, WMFC　;(PC)+1→PC
3	MDR_{out}, IR_{in}　;指令→IR
4	$R0_{out}$, MAR_{in}, Read　;取数据
5	$R1_{out}$, Y_{in}, WMFC　;(R1)→Y
6	MDR_{out}, Add, Z_{in}　;相加
7	Z_{out}, $R1_{in}$, End　;结果→R1

下面再考察一个转移指令的例子。在第 5 章里我们已经知道，通过将转移地址置换掉当前 PC 的内容就可以实现转移。而转移地址是通过指令中给出的偏移量 X 加上当前的 PC 值得到的。表 6.2 给出了一个无条件转移指令的例子。在此例中，假设指令占据两个存储字，第一个字放操作码，第二个字放操作数(偏移量 X)。

表 6.2　无条件转移指令 BR 的执行控制序列

步	动　作
1	PC_{out}, MAR_{in}, Read; Clear Y,1→C0, Add, Z_{in}　;取指,(PC)+1
2	Z_{out}, PC_{in}, WMFC　;(PC)+1→PC
3	MDR_{out}, IR_{in}　;操作码→IR
4	PC_{out}, MAR_{in}, Read;Clear Y,1→C0,Add,Z_{in}　;取偏移量
5	Z_{out}, PC_{in}, WMFC
6	MDR_{out}, Y_{in}　;偏移量→Y
7	PC_{out}, Add, Z_{in}　;得到转移地址
8	Z_{out}, PC_{in}, End　;转移地址→PC

第 1 步到第 3 步为取指令周期，和上述加法指令完全相同。第 4 步到第 6 步取偏移量，因为偏移量存放在操作码的下一个字中，所以仍然通过 PC 寻址。显然，偏移量等于转移地址和此时 PC 值的差。例如，如果转移指令 BR 1100 存放在地址为 1000 的存储单元中，转移的目的地址为 1100，则偏移量应为 98，如图 6.8 所示。

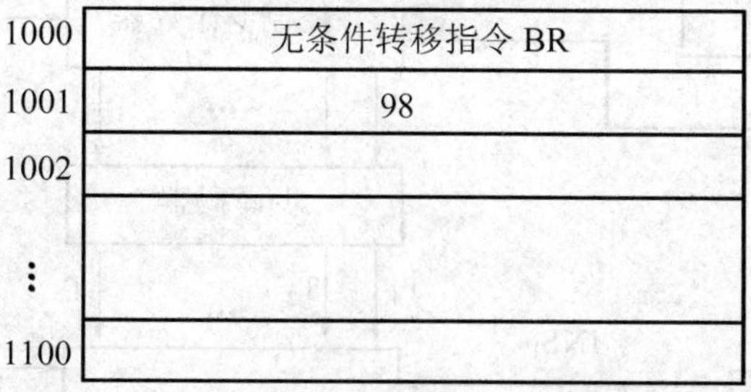

图 6.8　转移指令的偏移量形成

最后考虑一下条件转移的情况。条件转移和无条件转移的控制序列的差别，仅仅是在将转移地址送入 PC 前需要检查条件码的状态。例如，指令译码器译出 IR 的内容为负转移指令，则表 6.2 中第 6 步应改为

$$MDR_{out}，Y_{in}，\text{if } N = 0 \text{ then End}$$

如果 N 标志等于 0(结果为正)，则发出 End 信号，结束指令的执行。如果 N 标志等于 1(结果为负)，则第 7 步和第 8 步完成转移地址的计算。

要特别注意的是，指令执行的微操作序列取决于 CPU 的结构(如数据通路是单总线还是多总线)、工作状态以及指令操作码 3 个因素。

6.3　组合逻辑与 PLA 控制

6.3.1　组合逻辑控制

控制器的核心是操作信号形成部件，它是控制器中最复杂的部分。其实现主要有两种方式：

- 硬布线实现(Hardwired Implementation)
- 微程序实现(Microprogrammed Implementation)

以硬布线方式实现的控制器本质上是一个组合逻辑电路，因此也称为组合逻辑控制器。它将输入的逻辑信号经过复杂的编码器转换成一组输出逻辑信号，即微操作控制信号。本节讨论此种实现方法，微程序实现方式将在下节讨论。

上节给出了指令执行的微操作控制信号序列，通过该序列可完成各类指令需要的控制步。每个控制步的长度必须足以完成所对应控制步所有微操作的功能。假定所有控制步都是等长的，因而需要如图 6.9 所示的控制部件，它是基于时钟信号 CLK 驱动的计数器来控制每个控制步的。这个计数器的每个状态，即每个计数值，对应着表 6.1 和表 6.2 的每一步。因此，产生所需要的操作控制信号需由下列因素确定：

- 控制步计数器的内容(时序信号)
- 指令寄存器的内容
- 条件码和其他状态标志的内容

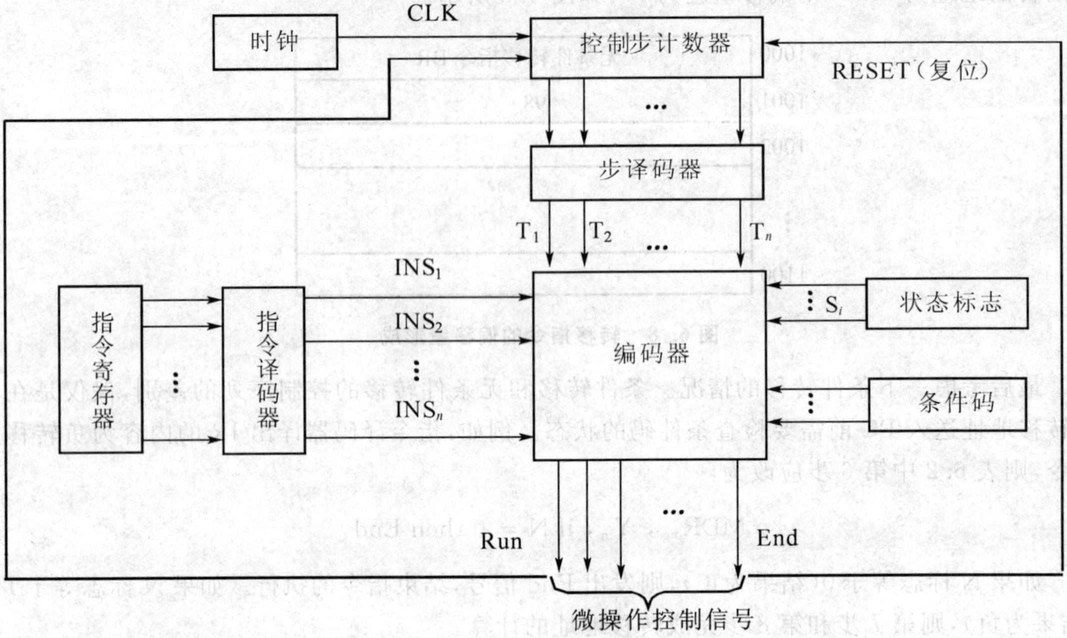

图 6.9 简化的组合逻辑控制器

控制步计数器是基于时钟驱动的二进制计数器,它控制着每步执行的时间。其周期应足够长,以保证每步中的微操作都能执行完。当指令周期结束时,控制器应反馈给计数器一个信号以使其复位。

控制器使用操作码并将为不同的指令完成不同的动作,也就是发出不同的微操作控制信号组合。为简化控制器逻辑,每一个操作码只应有一个惟一的逻辑输入,这是通过指令译码器(Instruction Decoder)来完成的。

所谓状态标志是指 CPU 中各部分状态以及连到各控制部件的信号,如零标志、溢出标志、MFC 信号等。

图 6.9 中的编码器就是微操作信号形成部件,其内部逻辑实现了 CPU 所需的全部微操作信号。要实现这样的编码器,必须得到每个微操作信号的逻辑表达式。图 6.10 给出了编码器结构电路的一个例子。这个电路实现逻辑功能:

$$Z_{in} = T_1 + T_6 \cdot ADD + T_4 + T_7 \cdot BR + \cdots$$

这表明使 Z 寄存器输入门接通的控制信号 Z_{in} 在以下情况下产生:所有指令的 T_1 时间段;加法指令的 T_6 时间段;转移指令的 T_5 时间段等等。Z_{in} 的这部分功能由表 6.1 和表 6.2 得到。T_1 对所有指令是公共的,因为它发生在取指周期。类似地,图 6.11 给出了 End 控制信号的产生电路,它实现了逻辑功能:

$$End = T_7 \cdot ADD + T_8 \cdot BR + (T_8 \cdot N + T_6 \cdot \overline{N}) \cdot BRN + \cdots$$

BRN 为条件转移指令：当结果为正时（N = 0），转移发生在 T_4；当结果为负时（N = 1），转移发生在 T_6。

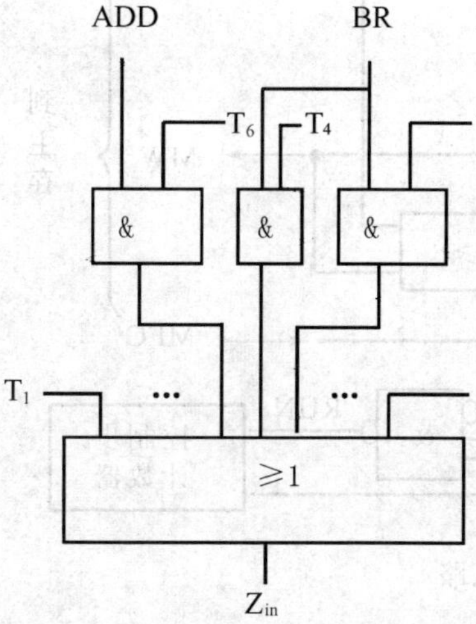

图 6.10　Z_{in} 信号的产生

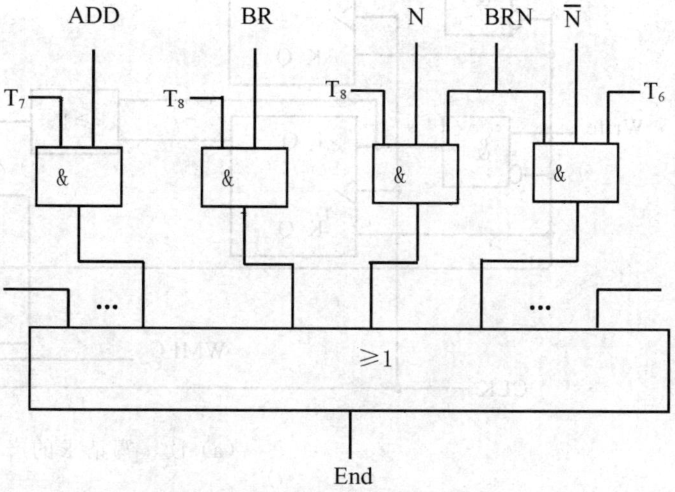

图 6.11　End 信号的产生

上面两个式子仅仅是 Z_{in} 和 End 的部分逻辑表达式，要想得到它们完整的逻辑表达式，必须考察指令集中所有指令的微操作控制步序列。

CPU 内部信号与外部总线的交互须引起特别的关注。在前面的讨论中，假定 CPU 内部的 Read 信号或 Write 信号会引起一次主存和寄存器 MDR 之间的数据传送。当存储器操作完成后，将通过控制总线向 CPU 送出一个 MFC 信号。CPU 能够与不同速度的存储器模块通信。快速存储器能够在一个时钟周期内被访问一次，而较慢的存储器可能需要几个时钟周期。为了实现这一目标，需要由相应的控制电路来支持，图 6.12 给出了原理性的实现电路以及存储器读操作的时序框图。这里不再详述。

以上简单的例子说明了产生操作控制信号方法。这些控制信号序列用来实现各类指令的功能。

综上所述，组合逻辑控制器的设计是用大量逻辑门电路、按一定规则组合成一个逻辑网络，从而产生各机器指令的控制信号序列。其设计过程一般经历下列步骤：

① 根据给定的 CPU 数据通路和指令功能，排列出每条指令的操作控制步序列（微操作序列）。

② 确定机器的状态周期、节拍与工作脉冲。根据指令的功能和器件的速度，确定指令执行过程中的周期及节拍的基本时间。

③ 列出每个操作控制信号的逻辑表达式。确定了每条指令在每一状态周期中各个节拍内所完成的操作时，也就得出了相应的操作控制信号的表达式。该表达式由指令操作码、时序状态（周期、节拍和工作脉冲）以及状态条件信息（允许有空缺）等因子组成。

只需节拍电位控制的信号不用考虑脉冲；需要用脉冲选通的操作信号才要脉冲条件。前面 Z_{in}、End 等信号的逻辑表达式中，为了简便，时序信号只用了节拍。

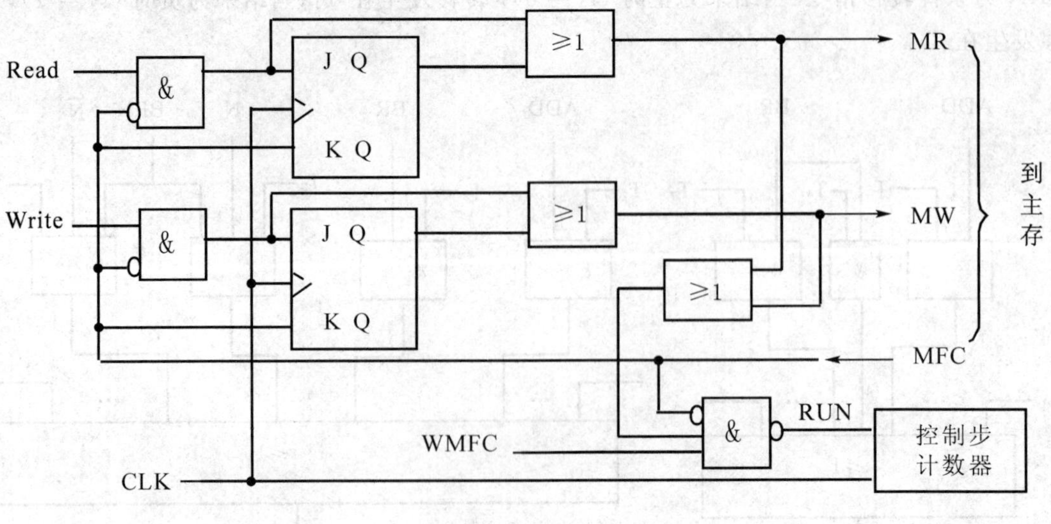

（a）读、写请求的产生电路

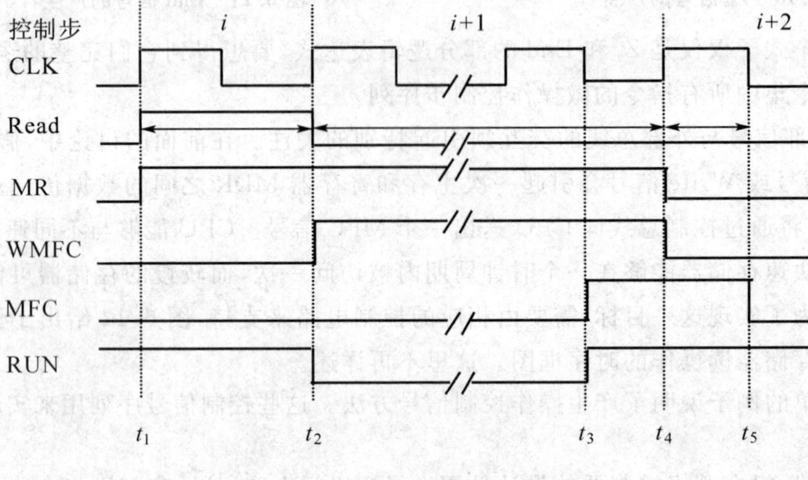

（b）读操作的定时

图 6.12　外部总线传输的控制

所有操作控制信号的逻辑表达式组成了一个异常复杂的逻辑网络，即图 6.9 的编码器。

6.3.2　PLA 控制

前面的讨论给出了产生指令执行操作控制信号序列的简单方法。图 6.9 所描绘的控制器组织可用于实现任意一个指令系统。图 6.10 和图 6.11 虽然是一个简明的电路，但对于控制器这样异常复杂的数字系统的设计来说，所需逻辑门的数量及连线的复杂性使得组合逻辑控制器成为计算机中最复杂的部件之一。结构上的这种缺陷使得它的设计和调试代价很大，而且一旦部件构成以后，要想修改和扩充是很难实现的。

现代计算机通常是基于超大规模集成电路(VLSI)技术实现的。在VLSI芯片中,标准互联结构要比前面讨论的随机互联结构(如图6.10和图6.11)的电路容易实现得多。一种典型的标准互联结构电路称为可编程逻辑阵列(PLA)。一个PLA电路由一个“与”门阵列和一个“或”门阵列构成,它能实现一个多变量组合逻辑电路。图6.9所描绘的控制器组织可由一个单独的PLA来实现,如图6.13所示。“与”阵列的输入为指令译码、时序(控制步计数输出)和标志(包括条件码),“与”阵列的输出为“或”阵列的输入,而“或”阵列的输出为微操作控制信号。

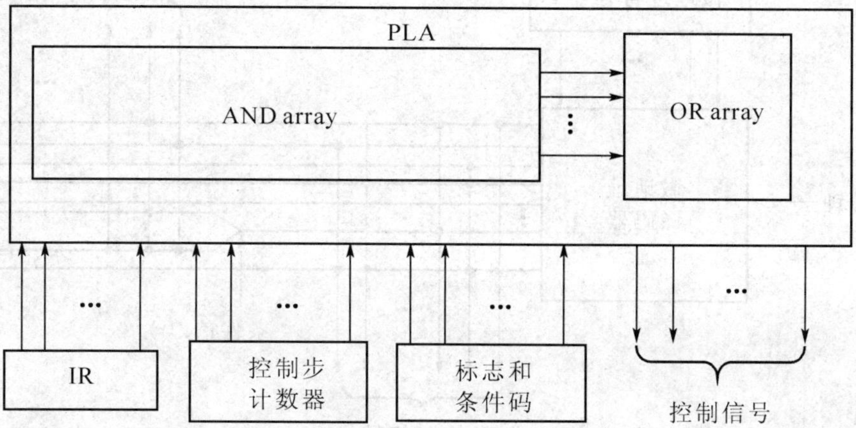

图6.13 在一个VLSI芯片(PLA)上实现控制信号序列

6.4 微程序控制

本节讨论另一种控制器的实现方法,即微程序控制技术。它是通过类似于机器语言程序的一种方法来产生控制信号的。

6.4.1 Wilkes 微程序控制

早在1951年,M. V. Wilkes最先提出了微程序这个术语。Wilkes提出的微程序控制器的设计方法,避免了硬布线(组合逻辑)的复杂性,但由于它要求一个快速低价的存储器,在当时是不切实际的。现在考察Wilkes当初提出的方案,对于深刻理解微程序设计思想仍有重要的指导意义。

Wilkes关注的是为设计控制器开发出一种规整的系统化办法。他提出的设计方案如图6.14所示。系统的核心部分是连接有二极管的一个阵列。在一个节拍内,阵列的一行被脉冲激活。阵列中出现二极管的地方(图中以圆点表示)产生信号。行的左半部分产生控制CPU操作的控制信号,右半部分产生下个节拍将要激活的行地址。于是,阵列的每一行是一条微指令,阵列的编排是存放微指令的存储器(微程序存储器或称为控制存储器)。当某一条微指令需要实现条件转移时,用条件码触发器对开关S进行控制,以产生不同的微转移地址。此微程序控制器经过微地址寄存器II与指令寄存器相连,由指令的操作码部分产生对应的微程序首地址,并送入寄存器I。双寄存器的安排是为了避免译码器出现不稳定的状态。

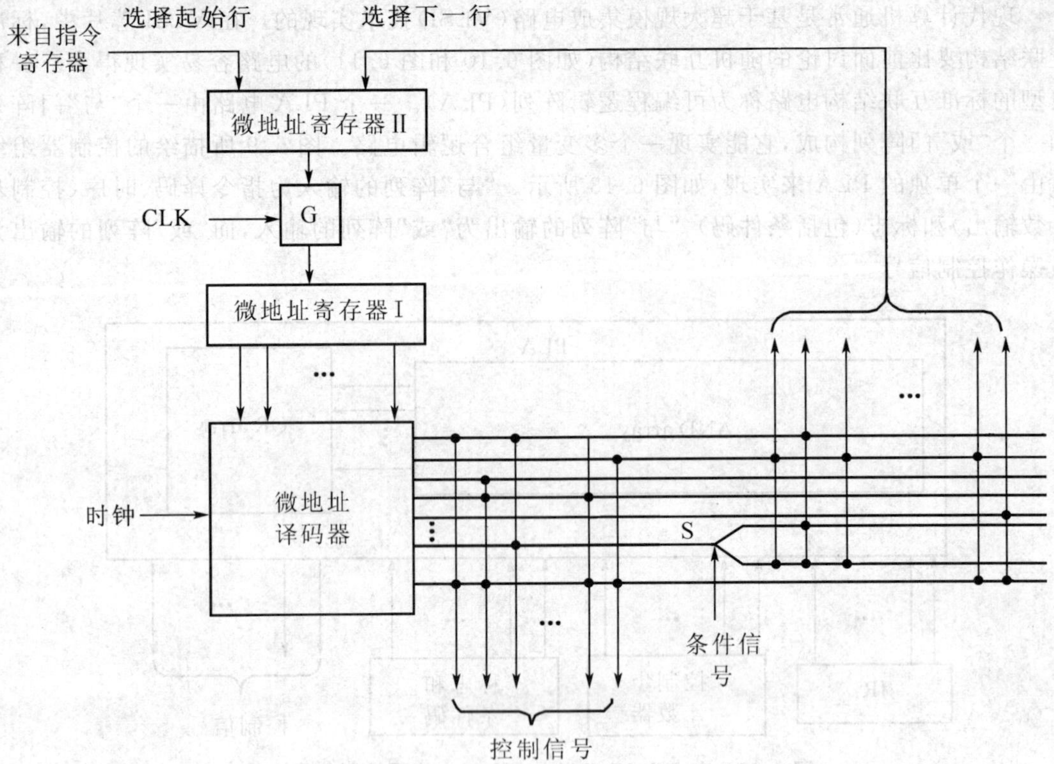

图 6.14　Wiekes 微程序控制器模型

微程序设计的思想给计算机控制部件的设计和实现技术带来了巨大的影响。它与组合逻辑的控制方法相比，大大减少了控制器的复杂性和非标准化程度，从而把硬件的用量限制在狭小范围内，降低了成本。由于全部机器指令的执行过程都用微程序控制，便提供了很大的灵活性，使得设计的变更、修改以及指令系统的扩充都成为不太困难的事情。它与传统的软件有许多类似之处，但是，由于微程序相对固定，且通常不放在主存内，故有可能利用工作速度较高的 ROM 存放微程序，从而缩短微程序的运行时间。这是一种固化了的微程序，称为固件(Firmware)。

微程序控制器的主要缺点是：它要比相同或相近半导体技术的硬布线式控制器（如 PLA 方式）慢一些。因此，对于 CISC 计算机适合于采用微程序控制器，而 RISC 计算机更适合采用硬布线式控制器。现代计算机也有将两者结合使用的趋势。

6.4.2　基本概念

1）基本术语

在计算机中，一条指令的功能是通过执行一系列操作控制步完成的。这些控制步中的基本操作被称为微操作。例如前面提到的 PC_{in}、PC_{out}、MAR_{in}、Read 等等。以下介绍几个基本术语。

- 微命令：微命令是微操作的控制信号，而微操作是微命令的操作内容。
- 微指令：可以同时执行的一组微命令（以二进制编码）组成一条微指令，它完成一个基本运算或传送功能，如表 6.1 中每一操作控制步就对应一条微指令。有时也将微指令称作控制字(CW),其中每一位代表一个微命令。

- 微程序:完成指定任务的微指令序列称为微程序。一条机器指令其功能可由一段微程序解释完成。
- 微程序存储器(控制存储器或简称控存):存放计算机指令系统所对应的所有微程序的一个专门存储器。

微程序控制的基本思想是把机器指令的每一操作控制步编成一条微指令。每条机器指令对应一段微程序。当执行机器指令时,只要从控制存储器中顺序取出这些微指令,即可按所要求的次序产生相应的操作控制信号。

表 6.3　对应于表 6.1 的微程序的例子

微指令	1	2	3	4	5	6	7
…							
PCin	0	1	0	0	0	0	0
PCout	1	0	0	0	0	0	0
MARin	1	0	0	1	0	0	0
Read	1	0	0	1	0	0	0
MDRout	0	0	1	0	0	1	0
IRin	0	0	1	0	0	0	0
Yin	0	0	0	0	1	0	0
Clear Y	1	0	0	0	0	0	0
$1 \rightarrow C_0$	1	0	0	0	0	0	0
Add	1	0	0	0	0	1	0
Zin	1	0	0	0	0	1	0
Zout	0	1	0	0	0	0	1
R1out	0	0	0	0	1	0	0
R1in	0	0	0	0	0	0	1
R0out	0	0	0	1	0	0	0
WMFC	0	1	0	0	1	0	0
End	0	0	0	0	0	0	1
…							

表 6.1 所表示的是一个加法指令操作控制步序列,可用如表 6.3 所表示的一个微指令序列(微程序)来实现。

2) 微程序控制器

图 6.15 为微程序控制器的基本组织。为了顺序地从控制存储器中读出微指令,要使

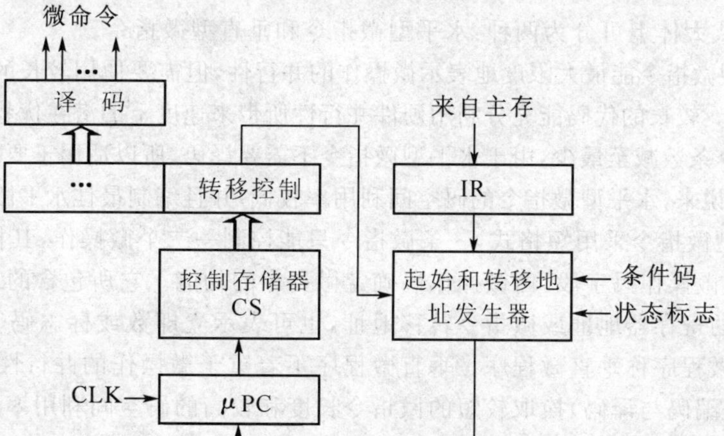

图 6.15　微程序控制器的基本组织

用一个微程序计数器 μPC（Microprogram Counter）。在每次把新指令装入 IR 时，“起始和转移地址发生器”将根据指令的内容，生成微程序的入口地址放入 μPC 中，而后时钟使 μPC 自动增值，依次从微程序存储器中读出一条条微指令。μIR 为微指令寄存器，存放从控制存储器中取出的微指令，经过译码后产生一系列微命令。机器指令的执行过程常常与条件码或状态标志有关，因此在微程序中也要引入条件转移的概念。这时，微指令中会出现“转移控制”部分，所以“起始和转移地址产生器”还能根据条件码、状态标志及相应的微命令产生新的转移地址放入 μPC。

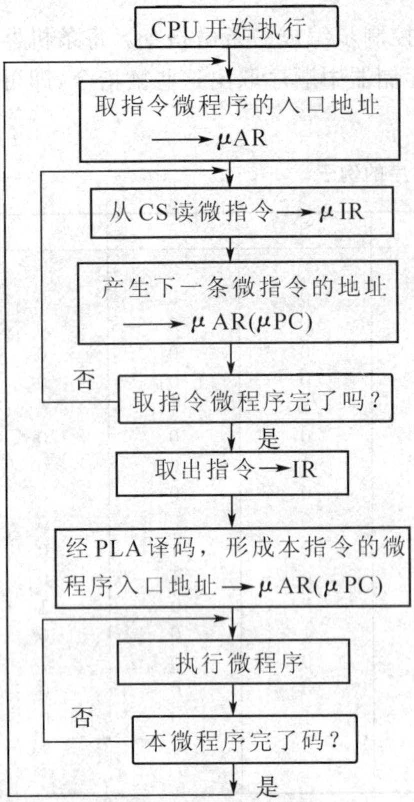

图 6.16　微程序控制器工作流程

综上所述，我们可以得出：

(1) 微程序定义了计算机的指令系统。因此可以借助改变微程序存储器的内容来改变指令系统。这为计算机设计者及用户提供了相当大的灵活性；

(2) 一般而言，并不经常改变微程序存储器的内容，所以通常用只读存储器 ROM 充当微程序存储器；

(3) 任何机器指令的执行都将多次访问控制存储器，因此，控制存储器的速度在决定计算机总的速度时起着主要的作用。

3) 微程序控制器工作流程

CPU 的工作就是不断地取出指令和执行指令的过程。而取指过程对于所有指令，其微操作命令序列均是相同的，因此，微程序控制器的工作流程就是不断地执行取指令的微程序和执行相应功能指令的微程序，其工作流程如图 6.16 所示。

6.4.3 微指令的格式与编码

微指令格式大体上可分为两种：水平型微指令和垂直型微指令。

(1) 水平型微指令能最大限度地表示微操作的并行性，但需要使用较长的代码，少则几十位，多则上百位。较长的代码能充分利用硬件并行性所带来速度上的潜在优势，也使微程序中所包含的微指令条数减至最少，由于水平型微指令不需要译码，所以适用于要求较高速度的场合。但是，一般说来，水平型微指令的码空间利用率较低，并且编制最佳水平微程序难度较大。

(2) 垂直型微指令采用短格式，一条微指令只能控制一二个微操作，其格式与普通机器指令相仿，设有微操作码字段，由微操作码确定微指令的功能。它所包含的地址码用来指定微操作数所在的寄存器地址或微指令转移地址，也可表示立即数或标志码等。采用垂直型微指令编写的微程序称垂直微程序。垂直微程序不着重于微操作的并行性，通过复杂的控制逻辑（主要是编码与译码）换取较短的微指令长度和较高的码空间利用率。编写垂直微程序的方法和传统的程序设计方法更为接近。因此可以这么说，垂直型微程序面向算法描述而水平型微程序面向处理机内部控制逻辑的描述。

实际上，微程序控制器的设计几乎很少采用不编码的水平型微指令格式。绝大多数机器都至少使用某种程度的编码，以减少微程序存储器的宽度和简化微程序设计的难度。

从前面的讨论我们已经知道，由控制器驱动的微操作控制信号有些是可以并行执行的，有些必须串行执行。例如，图 6.1 中各个寄存器的输出门控制信号不能同时有效，ALU 每次只能做一种运算等。假定某个机器有 K 个微操作信号，所有可能的并行微操作信号组合有 Q 种，$Q < 2^K$。显然，不编码的微指令宽度为 K，而以最高效率编码的微指令宽度为 $\log_2 Q$，$(\log_2 Q) < K$。但以此编码方式并不切实际，因为它将使译码变得非常困难，从而令速度太慢。另外，对于微程序的编制也会造成很大的难度。因此，在实现时常使用某些折中方法。

图 6.17 是常用的微指令编码方法，称为分段直接编码法。微指令由一组字段构成，每个字段是若干位二进制代码。在微指令执行时，每个字段经译码产生一个微操作信号，所有这些微操作就组成了指令执行操作步中的一步，亦即表 6.1 中的一行。

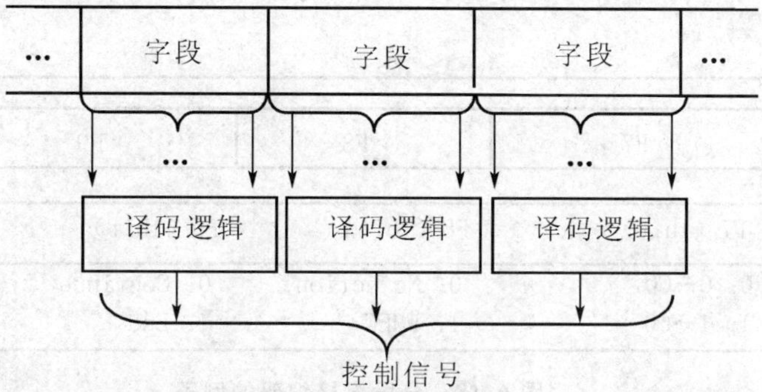

图 6.17　微指令编码

一个 N 位的字段对应着 2^N 个可并行执行的微操作信号，显然，这些信号是互斥的。

上述编码方法是直接编码，有时还采用间接编码。间接编码就是通过两级译码，以一个字段确定另一个字段的意义。这样可进一步减少微指令的长度，但速度较慢。

以下我们用一个水平型微指令的实例来考察无编码和分段编码的差别。表 6.3 是一个无编码的例子，由于通常所需要的控制信号数量非常大，这种采用一位表示一个控制信号的方法将导致微指令长度很长。另外，在任何给定的微指令中，仅有少数位被置 1，这使得控制存储器的空间被极大地浪费。假定在图 6.1 的单总线 CPU 中，包含 4 个通用寄存器 R0，R1，R2 和 R3。在此 CPU 中，某些连接是永久地存在的，如 IR 到指令译码器、ALU 的两个输入端等等。其余连接各寄存器的门控信号有 20 个。在图中还有一些未标出的控制信号也是必须的，如 Read、Write、Clear Y、1→C0、WMFC 和 END 信号等。最后，我们还要假定 ALU 能够完成包括"加"、"减"、"与"和"异或"等共 16 种操作功能。这样，在这个 CPU 中总共需要 42 个控制信号。

在无编码法中，42 个控制信号就要求微指令长度至少有 42 位。实际上，大多数控制信号不可能同时发生，许多信号是互斥的。例如，ALU 每次只能完成一种功能，同一时刻只能有一个寄存器的内容输出到总线，读、写信号不能同时出现等。这样，就可以把控制信号分组，将那些互斥的信号分在同一组，而相容信号分在不同组。在一条微指令中每一组只能有一个微操作信号有效。图 6.18 给出了分段直接编码的例子，可以看出，这种编码只需要 20 位。

微指令

F1	F2	F3	F4	F5

F1（4bit）	F2（3bit）	F3（3bit）	F4（4bit）	F5（2bit）
0000：No transfer	000：No transfer	000：No transfer	0000：Add	00：No action
0001：PCout	001：PCin	001：MARin	0001：Sub	01：Read
0010：MDRout	010：IRin	010：MDRin	⋮	10：Write
0011：Zout	011：Zin	011：TEMPin	1111：XOR	
0100：R0out	100：R0in	100：Yin		
0101：R1out	101：R1in		16 ALU	
0110：R2out	110：R2in		function	
0111：R3out	111：R3in			
1010：TEMPout				
1011：Addressout				

F6	F7	F8	F9	…

F6（1bit）	F7（1bit）	F8（1bit）	F9（1bit）
0：No action	0：0→C0	0：No action	0：Continue
1：Clear Y	1：1→C0	1：WMFC	1：End

图 6.18　分段直接编码的例子

6.4.4　微指令排序

微程序控制器完成的基本任务是：微指令排序和微指令执行。微指令执行的主要任务就是产生执行微指令所需的微操作控制信号，上节我们已经讨论了其实现方法。本节主要讨论微指令的排序问题。

微指令排序就是解决如何由控制存储器得到下一个微指令地址。排序技术要考虑的问题有两个：一是微指令的宽度，二是地址生成时间。这两个问题涉及控制存储器的制造难度和成本以及微指令的执行速度。

由图 6.15 可以看出，获得下面要执行的微指令地址取决于以下 3 种情况：

- 指令寄存器
- 下一顺序地址
- 转移

指令寄存器决定了微程序的开始地址；顺序微程序在前一条微指令执行完后将由 μPC 指出下一顺序地址；如果在微程序中包含转移，则下一条微指令地址的获得将变得比较复杂。为了尽可能使各个微程序能共享公共的微子程序（如对于给定机器，各条指令的取指过程都是一样的），必然会造成更多地微转移。因此，后续微地址（特别在转移情况下）的形成方式对微程序的编制影响很大。常见的微指令地址生成技术有计数器法和下地址字段法两种。

1) 计数器法(增量方式)

如果微程序只要求按顺序执行微指令,利用图 6.15 所给出的微程序控制器的结构,则由 μPC 负责生成下一微指令的地址(μPC + 1 →μPC)。为降低成本,常常将 μPC 设计为一个二进制计数器。而微程序的转移可由专门的"转移微指令"来实现,通过微地址发生器以及相应的条件码和标志,生成微转移地址送 μPC。

计数器法的优点是简单、易掌握,编制微程序容易。缺点是当转移分支很多时,相应的逻辑电路也更复杂,并影响微程序的执行速度。此时通常采用 PLA 可编程逻辑阵列来实现。如将每条机器指令的操作码通过 PLA 翻译成对应的微程序入口地址,这时微指令可写为:μPC←(PLA,OR)。

2) 下地址字段法(断定方式)

以 μPC 为基础所建立的地址生成技术最大的缺点在于当存在着较大量的转移微指令时,将会严重影响计算机的工作速度。作为一种替代的方法,是在微指令中设置一个专门的地址字段用以指出下一条微指令的地址或部分地址(取决于 IR 及条件码和状态标志)。事实上,这就意味着每一条微指令都变成转移微指令,并且,它还具有其他控制操作或传送的功能。

该方法的主要缺点是增加了微指令的长度,有时还会对控制存储器的设计带来影响。在一个典型的计算机中,其控制存储器的容量可少于 4K。每条微指令长度在 50 位到 80 位,这就意味着下地址字段要求有 12 位。因此,大约 1/6 的控制存储器空间用于寻址。

此方法最明显的优点是消除了专门的转移微指令,而且在给微指令分配地址时简直没有什么限制。它不再需要可增值的 μPC,而用一个简单的微指令地址寄存器(μAR)存放将要读取的微指令地址。采用下地址字段法的微程序控制器组织结构如图 6.19 所示。

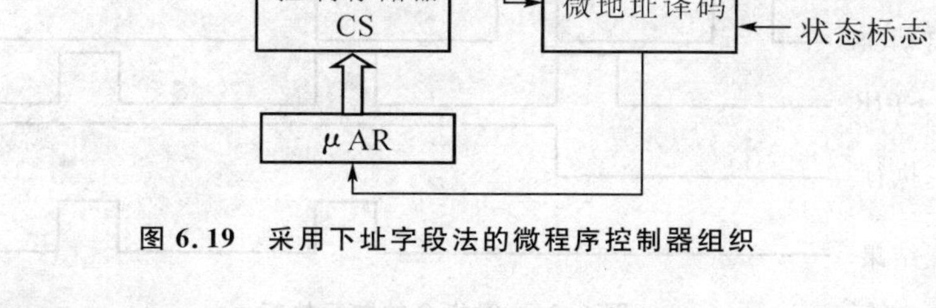

图 6.19 采用下址字段法的微程序控制器组织

6.4.5 微程序设计

1) 微指令的执行方式

执行微指令的过程和执行机器指令是类似的。首先将微指令从控存(CS)中取出,对于编码的微指令还要进行译码；然后执行微指令所规定的各个微操作。图 6.16 给出的微程序工作过程显示了微指令是以串行方式执行的，即在一条微指令取出并执行完成之后才能取下一条微指令。此种方式的优点在于控制简单，形成下地址容易且所需硬件设备少。最大的不足是其与硬布线控制器相比速度较慢。

解决的办法主要是采用更快的控制存储器以及使用长微指令以尽可能同时产生更多的微操作信号。另一个有效的办法是使微指令并行执行。通过预取微指令，即在当前微指令执行的同时取得下一条微指令，从而使大部分执行时间和取微指令时间重叠，即整个机器的速度取决于取微指令时间。当然，在转移发生时，预取的微指令可能是错误的。在这种情况下，需要用正确的地址重新去取微指令，这将导致硬件的复杂性。

图 6.20 和图 6.21 给出了微指令串行和并行两种执行方式的时序。除了采用这两种执行方式之外，有时还采用它们结合起来即所谓的混合方式。当现行微指令执行时不影响后续微指令时，采用并行方式；而现行微指令的执行对后续微指令地址产生影响时，则采用串行方式。

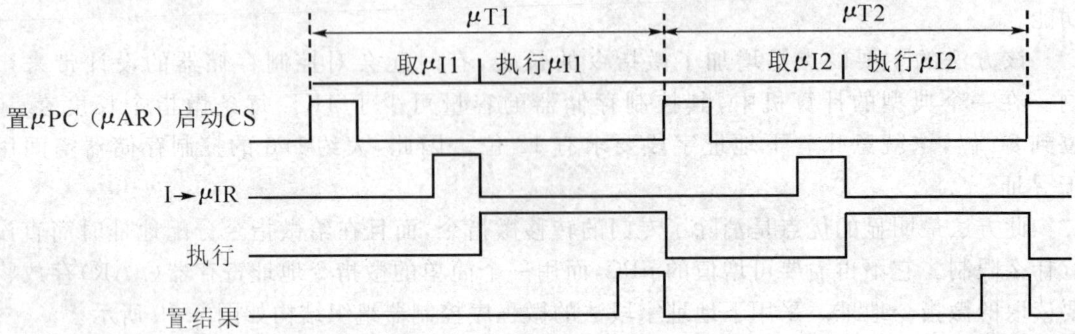

图 6.20 微指令的串行执行

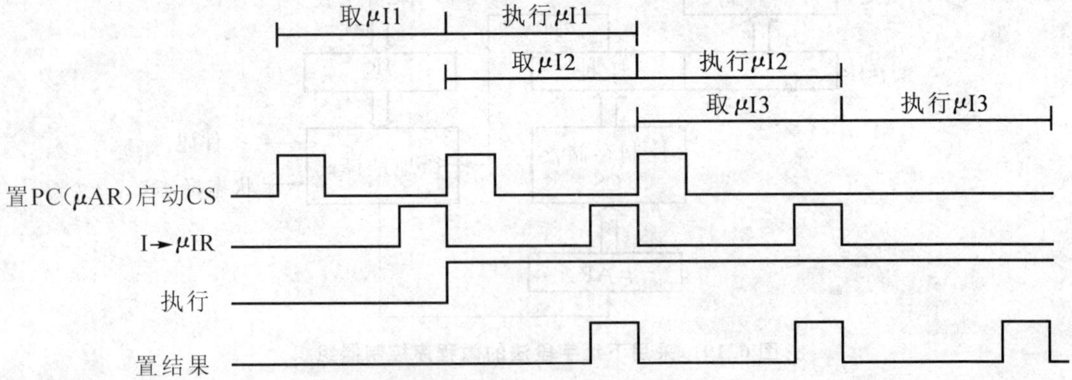

图 6.21 微指令的并行执行

2）毫微程序设计

毫微程序设计又称为二级微程序设计，其目的是增加微程序的通用性，使微程序便于修改，减少存储空间。通常，第一级采用垂直微程序，第二级采用水平微程序。指令执行时，首先进入第一级微程序，由于该级为垂直微程序，主要完成对微程序的顺序控制，所以并行操作的功能不强。在需要发出微操作命令时再调用第二级水平微程序（即毫微程序），执行完毕后再返回第一级微程序。

图 6.22 显示了毫微程序设计的基本原理。第一级垂直微程序是根据指令应完成的任务编制的，它有严格的顺序结构，由它确定后继微指令的地址。第二级水平微程序是由第一级调用的，并具有并行操作控制能力，由它输出微命令解释执行第一级的垂直微指令。若干条垂直微指令（内容相同）可以调用同一条毫微指令，因此在控制存储器 2 中存放的每条毫微指令都是不相同的。

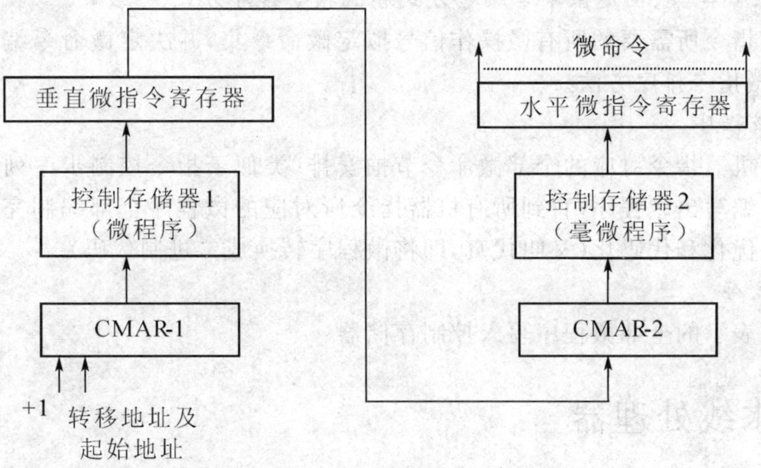

图 6.22　毫微程序设计的基本原理

毫微程序设计的方法将微程序的顺序控制与发出微操作命令完全分离开来。其主要优点在于通过使用少量的控制存储器空间，可达到高度的并行性。一方面对于很长的微程序，可采用垂直格式编码存放在一个短字长的控制存储器中；另一方面毫微程序使用了高度并行的水平格式，并且没有重复，可采用字长较长但容量小的控制存储器来存放。二级微程序设计的主要缺点是一条微指令的执行要访问二次控存从而影响速度。

3）动态微程序设计

对于一台给定的计算机而言，其指令系统一般是确定的，因而实现指令系统的微程序一般也是固定的。在这种情况下，微程序不允许改变而且一般也无法改变。这样的设计方法叫做静态微程序设计。

动态微程序设计是一种可使计算机的指令系统按需要改变的技术。采用这种技术的机器能更灵活、更有效地适应不同的应用场合，而无需改变或更换硬件。当然，针对指令系统的改变需要对计算机系统结构和组成相当熟悉。因此，动态微程序设计一般也要由计算机专业设计人员承担。某些机器在其指令系统中保留了部分未定义的扩充操作码，可以让用户自定义指令。用户只要编写好所定义指令的微程序，然后借助于专门工具将微程序存进可写入控制存储器（WCS）。这些自定义指令就成为指令系统的一部分，可以和原有指令一样使用并且能够随时改变它们的功能。

6.4.6 微程序控制器设计

微程序控制器设计的最主要任务是编写所有机器指令所对应的微程序。具体设计步骤如下：

1）确定微指令格式与执行方式

根据具体情况决定采用水平微指令格式还是垂直微指令格式，微指令是按串行方式还是按并行方式执行等。

2）定义微命令集、确定微命令编码方式和微指令排序方式

根据机器指令所需要的所有微操作信号拟定微命令集，并决定微命令编码方式及字段的划分，选择微指令排序方法。

3）编制微程序

首先列出机器指令对应的全部微命令节拍安排（类似于指令控制步序列），然后按已定的微指令格式编写出微程序，直到所有机器指令所对应的微程序全部编制完成。最后还要进行微程序的优化和代码化（又叫代真，即将微程序转换成二进制代码）。

4）写入控存

将二进制表示的全部微程序写入控制存储器。

6.5 流水线处理器

如果 CPU 能够将指令的取指周期和执行周期重叠起来，将会极大地改善 CPU 性能。这种技术被称为指令流水（Instruction Pipelining）。为了提高 CPU 的运算速度，在 ALU、浮点运算部件中有时也采用流水线技术，称为操作流水（Operating Pipelining）。流水线技术实质上是将功能部件分离、执行时间重叠的一种技术，它可以在增加尽可能少的硬件设备情况下有效地提高 CPU 性能。

6.5.1 基本概念

一条指令的执行过程大体上可分为取指令和执行指令两个阶段。假定 F_i 和 E_i 分别表示指令 I_i 的取指令和执行指令周期，图 6.23a 显示的是按取指令、执行指令的顺序执行程序的过程。现在将处理器的指令部件分成两个独立的硬件单元，一个用来取指令，另一个用来执行指令，如图 6.23b 所示。取指令单元将从存储器取回的指令存放在一个临时存储缓冲器 B_1 中直到该指令被执行完成，执行单元将结果存放在指令指明的目的地。为简单起见，假定取指令周期和执行指令周期都在一个时钟周期内完成。图 6.23c 显示了流水线技术的指令执行过程。

图 6.23b 是由取指令和执行指令两个部件构成的流水线，通常称为两段流水线。存储缓冲器 B_1 的作用是将前一段的信息传到下一段，在每个时钟周期结束时，B_1 的内容会被更新。

如果将处理指令的过程进一步细化，就可以形成更多段的流水线。例如，一条五段指令流水线可由如下 5 个部件组成：

S1,取指令(IF):由 Cache 或主存取指令;
S2,指令译码(ID):生成指令将要完成的操作;
S3,取操作数(OF):确定操作数地址,读取存储器操作数和寄存器操作数;
S4,执行(EX):对操作数完成指定操作;
S5,写回(WB):修改目标操作数。

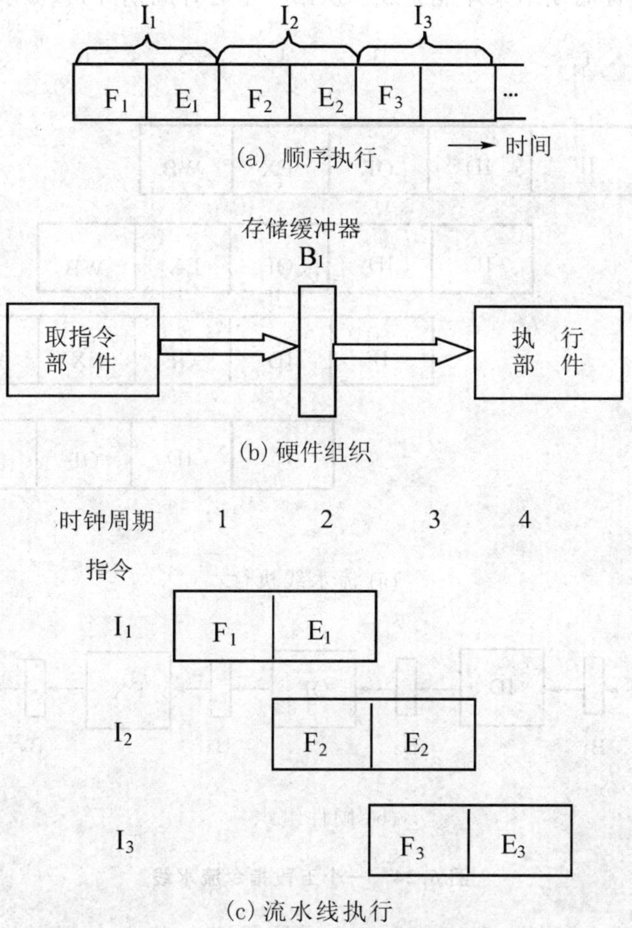

图 6.23 指令流水线的基本思想

图 6.24(a)显示了 4 条指令在 5 段指令流水线下的执行情况。进入流水线的指令流,由于后一指令的第 i 功能步与前一指令的第 $i+1$ 功能步同时进行,从而一串指令总的完成时间大为缩短。如图所示,完成 4 条指令的执行只用了 8 个时钟周期。若是非流水线的顺序处理则需要 20 个时钟周期。

图 6.24(b)给出了五段指令流水线中的 5 个分离的功能部件。这些部件必须能够并行工作。每个部件处理不同的数据,并通过存储缓冲器 B_i 将结果送到下一个部件。

需要注意的是,流水线技术并未加快每条指令的执行速度。它是通过增加单位时间所执行的指令数目而提高 CPU 执行程序的速度的。

不难看出,增加流水线的段数可明显提高 CPU 的性能。但实际上各段的执行时间很难做到统一。由于各个功能部件本身的差异以及每次执行的功能的复杂性不同,如访问低速存储器，执行复杂的除法或浮点运算等等，使得某些功能部件难以在一个时钟周期内完成其功能。如在上述例子中，假定指令 I_2 的执行(EX)需要 2 个时钟周期，则 I_2 的写回(WB)被延迟到第 7 个时钟周期。同时，B_3 的数据需要一直保持到执行部件完成操作为止(2 个时钟周期)。因为 B_1 的内容不能被新的取指令(IF)操作所覆盖，所以第 1 段(IF)和第 2 段(ID)被阻塞。B_1、B_2、B_3 和 B_4 的内容必须在同一个时钟边沿变化，因此 I_3 的 OF 段和 I_4 的 ID 段直到第 6 个时钟周期结束才能完成。从第 7 个时钟周期开始，流水线恢复正常。

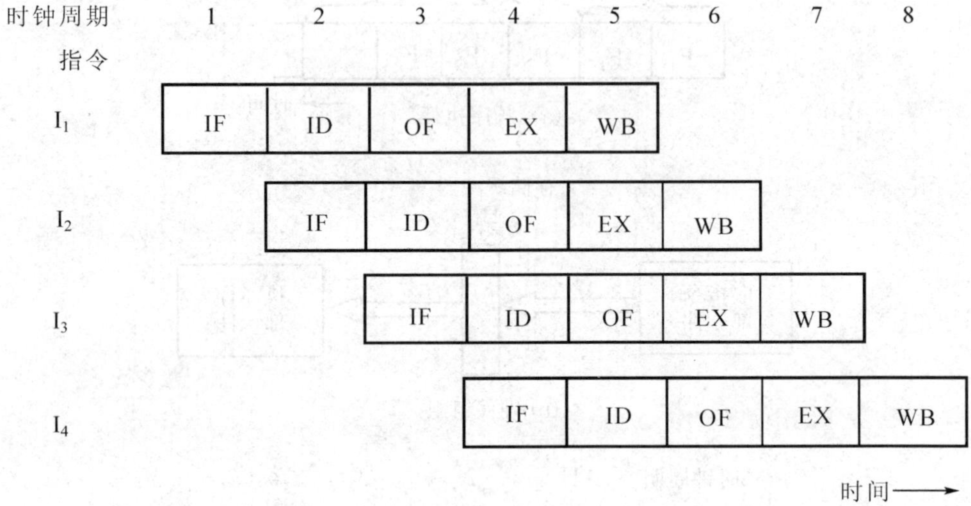

(a) 流水线执行

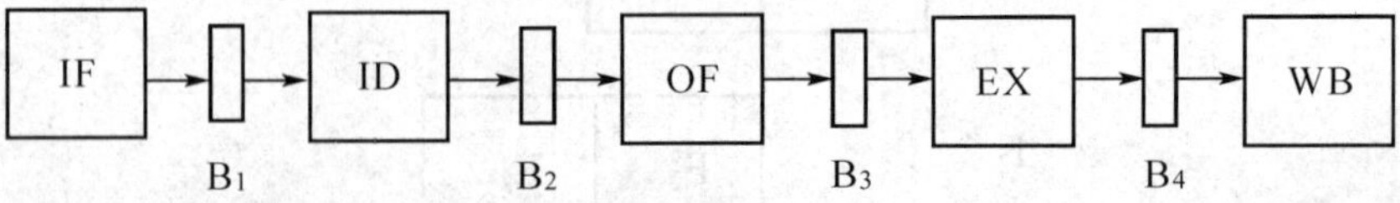

(b) 硬件组织

图 6.24　一个五段指令流水线

任何时候流水线上的某一段不能在一个时钟周期内完成，通常就叫做流水线停顿。一旦流水线停顿，性能就会降低。因此流水线处理器设计的一个重要目标就是通过某些措施来有效地避免或减小这种停顿的影响。常用的技术主要有指令预取(指令队列、指令缓冲)和快速 Cache 等，以下对这两种技术做一个简单的介绍。

1) Cache 的作用

为避免流水线停顿，时钟周期的长度应足以保证任何段都能够完成任务。如果不同的功能部件需要不同的执行时间，时钟周期的长度应设计为使得最长任务也能完成。而那些提早完成任务的部件在时钟周期的剩余时间里将处于空闲状态。因此，提高流水线性能最有效的办法是让不同的段需要相同的时间。

例如，图 6.24(a)中的取指令(IF)段需要访问主存，而访问主存的速度通常要比处理器内部的一些基本流水线段的速度慢很多，比如两个数相加。由于每条指令的 IF 段都访问主存，这会使流水线的性能大打折扣。

从第 4 章我们知道，Cache 的使用可以大大缩短访问主存的时间。特别是当 Cache 做在处理器片内时，其速度将和处理器其他的操作一样快。这就有可能解决上述取指令和执行指令时间差异太大的问题。

但 Cache 的使用会遇到失效（不命中）的问题，这会使流水线上相应段的执行时间延长。如图 6.25(a)所示，流水线发生停顿现象。指令 I_2 在第 2 个周期取指时发生 Cache 失效，取指令部件（IF）被挂起，直到 I_2 进入 B_1 为止。假定 I_2 在第 5 个周期结束到达，流水线此时才能恢复正常。

注意，在图 6.25(a)中，ID 部件在第 3 周期到第 5 周期空闲，OF 部件在第 4 周期到第 6 周期空闲，EX 部件在第 5 周期到第 7 周期空闲，而 WB 部件在第 6 周期到第 8 周期空闲。

图 6.25(b)给出了每个流水线上的段在每个时钟周期所完成的功能。由于 Cache 失效而引起的 3 个空闲(idle)周期在功能部件中传递。

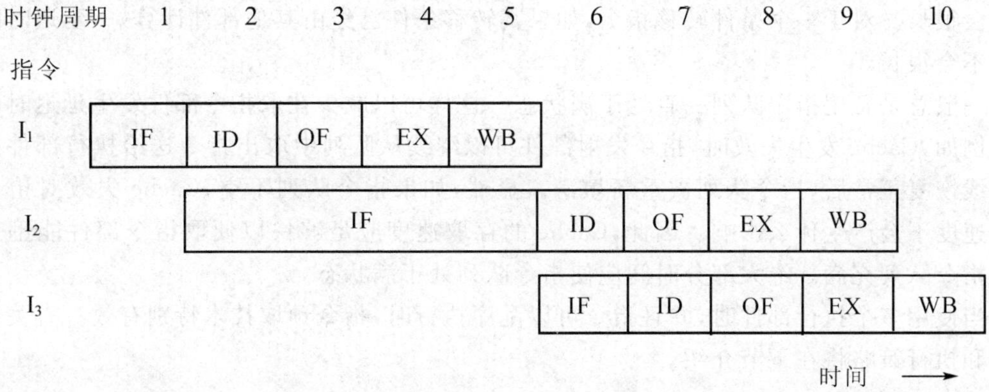

(a)流水线执行

时钟周期	1	2	3	4	5	6	7	8	9	10
段										
IF:	IF_1	IF_2	IF_2	IF_2	IF_2	IF_3				
ID:		ID_1	idle	idle	idle	ID_2	ID_3			
OF:			OF_1	idle	idle	idle	OF_2	OF_3		
EX:				EX_1	idle	idle	idle	EX_2	EX_3	
WB:					WB_1	idle	idle	idle	WB_2	WB_2

(b) 各段完成的时序

图 6.25　流水线停顿现象

除了取指令外，存取操作数也需要对主存进行读写操作。因此，Cache 也应提供和指令一样的快速存取操作数的能力。在现代计算机系统中，如 Pentium 和 PowerPC 都提供了片内分立的指令 Cache 和数据 Cache。

2) 指令预取

除了上述 Cache 失效会引起流水线停顿外，转移指令也会造成流水线停顿。这意味着由取指令部件产生的指令流会被频繁的中断。为了降低这些中断的影响，大多数处理器都使用指令预取技术，即提前将指令取出并放入指令队列中。指令发射部件将队列头上的指令发送到空闲的执行部件去执行。图 6.26 给出了相关的硬件组织。

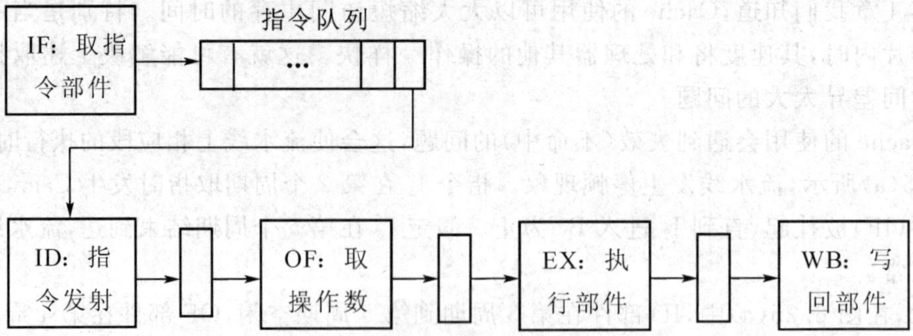

图 6.26　带有指令队列的流水线硬件组织

为了识别和执行转移指令，取指令部件应具备很强的译码和处理能力。对于无条件转移指令，因为取指令部件能够计算出转移目标地址，并以此地址继续取指令，因而延迟时间并不会很长。对于一个条件转移指令，如果其转移条件已经由其他部件计算好，延迟时间同样也不会很长。

一般总是希望指令队列一直处于满状态。这样可以减少在取指令部件发生延迟时的影响。例如，Cache 发生失效时，指令发射部件可以继续从队列中取出指令送给执行部件。当流水线恢复正常后，指令队列被重新填满。显然，如果指令队列不空，Cache 失效对指令执行的速度不会产生什么影响。因此，Cache 的存取速度应足够快以便取指令部件能迅速重新让指令队列充满。绝大部分时间应使指令队列处于满状态。

当使用多个执行部件时，并且指令可以乱序执行时，指令预取技术特别有效。有关指令发射和执行策略将在下节介绍。

6.5.2　访存冲突和相关处理

1）访存冲突

在流水线上，取指令、取操作数都要访问主存。因此流水线技术要求 CPU 必须能够同时访问主存的两个单元，而采用将指令和数据混合存储的计算机难以实现这个目标。解决的办法主要有：

(1) 设置分别存放指令和操作数的两个独立编址的主存；

(2) 采用多体交叉存储器，使两条相邻指令的操作数存放在不同的存储体内；

(3) 采用指令预取（指令缓冲）技术。

2）控制相关

在流水线处理器中，当遇到条件转移指令时，确定转移目的地址的条件往往是由前一条指令得出的。这样，只有前一条指令流出流水线时，转移条件才能形成，而此时后面的若干条指令早已流入流水线。这时便发生了所谓控制相关。

图 6.27 显示了一条转移指令引起的空闲周期。图中 I_j 是一条转移指令，它和 I_{j+1} 存在主存的相邻两个单元中。假定转移的目的地址是 I_k。当 I_j 在执行时，即在计算转移目的地址时，I_{j+1} 的取指令操作已经进行了。但处理器必须阻止 I_{j+1} 的执行而开始取指令 I_k，而执行部件(EX)要停顿 1 个时钟周期，如图所示。

对于无条件转移指令，使用前面讨论的指令队列和高速 Cache 技术可以很好地解决控制相关问题。这是因为一次可以从指令 Cache 中取出多条指令，而取指部件一旦发现其中某条指令为无条件转移指令，就会立即执行它。在紧接着的下一个时钟周期，取指部件将取出以转移目的地址开始的若干条指令。因为取指部件和执行部件的并行性，这种无条件转移指令就不会产生延迟。

转移指令在程序中出现的频率非常高，通常占据动态指令的 20%。所谓动态指令，是指在程序中真正执行的指令数，包括重复执行的指令。这样高百分比的转移指令会对流水线的性能产生很大的影响。目前在采用流水线的计算机系统中应用了多种技术来解决有关转移指令的问题。以下介绍两种经常采用的处理有关转移相关的技术。

(1) 延迟转移(Delayed Branch)

图 6.27 中，在确定当前指令 I_j 是否是转移指令前，处理器就已经开始取指令 I_{j+1} 了。当 I_j 执行完成并且决定转移时，处理器必须终止指令 I_{j+1} 的执行而转去取转移目的地址。通常将转移指令后面的指令位置称为转移延迟槽(Branch Delay Slot)。延迟槽的数量取决于转移指令的执行在流水线中占据几个段。延迟槽中的指令总是被取出，而它们是否被执行要等到转移指令执行完。

延迟转移技术的思想实际上很简单，由于延迟槽中的指令总是被取出，令其不管转移是否发生都被完整地执行。延迟槽里可以安排一些有用的指令，如果没有这种指令，则在延迟槽中用无操作指令(NOP)填充。

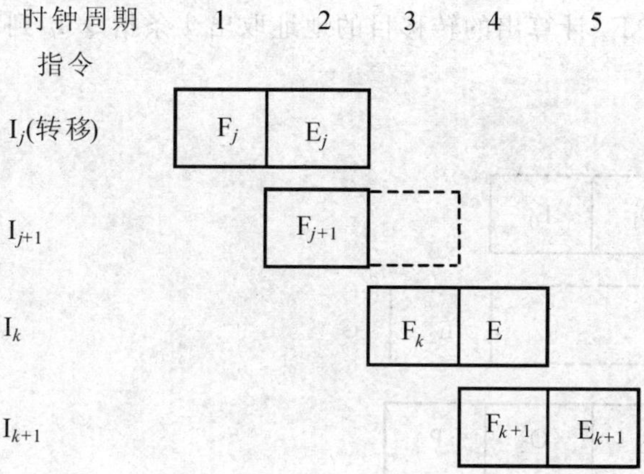

图 6.27 由一条转移指令引起的空闲周期

```
LOOP   SL    R1  ;  R1 左移1位
       Dec   R2  ;  R2 ←(R2-1)
       BNZ  LOOP ;  不为零，转移
NEXT   Add   R1+R3
```

(a) 原始程序段

```
LOOP   Dec  R2
       BNZ  LOOP
       SL   R1
NEXT   Add  R1+R3
```

(b) 指令重排序后

图 6.28 用于延迟转移的指令重排序

图 6.28(a)给出了一个简单的循环程序段，寄存器 R_2 是一个计数器，它决定寄存器 R_1 左移的次数。在一个两段流水线和一个转移延迟槽的处理器中，可以将指令序列重新排列，如图 6.28(b)所示。在这种情况下，转移指令执行时，移位指令被取出。在判断转移条件后，处理器根据条件的真假决定取 LOOP 还是 NEXT 处的指令。由于移位指令在延迟槽中总是被取出并被执行，因此流水线任何时候都不会被中断，也就不会有空闲周期。

从逻辑上讲，转移指令的执行发生在位于其存储器位置后(延迟槽)的指令，因此被称为延迟转移。

延迟转移技术的性能取决于能否有效地对指令序列进行重新排序。根据对大量程序中实验数据的统计表明，85%的编译程序只使用一个延迟槽。对于有两个延迟槽的处理器，编译程序要找到两条指令安排进入延迟槽并且不发生逻辑错误，要比找一条指令的机会小得多。因此，增加流水线的段数以及增加转移延迟槽的数量，延迟转移技术的性能并不能完全发挥。

（2）转移预测（Branch Prediction）

转移预测技术试图预先判断一个转移是否会发生。例如，在一个循环程序段的末端经常会放置一条转移语句以控制程序的流向是转向循环的开始还是退出循环。显然，只有在经过最后一次循环才不会发生转移。因此，当遇到转移指令时，如果确信将会发生转移，那么对处理器是有利的。基于这种设想，取指令部件将位于转移目的地址的指令取出并将其放入指令队列中。如果在转移条件被计算出来后，转移确实发生，执行部件将继续正常地执行。这种情况下，转移指令不会引起任何延迟。如果转移条件不满足，则取出的指令必须终止，取指部件将重新取出正确的指令。当转移指令处于循环的开始位置时也是类似的，只不过应假定转移不会发生。

图 6.29 给出了在一个四段流水线中采用预测转移技术的例子。首先假定转移条件和转移目的地址能够在一个时钟周期内计算完成，并且同时可以从指令 Cache 中取出 4 条指令。指令 I_1 完成两个数的比较，I_2 是基于比较结果的条件转移指令。假定取指令部件预测转移不会发生，并将指令 I_3、I_4 放入指令队列中。因此，指令 I_3 紧随着指令 I_1 后执行，I_4 跟着 I_3 执行。在比较指令执行完并改变条件码标志之前，是否发生转移都无法知晓。因此，在 E_1 完成后，取指部件才知道预测是错误的，并且要将正在执行的指令（I_3、I_4）清除。图中在清除周期标以 P 表示。同时取指部件将从 E_2 计算出的转移目的地址取出 4 条指令 I_k 到 I_{k+3}（图中仅标出了 I_k）。

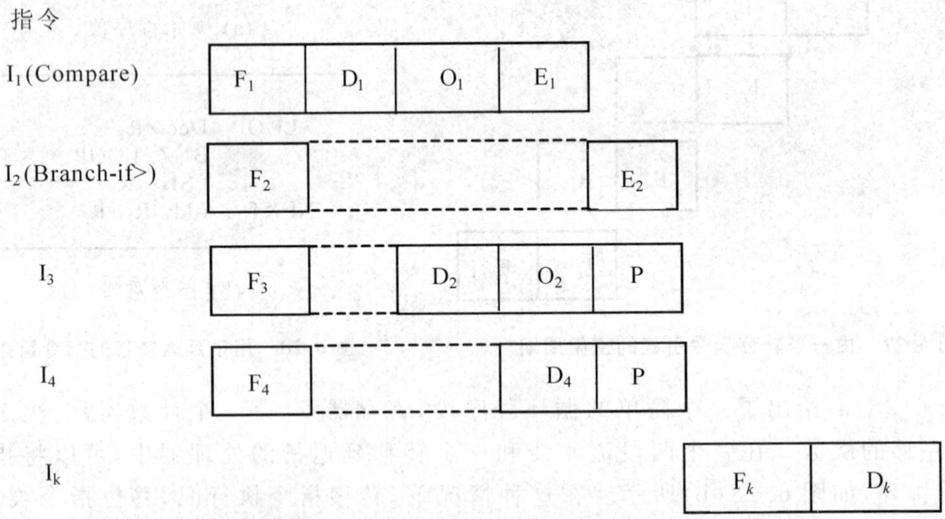

图 6.29　在四段流水线中使用转移预测的例子

转移预测通常有两种方法实现。一种是通过编译程序来完成，此时预测被编码在转移指令中。指令的操作码字段指明转移被预测为发生还是不发生。对于一个给定的转移指令每次预测的结果总是相同的，这种方法被称为静态转移预测（Static Branch Prediction）。

另一种方法是通过处理器硬件来判断一个转移指令每次发生的可能性。它可以记录上次转移预测的结果,并以此为依据来预测下次转移是否会发生。例如,用1位来记录预测历史,在一个循环程序段中,只会出现两次预测错误,一次在循环开始,另一次在循环结束。增加记录历史位,可提高预测的准确性。现代计算机经常采用一种转移目标缓冲器BTB(Branch Target Buffer)来保存更多的信息以提高预测的准确度和程序执行的性能。显然,同样的转移指令在不同的场合可能有不同的预测结果。因此,这种方法被称为动态转移预测(Dynamic Branch Prediction)。

3) 数据相关(Data Dependency)

数据相关主要发生在几条相邻的指令间共用同一个寄存器或存储单元时。例如,一条指令的源操作数来自于先前执行的指令结果。如果先前执行的指令结果还没有存放在相应的寄存器中,本条指令就无法继续执行下去。由于流水线中同时可以处理多条指令,因此数据相关的几率大为增加,从而会造成流水线停顿。

以图6.24(b)为例,对于一个五段流水线的处理器考虑其数据相关性问题。假定处理器存在三操作数指令,两个源操作数和一个目的操作数,它们在流水线中的位置如图6.30所示。考虑以下两条指令:

I_1: Add R1,R2,R3

I_2: SL R3

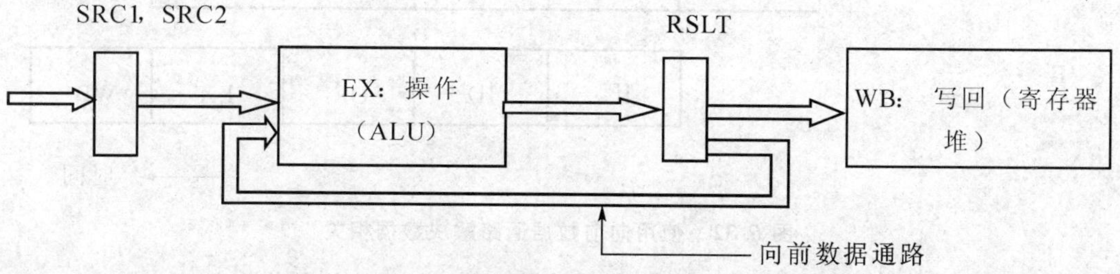

图6.30 源寄存器、目的寄存器在流水线中的位置

图6.31显示了这两条指令执行的时序。Add指令在第1个时钟周期取出,R1、R2的内容在第3个时钟周期被送入SRC1和SRC2,第4个时钟周期ALU执行加法并将和送入RSLT,第5个时钟周期将RSLT中保存的和送往寄存器堆中的R3。在取I_2的源操作数时,处理器硬件必须检查源操作数是否和前面指令的目的操作数相同,它要确保被更新的值能够被使用。因此,在流水线的取操作数段(OF)被延长至第6个时钟周期才能从R3中取到正确的值,相应地流水线停顿了两个周期。I_2后面的指令I_3也受到影响,直到再下一条指令才能恢复正常。

为了避免产生延迟,可以通过硬件使ALU的运算结果在下一个时钟周期立即作为源操作数用于下一次的ALU运算。图6.30中的向前数据通路就是用于这个目的。在指令I_2译码后,控制电路确定I_2的源操作数和I_1的目的操作数相同。因此,取操作数部件(OF)被禁止,在图6.32中以P表示。在下一个时钟周期里,执行段(EX)的控制逻辑指定源操作数直接来自于寄存器RSLT,在图6.32中以fwd表示。因此,I_2的执行过程不会被中断。

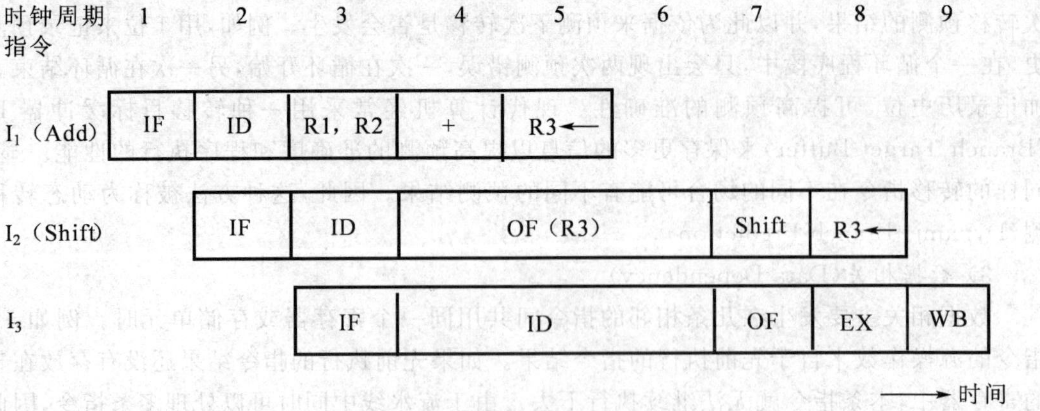

图 6.31　数据相关引起流水线中断

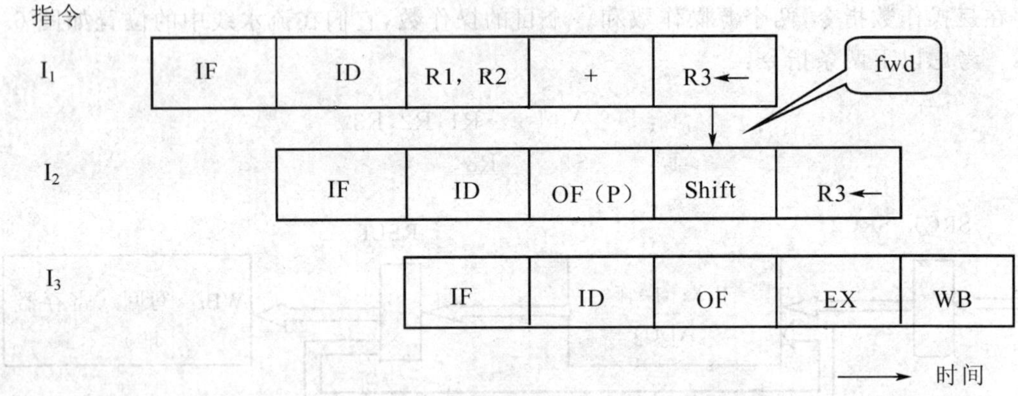

图 6.32　使用向前数据通路解决数据相关

当操作数来自于主存时也会发生数据相关。例如，两条相邻的指令如下：

I_1：　Load　(R1)，R2；((R1))→R2

I_2：　Add　R2，R3，R4；R2＋R3 → R4

图 6.33 给出了这两条指令的一种可能的执行顺序。在 I_1 将从存储器(数据 Cache)中取得的数据送到 R2 的同时，也把数据通过图 6.30 中的向前数据通路直接送往 ALU。这就使得 I_2 能够继续执行而流水线无须停顿。

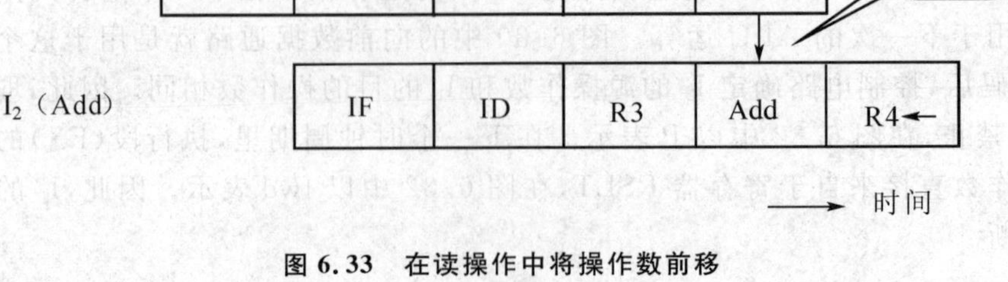

图 6.33　在读操作中将操作数前移

除了设置向前数据通路的方法外，常用的解决数据相关的方法还有一些。例如，当出现数据相关时，可以暂停后续指令进入流水线。这种方法简单、易实现，但对流水线的性能影响很大。还可以通过改变流水线的顺序来避免相关性，此方法很有效，但控制方法非常复杂。

6.6 超标量处理器

超标量处理器(Superscalar Processor)是指在处理器中安排多个指令执行部件，多条指令可以被同时启动和独立执行。超标量结构非常适合 RISC 结构的计算机系统。当然，对于 CISC 结构的计算机也能够使用超标量技术。

6.6.1 概 述

超标量技术最早于 1987 年被提出，其目的主要为改善标量指令执行的性能。由于在实际应用中大量的操作都是针对标量进行的，因此提高标量指令执行的性能对提高整个计算机系统的性能非常重要。

超标量技术依赖于并行执行多条指令的能力，这种技术对提高指令级并行性(Instruction-Level Parallelism)非常有利。在超标量处理器中一般都配备了多个功能部件和指令译码电路，还有多个寄存器端口和总线，以便同时执行多条指令。在超标量流水线中，并行执行的流水线条数称为超标度。图 6.34 给出了一个超标度为 3 的五段流水线超标量处理器时序图。和图 6.23 所示的一般流水线相比，超标量流水线每个时钟周期同时有 3 条指令进入流水线。

另外，编译程序如何安排哪些指令可以并行执行对于充分发挥超标量结构的优势也是非常重要的。例如，一个由 3 条指令组成的程序段如下：

```
MOV  #100,R0
ADD  #200,R1
ADD  R2,R3
```

在这个程序段中，3 条指令不存在数据相关，因此可以并行执行。而对于下面的程序段，由于存在数据相关性，不能并行执行。

```
DEC  R0
ADD  R0, R1
MOV  R1, R2
```

尽管超标量技术本身并不能改变指令执行的顺序，但是可以通过编译程序采取某些优化技术，在将高级语言程序翻译成机器语言程序时，改变指令的执行顺序以找出更多的指令并行性。

超标量处理器需要较多的功能部件，但对硬件速度的要求并不高。因此，超标量处理器实际上是以增加硬件为代价来换取对机器性能的提高，即以空间换取时间。

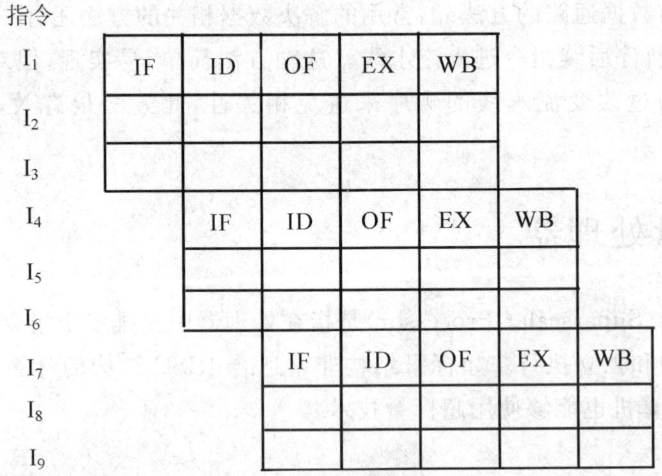

图 6.34　超标量处理器

在超标量结构的处理器中，经常还采用其他一些技术来进一步提高指令执行的并行度。以下是两种在现代处理器中常见的技术。

1）超流水线(Super Pipelining)技术

由于大部分流水段完成的任务所花费的时间只占时钟周期的一小部分，因此可以在一个基本时钟周期内分时发射多条指令。这种技术被称为超流水技术。这种技术实质上是把流水段进一步细分，使各段的功能部件在每个时钟周期内使用多次，这样就可以在一个时钟周期内也有多条指令流入流水线。

超流水线处理器是通过各个功能部件的充分重叠工作来提高机器性能的，因此对硬件速度要求较高，即以时间换取空间。

将超标量技术和超流水技术结合起来，就形成了超标量超流水线处理器。

2）超长指令字(Very Long Instruction Word，简称 VLIW)技术

超长指令字技术和超标量技术类似，都采用多个功能部件并行处理多条指令，能够在一个机器周期内流出多条指令。但它们也有不同之处，超标量的指令来自于指令集中的标准指令流，VLIW 则是由编译器经过优化策略，将多条能够并行执行的指令合并成一条具有多个操作码的超长指令。VLIW 的字长可以多达成百上千位，并控制着处理器中多个独立工作的功能部件，相当于同时执行多条指令。

VLIW 相对于超标量具有更高的并行能力，对编译技术也有很高的要求，并且希望 Cache 的容量尽量大。采用 VLIW 技术的处理器一般具有以下 3 个特点：

(1) 单一控制流，每个时钟周期启动一条超长指令；

(2) 超长指令包含多个操作码字段，每个字段直接控制一个 ALU；

(3) 编译器在一个周期安排多个操作同时执行，各个操作有各自的操作数。

6.6.2　指令发射策略

在超标量流水线处理器中，常常需要通过改变指令执行的顺序来提高指令级并行度。当然，内部的指令调度策略必须保证程序的运行结果和按照顺序执行时的结果一致。指令

发射(Instruction Issue)是指启动指令执行处理器功能的过程。发射指令所采用的协议或规则称为指令发射策略(Instruction-Issue Policy)。实际上,指令发射的本质就是处理器试图在当前执行点前面查找能进入流水线并执行的指令。

指令发射策略依赖于指令的排序,这种排序主要有三类:

① 取指令顺序;

② 执行指令顺序;

③ 寄存器和存储器位置改变的顺序。

指令发射策略需要通过更改排序,即对流水线的调度来提高流水线的利用率。但是这种策略必须保证运行结果的正确性。

通常,把指令发射策略分成如下三类:

① 按序发射,按序完成(In-Order Issue With In-Order Completion);

② 按序发射,无序完成(In-Order Issue With Out-Of-Order Completion);

③ 无序发射,无序完成(Out-Of-Order Issue With Out-Of-Order Completion)。

1) 按序发射按序完成

按序发射按序完成策略是严格地按能实现的顺序发射指令,并以同样顺序写结果。图 6.35 显示了一个超标度为 2 的四段超标量流水线,它有 3 个分立的执行部件。取指(IF)、译码(ID)、取数(OF)和写回(WB)都需一个时钟周期,I_1 执行要求两个周期,I_3 和 I_4 执行需要同一个功能部件,I_5 执行取决于 I_4 的执行结果,I_5 和 I_6 执行需要同一个功能部件。由于超标度为 2,因此指令是成对取,一次取两条。待上两条指令从取指段清除,下一对指令才能取。为保证按序发射,当指令在某些流水段超过一个时钟周期时或产生功能部件冲突时,必须停止指令发射。

取指		译码		执行			写回		周期
I_1	I_2								1
I_3	I_4	I_1	I_2						2
I_5	I_6	I_3	I_4	I_1	I_2				3
		I_3	I_4	I_1					4
			I_4			I_3	I_1	I_2	5
		I_5	I_6			I_4			6
			I_6		I_5		I_3	I_4	7
					I_6				8
							I_5	I_6	9

图 6.35 按序发射按序完成

2) 按序发射无序完成

在标量 RISC 机器中,常采用无序完成来改善那些需要多个周期的指令性能。在上例中,假定 I_2 可以在 I_1 之前执行,那么 I_3 也能提前一个周期执行,从而可以节省一个周期,如图 6.36 所示。采用无序完成,可最大限度地发挥各个功能部件的并行性。此时,指令发射只受资源相关、数据相关或转移相关影响而停滞。

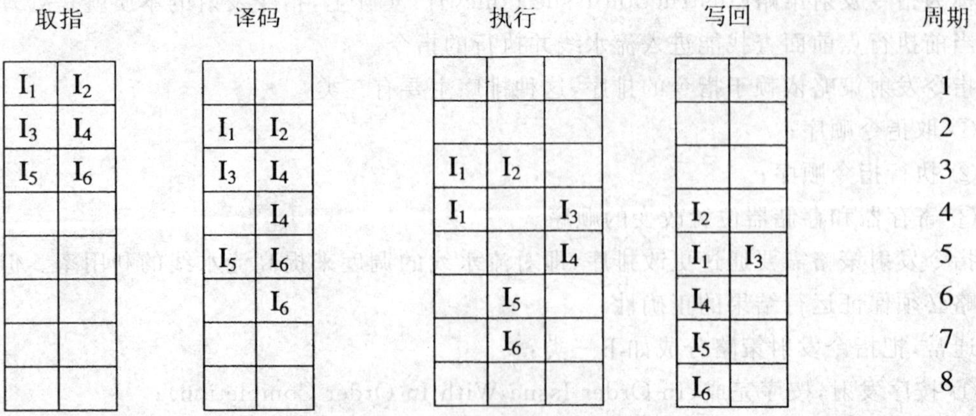

图 6.36　按序发射无序完成

无序完成比按序完成要求更复杂的指令发射逻辑。另外，对于中断和例外的处理也更复杂，因为在中断发生时，断点之后的指令可能已被执行。

3）无序发射无序完成

按序发射的最大问题是处理器不能向前查看相关点或冲突点的后续指令，而这些指令中可能存在与流水线中的指令无冲突的指令，它们可被引入流水线中以充分发挥超标量流水线的效率，这就是采用无序发射（或称乱序发射）策略的目的。

在无序发射中，通常使用一个指令窗口（Instruction Window）缓冲器。处理器在译码一条指令后就将其放入指令窗口，只要缓冲器不满，处理器就不停地取和译码下面的指令。当执行段中的功能部件空闲时，需要此部件的指令就会由指令窗口发射出去。因此，对于那些所需功能部件是可用的并且没有冲突或相关性阻塞的指令都可被发射。由指令窗口发射出去的指令次序一般不能够遵循它们原来的程序顺序，只要保证最终的执行结果的正确性即可。图 6.37 说明了这种无序发射无序完成的策略。I_5 取决于 I_4 的结果，因此 I_6 就可能先于 I_5 被发射，于是相比图 6.36 就又省了一个周期。

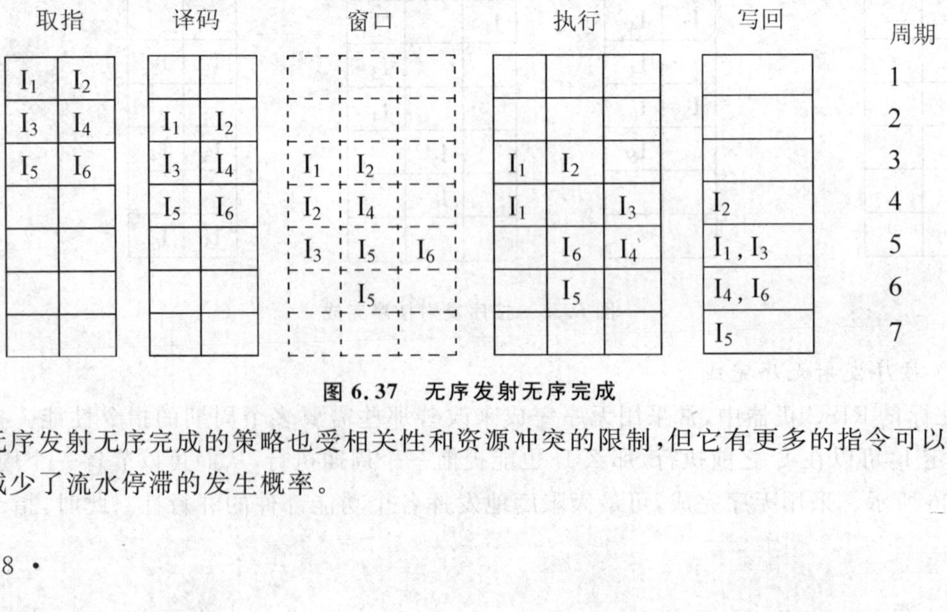

图 6.37　无序发射无序完成

无序发射无序完成的策略也受相关性和资源冲突的限制，但它有更多的指令可以发射，从而减少了流水停滞的发生概率。

6.6.3 寄存器重命名

当采用无序发射、无序完成策略时,会产生输出相关性和反相关性。输出相关性(又称写—读相关性)是指一条指令在改写一个被前面指令进行读操作的寄存器时产生的相关。反相关性(又称写—写相关性)是指一条指令在改写一个被前面指令进行写操作的寄存器时产生的相关。和前面讨论的资源冲突及数据相关性不同的是,这些相关性反映了数据通过程序的流动和执行的顺序。输出相关性和反相关性都属于寄存器存储冲突,这是因为在采用无序技术时仅考虑程序指定的指令顺序,则每个执行点上寄存器值不能完全已知,因而会出现寄存器的值可能不再反映被程序流指定的值的顺序的情况。由于编译器的寄存器优化技术总是力图最大限度地使用寄存器,使得寄存器存储冲突最大化,从而产生了妨碍性能的流水限制。

寄存器重命名(Register Renaming)技术实质上是采用资源复制来解决寄存器存储冲突的方案,这其实是基于传统的资源冲突解决办法。处理器硬件根据各时间点指令所需值动态分配寄存器。在具有目标操作数为寄存器的指令执行时,将分配一个新寄存器给所产生的结果值。当有后续指令将此新寄存器值作为源操作数时则必须通过一个寄存器重命名过程:后续指令中的寄存器参照部分修改为对含有所需值寄存器的参照。

考察以下的程序段,其中右边是寄存器重命名后的指令。

I_1:R1:= R1 op R2 → $R1_b$:= $R1_a$ op $R2_a$
I_2:R3:= R1 + 1 → $R3_b$:= $R1_b$ + 1
I_3:R1:= R2 + 2 → $R1_c$:= $R2_a$ + 2
I_4:R4:= R1 op R3 → $R4_b$:= $R1_c$ op $R3_b$

上述程序段中各寄存器参照的下标指的是被分配用来保持新值的硬件寄存器。当对一具体逻辑寄存器(指令中给出的寄存器,不带下标)进行新分配后,凡是将此逻辑寄存器作为源操作数的后续指令必须修改成对最近被分配的硬件寄存器的参照。

在这个例子中,指令 I_1 为逻辑寄存器 R1 分配了一个存放新值的硬件寄存器(由 $R1_b$ 指向),在指令 I_2 中由于 R1 为源操作数,因此将被重命名为 $R1_b$。同理,指令 I_4 中 R1 被重命名为 $R1_c$。需要注意的是,在指令 I_3 中对逻辑寄存器 R1 分配了一个新寄存器,并将之重命名为 $R1_c$,从而避免了对 I_1 的输出相关性和对 I_2 的反相关性。显然,如果在 I_3 中没有重命名,则在 I_1 和 I_2 发射之前,I_3 不能发射。

在许多实际的机器中,重命名是嵌入在寄存器组织中的。这些计算机都有将程序员可见的逻辑寄存器映射到程序员不可见的物理寄存器的对照表。

除了以上介绍的一些提高 CPU 性能的技术以外,在现代处理器中还不断采用更多的并行处理技术。例如,在超标量技术中,特别是采用指令乱序发射时,必须弄清处理器内部的指令分发电路与程序指令流之间的关系,通过处理器内部相关的硬件系统对指令的处理顺序实施动态地控制。因此,随着处理器主频的不断提高和同时分发指令条数的增多将使硬件变得越来越复杂和庞大,从而失去了 RISC 技术的主要优势。单纯依靠 RISC 超标量结构或 CRIP(CISC-RISC Processor)超标量结构已经不能满足对处理器性能的日益提高的需求了。因此,如果将 RISC 超标量结构和 VLIW 技术相结合,或将 CRIP 混合结构与 VLIW

技术相结合就形成了 RVIP(RISC-VLIW Processor)技术和 CRVIP(CISC-RISC-VLIW Processor)技术。在 RVIP 或者 CRVIP 处理器中,由于在分发电路分发指令前就已经弄清了指令间的关联性,因此不必在处理器的执行部件中设置复杂的执行顺序控制电路,从而使得超标量结构的硬件设计变得简化。

在流水线和超标量结构中,常常采用分支预测、乱序执行等技术来提高性能。但这些技术有其缺陷,如分支预测带有风险,一旦预测错误,将会浪费时钟周期,而且流水线深度越深时钟周期丢失的代价越大。再如乱序执行需要大量的寄存器和复杂的硬件电路,使 CPU 价格提高。显示并行计算 EPIC(Explicitly Parallel Instruction Computing)技术将流水线的调度工作由硬件(运行时)转移到编译器(编译时),从而较好地解决了此类问题。EPIC 利用 ILP(指令层并行性)和 LIW(长指令字)技术挖掘出更多的指令并行性。一般处理器必须动态地分析代码,以判定最佳执行路径。EPIC 要求编译器在编译时就安排指令执行顺序,从而有充分时间进行整体优化。因此,EPIC 对编译器的要求很高,以便能够正确地进行推断、预测以及静态排序和优化。在 EPIC 中,采用分支断定(Predication)代替分支预测(Prediction)。分支断定技术将分支的可能途径全都提前执行,等分支条件确定后再丢弃"假"途径。虽然每个分支都会有一些工作白做,但总有一个结果可用,而不需要从头做起。我们知道,主存的速度远低于处理器的速度。因此,主存的延迟对处理器的影响很大。在 EPIC 系统中,通过编译器提前把数据从主存装入 CPU,这就是所谓的数据预装技术。当使用数据时,首先检查以前的处理,若数据有效就可以立即使用,省去了 CPU 再去访问主存取数的时间。当然,处理器必须知道已装入的数据中哪些是尚未定义的。

6.7 Pentium 和 PowerPC

Pentium 处理器代表了复杂指令集计算机(CISC)多年的设计经验的结晶。它将过去只在大型机和超级计算机中才使用的一些设计原则和技术用于微型计算机中,是 CISC 设计的典范。PowerPC 是目前市场上基于 RISC 的功能最强大、设计最好的系统之一。本节对这两种目前市场上最流行的处理器的特点做一简单介绍。

6.7.1 Pentium

1993 年 Intel 公司推出了全新一代的高性能处理器 Pentium。Pentium 的集成度为 310 万个晶体管(Intel 8088 为 2.9 万个,80286 为 14.4 万个,80486 为 120 万个)。除了 70%的晶体管用于和 Intel X86 系列兼容外,其余都用于提高整机性能上。Pentium 在微处理器发展史上占有重要的地位。它的主要特点如下。

1) 超标量双流水线结构

Pentium 处理器具有两条分立的整数流水线,分别称为 U 流水线、V 流水线。系统可在一个周期内流出两条不相关的整数指令。

2) 独立的指令和数据 Cache

Pentium 处理器芯片上设置了分立的、容量各为 8K 的 Cache,以适应 U 流水线、V 流水线对指令和数据的双倍访问。Cache 还采用了回写(Write Back)技术和 MESI 协议,以减少写主存次数和确保 Cache 和主存的数据一致性。

3）动态转移预测

Pentium 处理器设置了两个 32 字节的预取缓冲区和一个转移目标缓冲器(BTB)实现动态转移预测。这一技术使得流水线停顿次数大大降低,性能显著提高。

4）高性能的浮点运算单元

Pentium 处理器的浮点运算单元(FPU)具有自己的浮点寄存器堆、加法器和乘/除法器,并且全部采用硬件实现以提高执行速度。浮点流水线采用 8 段流水,其中前 5 段和整数部件共用,后 3 段专用。

5）增强的 64 位数据总线

Pentium 处理器将 Cache 和总线接口之间的数据总线扩展为 64 位,大大提高了数据传输率。另外,Pentium 处理器还采用了总线周期流水线技术以增加总线带宽。

6）一些常用指令采用硬布线控制逻辑

Pentium 处理器利用硬布线逻辑代替微指令来处理一些常用的简单指令以提高指令执行的速度。对于一些复杂指令则采用经过优化的微指令。

7）多重处理支援

Pentium 处理器运用 Cache 的 MESI 协议和强行定序(确保系统按照程序的编制顺序去执行)的功能使系统在多处理器环境下高效、正确地工作。

8）错误检测和功能冗余校验技术

Pentium 处理器设置了在一般大型机中才有的错误检验和功能冗余校验技术,使得计算数据保持完整性。

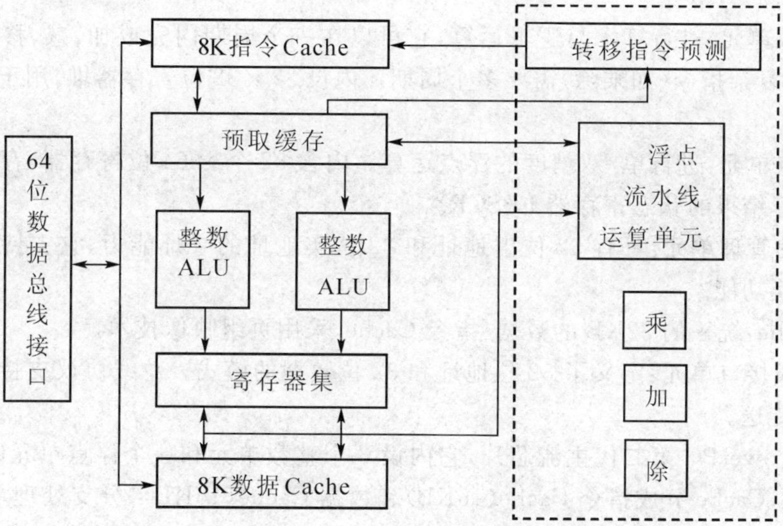

图 6.38 Pentium 处理器结构

在 Pentium 之后,Intel 相继在 1995 年推出了 X86 系列的第六代微处理器 Pentium Pro,1996 年推出了 MMX Pentium,1997 年推出了 PentiumⅡ,1999 年推出了 PentiumⅢ,2000 年推出了 Pentium 4。

6.7.2 PowerPC

PowerPC 是 IBM 联合 Motorola 和 Apple 于 20 世纪 90 年代在 IBM 的 RISC System/6000 的基础上推出的一个 RISC 超标量结构的系列计算机。

PowerPC 的主要特点有两个:一是高性能、低价格,并且很容易仿真 CISC 指令集,可运行大量已存的 CISC 计算机上的程序;二是可扩展性强,从嵌入式设备、PC 到大规模超级计算机等,PowerPC 都能够提供整体解决方案。

迄今为止,PowerPC 系列共推出了 4 种机型。

- 601：601 是 PowerPC 最早推出的 32 位机器；
- 603：603 是面向低端的 32 位台式机和便携机,具有较高的性能价格比；
- 604：604 是面向台式机和低端服务器的 32 位机器,采用了非常先进的超标量设计技术使其达到很高的性能；
- 620：620 是 PowerPC 系列中第一个实现全 64 位结构的高端服务器。

我们先以 PowerPC 601 为例,给出它的内部结构(如图 6.39 所示)和工作特点。

(1) 指令队列和发送单元:存放从 Cache 取来的指令。线宽为 256 位,因此一个周期可将 8 条指令(32 位宽)装入指令队列。发送单元对队列中前 4 条指令进行分析,并发送到不同的指令执行单元。

(2) 分支处理单元:执行全部转移指令——用静态分析预测法,总是假定其中一支经常发生,而另一支不发生。此单元被设计成多数情况下转移不影响其他单元的执行步调,即零周期转移(Zero-Cycle)。

(3) 整数单元:进行算术与逻辑运算,它可以在一个周期内完成加、减、移位、逻辑运算等简单指令,复杂指令(如乘除)需要多个周期。内设 32×32 位寄存器堆,用于装入、存储和操纵数据。

(4) 浮点单元:进行单/双精度的浮点运算。内含 32 个 ×64 位寄存器,存放运算数据,并有反映运算结果的状态寄存器 FPSCR。

(5) 存储管理单元:具有 52 位虚地址和 32 位实地址的寻址能力,它支持面向段、页及块的地址变换功能。

(6) Cache:统一的 32KB 的数据/指令 Cache,采用页组映像技术。

(7) 总线接口单元:定义了 32 位地址和 32 位数据的模式。总线协议支持流水、非流水和单独数据传送。

604 为 PowerPC 第二代主流芯片,它内设 3 个整数单元和一个浮点单元以及单独的装入/存储单元,Cache 分成指令 Cache(16KB)和数据 Cache(16KB),分支处理单元采用更先进的动态分支预测法。

620 是 PowerPC 第一个 64 位机。它包括了 6 个独立执行单元,允许处理器同时执行 3 条整数指令和一条浮点指令。620 采用了高性能的转移预测策略,并运用寄存器重命名缓冲器能推测执行(Speculatively Execute)多达 4 个未解决的转移指令(601 只 1 个)。620 有分开的指令 Cache 和数据 Cache,各为 32KB,且可采用二级 Cache。

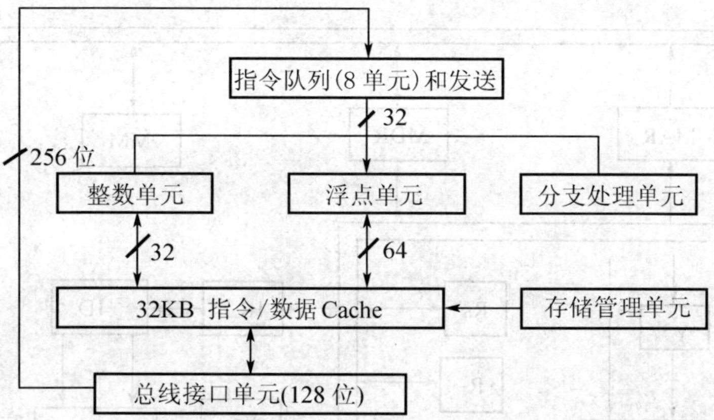

图 6.39　PowerPC 601 的结构图

习　题　6

6-1　如果 CPU 和主存采用异步通信,为什么在存储器读写时需要 WMFC 信号? CPU 在等待存储器操作完成时可做其他动作,但要注意什么?

6-2　假定取指令需要 5ns,指令译码需要 2ns,读寄存器堆需要 3ns,完成指令规定的运算需要 4ns,将结果写回寄存器堆需要 2ns。则该处理器最大时钟频率是多少?

6-3　假定 CPU 的数据通路结构如图 6.1 所示,请写出下列指令的操作控制步序列:

(a) 将立即数 NUM 加到寄存器 R1 中。

(b) 将存储单元 NUM 的内容加到寄存器 R1 中。

(c) 将存储单元 NUM 的内容作为地址的某一存储单元的内容加到寄存器 R1 中。

假定每条指令由两个字组成,每个字占据一个地址。指令的第一个字指明操作码和寻址方式,第二个字包含数 NUM。

6-4　组合逻辑控制和微程序控制的优点和缺点分别是什么?

6-5　一个简单 CPU 其指令周期有 4 个主要阶段:取指、间址、执行和中断。硬布线方式实现时,有两个 1 位标志用来指定当前阶段。

(a) 为何需要这些标志?

(b) 为什么微程序控制器不需要这些标志?

6-6　CPU 有 16 个寄存器。一个 ALU 有 16 种逻辑功能和 16 种算术功能,一个移位寄存器有 8 种操作,所有这些组件都与一个 CPU 内部总线相连。设计一种微指令格式能指定此 CPU 的各种微操作。

6-7　图 6.40 为某 CPU 的内部数据通路结构,给出指令 MOV x(R0),@(R1)的微操作控制步序列。其中,源操作数为变址寻址,目的操作数为间接寻址,x 在该指令字的下一字中。

6-8　假定某计算机可以预取 20 条指令,平均有 4 条为条件转移指令,条件转移指令正确预取的概率是 90%,则指令正确预取的概率有多大?

6-9　某台使用五段流水的计算机这样处理条件转移指令,如果命中,则等待 3 个周期。

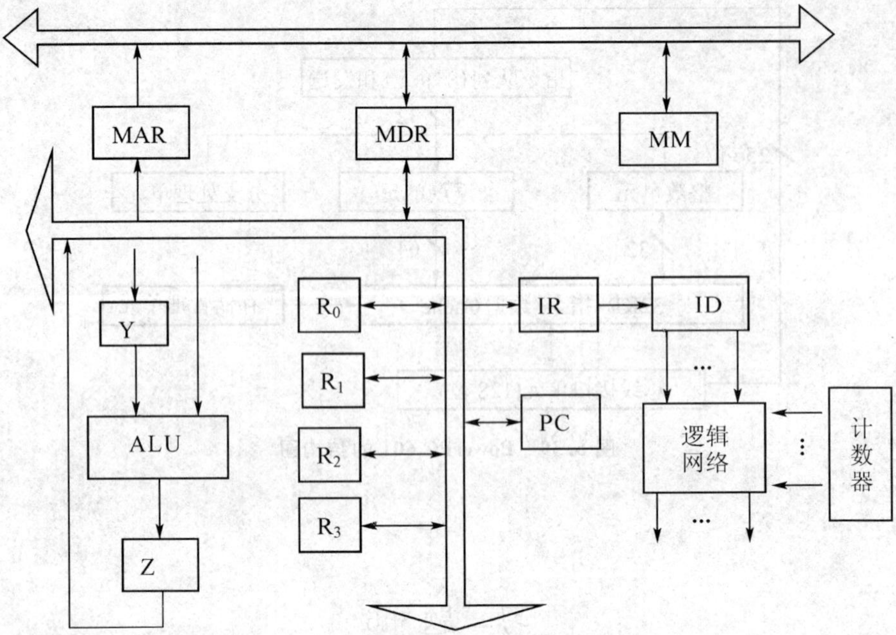

图 6.40　习题 6-7 附图

如果 20％的指令是条件转移指令，那么这种等待将对性能产生多大的影响？忽略其他等待原因只考虑条件转移指令。

6-10　说明相关性对流水线性能的影响，并给出一些常用的解决办法。

6-11　对于下面的指令序列：

```
DIV    r2, r5, r8
SUB    r9, r2, r7
ASH    r5, r14, r6
MUL    r11, r9, r5
BEQ    r10, #0, r12
OR     r8, r15, r2
```

(a) 指出所有 RAW，WAR，WAW 的数据相关性。

(b) 指出所有控制相关性。

6-12　假设一条指令通过取指、译码和执行 3 个步骤完成，在每步所花时间分别为 t_f、t_d、t_e，分别计算下列情况下执行 100 条指令所需时间。

(1) 顺序执行。

(2) 仅 $(k+1)$ 取指与 K 执行重叠。

(3) 仅 $(k+2)$ 取指、$(k+1)$ 译码、K 执行重叠。

若 $t_f = t_d = 2$，$t_e = 1$，计算上述结果。

若 $t_f = t_d = 5$，$t_e = 2$，计算上述结果。

6-13　寄存器重命名技术主要解决超标量流水线处理器的什么问题？

6-14　LIW 和 VLIW 技术在构造超级计算机时应用很多，其主要优点是什么？

6-15　考虑如下指令序列，假定目的操作数在前，源操作数在后：

```
1  ADD    r3, r1, r2
```

```
2  LOAD   r6, [r3]
3  AND    r7, r5, r3
4  ADD    r1, r6, r7
5  SRL    r7, r0, 8
6  OR     r2, r4, r7
7  SUB    r5, r3, r4
8  ADD    r0, r1, 10
9  LOAD   r6, [r5]
10  SUB   r2, r1, r6
11  ADD   r3, r7, 15
```

假定使用四段流水线：取、译码/发射、执行、写回。并假定除执行段以外，所有流水段都取1个时钟周期。对于简单的算术和逻辑指令，执行段取1个时钟周期；但对于由存储器的装入(LOAD)，执行段要取5个时钟周期。

若次简单的标量流水线具有无序执行能力，则对于前7条指令能构成下表：

指令编号	取	译码	执行	写回
1	0	1	2	3
2	1	2	4	9
3	2	3	5	6
4	3	4	10	11
5	4	5	6	7
6	5	6	8	10
7	6	7	9	12

表中4个流水段下的数字指示每条指令在每个阶段开始的时钟周期。在此指令序列中，指令4(ADD)的一个操作数r6依赖于指令2(LOAD)。因为LOAD指令的执行要取5个时钟周期，发射逻辑在2个时钟周期后遇到相关的ADD指令时，它必须再延迟3个时钟周期再发射ADD指令去执行。使用它的无序完成能力，处理器在时钟周期4停止指令4发射时，能发射下面3条独立的指令并使它们分别以时钟6、8、9进入执行段。在时钟9LOAD指令结束后，相关的ADD指令就能在时钟10被发射去执行了。

(a) 请对上述的11条指令完成此表。

(b) 若没有无序完成能力，请重填此表；此能力节省了多少时间？

(c) 假定它是一个超标量实现，能每流水段同时处理两条指令，请重填此表。

6-16　在一个带有两个执行单元的按序发射的超标量处理器中，以下程序段的执行要花几个时钟周期？假定每条指令的执行都需要1个时钟周期，并且每个执行单元都能执行每条指令。

```
LD    r1, (r2)
SUB   r4, r5, r6
ADD   r3, r1, r7
MUL   r8, r3, r3
ST    (r11), r4
```

```
ST      (r12), r8
ADD     r15, r14, r13
SUB     r10, r15, r10
ST      (r9), r10
```

6-17　在 16 题中，如果处理器改为无序发射的超标量处理器，那么结果又如何？

6-18　在以下代码段中，为解决 WAR 和 WAW 相关使用寄存器重命名技术需要多少物理寄存器？

```
LD      r1, (r2)
ADD     r3, r4, r1
SUB     r4, r5, r6
MUL     r7, r4, r8
ASH     r8, r9, r10
SUB     r11, r8, r12
DIV     r12, r13, r14
ST      (r15), r12
```

7 总线及总线互连结构

通过前面章节，我们已经知道一台计算机是由 CPU、主存储器和 I/O 模块组成，但这些模块并不是独立的，为了能彼此相互协作，完成指令序列所规定的功能，各个模块之间需要相互通信。因此，在各个模块之间必须有一个将它们连接在一起的互连结构，使得信息可以在存储器与 CPU 之间、I/O 与 CPU 之间和 I/O 与存储器之间进行传送。总线技术就是一种将各个模块连接到一组公共信息传输线上的互连机构。总线结构固有的灵活与低成本特性使其成为现代计算机中使用最普遍的互连结构。本章着重介绍总线的基本概念、总线设计中的相关因素、总线标准及现代计算机中的总线互连结构。

7.1 总线的基本概念

总线就是在模块与模块之间或设备与设备之间的一组进行互连和传输信息的公共信号线，是各个模块共享的传输介质。总线中传输的信息包括指令、数据和地址，它们在总线中都以二进制形式传送。通常总线由多条传输线组成，每条传输线传输一位二进制代码，如果有 16 条传输线，就可以同时传输 16 位二进制信息。

对于连接到总线上的多个模块而言，任何一个模块发出的信号可以被连接到总线上的所有其他模块接收。在同一时间段内，连接到总线上的多个模块中只能有一个模块主动进行信号的传输，其他模块只能处于被动接收的状态，也就是说总线不能同时被一个以上的设备驱动。

尽管计算机的各个模块之间可以有其他的互连方式，但是总线技术却得到迅速发展并被广泛采用，这是由于采用总线结构在系统设计、生产、使用和维护上有很多优越性。概括起来有以下几点：

① 便于采用模块结构设计方法，简化了系统设计；

② 标准总线可以得到多个厂商的广泛支持，便于生产与之兼容的硬件板卡和软件；

③ 模块结构方式便于系统的扩充和升级；

④ 便于故障诊断和维修，同时也降低了成本。

7.1.1 总线的特性

(1) 物理特性　物理特性是指总线物理连接的方式，包括总线的连线数量、连线样式、总线的插头和插座的形状及引脚的排列方式等。根据连线数量中数据线的数量，总线可以分为 8 位、16 位、32 位、64 位总线等。连线样式主要有电缆式、蚀刻式两种。电缆式总线通常采用扁平电缆连接电路板，比如并口打印机的电缆线；蚀刻式总线通常在印刷电路板或卡上蚀刻出平行的金属线，这些金属线按某种总线协议排列并提供相应的插槽,系统的一些主要模块或功能卡从这些槽中插入到系统总线,比如 PC 机的主机板、显示卡上等蚀刻的总线。总线的插头和插座的形状及引脚的排列方式等都是根据具体的总线规范来制定。

(2) 功能特性　功能特性描述的是总线中每一根线的功能。比如控制线是用来发控制命令的,每一根控制线都有其专门的功能;数据线是传输数据信息用的;地址线传输地址信息。

(3) 电器特性　电器特性定义每一根线上信号的传递方向以及有效电平范围。一般规定送入 CPU 的信号为输入信号(IN),从 CPU 送出的信号为输出信号(OUT)。通常总线的地址线是输出线,而数据线是双向的,控制线每一根都是单向的,或者输入或者输出。一般信号线为高电平的时候有效,但如果信号名称上面有一横线或信号名称后面有♯,则表示该信号低电平有效。有些信号线高电平和低电平分别有不同的含义。如 NMI 为高电平有效,$\overline{\text{RD}}$和 DRDY♯为低电平有效,IO/$\overline{\text{RD}}$为高电平时表示 CPU 正与 I/O 端口进行数据传送,低电平时表示 CPU 正与内存进行数据传输。

另外,总线的电平表示方式有两种:单端方式和差分方式。单端电平方式是用一条信号线和一条公共接地线来传递信号。信号线中一般用高电平表示逻辑"1",低电平表示逻辑"0"。差分电平方式采用一条信号线和一个参考电压比较来互补传输信号,因此一般采用负逻辑,即用高电平表示逻辑"0",低电平表示逻辑"1"。例如,串行总线接口标准 RS-232C,其电气特性规定 -3 V ～-15 V 表示逻辑"1";$+3$ V ～$+15$ V 表示逻辑"0"。

(4) 时间特性　时间特性定义了每根线在什么时候有效,这涉及总线操作的时序问题,即什么时间用户需要把信号送上总线,什么时间用户可以在总线上得到有效的信号。时间特性一般可用信号时序图来说明。

7.1.2　总线的分类

在计算机中,总线的种类很多,根据不同的角度对总线的分类方法也很多,比如我们可以按照总线功能的不同分类,也可以按信号类型分类,下面采用应用比较多的按连接模块的不同对总线进行分类。

(1) 内部总线　也称为片内总线。这类总线位于芯片的内部,连接芯片内部各种元件。比如在第 6 章所介绍的 CPU 内部的数据通路,通常采用内部总线作为 ALU、各种寄存器及指令模块等功能单元之间的相互连接线。

(2) 系统总线　该类总线用于连接 CPU、存储器和各种 I/O 模块等主要模块。由于这些模块通常都制作在主板或插件板卡上,所以连接这些模块的总线一般是蚀刻式总线。如果是连接插件卡模块,则通常通过在主板上安装符合相应总线规范的插槽来完成和插件卡的连接。典型的系统总线有 ISA 总线、PCI 总线、Multibus 总线、VME 总线等。

(3) 通信总线　也有系统称其为外部总线。是计算机系统之间或计算机系统与外部 I/O设备之间进行通信的总线。典型的通信总线有 RS-232、RE-485、IEEE-488、VXI 总线以及现代微机上很流行的 USB 和 IEEE1394 通用串行总线。由于这类总线连接涉及距离远近、速度快慢、工作方式等许多方面,面对的连接对象也千差万别,所以通信总线的种类很多。

对于各类总线,我们应该以发展的角度去对待,尤其是当一种新的总线出来的时候,应该根据它的主要特点进行分类。比如过去的微机系统的系统总线主要是指连接慢速设备的ISA总线,为了加快CPU与外设的数据交换速度,引入了如PCI总线这样的局部总线,并利用该总线和I/O模块连接而逐步替代了慢速的ISA总线,因此,PCI局部总线成为了现代微机的主流系统总线。同样,USB是近几年发展起来的通用串行总线,它主要完成计算机和外部设备之间的连接,所以属于通信总线。

7.1.3 系统总线的组成

系统总线中的各条线按功能或信号类型的不同,可以分为数据总线、地址总线和控制总线3种。

(1) 数据总线　用于在各个功能模块之间传输数据,是一种双向传输总线,通常采用双向三态逻辑。数据总线的条数称为数据总线宽度。比如:ISA总线数据线是16位,PCI总线是32位或64位。数据线的宽度表示了总线数据传输的能力,反映了总线的性能。如果数据总线的宽度为16位,而指令的操作数为32位的话,则取这个操作数须访存两次。

(2) 地址总线　用于传输地址信息,指出数据总线上的数据在主存单元或I/O端口的地址,它是单向传输总线,一般采用单向三态逻辑。地址总线的位数决定了该总线构成的计算机系统的寻址能力,即寻址空间的大小。例如,ISA总线有24位地址线,可寻址16MB(2^{24});PCI总线有32位或64位地址线,寻址到4GB(2^{32})甚至2^{64}。当CPU从主存读入或向主存写出一个数据的时候,必须将读写的主存单元的地址送到地址总线上。如果是对外设的读写,则该外设相关的端口地址也要被CPU送上地址总线。

(3) 控制总线　用于传输控制或状态信号,控制对数据总线和地址总线的使用和访问。由于数据线和地址线是被连接在其上的所有模块共享的,需要控制总线去协调,以便使各个模块在需要时使用总线。控制总线的每根线或者是单向的,或者是双向的,它们分别传送控制信息、定时信息和状态信息。比如,输入/输出读写信号、存储器读写信号和中断信号等等。控制总线是最能体现总线特色的信号线,它决定总线功能的强弱和适应性。

典型的控制信号包括:

① 总线请求(Bus Request)　表示发出该信号的设备需要获得对总线的控制;

② 总线允许(Bus Grant)　表示接收到该信号的设备可以控制总线;

③ 中断请求(Interrupt Request)　表示某个中断源正在发出需中断的请求;

④ 中断响应(Interrupt ACK)　表示某个中断请求已被接受;

⑤ 存储器读(Memory Read)　将所寻址的主存单元中的数据读到数据总线上;

⑥ 存储器写(Memory Write)　将数据总线上的数据写到被寻址的主存单元中;

⑦ I/O读(I/O Read)　从被寻址的I/O端口中输入数据到数据总线上;

⑧ I/O写(I/O Write)　将数据总线上的数据输出到所寻址的I/O端口中;

⑨ 传输响应(Transfer ACK)　表示数据已被接收或已被送到总线上;

⑩ 时钟(Clock)　用于总线同步操作;

⑪ 复位(Reset)　初始化所有模块。

所有总线除了按功能分为上述三类外,还有电源线和地线。另外,也有些系统总线没有单独的地址线，地址信息通过数据线来传送，这种情况称为数据线和地址线复用。这种情况下，一般在地址期，地址/数据复用线上传输的是地址，该地址通常会被地址锁存器锁存；当数据期到来的时候，地址/数据复用线上传输数据。

7.1.4 总线性能指标

总线性能指标主要包括以下 6 个方面：

(1) 总线频率　总线的工作频率，以 MHz 表示。它是总线工作速度的一个重要参数，工作频率越高，速度越快。

(2) 总线宽度　是指数据总线的位数，用 bit(位)来表示。如 8 位、16 位、32 位、64 位总线宽度。

(3) 总线的数据传输率　是指在一定的时间内总线上可传送的数据总量，用每秒最大传输数据字节量来表示。总线的数据传输率的计算公式是：

总线的数据传输率=(总线宽度/8 位)×总线频率

单位是 MB/s，总线频率以 MHz 为单位。如 PCI 总线的总线频率为 33.3 MHz，总线宽度为 32 位的情况下，其数据传输率为 133 MB/s。

(4) 时钟同步/异步　总线上的数据与时钟同步工作的总线称为同步总线，与时钟不同步工作的总线称为异步总线。

(5) 总线复用　通常情况下，地址线和数据线在物理上是分开的，但为了提高总线的利用率和优化设计，在有些总线中将地址线和数据线共用同一组物理线路，然后分时传送地址或数据信号，这就是总线复用。

(6) 总线负载能力　不同的电路对总线的负载是不同的，即使是同一块电路板在不同的工作频率下，总线的负载也不一样，所以对总线负载能力的指标并不太严格，一般情况下用可连接的扩充电路板的数目来反映总线的负载能力。

在这些性能指标中，总线频率、总线宽度和总线的数据传输率是最重要的 3 个指标。

7.2 总线控制

在总线操作的一个传输周期中，总线控制是一个很重要的部分。总线上连接着许许多多功能各异的模块，它们共享总线，并在模块和模块之间进行信息交换。这样，可能会出现不同模块争用总线的现象。如何协调各个模块之间的工作；某一时刻在多个请求使用总线发送数据的模块中究竟选择哪个模块发送数据；发送方和接受方究竟采用何种定时方式来协调信息交换，所有这些问题都需要有一些专门的机制进行管理，这就是总线控制问题。总线控制主要包括两个方面：总线仲裁和总线定时方式。本节首先介绍总线操作的步骤，然后介绍有关总线仲裁和总线定时方式的内容，最后介绍数据传输的模式。

7.2.1 总线操作步骤与类型

总线的基本任务就是传送数据，这里的数据包括程序指令、运算需要处理的数据和运算后的结果、设备控制命令、设备状态信息以及设备的输入/输出数据。连接在总线上的模块根据它是否有控制总线的能力被分为主控模块(主设备)和从模块(从设备)。其中主控模块是那些能够控制总线访问的模块,它可以发起并控制总线请求,而从模块只能响应主控模块的请求,接受和执行总线主控模块的命令。

一次总线操作就是一次数据传输周期,也称为一个交换(或事务),它一般分为4个阶段。

(1) 总线请求和仲裁阶段　系统中有一个或多个主控模块,任何一个主控模块需要使用总线都必须向总线仲裁机构提出总线请求,由总线仲裁机构决定下一个传输周期的总线使用权该给哪个模块。

(2) 寻址阶段　取得了总线控制(使用)权的主控模块,发出本次要访问的从模块的存储器地址,或者I/O端口地址以及有关的命令,通过译码使参与此次传送操作的从模块被选中并开始启动。

(3) 数据传送阶段　主控模块和从模块之间进行数据传输,数据由源模块(可能是主控模块也可能是从模块)发出,经过数据总线流入目的模块。

(4) 结束阶段　主控模块和从模块的有关信息均从总线上撤除,让出总线,以便其他模块可以继续使用。

最典型的总线操作类型有"存储器读"、"存储器写"、"I/O读"、"I/O写"、"中断响应"等。但具体到某个处理器,总线操作类型可能就会更复杂些,比如Pentium Pro处理器总线的主要事务类型如下:

① 延迟回答:当一个从模块需要花很长时间才能完成某个操作时,就通过发出该"延迟回答"操作以"分离操作"方式来处理该操作。

② 中断响应:当处理器响应从8259中断控制器送来的中断请求而要去读中断向量时,处理器就发出该"中断响应"操作。

③ 特殊事务:当处理器要广播一条与某个内部事件(如:Shutdown、Halt等)有关的消息时,就产生该"特殊事务"。

④ 分支跟踪消息:在指令执行过程中当一个转移目标的条件被满足时,处理器就生成该"分支跟踪消息"操作。它将送出转移指令的地址和转移到的目标指令的地址。

⑤ I/O读:当要从某个I/O设备读取数据或状态时,处理器执行IN或INS指令,发出该"I/O读"操作。

⑥ I/O写:当要将数据或命令写到某个I/O设备上时,处理器执行OUT或OUTS指令,发出该"I/O写"操作。

⑦ 存储器读并无效:为了对一个Cache行进行独占访问,处理器产生该"存储器读并无效"操作。

⑧ 存储器代码读:当处理器要从存储器中取指令时产生该"存储器代码读"操作。

⑨ 存储器数据读:当执行到某指令要从存储器中取数据时,产生该"存储器数据读"操作。

⑩ 存储器写(不可重试):当处理器要写回一个更新的Cache行到存储器(淘汰)以便为一个新行腾出空间时,由处理器发出该操作。

⑪ 存储器写(可重试):当处理器执行到某指令需写数据到存储器中去时,由处理器发出该操作。

7.2.2 总线仲裁

每次总线操作，只能有一个主控模块拥有总线控制权，但同一时刻可以有多个从模块响应。也就是说，同一时刻只能有一个模块向总线发送数据。需要注意的是，有些模块在不同的时刻可能是主控模块也可能是从模块，比如 CPU 模块通常是主控模块，但有些时候(如有多个主控模块的系统中)它又被作为从模块，而有些模块，如存储器模块，则只能是从模块。

对于最简单的系统，只有一个主控模块，即 CPU 模块。这种系统中，所有对总线的操作都必须由处理器控制，所以无需总线仲裁。这种总线控制方式简单，容易实现，但处理器必须介入到每个总线事务中。例如，从磁盘读一个扇区的工作可能会要求处理器介入成千上万次，根据每次传送的数据块大小的不同，介入次数有所不同。由于现有的 I/O 设备处理数据的速度已经变得很快，并且能够以更高带宽进行传送，导致处理器的负担越来越重。这种单一主控模块的设计也越来越不能适应计算机系统的发展需要了。因此，现在大多数系统都开始引入了多个主控模块的设计方法。

对于有多个主控模块的系统，每个主控模块都可以启动总线进行数据传送。由于总线是被挂在其上的各个功能模块共享的，当多个主控模块需要在总线上传送数据的时候，如果没有好的总线控制机制，就无法决定哪个主控模块最终可以使用总线，造成多个主控模块同时试图向总线发送数据，因而产生冲突。为此，需要建立一种总线控制机制来决定哪个总线主控模块将在下次得到总线控制权，这种机制就是总线仲裁。

总线仲裁的基本策略是考虑优先级和公平性。为每个主控模块规定其优先级，原则上每次都是将总线控制权交给优先级最高的主模块，但从公平性上考虑也要防止优先级低的模块长时间得不到总线控制权。另外，有些情况下可以不采用优先级策略。比如，在多处理器系统中，对各个 CPU 模块的总线请求采用公平性策略来处理，对 I/O 模块的总线请求采用优先级策略。

被授权的主模块在当前总线事务结束之后，即接管总线控制权，开始新的一轮数据传送。主控模块持续控制总线的时间称为总线占用周期。

总线仲裁方式主要有集中式仲裁和分布式仲裁两类。集中式仲裁将总线访问控制逻辑做在一个总线控制器或总线仲裁器中，通过将所有的总线请求集中起来利用一个特定的仲裁算法进行仲裁。分布式仲裁没有专门的总线控制器，其总线访问控制逻辑分散在各个模块或设备中，这些模块共同作用分享总线，谁先使用总线由他们自己的控制逻辑来完成。

在一个总线仲裁方案中，主控模块使用总线请求信号进行总线请求，获得总线控制权后，该模块就可以使用总线。根据不同的总线释放机制在一种特定的事件发生后，就向仲裁器发出信号表示不再需要总线，此时仲裁器就可以将总线分配给另一个模块。大多数具有多个主控模块的总线都有一组连线来传送总线请求和总线允许信号。通常用于总线仲裁的信号线采用物理上单独的控制线来实现，但也有一些总线采用信号线复用的方式，用数据线进行总线请求，这种情况下，总线仲裁和数据传输不能重叠进行。

1) 集中式仲裁

集中式仲裁方式中，总线访问的控制逻辑全部集中在一个中央仲裁器中，这个中央仲裁器可能是处理器的一部分，也可能是一个完全独立的控制单元。系统中的每个功能模块至少有两条控制线连到中央仲裁器上，一条是送往仲裁器的总线请求信号线 BR，一条是仲裁器发出的总线允许信号线 BG，有些方案中还有一条送往仲裁器总线忙信号线 BS。

常用的集中仲裁方式有菊花链查询方式、计时器定时查询方式和独立请求方式 3 种。

(1) 菊花链查询方式

菊花链查询方式的原理如图 7.1 所示，图中的所有设备模块都是主控模块(设备)。这种方式下每个设备接口都有一个到中央仲裁器的总线忙信号线 BS 和一个总线请求线 BR，另外各个设备也分别用自己的数据线和地址线上总线，但在这种方式下，并不是所有设备接口的总线允许线 BG 都接到中央仲裁器上，而是将总线允许线 BG 串行地从一个主控设备接口传送到下一个主控设备接口。

如果一个总线允许信号从中央仲裁器中发出，首先被传到第一个设备接口，如果该设备有总线请求，则 BG 信号就不再向下传，该设备将总线忙信号 BS 置为有效，从而该设备获得总线控制权。否则，如果第一个设备接口没有提出总线请求，则 BG 信号被传到第二个设备接口，由第二个设备接口作判断。BG 信号在向下传递过程中，如果 BG 到达的接口无总线请求，则 BG 信号将顺序一直向下传，直到传到一个提出总线请求的设备接口处。

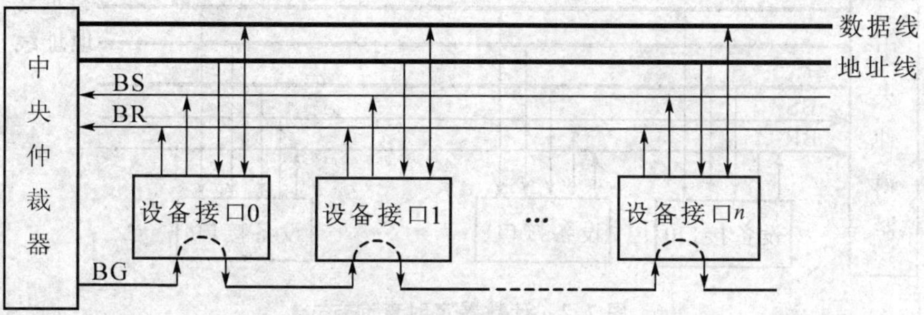

图 7.1　菊花链查询方式

从上面的工作原理不难看出，菊花链查询方式采用的仲裁算法是优先级策略，在总线上的设备，越是靠近中央仲裁器优先级越高，反之优先级较低。因此，从中央仲裁器出来的 BG 信号遇到的第一个设备的优先级最高。所以，菊花链查询是通过接口的优先级排队电路来实现的。

菊花链查询方式的优点很明显，首先是这种结构简单，它减少了总线允许信号线的数量，只需要很少的几根线就可以按一定的优先次序实现总线仲裁。其次，菊花链查询方式容易扩充设备，新添加的设备只要满足这种结构，就可以直接挂到总线上，成为 BG 信号链中的一个节点。

菊花链查询方式的缺点是这种结构对电路故障非常敏感，一旦在 BG 信号链上的某个设备出现故障，则会使得 BG 信号链中该设备后面的所有设备都不能获得总线控制权。其次，菊花链查询的优先级是按照主控设备在总线上的位置来决定的，并且固定不变，一旦优先级高的设备频繁请求总线时，可能会造成优先级低的设备长时间得不到总线控制权。另外，菊花链查询方式对总线的速度也有一定的限制。

(2) 计时器定时查询方式

计时器定时查询方式的原理如图 7.2 所示，图中的所有设备模块都是主控模块(设备)。和菊花链查询方式相比，计时器定时查询方式少了一根 BG 信号线，但多了一组设备号信号线。任意一个主控设备需要使用总线时，通过 BR 线向中央仲裁器发出总线请求。中央仲裁器得到 BR 信号后，在 BS = 0（总线空闲）的时候，启动内部计数器开始计数，计数值通过设备号信号线发送到各个设备中。每个设备接口都有一个设备号判别电路，发出总线请求的设备依靠该电路判断计数值和自己的设备号是否一致，如果设备号和计数值一样，则该设备接口将总线忙 BS 置为 1，同时计数器停止计数，该设备获得总线控制权。如果提出总线申请的设备接口判断出计数值不同于自己的设备号，则该设备不作任何反应。

计数器定时查询方式的优点是具有灵活的优先级。因为该方式下计数初值可以由软件指定为两种方式：一种是采用计数初值为 0，这种情况下，各个设备的优先次序和菊花链查询法一样，优先顺序是固定的，如果采用加法计数器，则设备号越小优先级越高；另一种采用计数初值等于上次获得总线控制权的设备的设备号，这是一种循环优先级方式，所有设备的优先级相等。另外，计数器定时查询方式对电路故障也不像菊花链查询方式那样敏感。

计数器定时查询方式的缺点是必须有一组用于传送计数值的设备号信号线，如果系统允许挂的设备数为 n，则设备号信号线的根数为 $\log_2 n$；同时每个设备接口中还必须有设备号判别电路，这都增加了控制的复杂性。

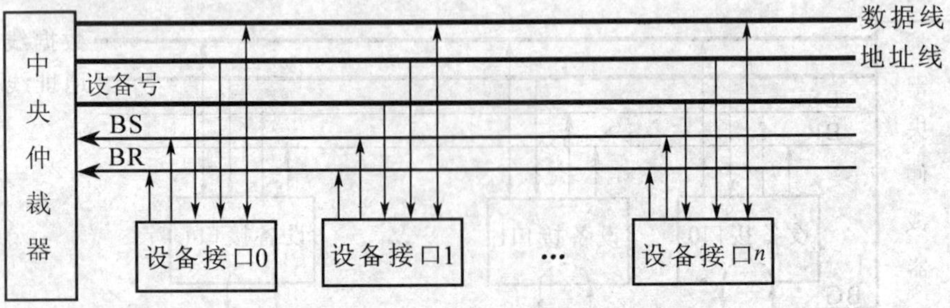

图 7.2　计数器定时查询方式

(3) 独立请求方式

独立请求方式的原理如图 7.3 所示，图中的所有设备模块都是主控模块（设备）。在独立请求方式下，对于任一设备 i，都有一对总线请求线 BR_i 和总线允许线 BG_i。各个设备独立地请求总线，需要使用总线的设备，通过其对应的总线请求线将请求信号送到中央仲裁器。中央仲裁器中设置有判优电路，根据各个设备的优先级确定选择哪个设备使用总线。

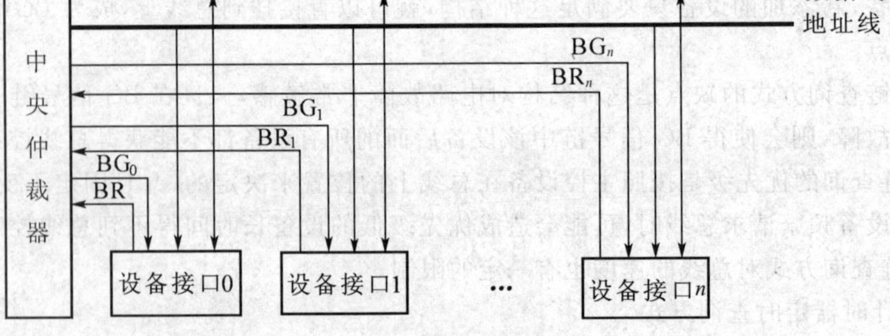

图 7.3　独立请求方式

独立请求方式的最大优点就是响应速度快，确定优先响应的设备不需要一个设备接一个设备的查询，很快就能直接将总线允许信号发给相关的设备。第二个优点是中央仲裁器既可以给各个请求线固定的优先级，也可以通过编程设置为动态优先级，动态优先级主要有循环优先级法、等待时间调整法、先来先服务法等。另外，还可以利用屏蔽某个设备的请求的办法，不响应来自无效设备的请求。正是由于独立请求方式的这些优点，所以现代总线标准普遍采用独立请求方式。

但独立请求方式也有其缺点，主要的缺点是控制逻辑复杂，控制线数量太多。通常，如果系统中允许挂的设备数为 n 的话，则菊花链查询方式只需要仲裁线(BR 与 BG)2 根，计数定时查询方式需要仲裁线 $1+\log_2 n$ 根，而独立请求方式则需要 $2n$ 根仲裁线。

有些总线系统将查询方式和独立请求方式结合起来。例如，VME 总线使用了多个菊花链，每个菊花链具有一对独立的请求线和允许线，一个并行判优的优先权编码器从多个请求线中选择最优者。

2）分布式仲裁

分布式仲裁不需要中央仲裁器，每个主控模块都有自己的仲裁器。每次总线仲裁都由各个模块的仲裁器根据一定的仲裁算法来决定自己是否占用总线。常用的分布式仲裁大致分为自举分布式仲裁、冲突检测分布式仲裁和并行竞争分布式仲裁 3 种。

(1) 自举分布式仲裁

自举分布式仲裁不需要中央仲裁器，每个设备有自己的一根总线请求线，并独立地决定自己是否是最高优先级请求者。通常优先级是固定的，每个需要请求总线控制权的设备在各自对应的总线请求线上送出请求信号，在总线仲裁期间每个设备将有关请求线上的信号合成后取回，通过取回的合成信息能够检测出其他设备是否发出了总线请求。如果没有或者虽然有但其他设备优先权低于自己，则该设备可以立即使用总线，并通过总线忙信号阻止其他设备使用总线。如果一个设备在发出总线请求的同时，检测到其他优先级更高的设备也请求使用总线，则本设备放弃本次对总线的使用请求。总线忙信号是多个设备共享的一根信号线。图 7.4 是自举分布式仲裁的示意图，图中 BR2 的优先级最高，BR0 优先级最低。

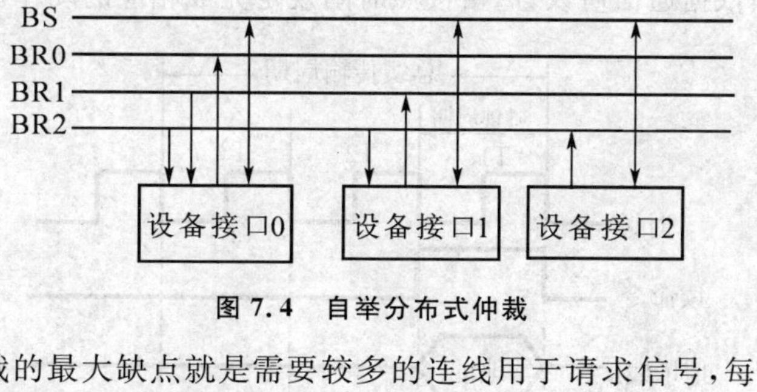

图 7.4　自举分布式仲裁

自举分布式仲裁的最大缺点就是需要较多的连线用于请求信号，每个设备不仅要有发出请求的线，还要有接受其他设备请求的线。

(2) 冲突检测分布式仲裁

冲突检测分布式仲裁方案中，每个设备都可以独立地请求总线，当某个设备要使用总线时，它首先检查一下是否有其他设备正在使用总线，如果没有，那它就置总线忙，然后使用总线；如果多个设备同时检测到总线空闲，那它们可能会立即使用总线，此时，便发生了冲突。

所有设备在传输过程中，都会侦听总线来检测是否发生了冲突，当冲突发生时，将按照某种策略在冲突的各方中选择一个设备获得总线控制权。不同的系统可以自行定义自己的冲突解决策略，比如 Ethernet（以太网）采用的策略是冲突的几个设备都停止传输，延迟一个随机时间后再重新抢占总线。经过一个随机时间段后，就可能有一个设备率先请求总线，这样冲突就解决了。这种方案一般用在网络通信总线上。

（3）并行竞争分布式仲裁

并行竞争分布式仲裁中的每个主控设备都有自己的仲裁号和仲裁器。当设备有总线请求的时候，把他们惟一的仲裁号发送到共享的仲裁线上，每个设备的仲裁器将仲裁线上得到的号与自己的仲裁号进行比较，如果仲裁线上的号比自己仲裁号大，则该设备的总线请求不予响应，该设备撤销仲裁号。最后，竞争获胜者的仲裁号被保留在仲裁总线上。显然，这种方案下，仲裁号越大，优先权越大。

并行竞争分布式仲裁与自举分布式仲裁相比，它可以用很少的仲裁线挂接大量的设备。在自举分布式仲裁中如果请求线是 8 根，则只能表示 8 个优先级，但具有 8 根仲裁线的并行竞争分布式仲裁可以表示 2^8 共 256 个优先级，仲裁号为 255 的设备优先级最高，而 0 最低。Futurebus＋总线标准使用这种仲裁方案。

7.2.3 总线定时方式

按照总线操作的步骤，当总线仲裁后，获得总线控制权的设备将控制总线完成一次总线的操作。那么在总线操作剩下来的步骤中，又是如何定义总线操作中的每一步何时开始、何时结束呢？这就是总线通信的定时问题。所谓定时，是指事件出现在总线上的时序关系。总线通信的定时方式有 4 种：同步协议、异步协议、半同步协议和分离事务协议。

1）同步协议方式

同步协议方式采用精确稳定的系统时钟作为各模块动作的基准时钟，因此控制线中就有一个时钟信号线，挂接在总线上的所有设备都从这个公共的时钟线上获得定时信号。设备之间通过总线完成一次数据传送，这段时间称为总线周期，它是固定的。每次传送一旦开始，主从设备都必须依据通信协议，严格按照时间规定完成相应的动作。

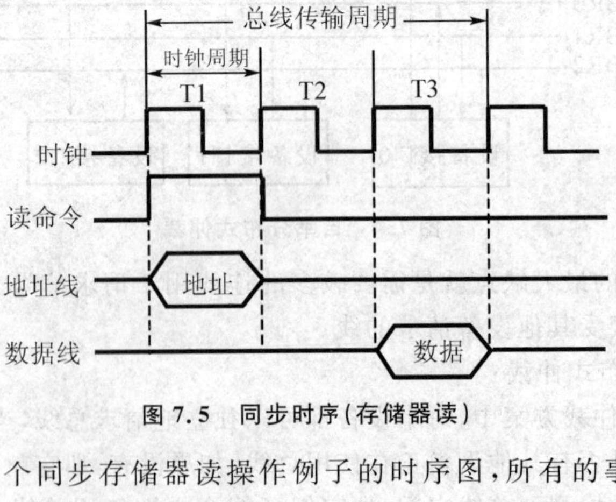

图 7.5　同步时序(存储器读)

图 7.5 给出了一个同步存储器读操作例子的时序图，所有的事件都出现在时钟信号的上升沿（前沿），大多数时间只占据单一时钟周期。在时钟 T1，CPU 首先发出读命

令信号，存储器地址也在这个时钟被送上总线。存储器模块识别地址码，经过一个时钟周期的延迟（这是存储器取数的时间），在 T3 时钟周期将数据放到总线上，被 CPU 读取。

同步方式的优点是电路设计比较简单。由于这种类型的协议能够很容易地用一个有限状态机实现，状态变化不复杂而且是预先确定的，所以只涉及非常少的逻辑。另外，因为全部系统模块由单一时钟信号统一控制，因此同步方式具有较高的传输频率。

同步方式的缺点首先是在总线上的每个设备必须以同样的时钟频率进行工作，它不能满足高速设备和低速设备在同一系统中的使用。如果一定要进行高速设备和低速设备的数据传输，只能按最慢的设备来确定总线周期长短或频带，这样高速设备只能按照低速设备的速度来进行数据传输，使整个系统性能下降。其次，同步总线在高速时钟频率下传输的距离不能很长，主要原因是长距离下会产生时钟偏移问题。因此同步方式只适合总线长度较短，各模块存取时间比较接近的场合。

2）异步协议方式

异步协议方式克服了同步协议方式的缺点，允许各模块速度不一致，根据模块的速度自动调整响应时间。它的主要特点是没有统一的时钟周期限制，不要求所有模块严格使用统一的动作时间，而是采用"应答式"传输，也称为握手式传输。异步协议方式传输过程依靠"请求（Request，简称 REQ）"和"应答（Acknowledge，简称 ACK）"两根控制信号线来协调。主控设备发出"请求（REQ）"信号时，一直等到从设备反馈回"应答（ACK）"信号后，才开始通信。

"请求（REQ）"信号和"应答（ACK）"信号是专门为异步通信而增加的一对握手信号，根据这对握手信号相互作用方式的不同，异步通信分为不互锁、半互锁和全互锁 3 种类型。如图 7.6 所示。

（1）不互锁方式

主控设备（模块）发出请求信号后，不等从设备（模块）应答信号，只是等待一段时间，认为从设备已经接受到请求信号后便撤销其请求信号；从设备接到请求信号后，在条件允许时发出应答信号，也同样不等请求信号的撤销，只是经过一段时间，认为主设备收到应答信号后，自动撤销应答信号。由此可见，请求信号和应答信号没有互锁关系。一旦通信双方速度相差很大，就可能造成错误，比如主控设备等待一段时间后自行撤销了请求信号，而此时从设备可能还没应答。

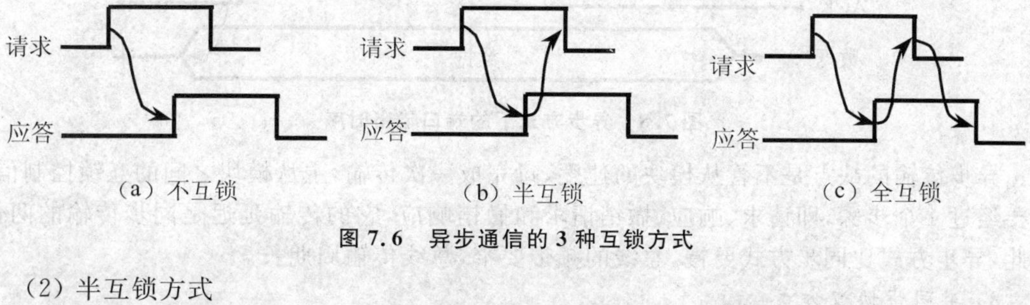

图 7.6 异步通信的 3 种互锁方式

（2）半互锁方式

主设备发出请求信号后，需要等到从设备发出应答信号后再撤销其请求信号，这部分存在着互锁关系；而从设备接到请求信号后，在条件允许时发出应答信号，但不等请求信号的撤销，只是经过一段时间，认为主设备收到应答信号后，自动撤销应答信号，这部分不存在互锁关系。由此可见，请求信号和应答信号只有半互锁关系。

（3）全互锁方式

主设备发出请求信号后，需要等到从设备发出应答信号后再撤销其请求信号；从设备接到请求信号后，在条件允许时发出应答信号，而且需要等到请求信号撤销后，才撤销应答信号。由此可见，请求信号和应答信号具有完全互锁的关系，这就保证了数据传输的可靠性。

图 7.7 给出了一个异步方式下的端口输入操作时序。

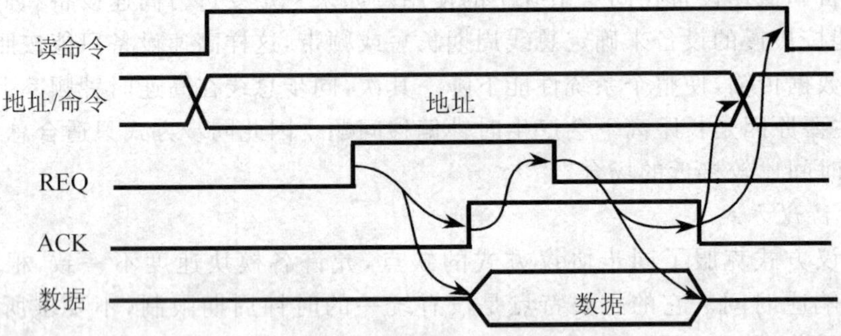

图 7.7　异步方式下的端口输入时序

从图中可以看到，主控设备首先将地址信号送上地址总线，同时置读命令信号为有效，经过短暂延迟使信号稳定后，再将 REQ 信号置为有效。从设备得到 REQ 信号后，在准备好数据后，将应答信号置为有效，同时把数据送上总线。主控设备得到 ACK 信号后，开始从总线接收数据到自己的缓冲器，并撤销 REQ 信号。从设备在主控设备撤销了 REQ 信号后，撤销 ACK 信号，并释放数据总线，之后主控设备撤销地址信号和读信号。可以看到，这个过程中，握手信号采用了完全互锁的方式。

图 7.8 是一个异步方式下的端口输出例子的时序，请读者自己分析该时序图。

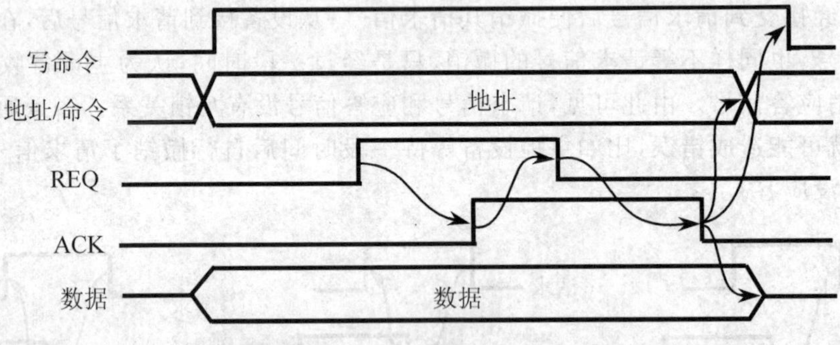

图 7.8　异步方式下的端口输出时序

异步传输的缺点是不管从模块的速度，每完成一次传输，主从模块之间的互锁控制信号都要经过 4 个步骤，即请求、响应、撤销请求和撤销响应，它的传输延迟是同步传输的两倍。因此，异步方式比同步方式要慢，总线的频带要窄，总线传输周期长。

3）半同步协议方式

半同步传送是综合同步和异步传送的优点而设计出来的混合式传送方式。

从总体上看，它是一个同步系统，仍然使用统一的系统时钟来定时，利用时钟脉冲的前沿或后沿判断某一个信号的状态，或控制某一信号的产生或消失，使得传输操作与时钟同步。同时，为了允许两个速度不同的设备使用像异步方式那样的传输，半同步方式设置一条“等待”(Wait)或“就绪”(Ready)信号线。对于可以严格按照时钟规定进行传送的两个高速设备的传输，这个信号没有作用，依然按照同步方式传输。但如果从设备是慢速设备，没有准备好数据传输，从设备会使得 Wait 信号有效或 Ready 信号无效，系统用一个适当的时钟沿检测这个信号线。如果是 Wait 有效(或 Ready 无效)，就自动将总线周期延长一个时钟周期，强制主控设备等待。下一个时钟周期继续检测这个信号线，直到检测到 Wait 信号无效(或 Ready 信号有效)才不再延长总线周期。这种方法像异步方式那样能使不同速度的设备同时在系统中做数据传输，但 Wait 信号不是互锁的，而是单方向的状态传递，这是和异步方式的不同之处。

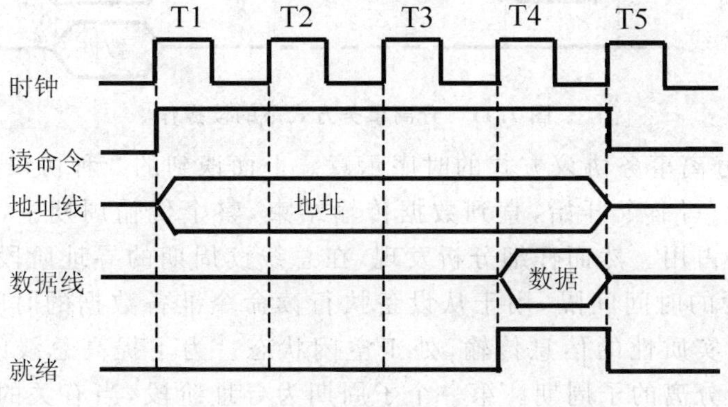

图 7.9 异步方式下的读操作

图 7.9 就是一个半同步方式下的读操作的时序例子。

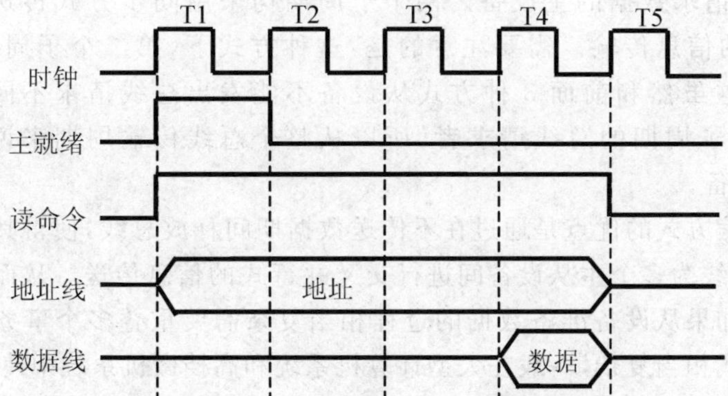

图 7.10 有主从就绪信号的异步方式下的读操作

当主控设备发出读信号和地址后，要等到从设备发出就绪信号，才能从总线上获得数据。在就绪信号到来之前，主控设备保持地址信号和读信号，处于等待状态。

也有的系统为主控设备和从设备各准备了一条就绪信号，如图 7.10 所示。

4) 分离事务协议方式

当有多个总线主控设备在总线上存在时，增加有效总线带宽的另一个方法就是在总线事务执行过程中，如果不需要使用总线时立即释放总线，在其他设备获得总线进行数据传输的同时，原来释放总线的事务在做数据准备等非总线数据传输的操作。

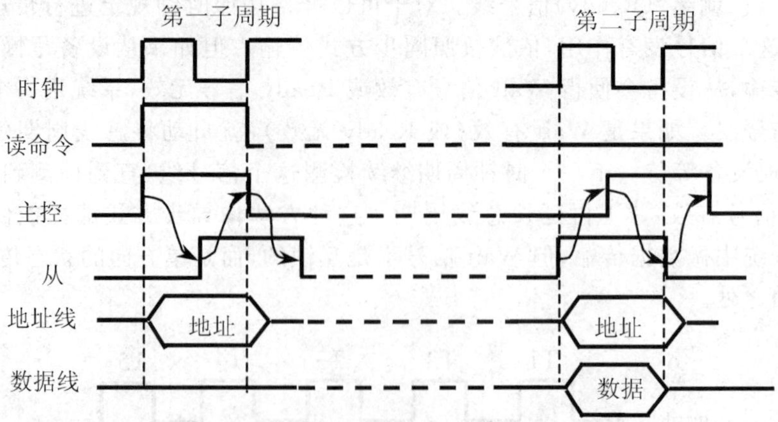

图 7.11　分离事务方式下的读操作

图 7.11 是分离事务协议方式的时序示意。上面谈到的 3 种协议方式中，从主控设备发出地址和读/写命令开始，直到数据传输结束，整个传输周期中，系统总线完全被主设备和从设备占用。然而仔细分析发现，在总线读周期的寻址阶段和数据传送阶段之间有一个短暂的时间间隔，用于从设备执行读命令准备数据的时间，而这段时间系统总线上并没有实质性的信息传输，处于空闲状态。为了提高总线的利用率，可以将读周期分为两个分离的子周期。第一个子周期为寻址阶段，当有关的从设备从总线上得到主设备发出的地址、命令及有关信息后，立即和总线断开，以便其他设备可以使用总线。等到从设备准备好数据后，启动第二个子周期，由该设备申请总线，获准后，将数据发送给原来请求数据的主设备。两个子周期均采用同步方式传送，在占用总线的时候，进行高速的信息传输。需要注意的是：这种方式下，第二个子周期是由从设备发出总线申请的，这虽然和前面 3 种方式从设备不能发出总线请求不同，但是从设备仍不能作为第一个子周期的总线请求者，所以从整个总线传输周期来说，具有总线请求权的还是主控设备。

这种分离通信方式的优点是通过在不传送数据期间释放总线，使得其他申请者能使用总线，实现一个总线为多个主从设备间进行交叉并行式的信息传送。从而可改进整个系统的总有效带宽。如果从设备准备数据的过程相当复杂需要重叠多个事务时，效果更明显。当然这种控制方式相当复杂，一般在大型计算机系统和高档微机系统中使用，普通微机系统中很少使用。

当然，事务的分离使得完成一个事务的时间可能会增加，且必须分两次获得总线。分离事务协议实现起来开销加大，主要是因为需要跟踪在一次通信中的另一方，在一个分离的事务协议中，从设备必须和请求方联系，以便在它完成读/写操作后能告诉请求方，所以请求者的身份必须被传送并被从设备保存。

7.2.4　总线数据传输模式

在总线操作步骤中，介绍了一个总线传输周期的大致步骤，在实际数据传输中，总线可能采用不同的数据传输模式。现代计算机的总线标准大都支持以下几种数据传送模式。

(1) 读、写操作　所有总线都支持这两种操作。读操作是由从模块到主控模块的数据传送;写操作是主控模块到从模块的数据传送。这两种情况下通常是在一个传输周期,主控方先给出地址和读写命令,这是总线传输的地址期,然后进行一次数据的读写,这是数据传输的数据期,数据可能是 8 位或者 16 位或者 32 位,这由数据总线宽度决定。前面一节所举的同步、异步、半同步和分离事务方式的读写时序都是这种读写操作。

(2) 块传送操作　这种操作只需要给出数据块的起始地址,然后对固定块长度的数据一个接一个地读入或写出。也就是说,在数据传输周期内,一个地址期后会连续跟上 n 个数据期。地址期给出的地址是数据期传输的成块数据的首地址。这种块传送,常被称为猝发(Burst)式传送,或突发式传送。数据块的长度一般固定为数据线宽度的 4 倍。由于多个数据的传输只需一个地址期,所以这种传送操作比读写操作速度快,适合于大量实时数据传输的情况,如图像纹理数据的传送。在块传送操作阶段的整个传输期内,主控设备始终具有总线控制权,直到传输结束。

(3) 写后读操作　地址期给出地址和命令后,进行数据写,然后紧接着将同地址下的数据读出来。整个数据写和读是一种不可分割的操作,中间不允许其他主控设备占用总线。这种操作主要用于校验。

(4) 读—修改—写　地址期给出地址和命令后,进行数据读,然后紧接着修改该数据并马上将该数据写回到同地址下。整个数据读—修改—写是一种不可分割的操作,中间不允许其他主控设备占用总线。这种操作主要用于多道程序系统中共享存储单元的数据保护。

(5) 广播、广集操作　广播操作允许一个主控模块对多个从模块进行写操作;广集操作是将选定的多个从模块的数据在总线上完成 AND 或 OR 操作,用于检测多个中断源。

7.3 总线结构

除了总线的性能指标对系统性能有影响外,从系统构成的角度看,总线的排列布置以及与其他各个部件的连接方式对系统的性能来说,也起着十分重要的作用。根据连接方式不同,总线结构有单总线结构、双总线结构、三总线结构等,有些系统还衍生出多总线分级结构。

7.3.1 单总线结构

早期的计算机均采用单总线结构。这种结构中,CPU、主存、I/O 模块都被挂接在一个总线上,CPU 与主存、CPU 与 I/O 模块、主存与 I/O 模块之间的传送都通过这组总线进行。如图 7.12 所示。

单总线系统中,CPU 要读写数据,首先将地址与控制信息一同送上总线,该地址和控制信息所有的模块(包括存储器和 I/O 模块)都能得到,但只有与总线上的地址相对应的模块才执行数据传送操作。

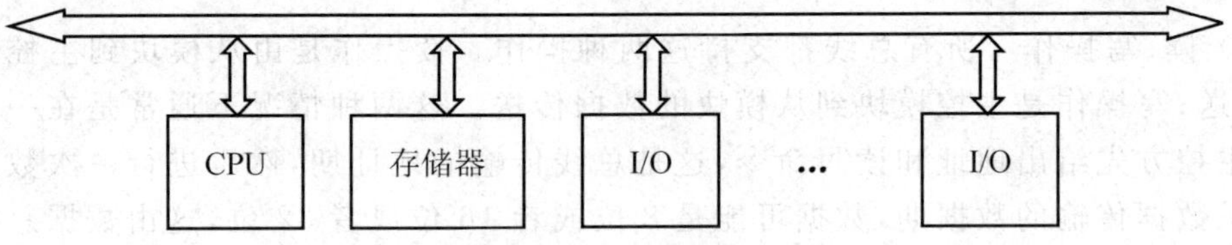

图 7.12　单总线结构

在单总线系统中，除了 CPU 外，有些 I/O 模块也能指定地址。此时，I/O 模块通过与 CPU 中的总线控制部件交换控制信号的方式占有总线。一旦 I/O 模块得到总线控制权后，就可向总线发送地址信号，指明它将与哪个模块进行信息交换。如果 I/O 模块指定的地址是主存地址，则主存响应，并在主存和 I/O 模块间进行直接存储器传送（DMA）。

这种单总线结构简单，也易于扩充。但由于所有模块都挂在一个总线上，而总线一个时刻只能为一对设备服务，所以所有设备只能分时共享总线。这样，当设备挂的很多，而且都要求高速传输的时候，传输延迟就会加大，总线上信息传送的吞吐量受到限制，总线就容易成为整个系统的瓶颈。

现代计算机系统中，挂接的外部设备种类和数量越来越多，速度要求也越来越快，如果还用这种单总线方式，那么大量设备接到总线上后，系统性能就会急剧下降。虽然增加总线宽度和提高总线频率能在一定程度上改善性能，但要很好地解决大量高速模块挂接带来的瓶颈问题，还是得采用下面的多总线结构。

7.3.2　双总线结构

单总线系统中，由于所有模块都挂在同一总线上，总线只能分时工作，这就使得信息传送的吞吐量受到限制。因此，在单总线基础上，添加了 CPU 和主存之间的一组高速存储总线，这样 CPU 可以通过专用总线与存储器交换信息，减轻了系统总线的负担。另外主存和 I/O 模块之间仍然可以利用系统总线进行 DMA 操作，无需经过 CPU。图 7.13 给出了这种双总线结构的示意图。

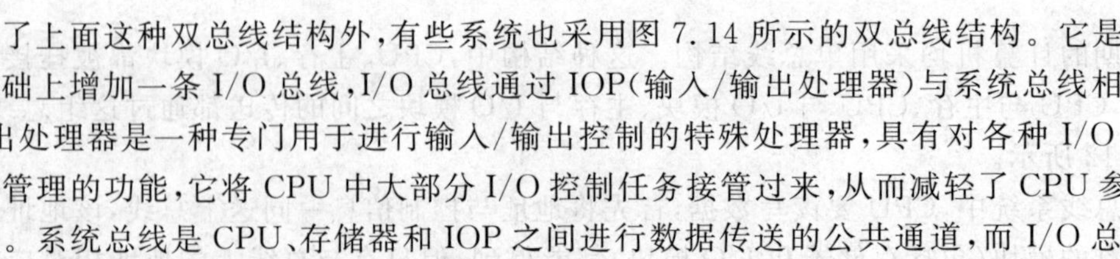

图 7.13　增加存储总线的双总线结构

除了上面这种双总线结构外，有些系统也采用图 7.14 所示的双总线结构。它是在单总线的基础上增加一条 I/O 总线，I/O 总线通过 IOP（输入/输出处理器）与系统总线相连。输入/输出处理器是一种专门用于进行输入/输出控制的特殊处理器，具有对各种 I/O 设备进行统一管理的功能，它将 CPU 中大部分 I/O 控制任务接管过来，从而减轻了 CPU 参与 I/O 的负担。系统总线是 CPU、存储器和 IOP 之间进行数据传送的公共通道，而 I/O 总线是多个外部设备与 IOP 之间进行数据传送的公共通道。外部设备和 CPU 以及和存储器之间的数据传送要通过 I/O 总线和系统总线来实现。

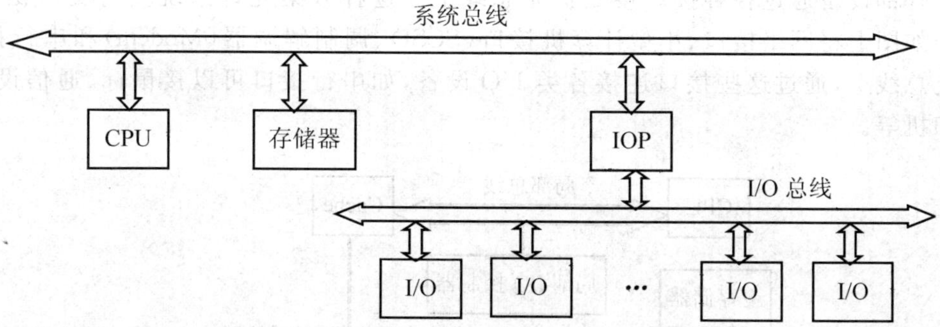

图 7.14　增加 I/O 总线的双总线结构

7.3.3　三总线结构

如果将上面的两种双总线结构综合起来，就形成了图 7.15 所示的三总线结构。

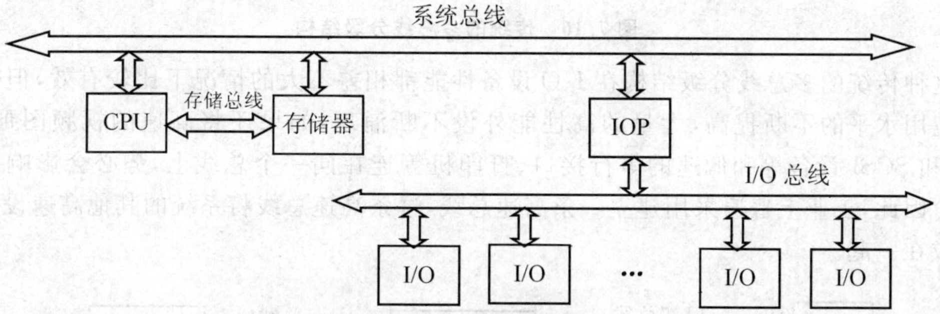

图 7.15　三总线结构

由于这种结构使用了存储总线和 I/O 总线，所以，CPU 和存储器之间的数据交换无需使用系统总线，减轻了系统总线的压力。同时，由于使用了 IOP 对外设进行统一管理并负责外设和主存之间的数据传送，进一步减轻了 CPU 的负担，使整个系统的效率大大提高。

7.3.4　多总线分级结构

尽管图 7.15 所示的三总线结构改善了整个系统的性能，但随着现代计算机的迅猛发展，应用范围的扩大，外部设备和各种模块的种类更加繁多，尤其是大量高速设备的出现，使得数据传输量更大，速度要求更高，而且中低速设备对高速设备的影响也日益明显。因此，在上述总线结构基础上，又逐渐衍生出多总线分级结构。

图 7.16 是传统的多总线分级结构。在 CPU 与 Cache(高速缓存)之间设置了局部总线，该局部总线不仅连接 CPU 和 Cache，而且还通过局部 I/O 控制器连接一个或多个局部设备。Cache 控制器还将 Cache 连接到了挂有主存储器的系统总线上，这样 Cache 可以直接和主存储器进行数据交换，避免了 CPU 对主存储器的频繁访问。也正因为这个原因，主存储器就可以从局部总线移到系统总线，这样 I/O 和存储器之间的数据传送就不会影响处理器的工作。

从图上可以看到，连接到系统总线上的还有扩充总线接口，由该接口接出一条扩充总线。外部设备通过各种接口接到扩充总线上。这种方案允许系统支持更广泛的 I/O 设备。如图上将网络接口、小型计算机接口（SCSI）、调制解调器（Modem）和串行接口接到扩充总线上，通过这些接口连接各类 I/O 设备，如串行接口可以接鼠标、通信设备、串行打印机等。

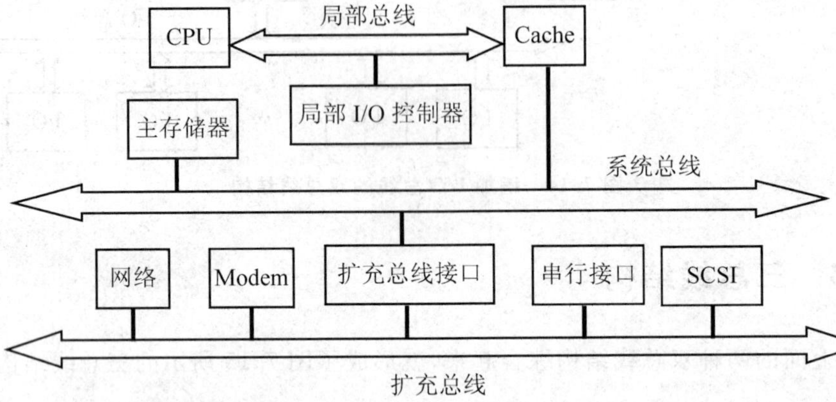

图 7.16 传统的多总线分级结构

这种传统的多总线分级结构在 I/O 设备性能都相差不大的情况下比较有效，但随着计算机应用水平的不断提高，大量的高性能外设不断涌现，如果还将高速的视频图形设备、LAN 和 SCSI 设备等和低速的串行接口、打印机等连在同一个总线上，势必会影响系统的效率。因此，工业上普遍采用建立一条高速总线，这条高速总线将系统的其他高速设备紧密的集成在一起。

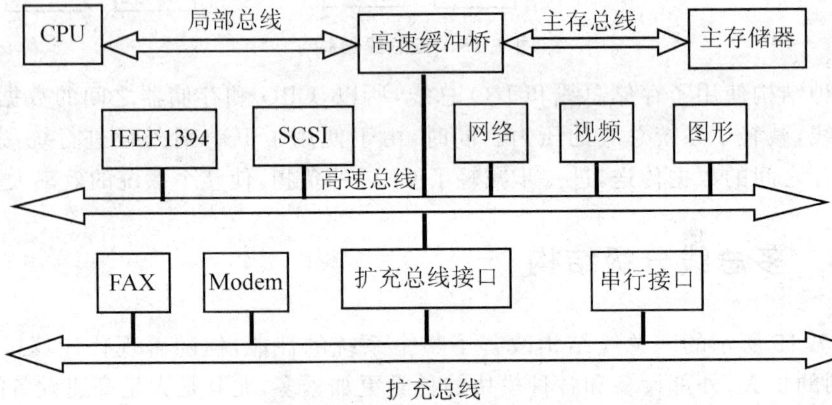

图 7.17 高性能的多总线分级结构

图 7.17 所示就是高性能多总线分级结构示意图。它利用一条高速总线挂接一些高速设备，如局域网（LAN）、视频、图形工作站控制器、SCSI、IEEE1394（FireWire）局部外设总线的接口控制器。这条高速总线可以采用 PCI 总线等，它能很好地支持大容量高速度的设备。系统利用一个高速缓冲桥将高速总线、局部总线和主存总线连接起来，其中局部总线将其和 CPU 连接起来，而主存总线将其和主存储器连接起来。传真机（FAX）、调制解调器、串行接口等低速的设备仍然连接在扩充总线上，扩充总线通过扩充总线接口接到高速总

线上。

高性能多总线分级结构的优点是高速设备和CPU之间的联系更加紧密,同时又可独立于CPU工作,使CPU与高速设备各自的工作效率得到了很大的提高。慢速设备和高速设备分离开来,不会影响高速设备的工作。高速缓冲桥分别与主存储器和CPU连接,使CPU能通过局部总线访问Cache的内容,而设备通过高速缓冲桥和主存进行数据交换,可以减轻CPU的负担,而且也加快了CPU访问数据的速度。

7.4 总线接口

7.4.1 信息传送方式

在计算机系统中使用二进制数,而每个二进制位的数值的表示有3种方法:第1种是用电位高低来表示,在TTL电平定义中,当电位为高时表示数字"1",电位为低时表示数字"0",如存储器数据的表示等;第2种是用脉冲的有无来表示,当有脉冲的时候表示数字"1",无脉冲的时候表示数字"0",如常规的串行传送;第3种是用有无电平变化来表示,如USB通用串行总线中规定当无电平变化表示数字"1",有电平变换表示数字"0"。

计算机总线中,传送信息的方式主要有串行传送和并行传送两种。

1) 串行传送

通常,信息的串行传送方式只有一条传输线,采用脉冲有无表示数值的方式(通用串行总线USB采用差分数据传送,有两条差分传输线,并且采用有无电平变化表示数值)。传送的时候,传送方用一个并行转串行移位器将计算机内部的并行数据转换成串行数据,该数据最终从低位到高位一位一位地顺序以脉冲形式从一条传输线传送出去,接收方一位一位接收数据后,再利用一个串行转并行移位器将串行数据转换成并行数据供内部其他模块使用。

串行通信中,衡量数据传输速率的单位是波特率,即单位时间内传送的二进制数据的位数,以位/秒(b/s)表示,也称为数据位率(b/s)。它是衡量串行通信速率的重要指标。有时也用"位周期"来表示传输速率,位周期是波特率的倒数。在串行通信中,无论发送或接收,都必须有时钟脉冲信号对传送的数据进行定位和同步控制。这就需要有收/发时钟。一般在发送端是由发送时钟的下降沿使送入移位寄存器的数据串行移位输出。而接收端则是在接收时钟的上升沿作用下将传输线上的数据逐位打入移位寄存器。

串行传输方式可分为同步方式和异步方式两种。在异步传输方式的通信数据流中,字符间异步,字符内部各位间同步。每个字符要用一位起始位和若干停止位作为字符传输的开始和结束标志,需占用一定的时间。开始标志到达后,发送和接收双方用同一时钟频率同步字符内的各位传送。同步串行通信是以数据块(字符块)为信息单位传送,而每帧信息包括成百上千个字符,因此传送一旦开始,要求每帧信息内部的每一位都要同步。也就是说,同步通信不仅字符内部的位传送是同步的,字符与字符之间的传送也应该是同步的,这样才能保证收/发双方对每一位都同步。虽然同步方式比异步方式速度快,但它要求有时钟来实现发送端和接收端的同步,并且接口的硬件更为复杂,因此实际应用中,异步串行传输方式用得较多。

2）并行传送

用并行方式传送二进制信息时，每个数据位都需要一条传输线，一般采用电位高低表示不同数值。信息由多少二进制位组成，就需要多少条传输线，这样一个数据信息的每个二进制位就能在不同传输线上同时传送。从短距离传送的角度看，并行传送比串行传送快得多。

衡量并行总线速度的指标是最大数据传输率，即单位时间内在总线上传输的最大信息量。一般用多少兆字节每秒（MB/s）来表示。例如，若总线的工作频率为 33 MHz，总线宽度为 32 位，则它的最大数据传输率为：$33 \times 32/8 = 132$ MB/s。（数据传输率由总线工作频率而得，在频率中的 1M 为 10^6，所以这里 $1M = 10^6$。一般在通信传输中出现的 M 和 K 等单位是以 10 为基来衡量的。）

在信息数据位数太多的情况下，如果每一位都使用一条传输线，势必使成本过高，因此，可以采用少量传输线猝发式传送的方式进行传送。

在实际应用中，串行传送比并行传送要多，串行传送不仅广泛应用于主机与键盘和鼠标等低速外部设备之间，而且越来越多地用于中低速、甚至高速外部设备与主机的通信，如 USB 和 IEEE1394，计算机与计算机之间的通信更是绝大多数都使用串行传送。这是因为随着通信速率的提高和通信距离的延长，并行传送中出现的信号变形与抖动及互相干扰等问题制约了并行传送的应用范围。串行传送与并行传送相比，在距离和抗干扰方面有优势，但也随之带来了数据的串/并及并/串转换、数据格式的要求以及位计数等问题，使之比并行通信实现起来更复杂，而且短距离的情况下比并行传送速度慢。具体应用的时候要适当选择传送方式。

7.4.2 总线接口单元

总线上挂接了很多的设备（模块），这些模块无论是在速度、传送协议、甚至电平定义上都有可能不同，要想使所有设备都能通过总线进行数据交换，就需要在设备和总线之间有一个逻辑部件使设备能够按总线协议要求与其他设备进行通信。这个逻辑部件就是总线接口单元。CPU、存储器、I/O 模块中都有与系统总线或其他 I/O 总线的接口。图 7.18 给出了 CPU、接口单元和外部设备之间的连接关系。

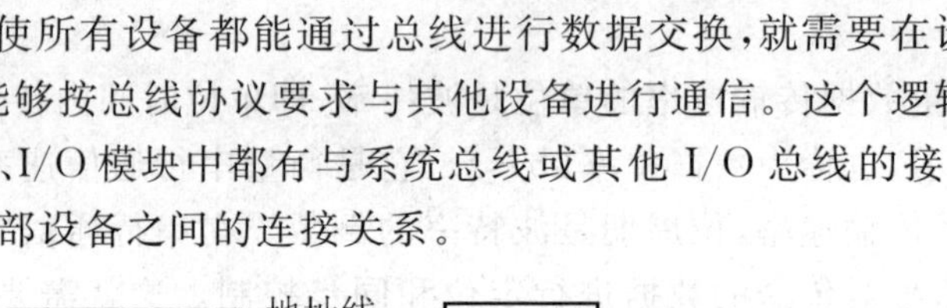

图 7.18 外设与总线的连接

每个总线设备中的总线接口单元的功能会有所不同，这与设备本身的功能和结构、所连接的总线的特性等有关。但总的来说，接口部件单元通常具有以下功能。

（1）定时和通信　在同步方式下，提供或接收时钟信号，在时钟信号的控制下驱动或采样相应的信号线。在异步方式下，按照握手协议对相应的信号线进行驱动、复位或采样。

（2）总线请求和仲裁　根据需要发出总线请求信号。有些模块的总线接口中具有集中方式下的总线仲裁器，此时还要进行总线仲裁。对于分布式仲裁，每个总线接口都要参与仲裁过程。

(3) 控制操作　提供命令译码等控制逻辑，根据总线上的控制命令启动设备进行相应的操作。

(4) 数据缓冲　当总线连接的设备之间有速度差异时，可以在接口中设置数据缓冲器，利用这些缓冲器使不同速度的设备在交换数据的时候更加顺利。

(5) 数据格式转换　如果总线连接的设备之间数据格式不一致，可以通过接口进行数据格式转换。最常见的转换是串—并与并—串转换。

(6) 记录状态信息　接口还负责监视外部设备的工作状态并保存该状态信息，以便 CPU 查询分析。状态信息一般包括“准备就绪”、“忙”、“错误”等等。

(7) 中断请求和响应　当外设向 CPU 请求某种动作的时候，接口就发出一个中断请求信号到 CPU。例如，在外设完成一次操作或者出现故障的时候，接口就发出中断。

7.5 总线标准

所谓总线标准是指芯片之间、扩展卡之间以及系统之间，通过总线进行连接和传输信息时，应该遵守的一些协议与规范。这些协议和规范一般包括硬件和软件两个方面，比如总线工作的时钟频率、总线中信号线的定义、总线系统的结构、总线仲裁机构以及配置机构、机械规范和实施总线协议的驱动与管理程序。

有了总线标准，不同厂商可以按照同样的标准和规范生产各种不同功能的芯片、模块和整机，用户可以根据功能需求去选择不同厂家生产的、基于同种总线标准的模块和设备，甚至可以按照标准自行设计功能特殊的专用模块和设备，以组成自己所需的应用系统。这样可使产品具有兼容性和互换性，以使整个计算机系统的可维护性和可扩充性得到充分保证。

本节将重点介绍几个目前流行的总线标准。

7.5.1 ISA 总线与 EISA 总线

ISA(Industry Standard Architecture，工业标准体系结构)总线是 Intel 公司、IEEE 和 EISA 集团联合在 62 线的 PC 总线基础上经过扩展 36 根线而开发出的一种 98 线系统总线。它具有 16 位数据线，最高工作频率为 8 MHz，数据传输率达到 16 MB/s。ISA 有 24 根地址线，可寻址 16MB(2^{24})。该总线从诞生起，历经 286，386，486 和 Pentium 几代微机，甚至在 PC’99 规范将其淘汰了的今天，仍然在部分 Pentium II/III 微机中被保留下来。

ISA 总线的主要特点：

(1) 它能支持 64K I/O 地址空间、16M 主存地址空间的寻址，可进行 8 位或 16 位数据访问，支持 15 级硬中断、7 级 DMA 通道。

(2) 它是一种简单的多主控总线。除了 CPU 外，DMA 控制器、DRAM 刷新控制器和带处理器的智能接口控制卡都可成为总线主控设备。

(3) 它支持 8 种总线事务类型：存储器读、存储器写、I/O 读、I/O 写、中断响应、DMA 响应、存储器刷新、总线仲裁。

ISA 总线适合于 80286 等具有 16 位外部数据总线的微机系统，但当 PC 机发展到 32 位数据总线之后，ISA 总线的数据总线和地址总线的宽度影响了 32 位微处理器性能的发挥。

1988年,Compaq, HP, Epson 和 NEC 等 9 家公司联合在 ISA 总线的基础上推出了 32 位的“扩展工业标准结构”EISA 总线。EISA 总线支持 32 位地址,可以寻址 4GB,具有 32 位数据总线,总线频率为 8.33 MHz,最大数据传输率达到 33.3 MB/s(8.33×32 位/8)。该总线从 CPU 中分离出了总线控制权,是一种具有智能化的总线,支持多总线主控和突发传输方式。由于该总线的速度限制了 Pentium 等先进处理器性能的发挥,因此在 PC 机中这种总线已经被更先进的 PCI 总线代替。

7.5.2 PCI 总线

PCI 总线的全称是外围部件互联(Peripheral Component Interconnect),它是由 Intel, IBM, Compaq 和 Apple 等公司联合制定的一种先进的局部总线。它有以下几个主要特点。

(1) 独立于处理器　PCI 总线是一种独立于处理器的总线标准,它可以支持多种处理器,从而适合多种系统。

(2) 传输效率高　PCI 总线采用 33.3 MHz/66.6 MHz 的时钟频率。在 33.3 MHz 时钟频率下,32 位数据线宽度,最大传输效率达到 133 MB/s;如果数据宽度升级到 64 位,则数据传输率可以达到 266 MB/s。

(3) 支持突发传输　从某地址开始顺序读写一批数据时只要在开始的时候将首地址发到总线上,之后,每个时钟都只传输数据,而地址是自动加 1,这样可以减少无谓的地址操作,加快数据传输速度。

(4) 采用同步操作　PCI 独特的同步操作能力可保证微处理器和总线主控制器同时操作,而不必等待后者操作完成。

(5) 多总线共存　PCI 总线可以通过桥芯片和多种总线共存于同一个系统中。通过 HOST-PCI 桥芯片,PCI 和 CPU 总线相连接;通过 PCI-ISA/EISA 桥芯片,PCI 又和 ISA 及 EISA 总线相连,通过 PCI/PCI 桥芯片,PCI 总线又可以和其他的 PIC 总线相连。这样,低速设备和高速设备都可以分别挂在不同总线上而共存于同一系统中。

对多总线共存的支持使得 PCI 总线可以利用桥片很方便地与其他总线构成多总线分级结构的系统。图 7.19 和图 7.20 所示的是一个单处理器系统和一个多处理器系统中使用 PCI 总线的例子。

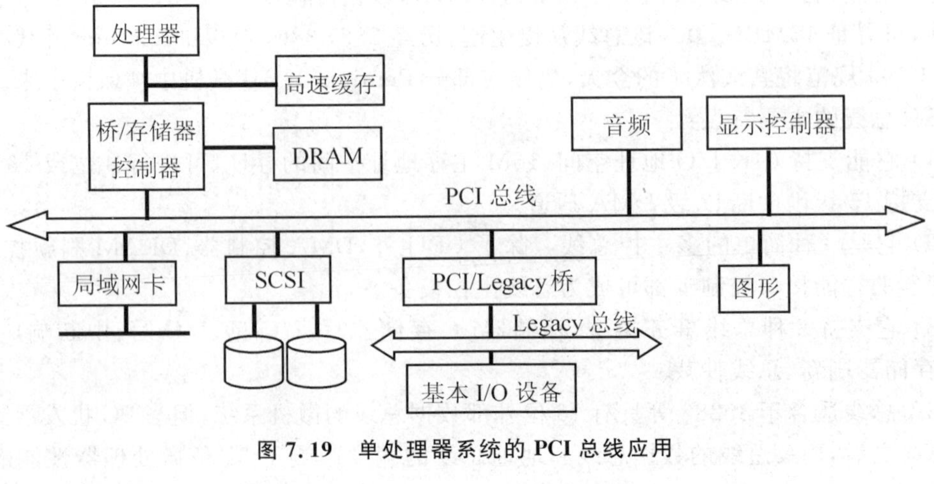

图 7.19　单处理器系统的 PCI 总线应用

图中，HOST 总线有时也称为 CPU 总线、主存总线等，它连接主存和多个 CPU 部件。Legacy 总线可以采用 ISA、EISA 等这类性能较低的传统总线，以便支持中低速 I/O 设备。在这种多总线分级结构中，桥的作用是很重要的，它连接两条总线使彼此间相互通信，如 HOST/PCI 总线将 HOST 总线和 PCI 总线连接起来，PCI/Legacy 桥将 PCI 总线和传统总线连接起来，甚至于在一个系统中，可以用 PCI/PCI 桥将两条 PCI 总线连接起来，因此一个系统中可以有多条 PCI 总线。桥同时又是一种总线转换部件，可以把一条总线的地址空间映射到另一条总线的地址空间上。桥本身可以简单到只有信号缓冲能力和信号电平转换逻辑，也可以很复杂，如有规程转换、数据快存、装拆数据等功能。

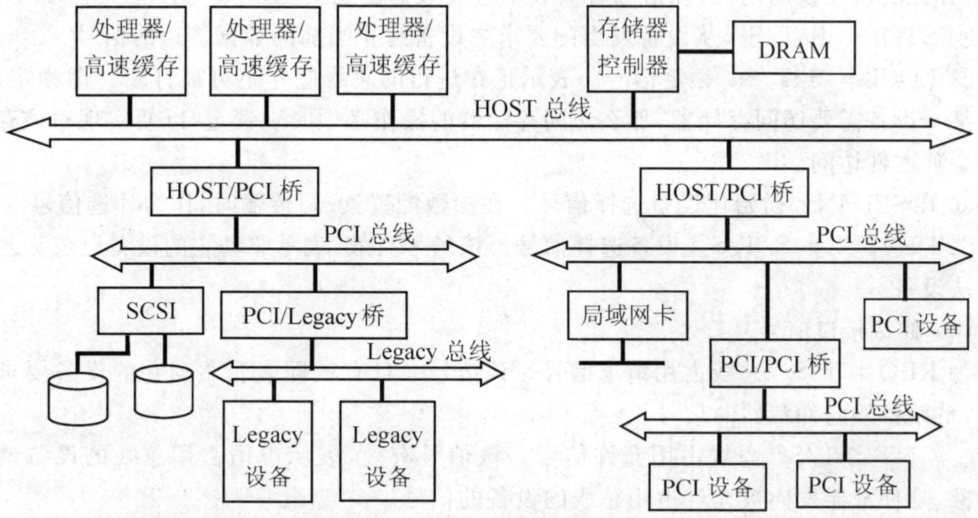

图 7.20　多处理器系统的 PCI 总线应用

1）PCI 总线信号

PCI 信号可分为必备和可选两大类。如果是主设备，则必备信号为 49 条，从设备的必备信号是 47 条。可选的信号为 51 条，主要用于 64 位扩展、中断请求和高速缓存支持等。必备的信号按照功能分组如下：

(1) 系统接口信号

① CLK IN PCI　系统总线时钟，对于所有的 PCI 设备均为输入。其频率最高可达 33 MHz/66 MHz。除 RST＃，IRQB＃，IRQC＃和 IRQD＃之外，所有 PCI 的其他信号都在 CLK 的上升沿有效(或采样)。

② RST＃ IN　复位信号。用来使 PCI 专用的寄存器、定序器和信号复位到初始状态。

(2) 地址与数据接口信号

① AD[31∶00]　T/S　它们是地址和数据多路复用的输入/输出信号。

② C/BE[3∶0]＃ T/S　它们是总线命令和字节使能多路复用信号线。在地址期中，这 4 条线上传输的是总线命令。在数据期内，它们传输的是字节使能信号，说明整个数据期中，AD[31∶00]上哪些字节为有效数据。

③ PAR T/S　针对 AD[31∶00]和 C/BE[3∶0]＃进行偶校验的校验位，可被所有 PCI 设备或模块所使用。写操作时，PAR 由主设备驱动；读操作时，PAR 由从设备驱动。

(3) 接口控制信号

① FRAME# S/T/S　帧周期信号。由当前主设备驱动，表示一次传输的开始和持续。FRAME#的有效预示着总线传输的开始，在其有效期间，说明数据传输继续进行；FRAME#变为无效说明传输进入最后一个数据期。

② IRDY# S/T/S　主设备准备好信号。该信号要与TRDY#配合，它们同时有效，才能完成数据传输，否则进入等待周期。在写周期，该信号有效，表示数据已出现在AD[31：00]上；在读周期，该信号有效时，表示主设备已做好接收数据的准备。

③ TRDY# S/T/S　从设备准备好信号。该信号有效，说明从设备已做好当前数据传输的准备工作，可以进行相应的数据传输。在写周期内，该信号有效表示从设备已做好了接收数据的准备；在读周期内，该信号有效表示有效数据已送到AD[31：00]上。

④ STOP# S/T/S　从设备发出的要求主设备终止当前的数据传送的信号。

⑤ LOCK# S/T/S　锁定信号。表示正在进行的总线操作不可被打断。即锁定总线。如果某一设备需要访问存储器，那么访问存储器的操作必须实现锁定，以便实现对该存储器的完全独占性访问。

⑥ IDSEL IN　初始化设备选择信号。在参数配置读/写传输时，作为片选信号。

⑦ DEVSEL# S/T/S　设备选择信号。该信号有效，表示驱动它的设备已成为当前访问的从设备。

(4) 仲裁接口信号

① REQ# T/S　总线占用请求信号。该信号一旦有效即表明驱动它的设备要求使用总线，是设备发向仲裁器的信号。

② GNT# T/S　总线占用允许信号。该信号有效，表示申请占用总线的设备请求已获批准，是仲裁器发向被允许占用总线的设备的信号。

(5) 错误报告接口信号

① PERR# S/T/S　数据奇偶校验错误报告信号。对于每个数据接收设备，如果发现数据有错误，就应在数据收到后的两个时钟周期内将PERR#激活。

② SERR# O/D　系统错误报告信号。该信号的作用是报告地址奇偶错、特殊命令序列中的数据奇偶错以及其他可能引起灾难性后果的系统错误。

在以上的说明中，为了叙述方便，对信号类型用下列符号表示：

① IN　单向的标准输入信号。

② OUT　单向的标准输出信号。

③ T/S　双向的三态输入/输出信号。

④ S/T/S　持续的且低电平有效的三态信号。

⑤ O/D　表示漏极开路。允许多个设备以线或的形式共享该信号。

⑥ #　低电平有效的信号。

PCI信号中可选的信号主要包括中断信号、高速缓存支持信号、64位总线扩展信号、JTAG/边界扫描信号4类。

PCI有4条中断线，分别是INTA#，INTB#，INTC#和INTD#。所有中断信号低电平有效，属电平触发。其中，对于多功能设备，可以多个功能公用同一条中断线，或者各自占一条中断线，或者是两种情况的组合，中断可以在4条线中任意一条或几条发出。但对于单功能设备，只能在INTA#上发中断请求。

高速缓存支持信号用来对PCI总线上的存储器提供高速缓存支持。如果系统允许PCI总线上的存储器支持高速缓存的话，当访问PCI总线上的某个存储单元时，必须提供相应的高速缓存支持信号，用于传递Cache侦听的结果。

64位总线扩展信号包含32根分时复用的地址/数据线、4根分时复用的总线命令/字节允许线以及对这36根信号线进行奇偶校验的一根校验信号线。它们与基本的32位地址和数据信号组合形成64位地址和数据信号。另外，还有一对要求进行64位传输的请求和回答信号线。

JTAG/边界扫描信号：用于支持IEEE标准194.1中定义的测试程序。

2）PCI命令

总线活动以发生在总线主设备和从设备之间的交换形式进行。当主设备获得总线控制权的时候，由主设备在地址期的C/BE[3：0]#线上发出PCI总线命令，决定即将发生的交换的类型。PCI总线命令出现，总线命令的编码及其含义如表7.1所示。

表7.1 PCI总线命令表

C/BE[3：0]#	命令类型说明	C/BE[3：0]#	命令类型说明
0000	中断响应	1000	保留
0001	特殊周期	1001	保留
0010	I/O读(从I/O端口地址中读数据)	1010	配置读
0011	I/O写(向I/O端口地址中写数据)	1011	配置写
0100	保留	1100	存储器多行读
0101	保留	1101	双地址周期
0110	存储器读(从内存空间映像中读数)	1110	存储器行读
0111	存储器写(向内存空间映像中写)	1111	存储器写并无效

(1) 中断响应命令

中断响应命令是一个读取中断类型号的读命令。中断类型号由系统中断控制器提供。在该命令的地址期，地址线没有使用，回送的中断矢量的长度由字节使能信号来说明。

(2) 特殊周期命令

特殊周期命令为PCI提供一个简单的信息广播机制，用来让主设备向一个或多个从设备广播消息。特殊命令周期不包含目标地址，也无需目标设备应答。

(3) I/O读、I/O写命令

用来在主设备和I/O控制器之间传送数据。每个I/O设备都有自己的地址，地址/数据线用于指出特定的设备并向指定的设备发送或从该设备接收数据。

(4) 存储器读、存储器行读、存储器多行读命令

这3种存储器读命令，用于总线主设备从存储器中读取数据。PCI支持突发传送，数据传送将占用一个或多个数据周期。这些命令的解释依赖于总线上的存储控制器是否支持PCI的高速缓存协议。如果支持，与存储器之间的数据传送以Cache行的方式进行。3条存储器读命令的含义见表7.2。

表 7.2　PCI 总线上存储器读命令的含义

读命令类型	支持 Cache 的内存	不支持 Cache 的内存
存储器读	突发传送半个或不到一个 Cache 行	突发传送两个数据周期或更少
存储器行读	突发传送半个以上到 3 个 Cache 行	突发传送 3 个到 12 个数据周期
存储器多行读	突发传送 3 个以上 Cache 行	突发传送 12 个以上数据周期

(5) 存储器写、存储器写并无效命令

这两种存储器写命令用于总线主设备向存储器写数据，它们将占用一个或多个数据周期。其中存储器写并无效命令用于回写一个 Cache 行到存储器，所以它必须保证至少有一个 Cache 行被写回。

(6) 配置读、配置写命令

每个 PCI 设备都有一个配置空间(寄存器组)，用于存放本设备的配置信息，系统初始化时利用配置空间对该设备进行配置。配置读、配置写命令就是用于主设备读取从设备的配置空间中的配置信息或向从设备的配置空间写数据的两个命令。

(7) 双地址周期命令

该命令用来给支持 64 位寻址的设备发送 64 位地址。发送过程需要两个时钟周期。

3) 数据传送

PCI 上的基本总线传送机制是突发传送，一次突发传送由一个地址期和一个或多个数据期组成，支持存储器空间和 I/O 空间的突发传送。图 7.21 显示了 PCI 总线的一次读操作的时序，写操作时序与之类似。所有事件在时钟下降沿同步，即在时钟周期的中间。总线设备在一个时钟周期开始的上升沿采样总线信号。下面针对图 7.21 加以说明。

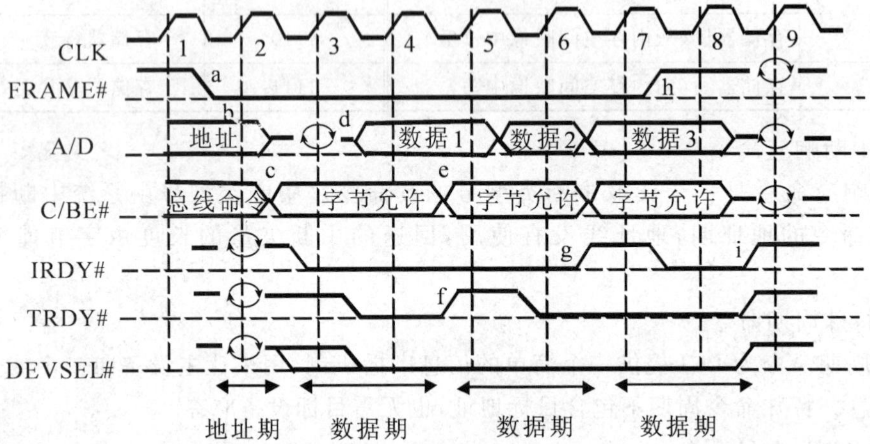

图 7.21　读操作时序

a) 一旦总线主设备获取了总线的使用权，就通过使 FRAME# 有效来开始一个总线交换。数据传送过程中 FRAME# 信号线需一直保持有效，直到发送方设备准备传送最后一个数据。同时主设备还要将起始地址送到 A/D 线上，读命令送到 C/BE# 线上。

b) 在第 2 个时钟的上升沿，目标设备识别出 A/D 线上的地址。

c) 主设备停止驱动 A/D 线上的信号。所有可能由多个设备驱动的信号线都要求有一个交换周期(图上用两个互指的环形箭头表示)。这样，地址信号的撤消将使 A/D 信号线下次为目标设备所用。同时，发送方将改变 C/BE#线上的信号，以指示 A/D 线上传送的哪些字节是有效数据。此外主设备还使 IRDY#信号有效，表明它已准备接收第一个数据。

d）被选中的从设备（目标设备）使 DEVSEL#信号有效，以表明它已经识别出地址，并即将响应。它将主设备所要求的数据放到 A/D 线上，然后使 TRDY#信号有效，表明 A/D 上的数据已经有效，可以读取。

e）主设备在第 4 个时钟的上升沿读取数据，并改变 C/BE 线上的字节允许信号，为下一次读做准备。

f）在本例中，假定目标设备需要一些时间来准备第二个数据，所以它将 TRDY#信号撤消，以通知主设备下一周期没有新数据。于是，主设备在第 5 个周期的上升沿就不会读数据，并且在这个周期中不改变 C/BE#线上的字节允许信号。第 2 个数据在第 6 个时钟上升沿被读取。

g）在第 6 周期中间，目标设备将第 3 个数据放到总线上。在本例中，假定主设备没有准备好接收数据（例如，用来存放数据的缓冲已满无法接受新数据），于是它将取消 IRDY#信号，这样就会使目标设备将第 3 个数据继续在 A/D 线上多保持一个时钟周期。

h）主设备知道第 3 个数据是最后一个，所以它就将 FRAME#信号撤消，以通知目标这是最后一次数据传送。同时，它将 IRDY#信号有效，表示它已准备好接收数据。

i）主设备接受完数据，撤消 IRDY#信号，使总线变为空闲。同时目标也相应地撤消 TRDY#和 DEVSEL#信号。

4）PCI 总线仲裁

PCI 采用集中式的同步仲裁方法，它的每个主设备有独立的请求（REQ#）和允许（GNT#）信号。这些信号线连到中央仲裁器上。它用简单的请求—允许握手信号允许对总线的访问。主设备使用它的 REQ#信号有效来请求占用总线，仲裁器若同意请求，则使用 GNT#信号有效作为应答。

图 7.22 给出了一个基本的仲裁过程，表示仲裁器怎样协调两个主设备 A 和 B 对总线的访问。其中设备 A 要求进行 1 次以上总线访问，而设备 B 只进行 1 次总线访问。

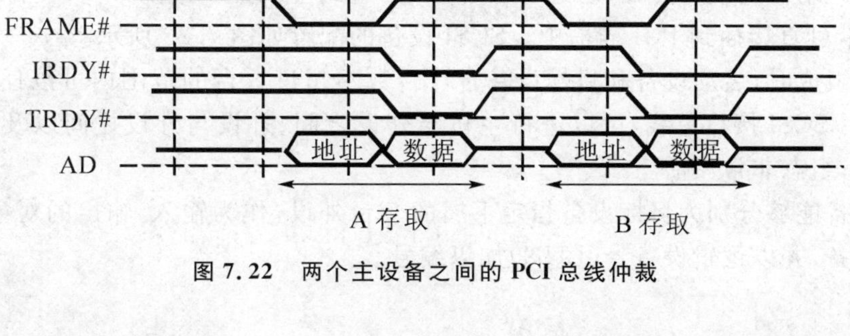

图 7.22　两个主设备之间的 PCI 总线仲裁

图 7.22 的仲裁过程如下：

(1) 在时钟 1 开始之前，设备 A 已经置它的 REQ#-A 信号有效。仲裁器在时钟 1 的开始时检测到这个信号，并置 GNT#-A 有效，授权设备 A 访问总线。与此同时，设备 B 也发出了总线请求，置 REQ#-B 有效。

(2) 在时钟 2 开始时，设备 A 探测到 GNT#-A 有效，知道已经被允许访问总线，但发现此时的 IRDY#和 TRDY#均为无效，表明这时总线处于空闲状态。因此，设备 A 在时钟 3 置 FRAME#有效，并将地址信息放到 AD 线上，将命令放到 C/BE 线上(未画出)。在时钟 4 完成设备 A 的第 1 次传输。同时，它继续保持 REQ#-A 有效，因为它随后还要执行第 2 次传输。

(3) 另外，在时钟 3 开始，总线仲裁器决定撤销设备 A 的总线占用权，而允许设备 B 访问总线，置 GNT#-A 无效，置 GNT#-B 有效。于是，设备 B 在一旦总线返回空闲状态时，就可以使用总线。

(4) 在时钟 5 开始，设备 B 发现 IRDY#和 TRDY#已经取消，表明此时总线已处于空闲状态。因此，设备 B 在时钟 6，将 FRAME#置有效，并在时钟 7 完成设备 B 的一次传输。同时撤销 REQ#-B，因为它只想传输一次。

(5) 随后，仲裁器又再次授予主设备 A 总线访问权，继续进行下一次传输。

从上述过程来看，PCI 的总线仲裁确实和数据传送同时进行，因此，PCI 的事务过程中只由一个地址周期和若干个数据周期组成，不包含裁决周期。

7.5.3 SCSI 总线

SCSI 的含义是小型计算机系统接口(Small Computer System Interface)。SCSI 是由 ANSI 于 1986 年 6 月公布的并行接口标准。1990 年之后又分别推出 SCSI-2 和 SCSI-3。其中，SCSI-3 包括了 4 种接口协议：SCSI-3 并行接口、SCSI-3 光纤信道接口、SCSI-3 串行接口和 IEEE1394。IEEE1394 实际上是在 SCSI-3 的基础上指定的串行标准。SCSI 总线主要用于光驱、音频设备、扫描仪、打印机以及像硬盘驱动器这样的大容量存储设备等的连接。

SCSI 可以按同步方式和异步方式传输数据。SCSI-1 在同步方式下的数据传输速率为 4MB/s，异步方式下为 1.5MB/s，最多可以挂 32 个硬盘。SCSI-2 的最大数据传输速率为 20MB/s 或 40MB/s。

1) SCSI 系统的结构

每个 SCSI 设备有两个连接器，一个用于输入，一个用于输出。若干设备连接在一起，一端用一个终结器连接，另一端通过一块 SCSI 卡连到主机上。例如，一块支持 PCI 总线标准的 SCSI 卡可直接插到 PCI 插槽中。SCSI 设备的配置如图 7.23 所示。

在系统组成时，启动设备和目标设备合计台数不超过 8 台的范围内可以任意组合。也就是说，采用 SCSI 接口总线，可以进行主机与外设之间、外设与外设之间以及主机之间的连接及通信，组态非常灵活。

启动设备能够分别为目标设备指定下属的 7 台外设，作为输入/输出的对象，这些外设称为逻辑设备，并以逻辑设备号(LUN)加以编号。

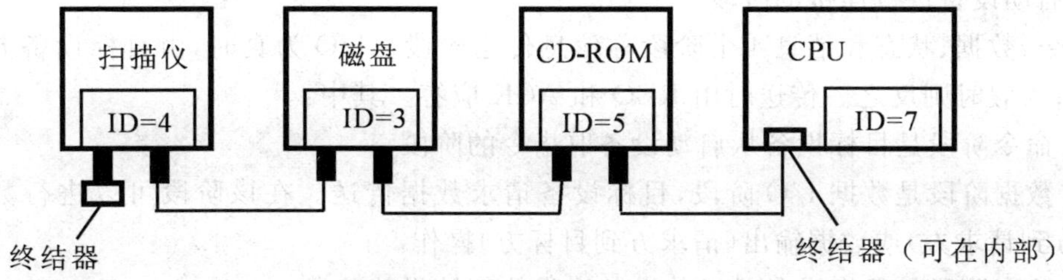

图 7.23　SCSI 设备的配置

2）SCSI 接口信号定义

SCSI-1 接口的信号为 50 线的扁平电缆，随后推出的 SCSI-2 接口增加一条 68 线电缆，把数据宽度扩充为 16/32 位。SCSI 接口信号线包括并行数据总线和控制信号线以及状态信号线。

① DB0～DB7，DBp　数据线，双向，由 8 位数据位和 1 位奇偶校验位组成，共 9 位。

② BSY(Busy)　忙状态，该信号被置为真，表示 SCSI 总线处于使用状态。

③ SEL(Select)　选择，表明启动设备选择目标设备（选择阶段）或目标设备用来重新选择启动设备（重选阶段）。

④ C/D，I/O，MSG(Message)　控制/数据、输入/输出和消息，目标设备通过这 3 个信号的组合来指定数据总线传送信息的类型。

⑤ REQ(Request)　请求，在信息传送阶段，由目标设备向启动设备发请求传送信号。

⑥ ACK(Acknowledge)　回答，启动设备对目标设备 REQ 信号的应答。

⑦ ATN(Attention)　注意，表示启动设备已有应向目标设备传送的信息。

⑧ RST(Reset)　复位，要求总线上所有 SCSI 设备复位的信号。

3）SCSI 的操作阶段

SCSI 总线有 8 个操作阶段：总线空闲阶段、仲裁阶段、选择阶段、重选阶段、命令阶段、数据阶段、状态阶段和消息阶段。图 7.24 显示了 8 个阶段之间的转换关系。

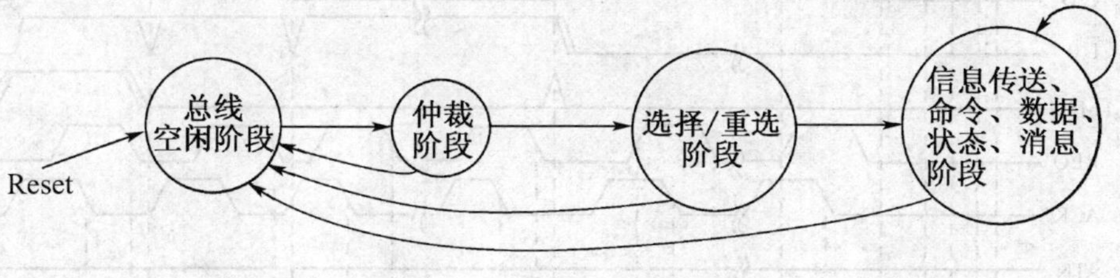

图 7.24　SCSI 阶段转换图

总线空闲阶段是总线未被使用状态。任何阶段执行结束后都可进入此阶段。

仲裁阶段为各设备争总线使用权的阶段。所有设备都可以进入此阶段，但只能由空闲阶段进入。

选择阶段是启动设备选择目标设备的阶段。在单启动设备的系统中可不进行仲裁，直接从空闲阶段进入选择阶段。

重选阶段是在目标设备执行启动设备指示的动作过程中，当不需要总线动作时，暂时将总线释放（断开）后，为继续执行和完成命令的处理，若需 SCSI 总线动作时，从目标设备再次选择启动设备进行连接的阶段。

命令、数据、状态和消息4个阶段称信息传送阶段。I/O为真时，由目标设备向启动设备传送；为假时则反之。传送时由REQ和ACK应答。其中：

① 命令阶段是目标设备从启动设备取指令的阶段。

② 数据阶段是数据I/O阶段，目标设备请求数据传送。在该阶段可以进行数据输入（目标方到请求方）或数据输出（请求方到目标方）操作。

③ 状态阶段是目标设备对启动设备报告执行结果的阶段。

④ 消息阶段实现其他信息的I/O。有各种消息，例如识别消息、断开消息和保存数据指针消息等。

4) SCSI总线仲裁

SCSI总线的仲裁采用自举分布式仲裁方案。系统中的每台SCSI设备都有ID地址，并指定对应于数据总线的位编号(ID0～ID7对应于DB0～DB7)，它们是启动设备选择目标设备或目标设备重新连接启动设备时为了寻找特定SCSI设备的识别号码。另外，设备的ID还在仲裁阶段表示使用总线的优先权顺序，ID7(DB7)的优先级最高，ID0(DB0)的最低。需要使用总线的设备在仲裁阶段启动一根与该设备的ID对应的数据线，每个设备通过查看相关的数据线来确定是否将获得总线的使用权。

图7.25给出了一个常用的SCSI总线时序。它描述了从目标设备读取数据到启动设备的总线交换过程。

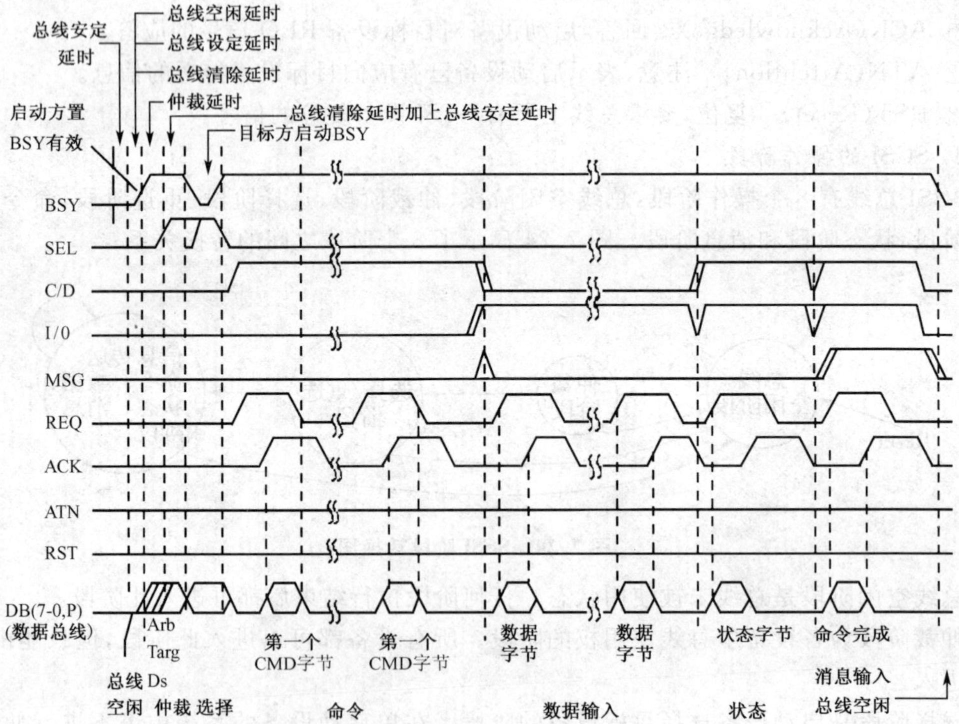

图7.25　SCSI时序举例

(1) 开始阶段　总线处于空闲状态。

(2) 仲裁阶段　要求使用总线的设备在相应的数据线上置请求信号。各设备通过查看有无优先级比自己高的设备的请求,确定自己是否能占用总线。一旦某设备获胜,则将成为启动设备,通过启动 SEL 信号进入选择阶段。

(3) 选择阶段　使自己和目标设备对应的数据线上 ID 有效,并在一定延迟后,使 BSY 信号无效。当目标设备检测到 SEL 信号有效,而 BSY 和 I/O 无效,并识别 ID 以后,它使 BSY 信号有效。当启动设备检测到 BSY 信号时,释放数据线,并取消 SEL 信号。

(4) 命令阶段　目标设备通过启动 C/D 线有效,表示已进入命令阶段。它使 REQ 信号有效,请求启动设备传送命令的第一个字节。启动设备在送出第一个字节后,使 ACK 有效。目标设备读入一个字节后,取消 REQ 信号,然后启动设备也取消 ACK 信号。命令的其他字节用同样的 REQ/ACK 握手信号来传送。

(5) 数据输入(出)阶段　目标设备接收和解释命令后,取消 C/D 信号,进入数据输入(出)阶段,数据传送的方向由信号 I/O 标识。通过 REQ/ACK 握手信号进行数据传送。

(6) 状态阶段　目标设备使 C/D 信号有效,结束数据阶段而进入状态阶段(此时,I/O 信号有效),通过 REQ/ACK 握手信号进行状态信息的输入。

(7) 消息阶段　目标设备使 MSG 线有效,以进入消息阶段。正常情况下,会传送"命令完成"消息给启动设备。启动设备收到该消息后,就释放总线,使其空闲。

7.5.4 USB 总线

USB(Universal Serial Bus)是一种新型的外设接口标准,其基本思路是采用通用连接器和自动配置及热插拔技术和相应的软件,实现资源共享和外设的简单快速连接。USB 的出现,解决了目前计算机系统中外设与 CPU 连接因为接口标准互不兼容而无法共享所带来的安装与配置困难的问题。USB 是以 Intel 公司为主,Compaq, IBM, DEC 以及 NEC 等公司共同开发的,1996 年公布了 USB 1.0 版本,目前的最新版本是 USB2.0。

使用 USB,用户不需要扩展插卡,无须了解 DIP 开关设置、跳线、中断设置、DMA 通道及 IO 地址等细节,无须开发底层设备驱动程序。连接 USB 外设只需简单地插上插座即可,甚至不需关闭电源,属于"热插拔"式的"即插即用"。USB 的传输波特率(即传输速率)为 1.5Mb/s～12Mb/s(USB2.0 的速率达到 480Mb/s),通过 Hub 最多可连接 127 个外设。

USB 采用了一种层次化的新结构,该结构以集线器(Hub)为 USB 设备提供连接点。USB 主控制器包含集线器,是系统中所有 USB 端口的起点。图 7.26 所示的是 USB 的这种层次化的拓扑结构,这种结构也可以看成是一级与一级的级联方式。由于 USB 不像其他总线一样采用存储转发的技术,因此不会对下级的设备引起延迟。级联中最多可以连接 127 个设备。

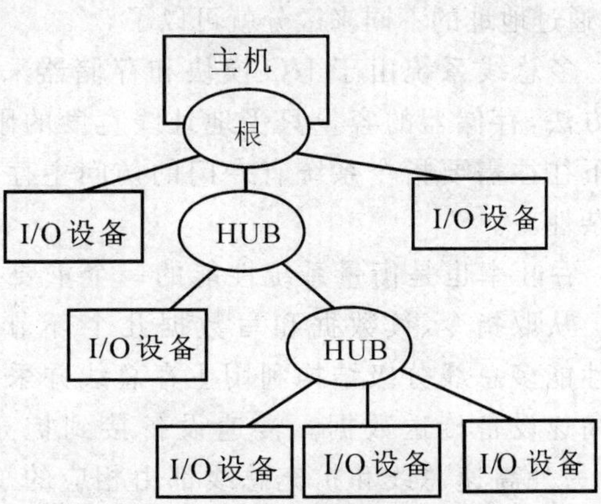

图 7.26　USB 的层次结构

USB 总线只有 4 根线,用来传送信号和提供电源。其中,D+ 和 D− 为信号线,采用差分方式传送信号,它们是一对双绞线;另两根是电源线和地线,提供电源。USB 设备有两种供电方式,自给方式(设备自带电源)和总线供给方式。USB Hub 采用自给方式。USB 通用串行总线中规定，无电平变化表示数字"1"，有电平变换表示数字"0"。为了确保信号发送的准确性，在数据被编码前，在数据流中每 6 个连续的"1"后插入一个"0"。

USB 有 4 种基本的传输类型：

(1) 控制传输　控制传输是双向的。控制传输主要是作配置设备用的，也可以作设备的其他特殊用途。

(2) 批传输　批传输可以是单向，也可以是双向。它用于传送大批数据，其典型的应用是扫描仪、打印机和静态图片输入。

(3) 中断传输　中断传输是单向的，且仅输入到主机。它用于不固定的、少量的数据传送。USB 的中断是 Polling(查询)类型，主机要频繁地请求端点输入。

(4) 等时传输　等时(同步)传输可以单向也可以双向，用于传送连续性、实时的数据。视频设备、数字声音设备和数字相机采用这种方式。

7.6　总线设计需注意的问题

总线实现方法很多，具体到某种总线设计的时候，需要根据情况来决定采用何种总线方案，本节主要讲述几个在总线设计的时候需要注意的问题。

7.6.1　总线结构对计算机系统性能的影响

在一个计算机系统中，采用不同的总线结构会对系统的性能产生不同的影响。所以要从系统的主要应用领域以及系统今后的扩展性等方面综合考虑，制定出合适的总线结构，下面简单介绍一下总线结构对计算机系统性能的影响。

单总线系统虽然简单，但由于存储器和 I/O 模块共用一根总线，这不仅使得总线带宽比较紧张，而且这种结构往往采用存储器和 I/O 模块统一编址，I/O 模块要占用一部分地址空间，使得主存的地址范围(即主存容量)会小于实际地址线宽度所能表示的地址范围，主存容量受到了更大的限制。但对于指令系统来说，访问主存和访问 I/O 模块只需相同的指令，通过地址的不同来区分就可以了。

多总线系统由于 I/O 模块和存储器采用不同的总线，通常采用 I/O 模块单独编址的方法，存储器的容量只受地址线宽度的限制，不会受 I/O 地址范围的影响，但这种结构下往往需要指令系统有专门的访问主存和访问 I/O 模块的指令，增加了指令系统的复杂性。

吞吐率也是衡量系统性能的一个重要指标，它是指流入、处理和流出系统的信息速率。从取指令、读数据和写数据几个环节来看，系统吞吐量取决于主存的存取时间。高性能多总线分级结构利用主存总线并采用高速缓冲和 CPU 交换数据，通过高速总线和高速设备传送数据。慢速设备接到扩充总线上和高速设备隔离，不会影响高速设备，另外高速总线和扩充总线都由相应的总线接口控制，这些接口作为通道，统一管理外设，并实现外设与主存之间的数据传送，这大大减轻了 CPU 的负担，也提高了系统吞吐率。

7.6.2 总线类型

总线的信号线可以是专用也可以是复用的。设计总线的时候，有时候需要考虑使用专用信号线还是复用信号线。

专用信号线就是指这种信号线专门用来传送某一种信息。例如，使用分立的数据线和地址线。而复用信号线就是指一种信号线在不同的时间传输不同的信息。例如，比较常见到的数据/地址线分时复用的方式，用一组数据线在总线交换的地址阶段传送地址信息，在数据阶段传送数据信息。

如果不是对信号线的根数有限制的话，采用独立信号线的方式会使得总线控制逻辑比较简单，容易实现。但是如果需要节省电路板空间(减少布线数)和成本，就可以考虑使用分时复用信号线。为了能够正确地使用分时复用线，可能需要增加相应的控制线甚至需要加些锁存器，增加了总线控制逻辑的复杂性。另外分时复用还潜伏着性能的降低，因为共享同一线路的事件不能同时发生，比如在独立信号线方案下，地址信号和数据可以同时发出，但分时复用情况下只能先后发出。

7.6.3 总线仲裁方法

计算机系统中，如果挂在总线上的主控模块(主设备)太多，并且有多个主控模块同时申请使用总线，就需要总线仲裁。最常见的情况是系统中有 CPU 和 DMA 控制器两个主控模块，DMA 控制器可以直接控制外设和主存储器之间进行数据交换，但这需要 DMA 控制器占有总线使用权，总裁机制就需要在 CPU 和 DMA 控制器之间选择一个占用总线。

不同仲裁方案的适应性由不同的因素来确定。这些因素包括：总线在 I/O 设备的数量和总线长度的可扩充性方面如何？总线仲裁应该多快？需要什么程度的公正性等。如果使用集中式仲裁机制，从结构简单和容易扩充两个方面来看，菊花链查询方式无疑是比较好的仲裁方案。但是如果不希望挂在总线上的设备过于对电路故障敏感，而且又不希望有太复杂的控制逻辑，则可以考虑使用计数器定时查询方式。如果系统希望模块响应时间最短，又不在乎控制线数目的多少，则独立请求方式是比较好的仲裁方案。假如系统中主控模块并不多，或者由于系统设计的原因不能使用集中仲裁方式(如各个模块或设备所在地域不一样)，则可以考虑使用分布式仲裁机制。

在设计总线的时候，不可避免地会涉及仲裁策略问题。衡量策略的好坏可以从公平性和优先级上来考虑。常用的策略包括：

(1) 自由竞争　这种方式不考虑优先级，需要总线的主控模块在总线空闲的时候发出请求，如果刚好其他总线也提出申请产生请求冲突，这时申请的设备都撤销申请，延迟一段随机时间后再次申请，这种自由竞争完全靠时间差来决定先后。比如 Ethernet 采用的方法就是自由竞争。

(2) 先来先服务　这种方式也几乎不考虑优先级，而是以申请总线的顺序决定次序。显然这种方法比较简单，表面看来也很公平，但会对一些重要的总线申请不利。

(3) 固定优先级法　这种方法按照固定优先级的高低来决定占用总线的先后次序。在集中仲裁方式以及自举分布式仲裁等方案中均有采用这种方法的。一般情况下，它比先来先服务更加公平，但也有自己的缺陷。首先如何指定各个模块的优先级别就是一个问题，其次，如果高优先级的模块频繁提出总线请求，将会使优先级低的模块很难获得总线使用权。

(4) 循环优先级法　这是一种动态优先级法，每次总是将本次占用总线的设备的优先级降为最低，而把下一个模块的优先级制定为最高。如图7.2所示的系统中，如果当前正在使用总线的是设备0，则下面的优先级由高到低的顺序将是设备1→设备2→…设备 i→…设备 n→设备0。这种方式下，大家机会均等，就能比较好的避免优先级低的设备长时间等待了。

(5) 等待时间调整法　考虑到固定优先级中，优先级低的模块会在一段时间很少能占用总线，所以在固定优先级的基础上采用这种方法来调整。采用这种方法需要对每个模块增加一个计时器，当提出申请而因为优先级不够的时候开始计时，记录等待访问总线的时间，当等待时间超过某个值后，将该模块的优先级提为最高。

7.6.4 总线带宽

一个总线的带宽主要由总线定时方式所用的协议决定，但也有其他几个因素影响带宽。它们是：

(1) 数据总线宽度　增加数据总线的宽度可使总线一次传输更多数据位。

(2) 信号线是专用还是分时复用　将地址线和数据线单独设置可使写操作的性能更高，因为地址和数据可在同一个总线周期内传送出去。

(3) 是否允许大数据块传送　如果允许总线以突发传送方式连续传送多个字而不发送地址信息或释放总线，那么可以减少传送一个大数据块所需的时间，提高总线带宽。

对于单总线传输来说，以上几个方面都能提高总线性能。但也同时带来一些其他的问题，主要包括：总线条数增加、系统的复杂性增加、当一个大数据块传送的时候会因为其他模块等待而增加响应时间。

总线设计困难的一个原因是总线速度受到以下物理因素的限制：总线的长度和部件的个数。这些物理因素阻止进行快速的总线仲裁。在这些限制中，有许多技术可以用来提高总线的性能。但是，这些技术又可能反过来影响其他性能。例如，为了得到I/O操作的快速响应时间，必须通过简化通信路径来使一次总线访问的时间降到最小。但另一方面，为了获得高I/O数据速率，又必须使总线带宽最大化，总线带宽可以通过使用更多的缓冲和通过传送较大的数据块两种方式来提高。但这两种方式都会增加完成总线操作的时间延迟。快速总线访问和高带宽这两个目标是相互矛盾的两种设计要求。此外，要求支持具有不同等待时间和数据传输率的设备的需求也使总线设计面临挑战。

习　题　7

7-1　什么是总线？总线上传输的是哪些信息？为什么现代计算机广泛采用总线结构？

7-2　总线有哪些特性？总线有哪几种电平表示方式？按连接模块的不同，总线分为哪几种？按功能或信号类型的不同，系统总线又由哪3种总线组成？

7-3　某总线的总线频率是66.6 MHz，如果要求总线的数据传输率为532.8 MB/s，寻

址空间为 4GB,则该如何设计该总线的数据总线和地址总线宽度?

7-4 一次总线操作一般分为哪几个阶段? 各阶段主要完成什么工作?

7-5 为什么总线模块要分为主控模块(设备)和从模块(设备)? 什么情况下需要总线仲裁? 总线仲裁主要考虑什么基本策略? 总线仲裁有哪两种主要方式,各自的特点是什么?

7-6 集中式仲裁有几种方式? 各自的仲裁方法是什么? 各有什么优缺点?

7-7 分布式仲裁有几种方式? 各自的仲裁方法是什么? 各有什么优缺点?

7-8 VAX SBI 总线采用自举分布式仲裁方案。总线上的每个设备有惟一的优先级,而且被分配一根独立的总线请求线 REQ, SBI 有 16 根这样的线(REQ0,…,REQ15), REQ0 有最高的优先级。问最多可有多少个设备连到这样的总线上? 为什么?

7-9 总线定时方式主要有哪几种? 同步协议方式和异步协议方式的特点是什么? 有什么优缺点? 试对 4 种总线定时方式做一个比较。

7-10 异步协议方式下,握手信号的作用是什么? 常见的握手协议有哪几种? 各有何特点?

7-11 什么是突发式传送? 这种传送方式有什么优点? 和非突发传送方式有什么不同?

7-12 比较单总线、双总线、三总线和多总线分级结构的性能特点。

7-13 串行传送和并行传送各有什么特点? 为什么现在使用串行传送比并行传送多?

7-14 为什么要制定总线标准?

7-15 从 PCI 总线的数据传送方法上说明该总线是如何适应大数据量高速传送的。PCI 总线中,桥的作用是什么?

7-16 试说明 PCI 总线采用的仲裁方法,并结合图 7.22 说明仲裁过程。

7-17 试说明 SCSI 总线的仲裁方法。试说明 USB 总线的结构。

7-18 一个 64 位的微处理器,它有 32 位外部数据总线,总线的时钟频率为 32 MHz,假定一个总线事务的最短周期是 4 个时钟周期,试问这个处理器的最大数据传输率是多少? 如果要将该处理器的最大数据传输率提高 1 倍,可采用哪些措施? 各有什么优缺点?

7-19 试分别设计一个采用固定优先级的具有 4 个输入的集中式菊花链查询、计数器定时查询和独立请求仲裁器。

7-20 假设存储器系统采用 60 MHz 时钟,存储器以每周期一个字的速率传输 4 个字的访问请求,以支持块长为 8 个字的 Cache,每字 4 字节。对于读操作,访问顺序是一个周期接受地址,2 个周期等待存储器读数,4 个周期用于传输 4 个字。对于写操作,访问顺序是一个周期接受地址,一个周期延迟,4 个周期用于传输 4 个字,两个周期恢复和写入纠错码。对于以下访问模式,求出该存储器的最大带宽。

① 全部访问为读操作;

② 全部访问为写操作;

③ 70%的访问为读操作,30%的访问为写操作。

7-21 考虑以下两种总线:

总线 1 是 64 位数据和地址复用的总线。能在一个时钟周期中传输一个 64 位的数据或地址。任何一个读写操作总是先有一个地址周期,然后有两个时钟周期的延迟,从第 4 周期开始,存储器系统以每个时钟周期两个字的速度,最多传送 8 个字。

总线 2 是分离的 32 位地址和 32 位数据的总线。每个传输占一个时钟周期。读操作包括一个周期的地址传送、两个时钟周期的延迟，从第 4 周期开始，存储器系统能够以每时钟一个字的速度传输最多 8 个字。对于写操作，在第一个周期内第一个数据字与地址一起传输，再经过二个周期的延迟之后，能够以每个时钟一个字的速度最多传输 7 个余下的数据字。假定进行 60％的读操作和 40％的写操作。

在以下两种情况下，求这两种总线和存储器能提供的最大带宽。

① 只进行单字数据的传输；

② 所有的传输都是 8 个字的数据块。

8 外围设备

一个完整的计算机系统包括硬件和软件两部分，从硬件角度来说，硬件分为主机和外围设备。主机包括了 CPU、主存储器、I/O 接口单元等，这些部件只能加工和处理二进制电脉冲信号，但使用计算机的人能够识别的信息种类是非常丰富的，包括了文字、图像、图形、声音等信息。因此，需要有装置能在二进制脉冲信号和文字、图像等信息之间进行转换，计算机外围设备就担当了这一重任。外围设备是在计算机和其他计算机之间，以及计算机与人之间提供联系，进行信息交换的装置，通常它还能够改变信息的形态。外围设备通过 I/O 接口单元连接到系统总线上。

随着计算机系统的飞速发展和应用的扩大，特别是出现多媒体技术以后，系统要求外围设备类型越来越多，外围设备智能化的趋势越来越明显，从而使得外围设备的速度、精度、质量、可靠性以及应用的灵活性，方便性不断提高。

从大的方面说，外围设备包括输入输出设备和辅助存储设备，辅助存储设备已经在第 4 章中做过介绍，本章主要介绍一些输入输出设备。

8.1 外围设备的分类与特点

8.1.1 外围设备的分类

外围设备分类的方法很多，下面从信息流向和设备功能两个方面为外围设备分类。

按照信息流向的不同，外围设备可以分成以下三类：

(1) 输入设备　输入设备是从外部将信息输入到计算机中的装置。这样的设备很多，比如键盘、鼠标、触摸屏、光笔、跟踪球、控制杆、数字化仪、扫描仪、语音输入设备、汉字手写板、数据手套、数据衣、纸带输入机、卡片输入机、光学字符阅读机(OCK)等。这些输入设备中，有的是通过批输入的方式将信息送入主机，如扫描仪、纸带输入机、卡片输入机、光学字符阅读机等。所谓批输入方式是指这些设备在输入过程中不要人工干预，发出输入命令后，就成批将数据录入进主机。另一些设备通过人机交互方式进行数据和命令的输入，如键盘、鼠标、跟踪球、控制杆等。这些设备在输入的时候，输入的信息会马上反映到屏幕上，操作员可以及时进行删除、修改、移动等等操作。交互式输入设备是近年来研究的热门话题之一，通过它们建立人机之间的友善的界面。随着多媒体技术和虚拟现实技术的发展，一些新的交互输入设备陆续产生，这些设备使用人的自然行为方式进行数据和命令的输入，如数据手套、数据衣、语音输入设备等，其最终的目标是希望人能通过自己的自然本能的行为方式与计算机构造的虚拟世界进行无障碍的交流。

(2) 输出设备　输出设备是把主机中运算出来的结果用人能识别的各种信息形式表示

出来的装置。常见的输出设备有显示器、打印机、绘图仪、语音输出设备，以及卡片穿孔机、纸带穿孔机等。通常显示器和语音输出设备可以在人机交互中起作用，其他设备基本上以批处理方式输出数据。

(3) 输入输出设备　有些设备是既可以输出，又可以作输入的设备，如磁盘机、磁带、可读/写光盘、CRT 终端、通信设备、虚拟现实头盔等。

如果按照功能分类，外围设备又可以分成以下三类：

(1) 用于主机与人之间传送信息的设备　这类设备用于人机之间进行信息交换，且操作员往往可以直接加以控制。如键盘、鼠标、显示器、打印机、触摸屏、光笔、跟踪球、扫描仪等等。这类设备和主机之间的信息交换是以字符为单位。

(2) 用于存储数据的设备　这类设备主要是指大容量辅助存储设备，包括磁盘、光盘、磁带机、活动闪盘等。由于是大容量存储设备，所以该类设备在和主机之间交换信息的时候是以数据块为单位，一个数据块可能包含 512、1024、2048 个字节等。

(3) 用于计算机与计算机之间交换信息的设备　这类设备主要有通信设备、数—模/模—数转换部件等。

8.1.2 外围设备的特点

外围设备种类繁多，性能各异，但归纳起来有以下特点：

(1) 异步性　相对于 CPU 来说，外围设备是异步工作的，外设和 CPU 之间没有统一的时钟。由于各类外设之间工作的速度有很大差别，而且它们的操作基本上是独立于 CPU 之外，但又要在某个时刻接受 CPU 的控制，这就势必造成输入输出操作相对 CPU 表现出时间上任意性与数据传输的异步性。为了提高设备利用率和减轻 CPU 的负担，应该保证在连续两次 CPU 和外围设备数据交换之间，CPU 仍能高速地运行它自己的程序或者外设管理程序，以达到 CPU 与外设之间，以及外设与外设之间能并行工作。

(2) 实时性　一个计算机系统中，可能连接各种各样类型的外设，而且有些外设有很高的数据传输率和数据处理速度，CPU 必须及时按传输速率和传输方式接收来自多个外设的信息或向外设发送信息，否则高速设备可能有丢失信息的危险。

(3) 多样性　不同外围设备的物理特性差异很大，信息类型与结构格式也多种多样，这就造成了主机与外设之间连接的复杂性。为了简化控制，计算机系统中往往提供一些标准接口(I/O 接口部件)，以便各类外设通过自己的设备控制器与标准接口相连，这样，主机无需了解各特定外设的具体要求，只要通过统一的命令控制程序就能实现对外设的控制。

8.2 输入设备

输入设备包括输入字符的键盘、用来移动屏幕光标的鼠标、跟踪球和控制杆，以及像扫描仪、数码相机这类将图像以数字形式输入主机的设备。其中最常用的是键盘和鼠标。

8.2.1 键盘

键盘通常和显示器一起，用来为操作人员提供和计算机之间的交互。其功能是使用者可通过击键向计算机输入数据、程序和命令等，是计算机不可缺少的最常用输入设备。

键盘是由一组通常排列成矩形方式的按键开关和相应的键盘控制器组成，按键开关的作用是将操作员的按键动作转换成与该按键对应的字符或控制功能的电信号。按键开关可归纳成两类：一类是触点式按键，它借助由机械簧片构成的触点开关的接通或断开，来产生电信号；另一类是非触点式开关，利用电压、电流或电磁场的变化产生输出信号。键盘控制器由一些逻辑电路或单片机组成，其功能是进行扫描，判断按键的位置，然后将键盘上的位置码转换成相应的编码（如 ASCII 码），送入计算机。如 PC 机的键盘使用一片 Intel 8048 单片机作为控制器，主要承担键盘扫描、消除抖动及生成扫描码等功能。

键盘中，键的种类和个数可以根据具体需要而定，一般情况下有数字键，字母符号键、特殊符号键、功能键和控制键等。键盘所采用的字符以及它们在键盘上的位置均有国际标准和国家标准，如 ISO2530 和 GB2787。通常标准键盘键的个数有 83 键、101 键、104 键等。现在的多媒体键盘更将一些常用的软件功能做成了按键（如上网键，音量调整键等等）。

键盘按照它提供给主机的数据方式可分为非编码键盘和有编码键盘两种。下面主要介绍这两类键盘。

1）非编码键盘

非编码键盘没有键盘编码电路，而是通过键盘扫描程序来识别被按下键的位置，并提供与按下的键相对应的中间代码，然后再转成相应的编码。图 8.1 是一个利用并行接口芯片 8255 连接的一个非编码键盘的例子。

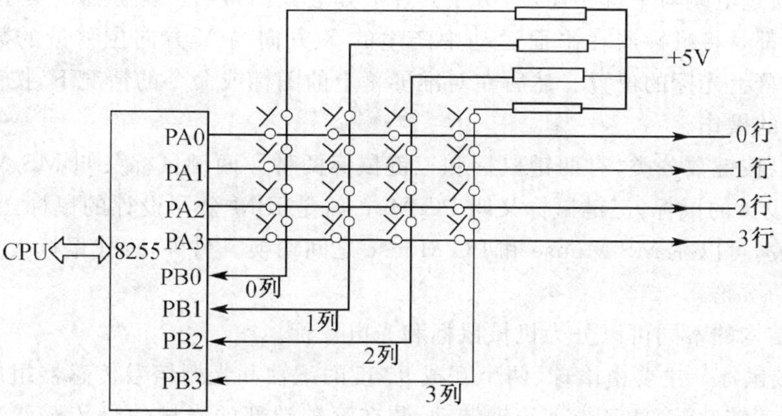

图 8.1 非编码键盘

非编码键盘的扫描方法大致如下：让所有行线全为 0，读出所有的列线状态，如果有列线为 0，则说明有键按下；然后从第 0 行开始，每扫描一行，令该行所对应的行线为 0，其余行线为 1；然后读入列线状态，如果有一列为 0，则该行该列交叉处的键被按下，如果所有列都为 1，则行号加 1，顺序扫描下一行。键号从左上角开始为 0 号，从左向右、从上到下依次编号，右下角的编号为 15。

这种非编码键盘在硬件结构上是简单的，而且用软件来转换按键所对应的编码，这样为软件定义键盘的某些操作提供了更大的灵活性。但因为依靠软件手段进行键的扫描，所以速度上会受到影响，不过一般计算机处理速度要比人的反应快很多，所以也不会有明显的延迟感觉。

2）编码键盘

编码键盘中的某个键被按下去后，能够由硬件编码器直接产生与按键相应的编码信息。如果是 ASCII 编码，还能够产生和按键对应的 ASCII 编码。由于编码器由硬件构成，所以键盘响应速度快，当然硬件结构也要复杂一些。

利用键盘同样可以输入如汉字等非西文字符，这由各种汉字输入法自行定义。键盘位置码送入计算机后，经过汉字输入软件的处理，转换成该汉字所对应的内码，然后再进行存储或进一步转换成字模码或字形码显示。

主机通过键盘接口与键盘联络，主机与键盘的通信，实际上是键盘接口与键盘的通信。PC 机的键盘接口通过 5 针、6 针(PS/2)或 USB 插头与键盘连接。5/6 条线中有用的 4 条信号线分别是电源线、地线、双向时钟线和双向数据线。时钟线的主要作用是传送同步脉冲，数据线用于传送二进制数据。时钟线和数据线与主机的键盘控制器 8042 的键盘数据线及键盘时钟线相连，在 8042 的控制下，键盘与主机之间以串行方式进行通信，主机通过设置数据线和时钟线的状态，控制键盘收发数据。

8.2.2 鼠标器

鼠标器(Mouse)是目前计算机必备的输入设备之一，它具有快速定位功能，用于控制屏幕上的光标移动，在多种软件的支持下可实现屏幕编辑、菜单选择及图形绘制等功能，是计算机图形界面交互的必备标准工具。

鼠标器通过电缆与主机相连接，由于其外形如老鼠而得名。鼠标器的类型和型号很多，但功能相同，都是将鼠标器在平面运动中产生的 X 方向与 Y 方向位移量的数据送入计算机，以确定屏幕上光标的位置。然后在对准屏幕上的图标或命令的情况下，按下鼠标上相应键，完成指定的操作。

鼠标器以按键数分类，有两键鼠标和三键鼠标两种。两键鼠标又叫 MS Mouse，是 Microsoft 公司设计的鼠标；三键鼠标又叫 PC Mouse，是 IBM 公司设计的鼠标，它的背面一般都有一个开关，可以在 MS Mouse 和 PC Mouse 之间切换。另外，现代鼠标大多还增加了一个到二个手动滚轮。

鼠标按结构的不同可以分为机械鼠标和光电鼠标。

(1) 机械鼠标　主要由滚球、两个互成 90 度的滚轴和光栅信号传感器组成。当拖动鼠标时，带动滚球转动，滚球又带动滚轴转动，装在滚轴端部的光栅信号传感器产生的光电脉冲信号反映出鼠标器在 X 方向和 Y 方向的位移变化，从而向计算机发送代表鼠标位移的脉冲串和运动方向信息，控制屏幕上光标箭头的移动。

(2) 光电鼠标　主要由发光二极管(LED)和光敏传感器组成，它们与刻有网格纹的特制铝质反射板相配合使用。当发光二极管发出的光线照射到反射板上时，会产生反射光线，反射光线经光学透镜聚焦投射到光敏元件上。当鼠标器在反射板上移动时，反射光线因受网格的影响而有强弱的变化，从而产生脉冲信号，表示出鼠标在 X 方向和 Y 方向的位移量。

目前，还有把两者结合起来的机械光电式鼠标器。其底部虽有圆球，但其带动的是光学编码盘，避免了机械磨损，也不需专用反射板。

此外，按接口分类，还可分为 MS 串行鼠标器、PS/2 鼠标器、总线鼠标器以及 USB 鼠标器。

衡量鼠标器性能的主要参数是分辨率，它一般以 dpi(像素点/英寸)为单位，表示鼠标器移动 1 英寸所经历的像素点数。鼠标器的分辨率越高，鼠标器移动的距离越短。目前常用鼠标器的分辨率为 320～400 dpi，最高可达 800 dpi。

8.2.3 扫描仪

扫描仪(Scanner)是一种捕获图像，并将其转化为计算机可以显示、编辑、储存和输出格式的数字化输入设备。它是一种集光学、机械、电子于一身的高科技产品，是多媒体计算机的一种功能极强的输入设备。

扫描仪种类很多，按扫描原理的不同可以分为手持式扫描仪、以 CCD 为核心的平板式扫描仪和以光电倍增管为核心的滚筒式扫描仪。按扫描图稿的介质不同可以分为反射式(适合纸质)扫描仪、透射式(适合胶片)扫描仪和两种介质都合适的多用途扫描仪。按照扫描的图纸幅面的大小可分为小幅面的手持式扫描仪、中等幅面的台式扫描仪和大幅面的工程图纸扫描仪。按照输入内容可分为通用扫描仪和特殊专用扫描仪，专用扫描仪有条形码扫描仪、卡片阅读机等。

扫描仪的主要技术指标包括分辨率、彩色位数、灰度级和扫描速度。

(1) 分辨率　分辨率是扫描仪对原稿细节的分辨能力，它表示扫描仪对图像细节的表现能力。一般用每英寸的像素点(dpi)来衡量。目前扫描仪的分辨率大多为 300 dpi、600 dpi、1200 dpi，高档产品可以达到 2400 dpi。实际应用的时候不一定都要追求分辨率很高，因为分辨率越高，扫描后的数据量就越大，根据实际需要合理使用分辨率就可以了。

(2) 灰度级　灰度级表示图像的亮度层次的范围，灰度级越多说明扫描仪生成的图像的亮度的动态反差越大，层次感越丰富。目前大多数扫描仪的灰度都是 10 bit 或 12 bit，也就是 1024 级和 4096 级别。

(3) 彩色位数　自然界的各种有色光可以理解成红、绿、蓝(RGB)三基色的光按不同比例组合而成。所以，计算机在存储一种彩色时实际存储的是该颜色在 R、G、B，3 个分量上的灰度级。如果每个分量的灰度级用 8 bit 来表示的话，则一个颜色要用到 24 bit，我们称为 24 位色。彩色位数越高，意味着计算机所能表达的彩色种类越丰富，越接近自然色。目前市场上的扫描仪的彩色位数一般有 24 位、30 位、36 位等几种。

(4) 扫描速度　一般使用扫描标准 A4 幅面的图纸所用的时间或完成一行扫描的时间来衡量扫描速度。当光线经过图纸反射或透射到扫描仪上的 CCD(电荷耦合器件)后，CCD 输出模拟信号，经过 A/D 转换成 R、G、B，3 路信号，并按照 TWAIN 接口标准所规定的文件格式进行编码转换。这种编码转换速度是影响扫描速度的关键。一般这个步骤由软件实现，虽然经济但速度比较慢，目前已经有扫描仪将此编码过程改用硬件实现，可提高 20%以上的扫描速度。

扫描仪所使用的感光器件有 4 种：光电倍增管、硅氧化物隔离 CCD、半导体隔离 CCD 和接触式感光器件(CIS 或 LIDE)。目前扫描仪采用最多的感光器件是 CCD 器件，它可以达到 200～300 dpi 的高分辨率。它采用冷阴极灯管作为光源，光谱范围大，色彩密度高，景深可达 3 mm，还可以扫描立体实物，而且技术也比较成熟。

8.3 显示器

显示器是计算机最常用的输出设备，可用来显示字符、图形和图像。显示器是独立于主机的一种外部设备,它通过信号线与主机中的显示卡相连。根据显示器件的不同可以将显示器分为阴极射线管显示器(CRT)、液晶显示器(LCD)、等离子显示器(PDP)、场致发光显示器(EL)及真空荧光显示器(VFD)等,其中后面4种被称为平板显示器。阴极射线管显示器(CRT)技术成熟、成本较低、寿命较长,是计算机中最常用的显示设备。平板显示器是近年来发展起来的新型显示设备,其特点是体积小、重量轻、耗电省,但成本较高。目前常见的平板显示器是液晶显示器。

8.3.1 CRT显示器

在计算机系统中使用最多的是阴极射线管(Cathode Ray Tube)显示器,它通过电子扫描的方式将计算机的信息以人能识别的字符、图形、图像的形式实时地显示在CRT屏幕上。借助计算机系统的硬件和软件功能,可随时增加、删除、修改和变换显示内容,还能将计算机的数据进行加工,通过CRT屏幕向用户提供更多的信息。

1) CRT显示器分类

CRT显示器的分类方法很多,常用的分类方法包括按颜色分类、按电子束扫描方式分类、按显示内容分类。

按显像管显示的颜色划分,CRT显示器有单色和彩色两种。彩色显示器既可以显示彩色,也可以显示单色。

按电子束扫描方式划分,CRT显示器主要有光栅扫描式和随机扫描式两种。它们都是把计算机处理后的数据变成相应的偏转信号和视频信号,最终变成荧光屏上的图像。光栅扫描是在偏转系统的控制下,电子束在CRT屏幕上按光栅的形状有规律地从左到右、从上到下顺序移动,是一种固定格式的扫描。光栅扫描方式下计算机送到显示器的显示数据格式比较固定,容易实现数字化,扫描的定时关系与电视标准规定一致,容易形成全电视信号,便于远距离传送,但光栅扫描缺乏变换图像的灵活性,而且每次都是全屏幕扫描。随机扫描方式是用程序方式产生灵活多变的图像,电子束没有固定的扫描路径,其扫描轨迹随显示的内容而变化,它无需全屏幕扫描,但显像管制造困难,不太容易得到高质量、大容量的图像。计算机上用的CRT显示器是光栅扫描式,利用软件实现图像变换的中间过程来弥补光栅扫描的不足。

按显示的内容,CRT显示器可以分为字符显示器、图形显示器和图像显示器。字符显示器以文字、数字或符号作为人机交换信息。特点是画面上的字符大小一致、位置固定和排列整齐。它又可分为英文—数字显示器、中文显示器和简单图形显示器。图形显示器用于显示用线条组成的复杂几何图形,具有很强的图形处理能力。图像显示器用于显示具有灰度连续变化的图像,同时,还显示对图像进行注释的字符和简单图形。

2) 主要性能指标

通常描述一台显示器的性能有以下的一些参数。

(1) 点间距　在CRT显示器的屏幕后面涂有带色磷点,靠电子束轰击后发亮,各种图形或文字就是靠这些亮点组成,这些点之间有很小的空隙,两像素点中心位置之间的距离就是点间距。点越多靠得越近,分辨率也就越高,高分辨率的显示器会拥有固定的清晰的文字和图像。但是,点越多,点间距越大,制作上就越困难。一般,现在的高档显示器的点间距可以达到22 mm。

(2) 像素　像素是显示器可显示的最小单位，一台显示器可显示的像素点总数同点间距一样决定了该显示器的分辨率。早期用于CGA显示的显示器分辨率为 600×200，所以像素点为128000个，现在的显示器一般都支持SVGA、XGA等新的显示卡规范，分辨率高达 1024×768、1280×1024 甚至 1600×1280，这类新型的显示器像素点数分别达到786432、1310720和2048000。

(3) 垂直扫描频率　也称为刷新速率或场频，它是单位时间内刷新一帧(屏)屏幕的次数。由于磷光体发亮后如不再受电子束轰击，一段时间后就会变暗，所以要对它进行定时刷新。VESA规定：SVGA的垂直扫描速率不得小于70 Hz，VGA不得小于72 Hz。现在的显示器大多支持60～90 Hz的场频，1024×768 分辨率下建议使用85 Hz场频。过低的垂直扫描频率会使屏幕产生闪烁。

(4) 水平扫描频率　又称作行频，指电子束每秒在屏幕上扫描过的水平线数量。行频和场频有如下关系：行频＝场频×行数。可见，行频越大，显示器可提供的分辨率越高，稳定性越好。如果一台显示器的最高分辨率为 1024×768，场频为85 Hz，则其行频至少应为 $768 \times 85 = 65280$ Hz。

(5) 工作带宽　显示器的工作带宽也是衡量显示器的一项指标，它指每秒钟电子枪扫描过的总像素数。带宽高的显示器，它的图像清晰度也高。带宽值可通过把像素总数乘以垂直扫描速率来估算。如对VESA标准的SVGA卡的带宽是 $1024 \times 768 \times 70$ Hz $= 55$ MHz。而极高分辨率的系统的带宽可达184.32 MHz($1600 \times 1280 \times 90$)。当然视频带宽越高，其制造难度越大。

(6) 分辨率　分辨率分为水平分辨率和垂直分辨率，分别指每像素行中最大的像素点数和每屏的像素行数。例如 800×600 表示每帧图像由水平800个像素，垂直600条扫描线组成。分辨率越高，显示的字符或图像也就越清晰。

(7) 抗磁技术　当我们用一个带磁性的物体靠近显示器是会看到显示器的颜色局部变暗或出现暗红、暗灰等色块，这是由于显像管中的电子束在外界磁场的作用下，不合适的偏转造成的。长时间的强磁场作用会使显示器严重磁化难以恢复。目前的显示器大多有手动消磁功能，通过它可以在带电的情况下对显示器进行消磁处理。

(8) 屏幕形状　随着技术的发展，CRT逐步从球面显像管向柱面和平面直角显像管发展。球面显像管显示的图像在边缘会变形，不适合文字和图像显示精度要求高的场合。平面直角显像管所呈现的图像效果较好，但它并不是绝对平面，还是有一定的曲率的。

(9) 能源消耗　从PC机的角度看显示器往往是整个系统中的能耗最大的设备，比如一个17吋的显示器功率大概在700 W左右。目前提倡的绿色显示器可以通过关闭显示器部件减少电能消耗，减少散热及延长显像管寿命。通常显示器支持两种低能耗方式：待命(Stand-By)方式和睡眠(Sleep)方式。前者关闭电子束和电子枪，屏幕变黑，能耗降低74%；后者关闭显示器部件，电子枪和各个部件冷却下来。这样可以使能源消耗降到近似零，但唤醒时间比待命方式长。

3) CRT彩色显示器工作原理

图8.2为彩色显示器的基本结构框图，如图所示，彩色显示器主要由视频放大驱动电路、行扫描电路、场扫描电路、高压电路、CRT显像管和机内直流电源组成。视频放大驱动电路将主机显示卡送来的视频信号放大后，送显像管的阴极，阴极电子枪产生电子束，电子束在偏转磁场的作用下对屏幕进行扫描，分别轰击荧光屏上的三色荧光粉(红、绿、蓝)使其

发光，从而实现电—光转换，在屏幕上得到所需要的图像。

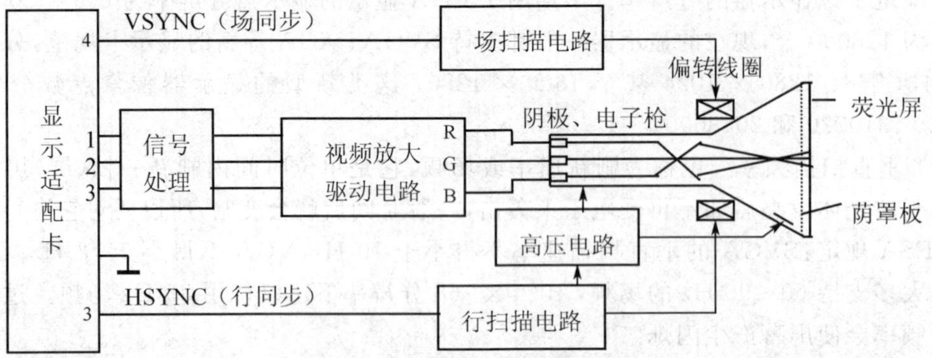

图 8.2　彩色显示器的基本结构框图

电子枪由灯丝、阴极、控制栅极、加速极、聚焦极和高压阳极组成。它的作用就是产生一束沿着管轴方向前进的、很细的、强度可控的高能电子束。

偏转系统一般采用磁偏转，在 CRT 显像管的管颈外面安装了相互支持的水平（行）偏转线圈和垂直（场）偏转线圈，当线圈中通过电流，就会在其周期形成磁场。电子束在穿过该磁场到达荧光屏的时候会产生偏转，只要改变磁场方向，就可以改变电子束的偏转方向。电子束的偏转角度的大小和磁场产生的偏转力的大小有关，而磁场的偏转力又直接和流经线圈的电流大小有关，电流越大，偏转力越大。

荧光屏是显示器中能让操作者直接观察到由电信号转换成的图像信号的部件。它是用沉积法将荧光粉涂敷在玻璃屏幕的背面制成。荧光粉的材料不同，在电子束高速轰击下会发出不同颜色的光。常用的 3 种彩色荧光粉是红、绿、蓝。

4）*光栅扫描原理*

光栅扫描是在偏转系统的控制下，电子束在 CRT 屏幕上按光栅的形状有规律地从左到右、从上到下顺序移动，是一种固定格式的扫描。上面谈过，电子束高速轰击屏幕背面的荧光粉使其发光，这样在屏幕上得到需要的图像。由于被电子束轰击后的荧光粉只能在短时间内发光，所以电子束必须不间断地一次又一次地扫描屏幕，才能形成稳定的图像。扫描一般从屏幕左上角开始向右扫描，到了右边后，关闭电子束，然后向左回扫至第二行的最左端，这一过程称为水平回扫；这样一行一行的扫描，直到最后一根扫描线扫完后，又关闭电子束，并从屏幕的右下角（最后一根扫描线的最右端）回扫到屏幕的左上角（第一扫描线的最左端），这一过程称为垂直回扫（见图 8.3）。

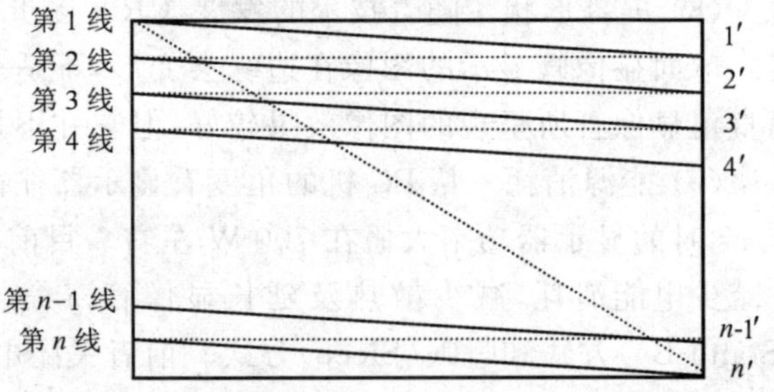

图 8.3　光栅扫描示意图

光栅扫描又可分为逐行扫描和隔行扫描。从上面的讨论知道，要想有高的分辨率和高的显示质量，就必须有效地提高显示器的扫描速率，但是这依赖于高精度，高可靠性的电子器件，这无疑会增加系统的成本，所以 IBM 开发了隔行扫描的显示系统。这种系统在扫描时总是先扫描奇数行，扫到最后一个奇数行后，垂直回扫到第二行开始的位置，然后扫描偶数行。这种方法由于每次只扫描一半的扫描线，所以扫描速率不必太高，相对硬件成本要低一些。但是这种扫描方法会使屏幕产生闪烁，尤其是在显示高分辨率图形图像时表现的尤为明显。逐行扫描方式是一行接一行地顺序扫描，一次完成整幅图像的扫描。这种方式没有闪烁现象，但相对来说成本要高一些，如果机器主要运用于多媒体领域，最好采用逐行扫描的显示器。

5）字符和图形显示的基本原理

（1）字符显示原理

为了显示字符，首先将屏幕划分为一个一个的小方块，每个小方块中包含一定的像素，小方块中显示一个字符，这样，整个屏幕被划分为一些小方块的矩阵。如 PC 机中将屏幕划分为 80 列 ×25 行的方块矩阵，这样一屏就有 25 行，每行 80 个字符。要显示的字符在屏幕中的位置由列地址计数器和行地址计数器标出。在 VRAM(显示存储器)中，存放着和屏幕显示字符对应的该字符的 ASCII 码，而且在 VRAM 中的位置也和屏幕显示中的位置一一对应，因此，行列计数器的输出就是该字符在 VRAM 中的地址。显示控制器读出 VRAM 中的 ASCII 后，将该码传给字符发生器，字符发生器带有一个只读存储器(ROM)，里面存放着每个字符的点阵信息。每个字符可以由 7×9 或 5×7 的点阵组成，这些点阵信息从只读存储器中取出后，通过和字符属性控制结合，最终送视频控制电路，显示器在水平/垂直同步信号的控制下，在屏幕相应的行列位置显示出对应的字符。图 8.4 就是“A”字符的点阵表示。

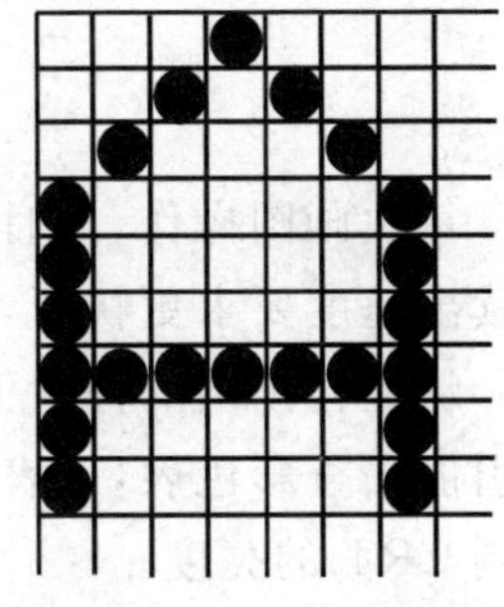

图 8.4 “A”的点阵表示

（2）图形显示方法

彩色或单色多级灰度图像显示时，每一个像素需要使用多个二进位来表示，此时图形存储器有两种组织方式：多个位平面方式和组合型像素格式。

① 多个位平面方式(Planes-Pixel Format)

显示存储器由多个位平面(如 R、G、B、I)组成(见图 8.5)。CRTC(显示控制器)接收并实现 CPU 送来的画图命令，其结果写入显示存储器，且不同的彩色数据写入不同的位平面。另一方面 CRTC 读出显存内容，经并/串变换和 D/A 转换后，送监视器 R、G、B，3 根电子枪，形成 R、G、B，3 个不同的亮度信号，从而在屏幕上显示出彩色图形。CRTC 目前在微机系统中又称为图形显示卡，且功能越来越强，除了完成二维画图命令以外，不少还具有三维图形功能。此种图像显示方式的缺点是彩色功能有限，且速度较慢。

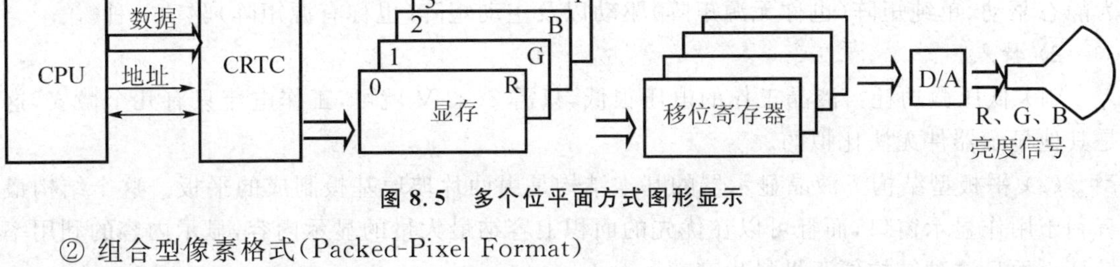

图 8.5 多个位平面方式图形显示

② 组合型像素格式(Packed-Pixel Format)

用显示存储器中一个字的若干位(称为像素深度)来代表一个像素。如图 8.6 所示。

例如 8 bit/像素,可以有 256(2^8)色。若为 24 bit/像素,可达 16M 种颜色(称为真彩色)。

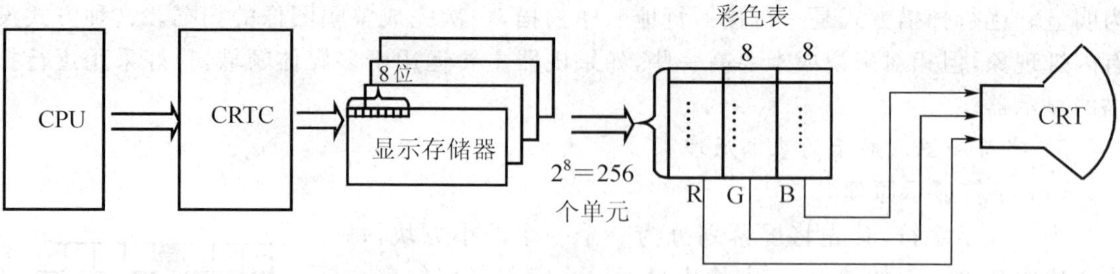

图 8.6 组合型像素格式图形显示

每次画图操作,同时对 8 位进行读/写。其优点是像素操作速度快,彩色能力强,但对显存读出速度要求更快了,因此引进了一次读出多个字节的方案。

从显存读出的像素值并不能直接送 CRT 显示,该值是一张彩色表的索引值,通过这个索引值去查彩色表,从表中读出的内容是该色彩在 R、G、B,3 个分量上的值,使用该值去控制 CRT 的亮度。

8.3.2 液晶显示器

液晶显示器(Liquid Crystal Display, LCD)由于体积小、重量轻和无电磁辐射,目前已在平面显示领域中占据了一个重要的地位,几乎是笔记本和掌上型电脑的必备部件,而且台式机也开始大量使用 LCD。液晶显示器是一种非发光性的显示器件。它不像 CRT 以器件本身发光来实现图像显示,而是以对环境光的反射或对外加光源加以透射控制的方式来显示图像。

液晶显示器以液晶材料为基本组件。液晶是一种固体和液体的中间状态物质,是既具有液体的流动性又具有光学特性的有机化合物。液晶具有以下两个特点:第一,晶体可以排列为扭曲的形式,使得通过它的光线也随之扭曲。第二,当有电流通过时,晶体会改变排列方式。当光线透过或被反射时,由于液晶分子排列状态的变化而呈不同的光学特性。

1) 分类

液晶显示器的分类方法很多,按电光效应的不同,可分为电场效应型、电流效应型、热光效应写入型和电热效应型。其中,电场效应型又可分为扭曲向列型、相变型、电控双折射型、超扭曲效应型等。按显示方式,液晶显示器又可分为笔段型和点阵型。根据驱动方式可分为静态驱动、单纯矩阵(也称无源矩阵)驱动以及主动矩阵(也称有源矩阵)驱动 3 种。

2) 特点

(1) 低压微功耗 液晶工作的电压很低,只需 2～3 V 就可,工作电流只有几个微安,这是其他显示器件无法比拟的。

(2) 平板型结构 液晶显示器的基本结构是由两片玻璃基板制成的平板。这个结构最有利于用作显示窗口,而且可以在优先的面积上容纳最大量的显示内容,显示内容的利用率最高。而且这种结构便于批量生产。

(3) 被动型显示 液晶显示器件本身不发光,靠调节外界光达到显示目的。所以它不会向发光体那样刺眼，光更柔和，不容易引起人眼的疲劳。

(4) 无辐射无污染　液晶显示器在使用时不会产生软 X 射线和电磁波辐射，对于保障人身安全和信息保密十分理想。

3) 技术指标

(1) 速度　结构不同的显示器的相应输入信号的速度差异很大，对于速度的要求取决于其用途。通常以 PC 机器的 LCD 显示器来举例，文本显示响应时间要 250～500 ms，描绘鼠标移动需要小于 175 ms，而具有视频能力的 LCD 速度要小于 50 ms，只有有源点阵 LCD 才能满足这个要求。

(2) 亮度　对于计算机的液晶显示器都是采用背光透射式的，LCD 的亮度取决于 LCD 的结构和背景照明的类型。

(3) 对比度　对比度通常指开状态的像素亮度与关状态的像素亮度的比。高分辨率显示器的对比度的范围为 10∶1～100∶1。

(4) 视角　视角是人观察显示器的范围。它用垂直于显示器平面的法向平面角度来度量。如 ±45°的视角表示人们可以在法向平面上任意方向的 0°～45°范围内观察显示器内容。

4) 液晶显示原理

常用的液晶显示器有两种：动态散射型 LCD 和扭曲向列型 LCD。

动态散射型 LCD 使用介电各向异性为负的向列型液晶。它是将液晶材料充满在两片玻璃之间，在玻璃片的内表面再喷镀两个透明电极。在未加驱动信号之前，液晶分子排列整齐而透明；当液晶屏上加上驱动电压以后，液晶层内分子排列被打乱，引起光在各个方向的散射，因此液晶屏显得十分明亮，变成乳白色，产生显示效果。这种类型的 LCD 属于电流型，需要数十到数百微安的电流。

图 8.7　扭曲向列型 LCD 的基本结构

扭曲向列型 LCD 使用介电各向异性为正的向列型液晶。其结构如图 8.7 所示。它利用光学上的偏振原理产生显示效果。上下两层玻璃，中间夹入液晶层，两片玻璃的内表面上镀有一层透明而导电的薄膜以做电极用，四周进行密封，形成一个厚度仅为数微米的扁平液晶盒。由于在两层玻璃内表面分别涂有偏振轴成 90°的涂层，液晶层的液晶分子连续成 90°方向扭转排列，因而具有旋光特性，这种旋光特性在外加电场的作用下会减弱或消失。这样的液晶盒上下放有两片偏振片，上偏振片位于透明电极的外侧，下偏振片下面加一层反射板。当自然光经过一片偏振片后变成为一种偏振光。偏振光只能通过平行于偏振方向的介质，不能通过垂直于偏振方向的介质。由于所用液晶材料具有旋光特性，因此当偏振光通过液晶层时，偏振面旋转 90°。若使两偏振片的偏振方向互相垂直，在不加电场时，光可以通过液晶层和两片偏振片到达反射板，液晶盒呈透明状态；当某对电极施加高于域值的电场时，液晶分子轴排列变得十分整齐，不发生扭转，因偏振光轴互相垂直，光线不能通过该部分，显示器显示出白底黑字。如果两偏振片的偏振方向互相平行，则在未加电场时，因液晶旋光 90°，显示器不透光，为黑色；加上高于域值的电场以后，液晶的旋光特性消失，显示部分变为透明，因此显示出黑底白字。这种 LCD 属于电压型，只需要数微安的工作电流。这就是我们常用的液晶显示器。

8.3.3 IBM PC 图形显示器

IBM PC 图形显示器的结构具有典型性。随着显示控制器(或称图形显示卡)性能的逐步改进和提高，先后出现了 MDA(单色)、CGA、EGA、VGA、TVGA、AGC、SGA 等等多种类型的字符/图形显示器，其简单性能如表 8.1 所示。

EGA/VGA 图形显示器其位平面的方式(显示模式为 10 h 时，为 16 色)，每像素 4 bit 分布在 4 个不同的位平面上，如图 8.4 所示。采用组合型像素格式的图形显示方式(显示模式为 13 h 时)，8 bit/像素，256 色，可通过彩色表扩大为 2^{18} 种颜色，如图 8.5 所示。

表 8.1 IBM PC 显示器基本性能

显示器型号	CRTC	分辨率	颜色
MDA	MC6845	720 × 350	单色(仅字符显示)
CGA	MC6845	640 × 200 320 × 200	单色 4 色
EGA	VLSI	640 × 350	16/64 色(彩色表为 64 色)
VGA	VLSI	640 × 480 320 × 200	$16/2^{18}$ 色(彩色表为 2^{18}) 256 色
TVGA	VLSI	1024 × 768 640 × 480	$16/2^{18}$ 256 色
AGC	HD63484	1024 × 768	$256/2^{24}$ 色
SGA	TMS34010	1280 × 1024 640 × 480	256 色 2^{16} 色

8.4 打印机

除了显示器，打印机也是 PC 机的主要输出设备，由于它能把数据信息以显式的方式印制在普通的纸介质上，就如同常规的印刷品一样，所以一直受人们的青睐。它集屏幕显示的可视性与磁盘存储的长久性与一体，是计算机不可缺少的外部设备。

从接口上区分有串行口、并行口和 USB 打印机几种。从其印字原理来分有点阵式(针式)打印机、喷墨式打印机、激光打印机和热敏打印机等。

8.4.1 打印机的种类

打印机分类的方法很多，通常按打印的实现方法分为击打式和非击打式两大类。击打式打印机利用机械作用，击打活字载体上的字符使之与色带和纸相撞击而打印出字符，这种方法称活字式打印，这类打印设备若按字模载体的形态来分，又可以分成球形、菊花瓣形、轮式、鼓式等打印机；另一种方法是利用打印撞针撞击色带和打印纸，打印出由点阵构成的字符和图形，这称为点阵式打印。击打式打印方式速度低，噪声大。非击打式打印机是近年来出现的新型打印机，它采用光、电、热、磁等物理或化学反应的方法印刷字符或图像，这类打印机速度快，噪声小，而且印字质量好。

按打印机的工作原理分类，又可以分为机电式、激光式、喷墨式、热感应式和静电式等，其中机电式又可分为针式(点阵式)、链式和带式，这些都是属于击打式打印机。而另外的几种都是非击打式打印机，如激光打印机、喷墨打印机、热敏打印机等。

按打印的输出方式，又可将打印机分为字符式、行式和页式2种。字符式打印机是逐个字符打印，以每分钟打印多少字符来衡量打印机的速度。而行式打印机是逐行打印，以每分钟多少行来衡量打印速度，一般其速度高于字符式打印机。页式打印机以页为单位进行打印，速度有高低之分。

由于目前常用的是点阵式打印机(针式)、喷墨打印机和激光打印机，所以下面主要介绍这3种。

8.4.2 点阵式打印机

点阵式打印机一般指以撞针撞击色带使得打印纸上印出字体的打印设备。由于采用撞针撞击方式，所以也称为针式打印机或击打式打印机。在打印输出上，有点阵列式打印机，一次输出一个西文字符的一列。还有一种点阵行式打印机，它一次能把一行的字符全部输出来，所以它的输出速度很快，有些行式打印机每分钟能输出1000行数据，这比激光打印机的速度还要快，但由于这种打印机撞针多，体积大而笨重，成本也很高。下面讨论的点阵打印机指的是前一种。

从撞针的数量上来看，点阵打印机常见的有9针打印机和24针打印机。9针打印机共有9个撞针，它们排成垂直的一列，打印时根据点阵信息输出字符的一列，这种打印机正常情况下打出的字符是8×8的点阵，比较粗，而且点与点之间的空隙比较大。24针打印机的打印头有24根撞针，它们分成两列，每列12根针，其中一列比另一列要稍微的矮一些，每次打印时，奇数针先打印出一列，然后打印头作很细微的移动，再用稍偏下一点的偶数针在刚才的一列上重打一次，这样就把上一次打印时的空隙添满。所以24针打印机打出的字体比9针打印机要细腻，但是其打印速度相对要慢些，而且噪音也大一点。

从打印宽度上来看，80列和132列两种规格，80列打印机适合于窄行打印纸，它在标准字体与字距下，可在一行中印出80个英文字符或40个中文汉字。132列打印机既能使用窄行打印纸也能使用宽行打印纸，它特别适合打印由Auto CAD产生的工程图或由PROTEL产生的各种电路图以及各类电子报表。一般132列打印机的速度比80列快。

一般点阵打印机的速度以每秒打印的西文字符数(CPS)来衡量。但同一台机器的打印速度根据打印方式或打印内容的不同会有所不同。如EPSON的LQ-150用草稿方式打印英文可达180CPS，但用信函方式打印英文只有66CPS，而用信函方式打印中文，其速度会下降到44CPS。

过去的打印机都不带中文字体，要打印中文必须用专门的驱动程序，所以打印中文很慢，而且容易损坏打印针。随着中国打印机市场的扩大，众多打印机厂家纷纷开发出带有中文字库的中英文打印机。这类打印机把中文字模库固化到机内的 ROM 里面，当接收到两字节的中文内码后，会自动从字库中取出字模数据，并控制打印头打出相应的汉字。我们常用的如 LQ-1600K、LQ-1900K、LQ-2000K 等就是面向大陆市场的中英文打印机。

点阵打印机由打印头、字车机构、色带机构、输纸机构及控制电路。打印头由打印撞针、磁铁、衔铁等组成。打印头安装在字车上，由字车驱动电机拖动，可沿打印行水平来回运动，并通过检测电路得到当前字车的位置和运动方向。

打印控制电路主要包括字符缓冲存储器、字符发生器、时序控制电路和接口电路等。打印的时候，首先通过接口从计算机中将要打印的一行字符代码接收到字符缓冲器，然后依次对代码译码，并根据译码的结果从字符发生器(ROM)中获取字符点阵信息，打印头按照字符点阵的要求驱动电磁铁，击打相应的撞针，使之在打印纸上形成字符或图像。

输纸机构由步进电机驱动，每打完一行字符要按照给定的步长走纸。

点阵打印机的优点在于：①便宜。无论是打印机本身还是各种耗材(如色带)以及维修费用都比喷墨或激光打印机便宜。②可以处理各类纸张。点阵打印机可以处理各种规格大小、形状和厚度的纸张，可以处理窄行或宽行打印纸。③可适合各类应用。可以用点阵式打印机把内容打印到压敏复写打印纸上，这种打印纸有 2 张、3 张、4 张等几种，可以一次性地打印出多份数据。或者去掉色带把数据打印到蜡纸上通过油印机进行快速印刷。这些特点都是其他两种打印机不具备的。

点阵打印机的缺点也是明显的：①打印质量不高。尽管 24 针打印机的分辨率达到了 360×360 dpi，但是它的点粗，锯齿现象比较明显。②速度慢，机械部件易磨损。点阵打印机的打印机理决定了它的打印速度比喷墨和激光打印机的速度慢。③打印图形图像效果较差。④噪音较大。尽管很多公司采用了各种方法来降低噪音，但仍然达不到激光打印机的效果。

8.4.3 喷墨打印机

喷墨打印机通过细小的喷嘴直接将细小的墨水粒子喷射到普通纸上形成点阵字符或图像，它利用的是 Rayleigh 提出的"连续射流分解成滴"理论。

喷墨打印机按照工作原理可以分为固态喷墨和液态喷墨，而液态喷墨又分为连续喷墨方式和随机喷墨方式。目前的喷墨打印机大多是随机喷墨打印机，下面介绍这种打印机。

随机喷墨式打印机分辨率高，达到 600 dpi，噪声低，速度高于点阵式打印机，其整机功耗低，打印头没有磨损，而其打印质量也高于点阵式打印。

随机喷墨方式的驱动部分有两种方式，压电式和电热式。压电式随机喷墨方式采用一种特殊的压电材料，当电压脉冲作用于压电材料时，使它产生形变并将墨水从喷口喷出，射到纸上。电热式随机喷墨方式又称为气泡式喷墨方式，它采用一种发热电阻，当电信号作用时，该电阻迅速产生热量，使喷嘴底部形成一层薄薄的墨水，在 480 ℃以上的温度下保持百万分之几秒的汽化，随着汽化气泡的增大，墨水从喷嘴喷出，并在喷嘴尖端形成墨滴，墨滴克服墨水的表面张力喷向纸面，形成墨点。当发热电阻冷却时，气泡字形溃灭，溃灭所产生的吸力将新的墨水从墨盒中吸到喷头，等待下一步的工作。这种气泡式喷墨方式形成的墨滴非常细小，大约是一滴眼泪的百万分之一左右，可以保证最终的墨点很细，有利于提高分辨率。

在喷墨打印机发展过程中，不断涌现了一些新技术和新的产品。图 8.8 给出了气泡式墨滴生成过程。

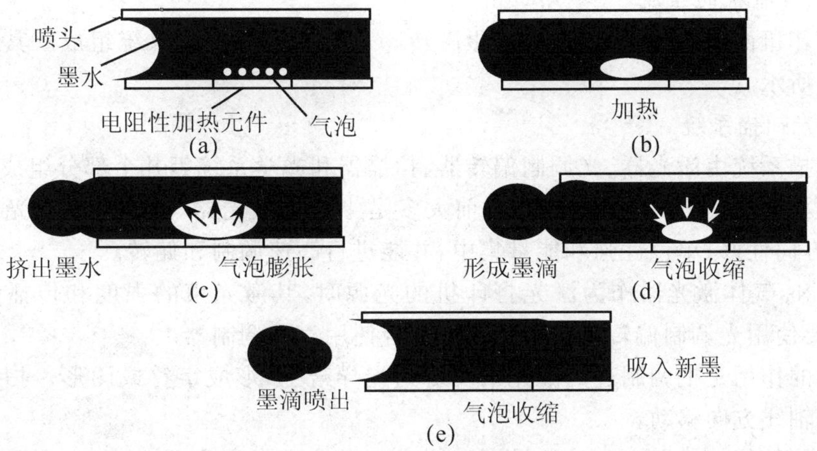

图 8.8　气泡式墨滴生成过程

(1) 墨滴调整技术　这是 Canon 公司的一项新技术，它在打印头上设计了两个加热器，一个加热器产生的墨滴只有普通墨滴的一半，两个加热器结合使用产生普通大小的墨滴。尽管这种技术在整体上并没有增强分辨率，但却可以产生更细致，对比更强，更精美的输出品质。

(2) 增强色彩浓度技术　普通彩色喷墨打印机都采用青、品红、黄和黑四色技术，但这种四色打印由于墨水都是百分之百地喷到纸面上，缺少色彩浓度的变化。HP 公司和 Lexmark公司通过使用六色技术产生更微妙的色彩浓度，使打印质量和色彩精美程度得到明显提高。而 Canon 另辟蹊径采用四重色调控制技术，在不增加墨盒中色彩数的情况下，解决了打印全色图片时的色彩浓度问题。这项技术在打印照片时，将墨盒中的青色和品红色的浓度都稀释 2/3，黑色稀释 1/2，然后增加打印头经过纸面上每行的次数，同时再采用细粒度纸张来减小纸上墨点的直径，这样就可以达到理想的打印品质。

(3) 打印驱动软件的新技术　很多喷墨打印机厂家不仅在硬件技术上不断创新，还在驱动软件功能上大做文章，如 Canon 公司的图像优化技术能够在以较大的尺寸打印输出低分辨率的图像时，自动修正锯齿边缘，提高打印出的图片的分辨率和质量。还有些型号的打印机驱动程序能够可视化地描述打印机当前的状态，如墨水量、打印进程、打印纸是否用完等等。

(4) 打印机多功能化　Canon 公司在打印机多功能化方面也做了较好的尝试，它独创了世界上最小最便宜的扫描器，这种扫描器和该公司的普通墨盒大小一样，为 24 位彩色扫描器，分辨率达到 360 dpi。使用时，只需将墨盒换下来，而将该扫描器换上，就可以使打印机变成一个彩色扫描仪，简单方便。

8.4.4　激光打印机

激光打印机是在 20 世纪 70 年代中期出现的，它是激光技术和电子照相技术结合的产物。它具有打印速度快，印字质量好，分辨率高，噪声小等特点，能打印各种字符、图形、汉字和图表等，具有多种印字模式（配有 PCL 语言或 PostScript 语言），而且价格日益降低，逐渐普及起来。

1）激光打印机的组成

激光打印机由激光扫描系统、电子摄影转印系统和输纸定位系统组成。其组成原理框图如图 8.9 所示。

（1）激光扫描系统

激光扫描系统由激光器、光调制偏转器、扫描器和光学系统等几个部分组成。

激光器早期使用 He-Ne 激光器，目前大多是半导体激光器，它产生的激光光源要求其相干性高、方向性好、单色性强和能量集中，并能进行高速调制和偏转。

用 He-Ne 气体激光器作为激光打印机的光源时，其激光束的强度和传播方向不能控制，所以需要使用光调制偏转器。打印机中适合使用声光调制器。

扫描器的作用是把调制过的激光束反射到光导鼓上，形成字符或图形。扫描器可以沿着光导鼓的轴线方向移动。

光学系统是使扫描器产生的扫描光束按光点尺寸进行聚焦，并使激光束聚焦轨迹在光导鼓表面上做匀速直线运动。

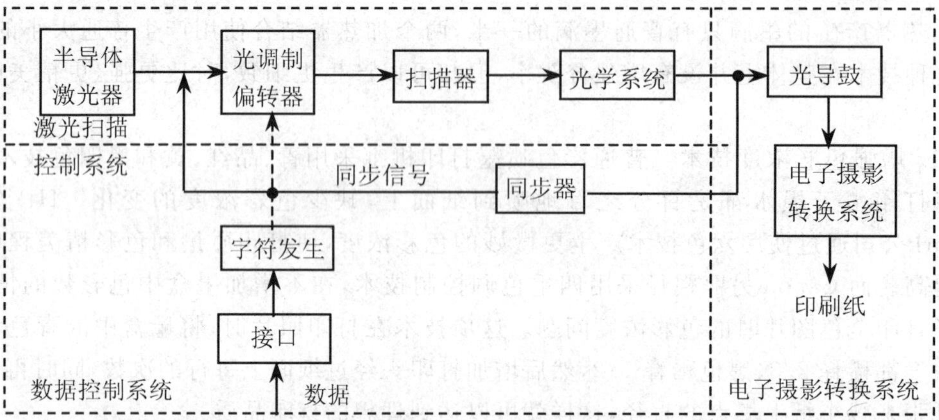

图 8.9　激光打印机组成原理框图

（2）电子摄影转印系统

电子摄影转印系统由光导鼓（又称硒鼓）、电晕放电装置、静电显影装置、定影装置等组成，其功能是将激光扫描系统的图像形成电子潜像，并通过静电显影和定影将需要打印的文字或图像转印到纸上。

在静电场的作用下，光导鼓的表面获得一定极性的均匀电荷，并将照射在它上面的光像转换成静电潜影，然后通过墨粉显影成为可见影像（图像）。

电晕放电装置的电晕丝通直流高电压后，其周围形成的轴对称电场能使光导鼓表面带电荷，这就是电晕放电。通过电晕放电，光导鼓表面带正电，然后立即用带有字符或图像信息的激光束扫描曝光，曝光后，光导鼓的明区电阻率下降，电荷因接地放电而消失，而暗区仍然保持表面电荷，这时的光导鼓部分区域有静电荷，另一部分没有，形成静电潜影。

静电显影装置利用某种介质与墨粉相互摩擦，使墨粉带上与光导鼓表面静电潜像相反的静电荷，而墨粉也带上了与墨粉原电荷相反的静电荷，这样，墨粉就能吸附到介质上。然后通过介质做载体，将墨粉传送到光导鼓表面的静电潜像上，这样就形成了墨粉图像。这个过程就是静电显影。将打印纸放到光导鼓表面的墨粉图像上，然后在纸的背面用电晕放电，其极性同墨粉图像的极性相反，这样可使墨粉从光导鼓表面吸到纸的表面。这个过程是静电转印。

静电转印到纸上的图像很容易被擦掉，需要使用定影的方法将图像固定在纸上。一般可以采用加热辊定影或冷压定影。其中热辊定影是将定影辊加热，然后将热能传递到已吸附墨粉图像的纸上，从而使图像在纸上被加热固化。

(3) 输纸定位系统

输纸定位系统包括供纸盒、搓纸机构、一级输纸装置和二级输纸装置。需要使用的打印纸被放入到供纸盒中。打印时，搓纸机构将打印纸从供纸盒中搓进导纸板，在定位辊前做短暂停留。一旦激光扫描开始，定位辊在定位凸轮控制下开始旋转。与此同时，控制阀门的电磁铁通电，将阀门打开，打印纸进入打印机，经过转印电极、分离电极、输纸装置、热定影装置等部件，最后通过输纸辊输出到接纸盒中。

2) 激光打印过程

激光打印机的打印过程如图 8.10 所示。

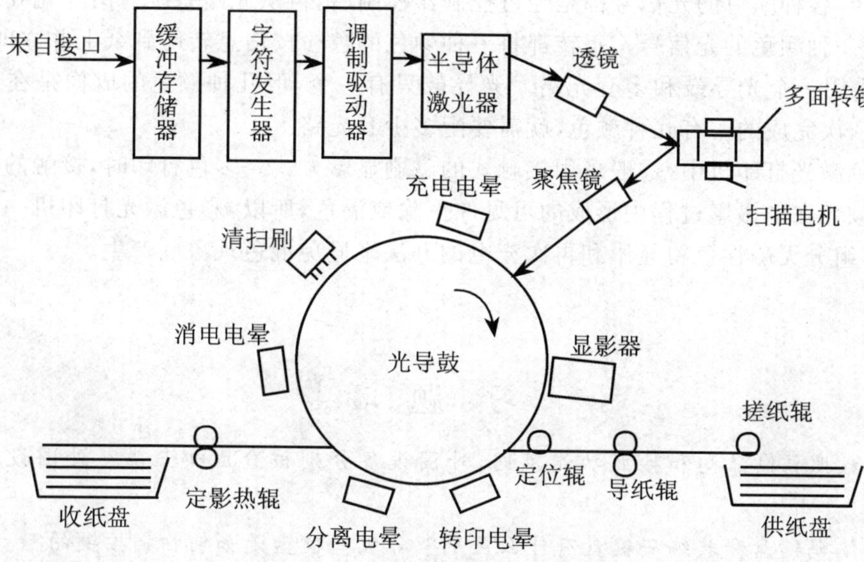

图 8.10 激光打印机打印过程示意图

计算机中来的二进制信息通过接口接收到缓冲存储器，然后以该数据为索引从字符发生器中取得字符点阵数据。当同步信号到来后，字符发生器中发出的字符点阵信息通过调制驱动器控制，对半导体激光器发出的激光束进行调制，这样，电信号就变成了光信号。这个光信号是带有字符信息的，该光束通过透镜整形后成为准直光束。准直光束由多面转镜反射后经过聚焦镜聚焦，形成满足要求的光点尺寸的光束，并射到光导鼓表面。多面转镜每转一面，就会使光束沿着光导鼓的轴线方向扫描一行。

打印的时候，首先在暗处有充电电晕靠近光导鼓，使光导鼓表面充电。当充有电荷的鼓面转到带有字符信息的激光束照射的地方就被曝光，在鼓表面形成静电潜像，其中光照部分电荷消失，其他部分保持静电电荷。当有静电潜像的光导鼓鼓面转到显影处时，由于静电潜像和墨粉电荷极性相反，墨粉被吸附到鼓面上形成可见的(字符)图像。之后，显影后的图像被转到转印处，而此时，纸张经搓纸辊、导纸辊和定位辊也刚好来到转印处，在纸的背面用转印电晕放电使纸面带有与墨粉极性相反的电荷，这样，墨粉被吸附到纸面上。导鼓继续旋转，在静电引力作用下，印有字的纸张也跟着旋转到分离电晕处。分离电晕不断地向纸张释放正负电荷，使纸张离开鼓面。分离后的纸张送定影热辊，墨粉中含有树脂，在热辊的热力下溶化，并在其压力作用下，使墨粉牢牢地粘到了纸上。打印好的纸张出打印机后进入收纸盘。

转印后的光导鼓表面还残留剩余的电荷和墨粉。当鼓面转到消电电晕处时，利用电晕向鼓面施放极性相反的电荷，使鼓面残留的电荷被中和掉，光导鼓再转到清扫刷处，刷去鼓面的残余墨粉。这样感光鼓就恢复到原来的状态，开始新的一次打印过程。

3）彩色激光打印机

目前的彩色打印机主要有以下几种实现方式：

（1）采用多种色粉以及多个光导鼓　这种方式下，三色激光打印机中有3套对应的充电、暴光、显影、转印、分离、定影、消电和清扫等部分。相当于将3个单色激光打印装置串联起来。

（2）采用一个光导鼓和一套光路　采用这种方式时，彩色激光打印机有几色，就要光导鼓旋转几转，各种颜色的光信号都是经过控制器控制后，再从光路系统射出。光导鼓每转一转，就射出一种颜色的光信号。每转都将一种颜色的色粉按信息转印到纸上并立即定影。

（3）采用一个光导鼓和多套光路　光导鼓只有一个，但几种颜色的成像是在光导鼓旋转一周中依次完成的。有几种颜色，就需要配多少套光路。

在单色激光打印机中，一般采用接触式的磁刷显影方式。多色打印时，接触的磁刷可能会把上种颜色在电摄影过程中形成的可见像擦除或混色，所以，彩色激光打印机一般采用非接触式、单组分无磁性色粉显影和再次充电的办法来避免混色现象的产生。

习　题　8

8-1　按照信息流向和按照功能不同，外围设备分别被分成哪几类？外围设备有哪些特点？

8-2　编码键盘和非编码键盘有什么区别？非编码键盘是如何扫描按键的？

8-3　机械鼠标和光电鼠标的工作原理是什么？

8-4　扫描仪主要有哪些技术指标？

8-5　CRT显示器有哪些主要性能参数？

8-6　叙述CRT彩色显示器工作原理和光栅扫描原理。CRT字符和图形显示的原理又是怎样的？

8-7　若显示分辨率为1024×768，帧频为85帧/秒，求出行频、水平扫描周期和每像素的读出时间（假定水平/垂直回扫期各占水平/垂直扫描总时间的20%）是多少？

8-8　液晶显示器的主要技术指标有哪些？液晶显示原理是怎样的？

8-9　叙述压电式随机喷墨打印机和电热式喷墨打印机的工作原理。

8-10　激光打印机主要由哪几个部分组成？

8-11　简单叙述激光打印机的工作过程。

9 输入输出系统

计算机的输入输出系统简称I/O系统，它由I/O接口、I/O管理部件以及有关I/O软件组成，其主要作用是实现计算机系统的输入输出功能。具体要解决的问题是：怎样在主机和外部设备之间建立一个高效、可靠的信息传输"通路"；如何对外设进行编址，使CPU方便地寻找到要访问的外设；I/O接口、管理部件如何协调完成主机和外部设备之间的数据交换等等。本章将主要介绍I/O接口的结构和功能、I/O设备的编址和寻址、以及在主机和外部设备之间进行数据传送的控制方式等内容。

9.1 I/O接口

外部设备的种类相当繁多，有机械式和电动式，也有电子式和其他形式。各种外设在其功能、工作方式、数据格式和工作速度等方面存在很大差异。此外，计算机主机部件采用高速元器件，使得主机和外设之间在技术特性上尤其在工作速度上有很大的差别；它们有各自的控制时序，两者之间采用完全的异步工作方式。而且主机和外设有着不同的数据格式。因此，需要使用相应的硬件线路（或逻辑部件）来连接主机和外设，实现高速工作的主机和不同速度工作的外设之间的同步与协调、工作速度的匹配和数据格式的转换，顺利进行数据传输。该逻辑部件就是I/O接口（I/O Interface）。如，PC中的各种I/O控制器或设备控制器（包括适配器或适配卡）都是I/O接口，而在大型机中的I/O模块就是担负大量复杂的外设控制任务的通道或I/O处理器。

外部设备和主机间最常见的连接方法是通过总线，图9.1给出了一个输入设备经过I/O接口连接总线的例子。

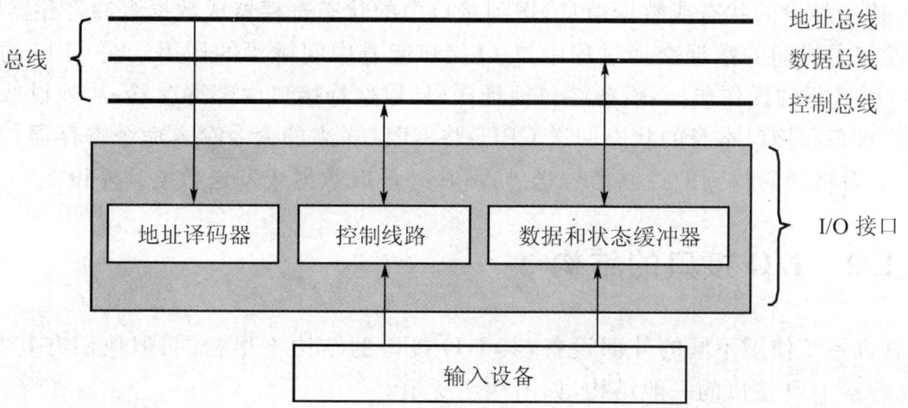

图9.1 用于输入设备的I/O接口

9.1.1 I/O 接口的功能

I/O 接口是主机与外设进行信息交换的中转站，它一侧连接主机，另一侧连接外设。通常把它和主机侧的接口称为内部接口，和外设侧的接口称为外部接口；内部接口通过系统总线和内存、CPU 相连，而外部接口则通过各种接口电缆（如，串行电缆、并行电缆等）将其连接到外设上。

I/O 接口通常具有如下功能：

(1) 控制和定时　接口靠程序的指令信息来控制外设的动作，如启动、关闭外设等。I/O 接口提供控制和定时逻辑，以接收从主机侧的系统总线来的控制和定时信号。同时协调与外设间动作的先后关系，控制数据传输过程。

(2) 数据缓冲　I/O 接口在外部设备和计算机系统其他部件之间用作为一个缓冲器，以补偿各种外设与主机之间在工作速度上的差异。

(3) 错误或状态检测　I/O 接口监视外部设备的工作状态并保存状态信息。设备状态信息包括数据“准备就绪”、“忙”、“错误”等等，供 CPU 询问外部设备时进行分析之用。

(4) 信号转换　I/O 接口提供数据格式转换部件（如：进行串-并相互转换的移位寄存器），使通过外部接口得到的数据转换为内部接口需要的格式，或在相反的方向进行数据格式转换。此外，提供信号转换部件，实现系统总线信号与外设信号在逻辑关系、时序配合以及电平匹配上的转换。

(5) 主机与设备之间通信

① I/O 接口与主机侧进行通信：

- 对主机通过系统总线送来的地址信息进行译码，以确定是否选中本设备；
- 接受系统总线送来的控制信息，以确定数据传送的方向（输入或输出）等；
- 将 I/O 接口中数据缓冲寄存器或状态寄存器的信息送到系统总线，或接收系统总线送来的数据或命令信息，将其送到接口中的数据缓冲寄存器或控制寄存器。

② I/O 接口与设备进行通信：

- 将控制寄存器中的命令译码，输出到外部接口的控制线上；
- 发送数据缓冲寄存器的数据到外部接口的数据线上；
- 接受外设的状态或数据信息，送到接口中的状态寄存器或数据缓冲寄存器中。

外设和主机间的数据交换过程中，I/O 接口起着中间桥梁的作用。在 CPU 的控制下，I/O 接口所进行的操作包括：设备端口地址译码，以选择接口内部寄存器；从外设取状态，并将外设的状态和接口本身的状态回送 CPU；将 CPU 送来的命令存入命令寄存器，并对其进行译码，然后将译码得到的控制信号送外设；从外设取数据或发送数据到外设。

9.1.2 I/O 接口的结构

计算机系统使用不同的外部设备，其 I/O 接口的结构不尽相同；但他们有其共性的部分，在此考察 I/O 接口的一般结构，如图 9.2 所示。

图中 I/O 接口通过系统总线（如：高速 PCI 总线、扩充 E/ISA 总线等）与主机（内存和 CPU）相连。通过其中的数据线，在接口的数据缓冲寄存器与内存、CPU 之间进行数据传

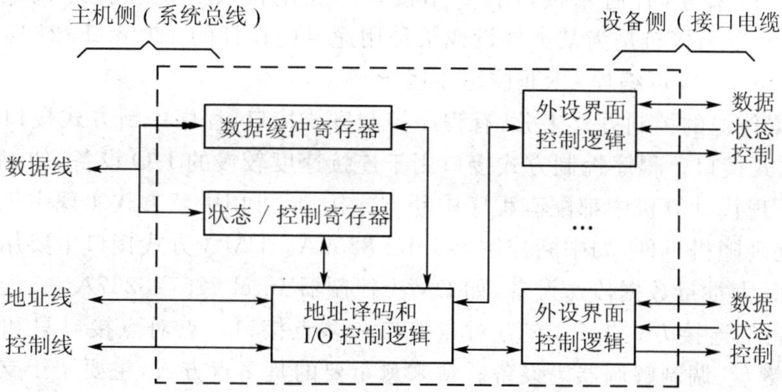

图 9.2　I/O 接口的一般结构

送。同时 I/O 接口和设备的状态信息被记录在状态寄存器中，通过数据线将状态信息送到 CPU，以供分析之用。CPU 对外设的控制信息（控制、命令字）也是通过数据线传送到 I/O 接口的控制寄存器。一般来说，状态寄存器和控制寄存器在传送方向上是相反的，而且 CPU 对它们的访问在时间上也是错开的，因此有的 I/O 接口中将它们合二为一。从系统总线的地址线传送来的地址信息，给出要访问的 I/O 接口中寄存器的地址，它和控制信号一起被送到 I/O 接口中的控制逻辑部件中，其中地址译码逻辑用以选择和主机交换数据的寄存器，控制线传送来的控制信号也有可能参与地址译码，例如，可用读/写控制信号确定是接收寄存器还是发送寄存器。此外，控制线中还有一些仲裁信号和握手信号等也可被 I/O 接口使用。I/O 接口中的控制逻辑部件能对控制寄存器中的命令字进行译码，并用译码得到的控制信号来控制外设，还要具有收集外设状态送至状态寄存器的功能。同时将数据缓冲寄存器的数据通过外设界面控制逻辑发送到外设或从外设接收数据到数据缓冲寄存器。

如果某个 I/O 接口能够作为数据通信的主控设备（例如，DMA 控制器），那么它就可以发起总线事务并控制总线进行数据传送，控制线上的控制信号由它确定，其地址线方向是输出。

9.1.3　I/O 接口的分类

I/O 接口按不同的分类方式有以下几种：

（1）按数据传送方式分，有并行接口和串行接口两类。对于主机侧的内部接口，数据在接口和主机之间总是通过系统总线按字节或字或多字进行并行传输；而在外设侧的外部接口，数据在接口和外设之间有串行和并行两种传送方式。并行接口在设备和接口之间同时传送一个字节或字的所有位（如：Intel 8255 并行可编程接口芯片），用于连接快速外设；串行接口则一位一位地传送（如：Intel 8250 串行可编程接口芯片），主要用于连接键盘、显示终端等慢速设备；传输信号线少，适宜于远距离传送。对于串行接口，I/O 接口内部必须有串一并数据转换部件。

（2）按功能选择的灵活性来分，有可编程接口和不可编程接口两类。可编程接口可在不改变硬件连接线路的情况下，通过程序来改变或选择接口的功能和工作方式（如：Intel 8255、Intel 8250 等）。不可编程接口只能通过硬连线路逻辑来实现不同的功能（如：Intel 8212 等）。

(3) 按通用性来分，有通用接口和专用接口。通用接口可供多种外设使用，如 Intel 8255、Intel 8212；专用接口是为某类外设或某种用途专门设计的，如 Intel 8279 可编程键盘/显示器接口、Intel 8275 可编程 CRT 控制器接口等。

(4) 按数据传送的控制方式来分，有程序控制方式接口、程序中断方式接口和直接内存访问(DMA)方式接口。程序控制方式接口用于连接速度较慢的 I/O 设备，如：显示终端、键盘、打印机等。现代计算机中都配有程序中断方式接口，可用中断方式实现主机和外设之间的数据交换，处理随机事件，如中断控制器 Intel 8259A。DMA 方式接口主要用于连接如磁盘、磁带等高速、大批量数据传送设备，如 DMA 控制器 Intel 8257/8237A。

(5) 按设备的连接方式来分，有点对点接口和多点接口。点对点接口只和一个外设相连，如打印机、键盘、调制解调器等设备。愈来愈重要的是多点方式，主要用于支持大量的外部存储设备(如：磁盘和磁带)和多媒体设备(如：CD-ROM、视频和音频)。这种多点接口的典型例子有：SCSI 接口和 P1394 接口。SCSI 接口是一种并行 I/O 总线，而 P1394 接口则是一种串行 I/O 总线。

9.1.4 I/O 端口的编址方式

CPU 要和 I/O 设备进行数据交换，在 I/O 接口中必须有一些寄存器(如：数据缓存寄存器、控制/状态寄存器等)或特定的硬件电路供 CPU 访问，这就是 I/O 端口。为了区别不同的 I/O 端口，也必须像存储器一样给他们编号，这就是 I/O 端口的地址。主机通过选择 I/O 端口，来选择连接接口的外部设备。

一个 I/O 端口可能是输入端口、输出端口，或者是双向的既可输入也可输出的端口。有些 I/O 端口用来存放数据，例如，串行接口中的发送和接收寄存器；还有些 I/O 端口用来控制外设，例如磁盘控制器中的控制寄存器。对这些端口地址的写或读就认为是向 I/O 设备送出命令或从设备取得数据。

为了便于 CPU 对 I/O 设备的快速选择和对 I/O 端口的方便寻址，必须给所有的 I/O 接口中的各个可访问的寄存器(I/O 端口)进行编址，常用的编址方式主要有 I/O 端口与主存储器统一编址方式和 I/O 端口与主存储器分开独立编址方式。

(1) 统一编址方式　I/O 端口地址空间与主存地址空间统一编址，即：将主存地址空间分出一部分地址给 I/O 端口进行编址。此方式无需设置专门的输入输出指令，只要用一般的访存指令就可以访问 I/O 端口。因为这种方法是将 I/O 端口映射到主存空间的某些地址上，所以，也被称为“存储映射 I/O 方式”。Motorola 系列、Apple 系列和一些小型机采用这种方式。

如图 9.3 所示，在统一编址方式中，把每个 I/O 端口视为一个存储单元，这样访问主存指令同样适于访问 I/O 端口。当 CPU 执行到一个访问主存指令时，便生成一个存储器读或存储器写总线事务，因为不是专门的 I/O 指令，所以无法通过控制信号线来区分访问的是主存空间还是 I/O 空间；而是用地址码来区分。若访问主存指令的地址码在 I/O 端口地址范围内，则访问的是 I/O 端口。在图 9.3 中，I/O 地址空间在 8000H～FFFFH 范围内，主存地址空间在 0000H～7FFFH 范围内；说明 I/O 空间的地址特征是 A15 为 1，把 A15 和相应的$\overline{MEMR}$和$\overline{MEMW}$控制信号组合起来，形成对应的 I/O 读/写信号，以控制对 I/O 端口的读写。

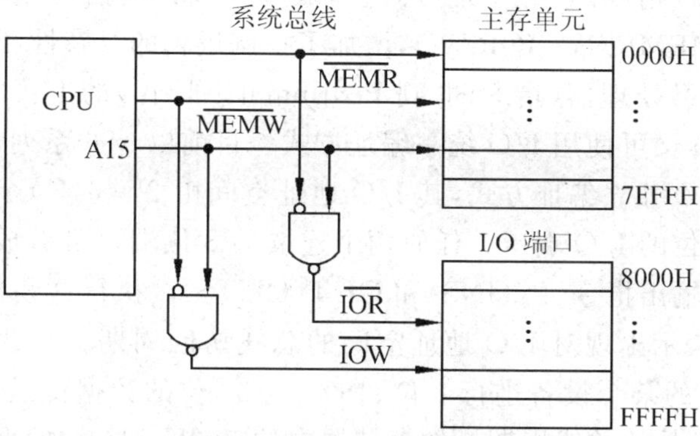

图 9.3　统一编址方式

在统一编址方式下，I/O 端口访问和主存访问指令相同，所以它的保护机制可由分段或分页存储管理来实现，而无需另外专门的保护机制。这种存储器映射方式给编程提供了非常大的灵活性。任何对内存存取的指令都可用来访问位于主存空间中的 I/O 端口，并且所有有关主存的寻址方式都可用于 I/O 端口的寻址。例如，可用 MOV 指令实现寄存器和 I/O端口的数据传送，可用 AND、OR 或 TEST 等指令直接操作 I/O 接口中的控制寄存器或状态寄存器。采用统一编址方式的另一个好处是便于扩大系统吞吐率，因为外设或 I/O 寄存器数目几乎不受限制（只受总存储容量的限制），这在大型控制或数据通信系统等特殊场合很有用。但因为 I/O 空间占用了一部分主存空间的地址，使得主存空间减少。此外，由于在识别 I/O 端口时全部地址线都需参与地址译码，使译码电路变得复杂，译码所需时间变长，所以使执行外设寻址的操作时间相对增长。

（2）独立编址方式　将 I/O 端口单独进行编址而不和存储空间合在一起，即两者的地址空间是互相独立的，I/O 结构不影响存储器的地址空间。采用这种编址方式，CPU 访问 I/O 端口必须使用专用 I/O 指令。I/O 指令中地址码部分给出 I/O 端口号。

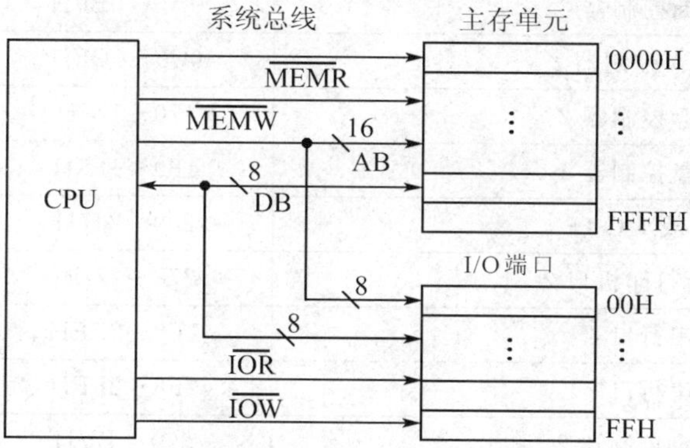

图 9.4　独立编址方式

如图 9.4 所示，独立编址方式中的 I/O 地址空间和主存地址空间是两个独立的地址空间，无法从地址码的形式上区分，因此需要用专门的输入输出指令来表明访问的是 I/O 地址空间。当 CPU 执行到专门的 I/O 指令时，就会生成专门的 I/O 读或 I/O 写总线事务，总线中产生以之对应的控制信号 IOR 或 IOW，此时地址线上给出的是 I/O 端口号。一般 I/O 端口比存储器单元要少得多，选择 I/O 端口时，只需少量地址线参与地址译码，所以 I/O 端口译码简单，寻址速度快。使用专用 I/O 指令，使得程序清晰，便于理解和检查。但独立编址方式使用的专用I/O指令，它的寻址方式少，故程序设计灵活性差些。而且处理器必须提供两组读写命令(MEMR/W、IOR/W)，增加了控制逻辑的复杂性和处理器引脚数。

Intel 80x86系列微处理器(指8086到PentiumⅡ/Ⅲ/Ⅳ)的I/O端口编址方式既可采用I/O独立编址方式，又可使用I/O统一编址方式。目前以x86系列微处理器为核心的微机一般都采用的是I/O独立编址方式，其I/O地址空间由2^{16}(64K)个地址编号组成，每个编号可以寻址一个8位的I/O端口。任何两个连续的8位端口可看成一个16位端口。处理器提供专门的输入输出指令：IN(INS)和OUT(OUTS)。执行这些指令时，处理器的M/$\overline{IO}$引脚变成低电平，表示出现对I/O地址空间的总线访问周期。在此访问周期中，处理器可以对I/O地址空间的某个设备进行8位、16位或32位的数据传送。当一个端口地址不对齐时，必须要增加额外的总线周期。像存储器中的字(Word)一样，要使一个16位数据能够在一个总线周期内传送完，则其端口地址必须与字地址(偶数地址)对齐，同样一个32位端口也必须与存储器中的双字(Double Word)一样，要和一个双字地址(4倍数地址)对齐，以便使数据在一个总线周期内传送完。当然处理器支持不对齐的端口访问，但因为要增加额外的总线周期，性能会大大地下降。

表9.1给出了Intel 80x86处理器的部分外设端口地址分配。

表9.1　部分外设控制器的I/O地址分配表

输入/出设备	I/O地址	占用地址数
DMA控制器1	000～01FH	32
中断控制器1	020～03FH	32
定时器/计数器	040～05FH	32
键盘控制器	060～06FH	32
实时时钟，NMI屏蔽寄存器	070～07FH	16
DMA页面寄存器	080～09FH	32
中断控制器2	0A0～0BFH	32
DMA控制器2	0C0～0DFH	32
硬盘控制器2	170～177H	8
硬盘控制器1	1F0～1F8H	8
游戏I/O口	200～207H	8
并行打印机口2	278～27FH	8
串行口4	2E8～2EFH	8
串行口2	2F8～2FFH	8
软盘控制器2	370～377H	8
并行打印机口1	378～37FH	8
单色显示器/打印适配器	3B0～3BFH	16
彩色/图形监视器适配器	3D0～3DFH	16
串行口3	3E8～3EFH	8
软盘控制器1	3F0～3F7H	8
串行口1	3F8～3FFH	8

9.2 I/O数据传送控制方式

9.2.1 I/O控制方式类型

在计算机系统中，主机和外部设备之间进行数据传送的控制方式有以下几种。

1) 程序直接控制方式

程序直接控制(Programed Direct Control)方式是早期计算机中使用的一种方式。数据在主机和外部设备之间的传送完全靠计算机程序控制，其优点是CPU的操作和外部设备的操作能够同步，而且硬件结构比较简单、易控制、外围接口控制逻辑少。但CPU与外设完全串行工作，所以效率低、速度慢。由于外设的速度比处理器慢得多，当外设进行操作的时候，CPU在等待外设完成操作任务，此时会浪费许多处理器时间。

2) 程序中断控制方式

程序中断传送(Program Interrupt Transfer)方式是外部设备用来“主动”通知CPU，准备送出输入数据或接收输出数据的一种方法。通常，当需要输入输出数据时，I/O接口便向CPU发中断请求，CPU响应后，就中止正在执行的程序，转入一个“中断服务程序”。在“中断服务程序”中完成数据传送任务，传送完毕后再回到被中断的原程序继续执行。一般这种方式下，每次只能交换一个字节或一个字。可以看出，这种方式可节约CPU的宝贵时间，是管理I/O操作的有效方法。中断方式一般使用于随机出现的服务，并且一旦提出要求，应立即进行。与程序直接控制方式相比，硬件结构相对复杂一些，服务时间开销较大。

3) 直接存储器存取方式

直接存储器存取(Direct Memory Access)方式简称为DMA方式，是一种完全由硬件(DMA控制器)执行I/O数据交换的工作方式。主要用于高速设备(如:磁盘、磁带等)和主机的数据传送，这类高速设备采用成批数据交换方式，且单位数据之间的时间间隔较短。DMA控制器从CPU那里接管对总线的控制，实现外设和主存之间直接进行高速的数据传送，数据交换不经过CPU。此方法的主要特点是数据传送速率很高，且传送速率仅受到内存访问时间的限制。与中断相比，需要更多的硬件。

4) 通道和I/O处理机方式

DMA方式的出现已经减轻了CPU对I/O操作的控制，使得CPU的效率有显著的提高，而通道和I/O处理机的出现则进一步提高了CPU的工作效率。对于大型计算机系统来说，为了获得CPU和外设之间更高的并行性；也为了让种类繁多、物理特性各异的外设能以标准的接口连接到系统中，通常采用自成独立体系的通道结构或I/O处理机(IOP)。它可以实现对外部设备的统一管理和外部设备与主机之间的数据传送。在它控制下进行主存和外部设备之间的信息传送时，CPU执行自己的程序，两者完全并行。该方式大大提高了CPU的工作效率，当然硬件结构更加复杂。

综上所述，外部设备的I/O控制方式可用图9.5所示。

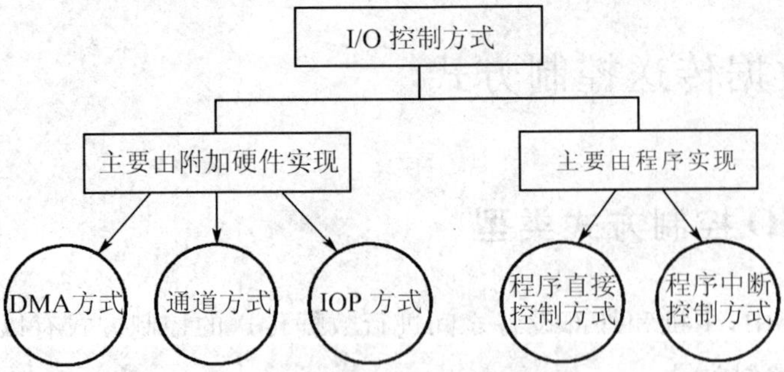

图 9.5 外部设备的 I/O 控制方式

9.2.2 程序直接控制方式

程序直接控制方式完全通过程序来控制主机和外部设备之间的数据传送。在用户程序中安排相应的 I/O 指令，通过这些指令直接向 I/O 接口传送控制命令，从 I/O 接口中取得外设和接口的状态，并根据状态来控制外设和主机的信息交换。因此，这种方式通常又称为程序查询方式。

在此方式下，处理器完全控制着 I/O 的整个过程，由处理器完成所有的工作，程序查询方式下查询程序的流程如图 9.6 所示。从图中可看出，在任何一个数据传送之前，必须先读接口的状态信息，判断接口是否"就绪"，只有在 I/O 接口"就绪"的情况下，才继续进行数据传送。否则，CPU 将一直处于查询等待状态直到外设完成任务而使接口满足条件为止。这里"就绪"的含义，对于输入设备而言，意味着 I/O 接口中的数据缓冲器已准备好，CPU 可以从接口取数据；对于输出设备而言，则说明数据缓冲器已空，CPU 可以将数据送到接口中。

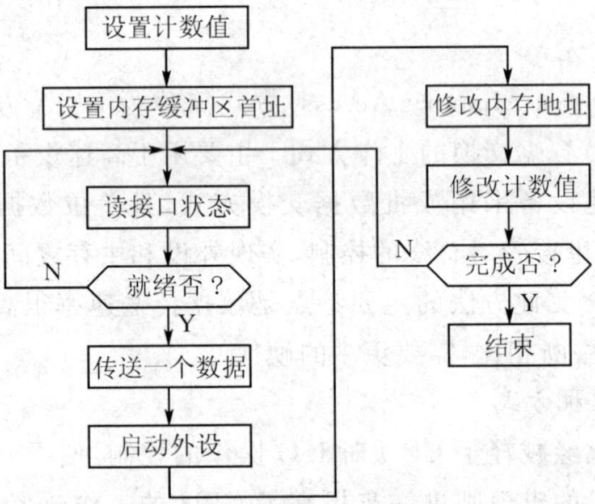

图 9.6 查询程序流程图

以下通过一个简单的例子来说明程序查询方式控制输入输出的方法。假定在计算机系统中包含一个键盘和一个显示器。图 9.7 中给出了用于数据传送的 4 个寄存器。其中状态寄存器 STATUS 包含两个控制标志 SIN 和 SOUT，它们分别提供键盘和显示器的状态信息。STATUS 的另外两个标志 DIRQ 和 KIRQ 以及控制寄存器 CONTROL 中的 DEN 和 KEN 两个标志用于中断控制，将在下节说明。从键盘获得的数据被放在寄存器 DATAIN 中，送往显示的数据存在寄存器 DATAOUT 中。

	7	6	5	4	3	2	1	0
DATAIN								
DATAOUT								
STATUS					DIRQ	KIRQ	SOUT	SIN
CONTROL					DEN	KEN		

图 9.7　键盘和显示器接口中的寄存器

下面是一段采用直接控制方式从键盘输入一行字符，存储在内存缓冲区里，并在显示器上回显的程序，见图 9.8。

```
        Move        #LINE,R0          初始化存储缓冲区指针
WAITK   TestBit     #0,STATUS         测试 SIN
        Branch=0    WAITK             等待键盘输入
        Move        DATAIN,R1         读字符
WAITD   TestBit     #1,STATUS         测试 SOUT
        Branch=0    WAITD             等待显示器准备好
        Move        R1,DATAOUT        将字符送显示
        Move        R1,(R0)+          存储字符并将指针加 1
        Compare     #0DH,R1           检查是否回车符?
        Branch≠0    WAITK             不是,则取下一字符
        Move        #0AH,DATAOUT      否则,输出换行
        Call        PROCESS           调用一个子程序处理输入的字符行
```

图 9.8　一个从键盘读取一行字符，存储在内存缓冲区，并在显示器上回显的程序

9.3　程序中断方式

中断方式的出现，是计算机系统机构设计中的重大变革。它在一定程度上实现外设和 CPU 并行工作，从而提高了处理器的工作效率，避免在程序查询方式中，处理器开销大量时间在外部设备的查询等待上。

9.3.1　中断的基本概念

在程序中断方式中，当 CPU 需要进行一个 I/O 操作时，就通过执行 I/O 指令启动相应的外设工作，并继续它的主程序的执行。此时，外设和 CPU 并行工作，当外设完成操作(如:数据准备就绪)，它“主动”向 CPU 发出中断请求信号，请求 CPU 暂时中断目前正在执行的程序而进行数据交换。当 CPU 响应这个中断时，便暂停运行主程序，并自动转移到该设备的中断服务程序，在中断服务程序中完成数据传送或事件处理。中断服务程序执行完毕后，返回原被中止的程序断点处继续执行。此时，外设和 CPU 又开始并行工作。这个过程可以用图 9.9 所示的流程来说明。

中断 I/O 控制方式，使 CPU 时间被有效利用，充分发挥了 CPU 的高速处理能力，从而

提高了系统的吞吐能力。中断 I/O 方式实现了外设与 CPU 的并行工作，如图 9.10 所示。

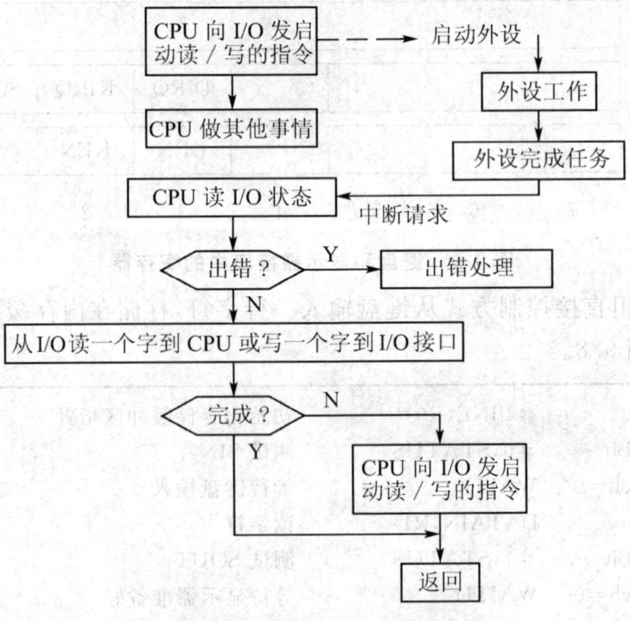

图 9.9　中断驱动 I/O 方式

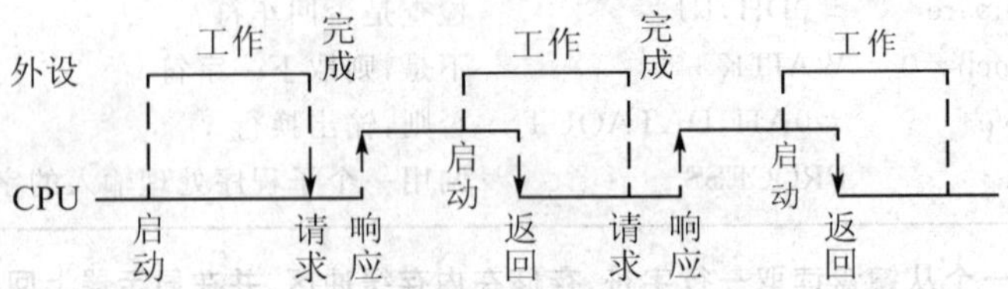

图 9.10　CPU 与外设并行工作

中断控制 I/O 方式除了可以实现外设和 CPU 并行工作以外，还能处理各种异常事件。例如，除数为 0、运算结果溢出、非法操作码、奇偶校验错等。计算机能及时捕捉到这些错误和故障，并及时予以处理。

通常把以下过程称为中断：在程序运行过程中，由 I/O 设备或某种异常事件引起的，使 CPU 暂时中止现行程序的执行，而转至一中断服务程序去处理这些事件，待处理完毕后，再回到原来被中止的程序继续执行。

现代计算机系统都配有完善的中断系统，中断系统是计算机实现中断功能的软、硬件的总称。CPU 中有相应的中断响应和处理的机构，在外设接口中有相应的中断请求和控制逻辑，操作系统中有相应的中断服务程序。这些中断硬件连接线路和中断服务程序有机结合，共同完成和控制中断过程。

9.3.2　中断系统的基本职能和结构

中断系统由 CPU 中的中断机构、I/O 系统中的中断控制接口和操作系统中相应的中断服务程序组成。现代计算机都配置较完善中断系统，每个计算机系统的中断功能可能不完全相同，其基本功能如下：

(1) 及时记录各种中断请求　对于外部中断，中断系统中必须要有能够及时记录各种外部中断请求信号的部件，一般是用一个中断请求寄存器来保存。

(2) 自动响应中断请求　中断事件是在异常情况发生或外部设备需要CPU干预时产生的，所以CPU必须能够在发生中断事件后，自动响应并处理。中断响应操作是在处理器执行指令流程中固定安排的：总是在一条指令执行完、下一条指令执行前去检查有无中断请求发生。若有，则根据情况决定是否响应和响应哪个中断请求。

(3) 自动判优　在计算机系统中，中断源有很多，在中断响应前，可能会有多个中断事件请求。因此，中断系统中必须要有相应的中断判优机构，在有多个中断请求同时产生时，能够判断出哪个中断的优先级高，选择优先级高的中断先响应。

(4) 保护被中断程序的断点和现场　因为中断响应后要转去执行中断服务程序，而执行完中断服务程序后，还要回到原来的程序继续运行。所以原程序被中止处的指令地址和当时的程序状态以及各寄存器的内容都必须保存，以便能正确回到原处继续执行。

(5) 中断屏蔽　现代计算机的中断系统允许处理器在执行某个中断服务程序时，可以被新的中断请求打断。但是对于一些重要的紧急的异常处理，就要设置成不能被其他新的中断事件打断，这就是中断屏蔽的概念。它是通过在中断系统的中断屏蔽寄存器中设置中断屏蔽字来实现，屏蔽字中的每一位对应某一个外设，称为该外设的中断屏蔽位：一般情况，设置"0"表示允许请求中断，"1"表示不允许请求中断。主机还可以通过程序来修改屏蔽字的内容，从而实现动态地改变I/O设备中断处理的先后次序。

中断系统的基本结构如图9.11所示。来自各个外设的中断请求记录在中断请求寄存器中的对应位，每个中断还有各自对应的中断屏蔽字，在进行相应的中断处理之前被送到中断屏蔽寄存器中。在CPU运行程序时，每当CPU完成了当前指令的执行，在取出下一条指令之前，就会自动查询有无中断请求信号。若有，则会发出一个对应的中断应答信号(在CPU中的中断允许触发器为"1"时)，启动图9.11中的"中断查询"线，在该信号线的作用下，所有未被屏蔽的中断请求信号一起送到一个判优线路中，判优线路根据每个中断的响应优先级，选择一个优先级最高的中断源响应。

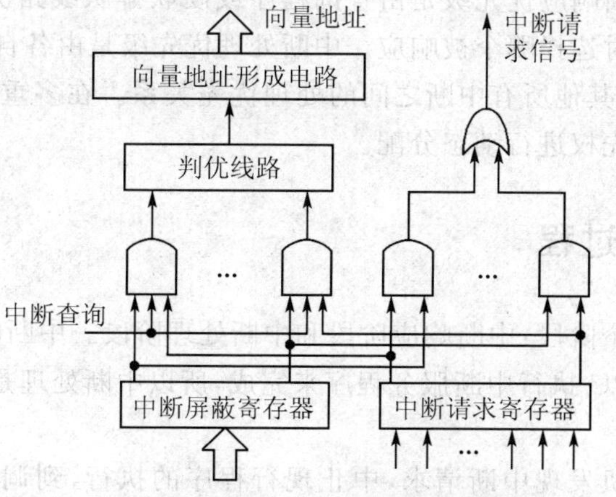

图9.11　中断系统的基本结构

这个选出的最高优先级的中断一般用一个中断向量来标识。通过总线，中断向量被送到CPU，CPU根据该中断向量转向对应的中断服务程序，在下一个指令周期开始，CPU就执行该中断服务程序。不同的系统，其中断向量的含义有所不同，例如在x86中称为中断类型号。为了表明I/O设备不同的优先级,大多数中断机制具有若干级优先权。这些优先权给出了一种处理器处理中断的顺序。典型地如x86,I/O中断系统中,内部例外引起的中断比I/O中断有更高的优先级,而多个I/O中断中,一般高速设备具有更高的优先级。

在一个中断处理(即执行中断服务程序)过程中,若又有新的优先级更高的中断请求发生,那么CPU应立即中止正在执行的中断服务程序,转去处理优先级更高的中断。这种情况称为多重中断,也称中断嵌套。如图9.12所示。

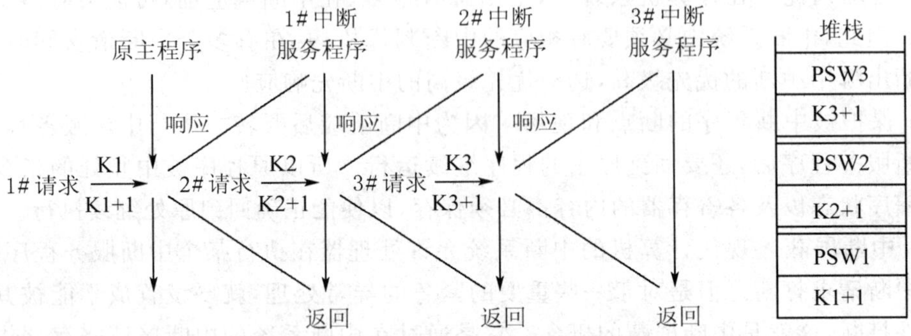

图9.12　中断嵌套过程

在图9.12中,假定在执行用户程序的同时,发生了1＃中断请求,因为用户程序不屏蔽任何中断,所以就响应1＃中断,将原程序的断点保存在堆栈中,然后调出1＃中断服务程序执行;而在执行1＃中断的过程中,又发生了2＃中断,而2＃中断的处理优先级比1＃高,1＃中断的屏蔽字对2＃中断是开放的,此时,就中止1＃中断的处理,响应2＃中断,把1＃中断的断点信息保存在堆栈中,调出2＃中断的中断服务程序执行。同样,3＃中断打断了2＃中断的执行。当3＃中断处理完返回时,系统从栈顶取出返回的断点信息,这样,从3＃中断返回后,首先回到2＃中断服务程序的断点(K3＋1)处,而不是回到1＃中断或原主程序执行。利用堆栈能正确地实现中断嵌套。

从上述过程来看,中断系统中存在两种中断优先级。一种是中断响应优先级,另一种是中断处理优先级。中断响应优先级是由查询程序或硬联排队线路决定的优先权,它反映的是多个中断同时请求时选择哪个被响应。中断处理优先级是由各自的中断屏蔽字来动态设定的,反映了本中断与其他所有中断之间的处理优先关系。在多重中断系统中通常用中断屏蔽字对中断处理优先权进行动态分配。

9.3.3　中断过程

中断过程包括两个阶段:中断响应阶段和中断处理阶段。中断响应阶段由硬件实现,而中断处理阶段则由CPU执行中断服务程序来完成,所以中断处理是由软件实现的。

1）中断响应

中断响应是指主机发现中断请求,中止现行程序的执行,到调出中断服务程序这一过程。中断响应的过程就是处理器从一个程序切换到另一个程序的过程。此过程中应解决好以下几个问题。

(1)保存好程序的关键性信息

程序使用的资源有两类,一类是工作寄存器,它们存放着程序执行的现行值,一般把这类信息称为现场；另一类是表示程序进程状态的程序状态字 PSW 和标志进程运行过程的程序计数器 PC，通常把这类信息称作断点信息。在程序被中止时，必须正确地保存这些关键性信息，以便在返回程序后，处理器能正确地沿着断点继续执行。对于现场信息，可以在中断服务程序中把它保存到一个特定的存储区（如堆栈）中。对于断点信息，应在中断响应时自动保存起来。

(2) 正确识别中断源

中断响应的结果是调出相应的中断服务程序来执行，所以在中断响应过程中必须能够识别出哪些中断有请求，并且在有多个中断请求出现的情况下，选择优先级最高的中断去响应。

(3) 提高中断响应的速度

中断是一种异常或需特别处理的事件，中断响应时间应是中断系统设计时需要考虑的一个重要指标。它反映了整个计算机系统的灵敏度。

在计算机系统中有一个中断允许/禁止标志，它反映了系统在某一时刻的中断允许状态。如在 x86 CPU 中的中断允许标志是 IF，当 IF = 1 时，说明处理器处于开中断状态，允许响应中断；若 IF = 0，则处理器处于关中断状态，此时，不响应任何中断请求。因此，外部中断响应的条件有以下三个：

① CPU 处于开中断状态；

② 至少要有一个未被屏蔽的中断请求；

③ 在一条指令执行完。

当同时满足上述三个条件时，处理器就响应中断，进入中断响应周期，它是一种特殊的机器执行周期。在中断响应周期中，通过执行一条隐指令，完成以下几个操作（见图 9.13）：

① 关中断：将中断允许标志置为禁止状态，这时将屏蔽掉所有新中断请求；

② 保护断点：PC 和 PSW 送入堆栈；

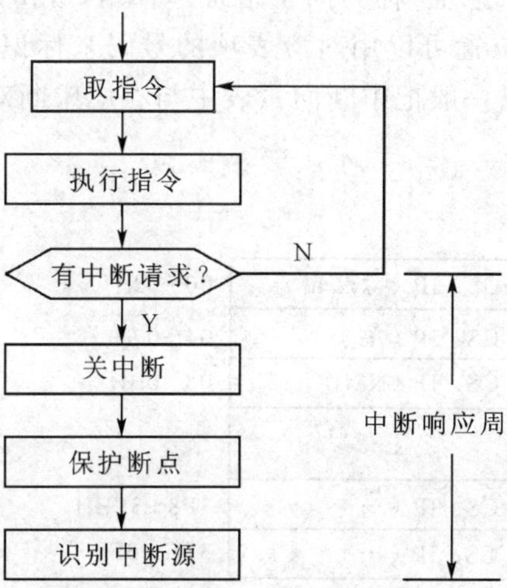

图 9.13 中断响应过程

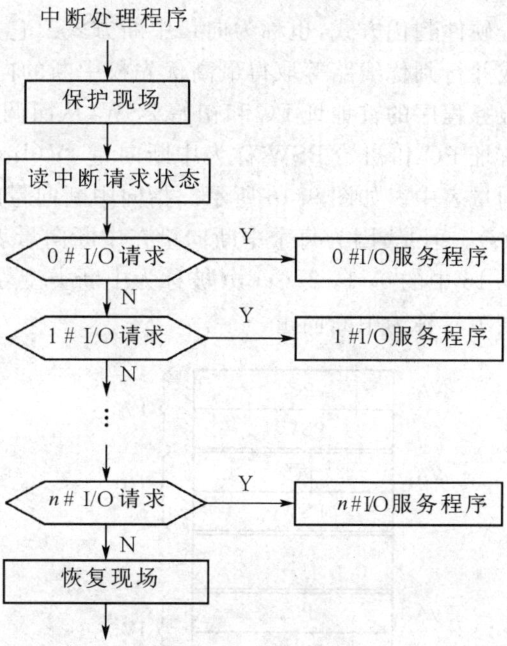

图 9.14 中断查询程序的结构

③ 识别中断源：通过某种方式获得响应优先级最高的中断请求所对应的中断服务程序的首地址和初始的 PSW。所以，对于外部中断，如果采用向量中断方式的话，在中断响应期间，往往要进行一次总线操作，从数据总线上取得相应的发生中断的设备标识（有时称为中断向量），由该设备标识获得相应中断服务程序的首地址和初始 PSW。

中断源的识别方法可以分为软件轮询和硬件判优两大类：

① 软件轮询方法

当 CPU 检测到中断请求时，通过中断响应，自动地转移到一个特定的中断服务程序。在这个中断服务程序中，所有的中断请求被依次一一查询，如图 9.14 所示。

这种中断识别方式的硬件结构很简单，只要一根中断请求线，不需要任何专用硬件，中断优先级由中断查询程序的查询顺序决定，比较灵活。但它需花费很多查询时间，中断响应慢，无法实时响应，降低了 CPU 的利用率。图 9.15 给出了这种中断系统的结构。

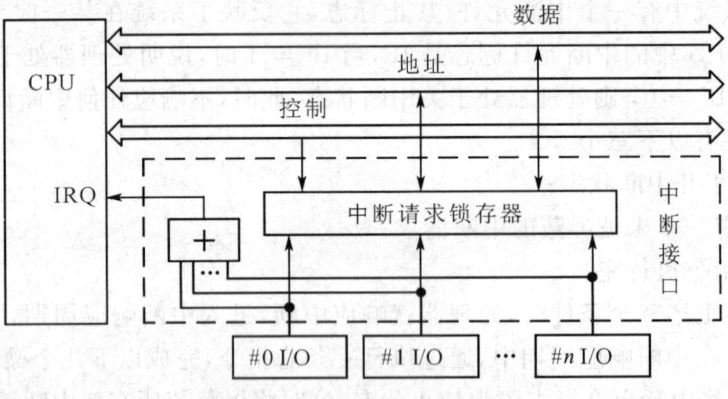

图 9.15　程序查询中断的结构

② 硬件判优方法（向量中断）

硬件判优方式，也称为向量中断方式。它是另一种中断处理技术，它根据菊花链查询线路或并行判优线路等取得最高优先权中断的向量地址，根据中断的向量地址得到对应的中断服务程序的首地址 PC 和初始 PSW，从而调出中断服务程序执行。通常把中断服务程序的首址 PC 和初始 PSW 称为中断向量 IV（Interrupt Vector），所有中断向量存放在一个中断向量表中。如图 9.16 所示。指向中断向量的指针（地址）称为向量地址 VA（Vector Address）。但是，因为每个中断向量在中断向量表中的位置可以用对应表项的号码来标识，如图 9.16 中的 0，1，2，…，n（被称为中断类型号），所以一般把中断向量表中与相应中断对应的表项号称为中断向量。

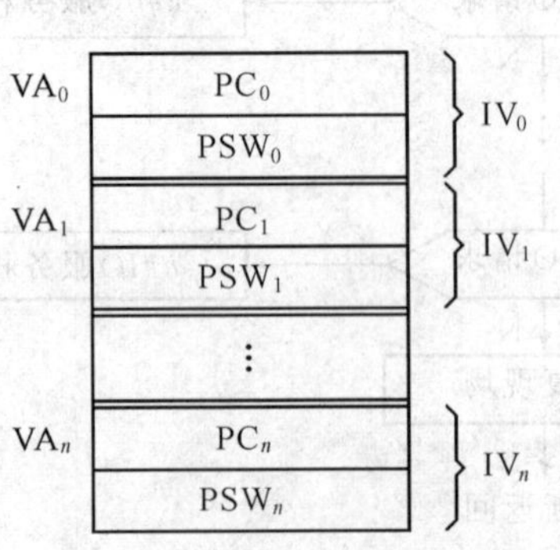

图 9.16　中断向量表

CS：IP（除法错）	00～03H
CS：IP（单步）	04～07H
CS：IP（NMI）	08～0BH
⋮	
CS：IP（…）	3F8～3FBH
CS：IP（…）	3FC～3FFH

图 9.17　8086/8088 中断向量表

8086/8088 的中断向量表如图 9.17 所示。中断向量表也称中断服务程序入口地址表，位于 0000H～03FFH，共 256 组，每组占四个字节，记录对应中断服务程序的首地址 CS:IP。向量地址(中断向量指针)由中断类型号乘 4 得到。例如，除法错的中断类型号为 0，故其向量地址为 0；不可屏蔽中断 NMI 的中断类型号为 2，故其向量地址为 8。

根据判优电路实现方式的不同，硬件判优法有两种。一种为菊花链查询法，还有一种为独立请求法。

软件轮询法由于用软件进行中断查询，所以响应速度慢。改进的一个途径就是将查询程序硬化，采用菊花链的链式查询方式进行，也称为硬件轮询，其结构如图 9.18 所示。

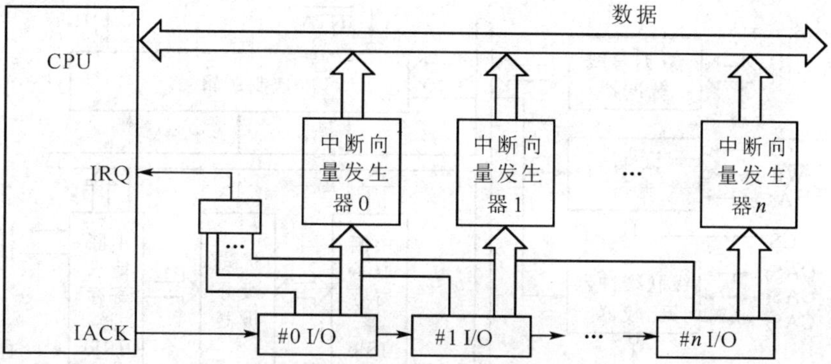

图 9.18　链式查询中断的结构

在这种中断系统中，当 CPU 检测到中断请求后，就启动中断回答信号 IACK 进行中断响应，通过分布在每个设备中的菊花链线路，查询到优先级最高的中断请求(同时封锁对下一级的中断响应)，由该请求信号启动相应的中断向量发生器，产生对应的中断向量，通过数据总线传送给 CPU。链式中断查询的优点是简单，只需一根中断请求线。而且比软件查询方式快。但中断源优先级固定、所以不灵活，并且无法为每个中断设置屏蔽字，所以不支持多重中断。而且对电路故障敏感。此外，通过链式查询，中断响应有一定的延迟。

由于链式查询方式的上述缺点，所以现代计算机系统大多采用另一种硬件判优方式——独立请求中断方式。这种结构给每个设备一个中断请求线，当有几个设备同时请求时，经判优逻辑选择一个优先级最高的中断请求，并形成对应的中断向量，通过数据总线送处理器。图 9.19 出示了这种多线独立请求中断的结构。

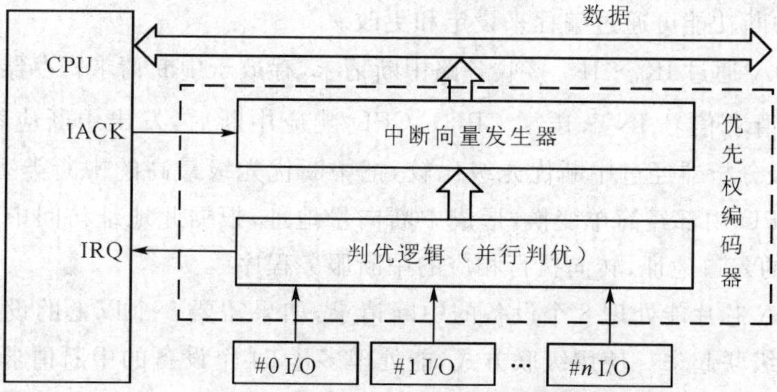

图 9.19　多线独立请求中断的结构

采用这种方式的中断系统中有一个集中控制的中断控制器，在中断控制器中有相应的中断向量优先权编码器，各个中断请求信号送到该电路，和对应的中断屏蔽位进行“与”操作后，送到一个判优电路中，判优电路的输出被送到一个编码器，该编码器的输出就是中断向量。

采用多线请求的集中判优方式，其中断响应速度快。如果是可编程的中断控制器，则优先级可灵活设置。

Intel 8259A 就是一个典型的可编程的中断控制器。图 9.20 给出了 Intel 8259A 的内部结构示意图。

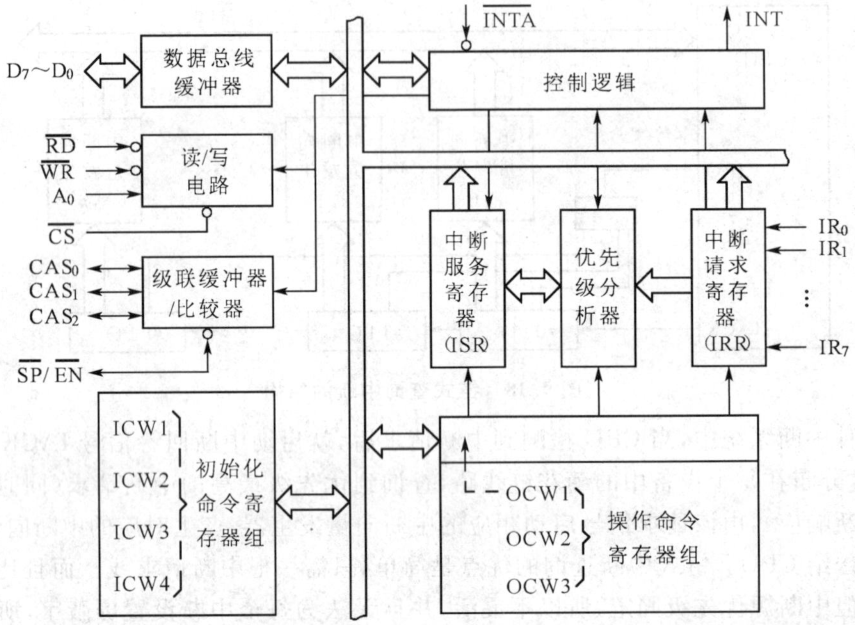

图 9.20　8259A 内部结构框图

8259A 中断控制器的功能包括：

- 中断请求锁存、中断屏蔽、中断优先级排队、中断向量生成等；
- 既可支持程序查询式中断，又可支持向量式中断；
- 支持 8 级优先权，通过多片级联，最多可构成 64 级中断；
- 各种中断功能可通过编程来设定和更改。

例如，8259A 通过 $IR_0 \sim IR_7$ 接收各路中断请求，存放于中断请求寄存器中，并汇集成一个公共的中断请求信号 INT，送往 CPU。CPU 响应中断后，发出中断应答信号 $\overline{INTA}$ 送 8259A。优先级分析器经过中断优先级比较，把中断优先级最高的中断类型号经数据总线送 CPU。在 CPU 内部经简单变换，形成中断向量地址，根据此地址访问中断向量表，得到中断服务程序的入口地址，转向执行相应的中断服务程序。

一个 8259A 芯片能处理 8 个设备的中断请求，如果需要 8 个以上的设备，则可将若干个 8259A 芯片级联起来。使用级联方式，能处理多达 64 个设备的中断请求。图 9.21 是若干芯片级联示意图。

2）中断处理

中断处理的过程就是执行相应的中断服务程序的过程，不同的中断源其对应的中断服务程序不同。典型的中断处理分为三个阶段：先行段、本体段和结束段。图 9.22 给出了中断服务程序的典型结构。

从图 9.22 中可以看出，在保存断点和现场的过程中，处理器处于关中断状态，同样在恢复阶段也要让处理器关中断。如果在保存和恢复阶段处理器处在开中断状态的话，那么有可能在断点或现场保存(或恢复)的过程中，又响应了新的中断。这样，断点或现场就会被新中断破坏，而不能回到原中断点继续执行。

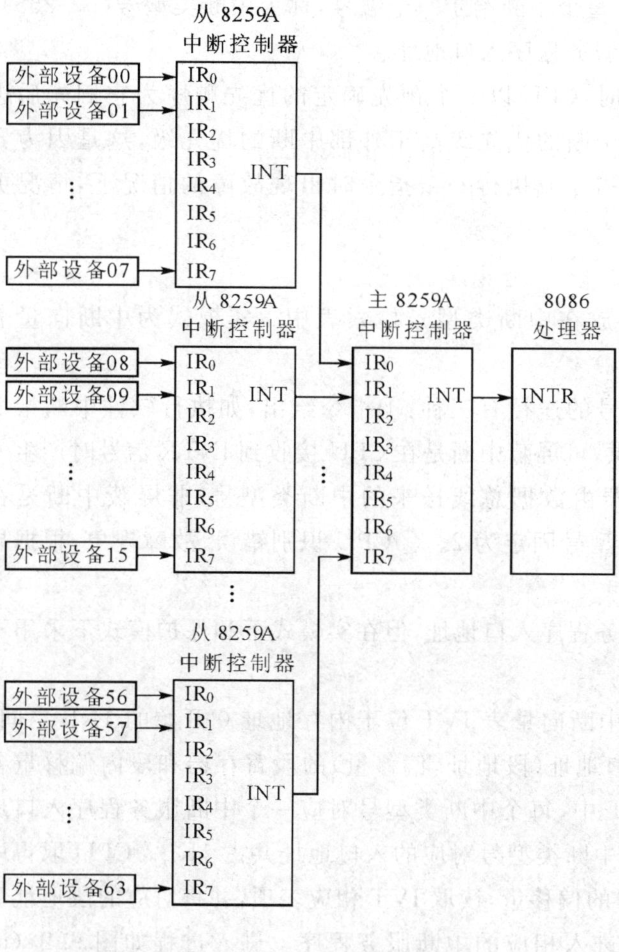

图 9.21　8259A 中断控制器的级联

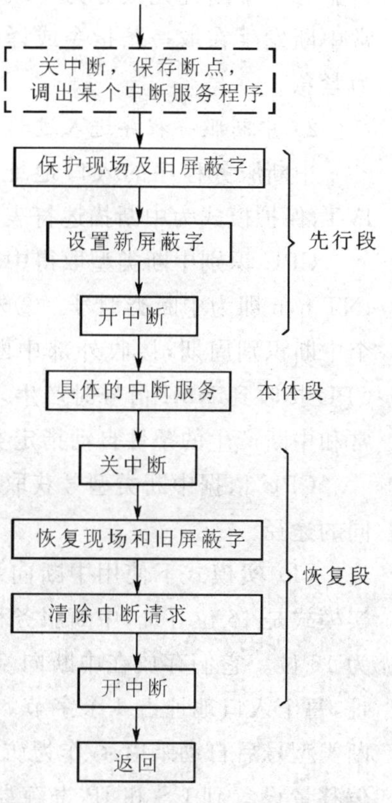

图 9.22　中断服务程序的典型结构

9.3.4　Pentium 中断机制

1）中断类型

Pentium 有两类中断源，即外部中断和内部异常。

(1) 外部中断(硬中断)　通过 CPU 的中断请求线 INTR 和 NMI 来实现请求的中断。有两种情况：①可屏蔽中断：由外设中断源引起的中断通过 INTR 线进行请求，如果 CPU 中标志寄存器 IF = 1 时，可引发中断；IF = 0 时，中断请求信号在 CPU 内部被禁止。②非屏蔽中断:若发生重要或紧急的硬件故障,如电源掉电、存储器线路错等,通过 NMI 线向处理器请求中断,这类中断不能被禁止。

(2) 内部异常　通常称为异常中断或称例外,它是由指令执行引发的。有两种情况:①执行异常:CPU 执行一条指令过程中出现错误、故障等不正常条件引发的中断。例如除法异常,当 CPU 执行除法指令 DIV 或 IDIV 时,若发现除数为 0 或商产生溢出,则立即产生一个除法错中断(类型号为 0)。②执行软件中断指令:如执行 INT n 指令,将会产生异常中断。

Pentium 共有 256 种中断和异常。每个中断给予一个编号,称为中断类型号(0—255),以便发生中断时,程序转向相应的中断服务程序入口地址。

当有一个以上的中断或异常发生时,CPU 以一个预先确定的优先顺序为它们先后进行服务。中断优先级分为 5 级。异常中断的优先级高于外部中断的优先级,这是因为异常中断发生在取一条指令或译码一条指令或执行一条指令时出现故障的情况下,情况更为紧急。

2) 中断服务程序进入过程

中断服务程序的入口地址信息存放在中断类型号检索表中。实模式为中断向量表 IVT,保护模式为中断描述符表 IDT。

CPU 识别中断类型取得中断类型号的途径有三种:①指令给出,如执行软件中断指令 INT n,n 即为中断类型号。②外部提供,可屏蔽中断是在 CPU 接收到 INTR 信号时产生一个中断识别周期,接收外部中断控制器由数据总线送来的中断类型号;非屏蔽中断是在 CPU 接收到 NMI 信号时产生,中断类型号固定为 2。③CPU 识别错误、故障现象,根据异常和中断产生的条件自动指定类型号。

CPU 依据中断类型号获取中断服务程序入口地址,但在实模式下和保护模式下采用不同的途径。

(1) 实模式下使用中断向量表　中断向量表 IVT 位于内存地址 0 开始的 1KB 空间。实模式是 16 位寻址,中断服务程序入口地址(段地址,偏移量)的段寄存器和段内偏移量各为 16 位。它们存放在中断向量表 IVT 中,每个中断类型号对应一个中断服务程序入口地址,每个入口地址占 4 个字节。256 个中断类型号对应的入口地址共占 1KB。CPU 取得中断类型号后自动乘以 4,作为访问 IVT 的偏移量,读取 IVT 相应表项,并将对应的段地址和偏移量设置到 CS 和 IP 寄存器,从而进入相应的中断服务程序。进入过程如图 9.23(a)所示。

(2) 保护模式下使用中断描述符表　保护模式为 32 位寻址。中断描述符表 IDT 每一表项对应一个中断类型号,该表项称为中断门描述符或陷阱门描述符。这些门描述符为 8 字节长,对应 256 个中断类型号,IDT 长为 2KB。由中断描述符表寄存器 IDTR 来指示 IDT 的内存地址。

以中断类型号乘以 8 作为访问 IDT 的偏移量,读取相应的中断门/陷阱门描述符表项。门描述符给出中断服务程序入口地址(段地址,偏移量),其中 32 位偏移量装入 EIP 寄存器,16 位的段值装入 CS 寄存器。由于此段值是选择符,还必须访问 GDT 或 LDT,才得到段的基地址。保护模式下进入中断服务程序的过程如图 9.23(b)所示。

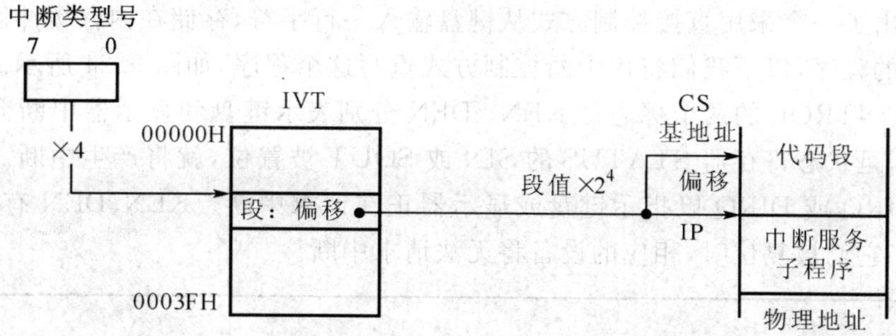

(a) 实模式下使用中断向量表

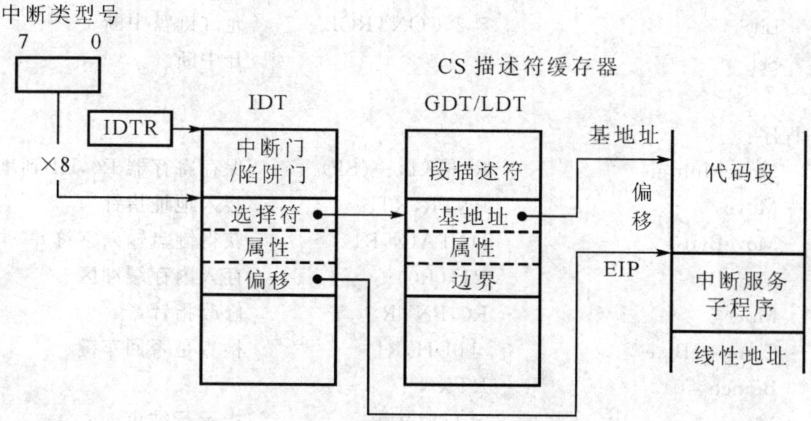

(b) 保护模式下使用中断描述符表

图 9.23　中断服务程序的进入过程

3）中断处理过程

上面说明了中断类型号的获取方式，也说明了实模式与保护模式下进入中断服务程序的途径。现将 Pentium 处理机的中断处理过程叙述如下：

① 当进行中断处理的 CPU 控制权转移涉及特权级改变时，必须把当前的 SS 和 ESP 两个寄存器的内容压入系统堆栈予以保存。

② 标志寄存器 EFLAGS 的内容也需压入堆栈。

③ 清除标志触发器 TF 和 IF。

④ 当前的代码段寄存器 CS 和指令指针 EIP 也压入此堆栈。

⑤ 如果中断发生伴随有错误码，则错误码也压入堆栈。

⑥ 完成上述中断现场保护后，从中断类型号获取的中断服务程序入口地址（段地址，偏移量）分别装入 CS 和 EIP，开始执行中断服务程序。

⑦ 中断服务程序最后的 IRET 指令使中断返回。保存在堆栈中的中断现场信息被恢复，并由中断点继续执行原程序。

前面给出了两种在外设和主机之间进行数据交换的控制方式：程序查询和程序 I/O 中断方式。它们实现了在 I/O 设备和主机之间进行数据传送的基础，这两种方法用在低带宽设备上是最好的，因为对于低速设备，我们更关心怎样降低设备控制器和接口的成本，而不是关心怎样提供高带宽的传输。在程序查询和程序中断方式下，传送数据和管理传输的工作是由处理器完成的。

上节给出了一个采用直接控制方式从键盘输入一行字符，存储在内存缓冲区里，并在显示器上回显的程序，以下我们将用中断控制方式重写这个程序，如图9.24所示。图9.7中控制寄存器CONTROL的两个标志位KEN、DEN分别表示键盘和显示器中断允许，当它们被置位时，一旦状态寄存器STATUS的SIN或SOUT被置位，就将产生中断。同时，接口电路置位KIRQ或DIRQ以指示键盘或显示器正在请求中断。KEN、DEN有时也称为中断屏蔽位，当它们被复位时，相应的设备将无法请求中断。

```
主程序：
          Move                    #LINE,PNTR         初始化缓冲区指针
          Clear                   EOL                清行结束指示
          BitSet                  #2,CONTROL         允许键盘中断
          Sei                                        开中断
          ⋮
中断服务程序：
READ      MoveMultiple            R0-R1,-(SP)        保存寄存器R0,R1到堆栈
          Move                    PNTR,R0            装入地址指针
          MoveByte                DATAIN,R1          获得键盘输入字符并
          MoveByte                R1,(R0)+           存入内存缓冲区
          Move                    R0,PNTR            修改指针
          CompareByte             #0DH,R1            检查是否回车键
          Branch≠0                RTRN
          Move                    #1,EOL             指示行结束
          BitClear                #2,CONTROL         禁止键盘中断
RTRN      MoveMultiple            (SP)+,R0-R1        恢复寄存器R0,R1
          Return-from-interrupt
```

图9.24 中断控制的输入输出程序的例子

9.4 直接存储器存取(DMA)方式

当一个I/O设备准备数据时，处理器是没有开销的，这就是中断方式相对于查询方式的优点。但是，如果将这种方法用于硬盘数据传送，开销是不可容忍的。对于像硬盘这样高带宽的数据传送大多是成块进行的，多达成千上万个字节，要采用类似于指令

Move DATAIN,R0

的方法来传送输入输出数据显然是不合适的。如果使硬盘这样的设备能够直接与存储器传输数据，而不需要处理器的参与，就可避免处理器额外的开销，这种机制被称为直接存储器存取(Direct Memory Access，简称DMA)。在DMA方式中，中断机制仍然要用于设备和处理器之间的通信，但是仅仅在I/O传送完成之后或发生错误时。

由以上分析可知：程序直接控制方式受"踏步"现象的限制，效率低下，不适合高速设备和主机间的数据传送。中断控制方式虽比程序直接控制方式有效，CPU和外设有一定程度的并行度，但由于下列原因也不适合高速设备和主机间的数据传送。

(1) 对I/O请求响应慢　每传送一个数据都要等待外设的中断请求，并增加许多中断响应和中断处理前、后的附加开销(保护断点、现场等)，不能及时响应I/O请求。

(2) 数据传送速度慢　数据传送由 CPU 执行相应的中断服务程序来完成，因而也不适合高速设备的批量数据传送。

DMA 方式用专门的 DMA 接口硬件来控制外设与主存间的直接数据交换，而不是通过 CPU，适用于高速 I/O 设备(如磁盘)与主存之间的成组数据转送。通常把专门用来控制总线进行 DMA 传送的硬件接口称为 DMA 控制器。在进行 DMA 传送时，CPU 让出总线控制权，由 DMA 控制器控制总线，DMA 控制器通过"窃取"一个主存周期完成主机和主存之间的一次数据传送，或独占若干个主存周期完成一批数据的交换。DMA 方式与中断方式一样，也是采用"请求—响应"方式，只是中断方式请求的是处理器的时间，而 DMA 方式下请求的是总线控制权。但 DMA 方式必须以程序查询方式和中断方式为基础。在用 DMA 方式下进行高速设备的 I/O 操作中，有些环节是用程序查询方式和中断驱动方式完成的。图 9.25 给出了磁盘和主存间数据交换时的情形。

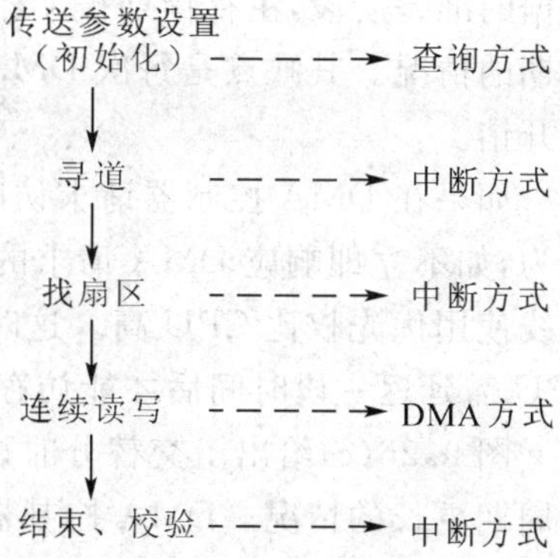

图 9.25　采用 DMA 方式进行磁盘参数传递

9.4.1　DMA 工作方式

由于 DMA 控制器和 CPU 共享主存，所以可能出现两者争用主存的现象，为使两者协调使用主存，DMA 通常采用以下三种方式之一进行数据传送。

1) CPU 停止法

主机响应 DMA 请求后，让出存储总线，直到一组数据传送完毕后，DMA 控制器才把总线控制权交还给 CPU。

2) 周期窃取(挪用)法

DMA 控制器与主存储器之间传送一个数据，挪用(窃取)一个 CPU 周期，即 CPU 暂停工作一个周期，然后继续执行程序。

3) 交替分时访问法

每个存储周期分成两个时间片，一个由 CPU 使用，一个给 DMA 使用，这样在每个存储周期内，CPU 和 DMA 都可访问存储器。

图 9.26 给出了以上三种方式下 CPU 和 DMA 访问主存的情况。

在图 9.26(a)中，DMA 控制器访问主存时 CPU 基本上处于停止状态。一旦 DMA 控制器占用了总线，那么它就一直控制总线直到所有数据传送完毕；因此在一个较长的时间内，CPU 不能使用总线，因而也就无法访问主存，使 CPU 工作受影响。即使 I/O 设备高速运行，但两个数据之间的准备间隔时间也总大于一个存储周期，所以主存周期没有被充分利用。但这种方式控制简单，在传输率很高的外设实现成组数据传送时比较适用。如果在 DMA 接口中引入缓冲器(通常在 DMA 接口中采用一个小容量的半导体存储器)，使 I/O 设备先和这个小容量存储器交换数据，然后再使用总线由小容量存储器与主存进行数据交换。这样可减少 DMA 控制器传送数据时占用总线的时间，也就减少了 CPU 的等待时间。

周期窃取法每次在 DMA 控制器传送完一个数据后立即释放总线，使 I/O 设备在准备下一数据时，CPU 能插空访问主存。图 9.26(b)中给出了周期窃取法的示意图。采用周期窃取法既能及时响应 I/O 请求，又能较好地发挥 CPU 和主存的效率。这种方式下，在下一数据的准备阶段，主存周期被 CPU 充分利用。因此适合于 I/O 设备的读写周期大于主存周期的情况。其缺点是每次 DMA 控制器访存都要申请总线控制权和释放总线，增加了传输开销。

如果在 DMA 控制器请求访问主存时 CPU 也同时要访问主存，此时将出现访存冲突。因为，如不立即响应 DMA 请求的话，高速设备可能会发生数据丢失；所以，DMA 控制器的总线使用优先权比 CPU 高。这时，先让 DMA 控制器占用总线，完成一个数据交换。这样 CPU 需延迟一段时间后才能访存。

图 9.26(c)给出了交替分时访问主存的情况，这种方式适用于 CPU 工作周期比主存存取周期更长的情况。DMA 控制器不需要总线使用权的申请和释放。在这种方式下，CPU 既不停止主程序的运行也不进入等待状态，在 CPU 工作过程中，不知不觉地完成了 DMA 数据传送，故又被称为“透明的 DMA”方式。

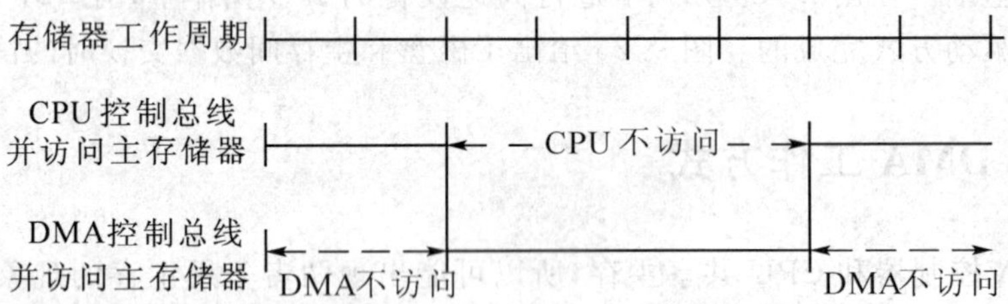

(a) CPU 停止法

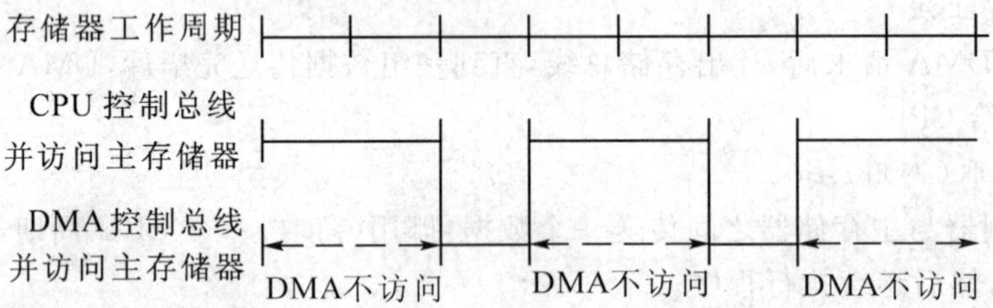

(b) 周期窃取法

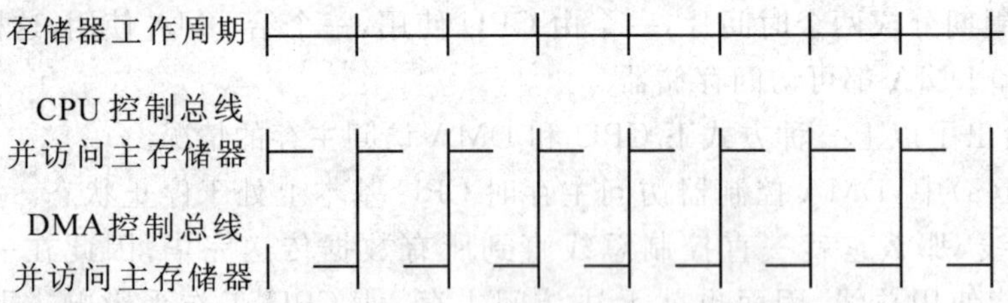

(c) 交替分时访问法

图 9.26 三种 DMA 方式

9.4.2 DMA 接口的结构和功能

DMA 方式下的数据传送是由 DMA 接口的控制逻辑完成的，一般把 DMA 接口中控制传送的硬件逻辑称为 DMA 控制器。图 9.27 给出了一个 DMA 接口的典型结构。

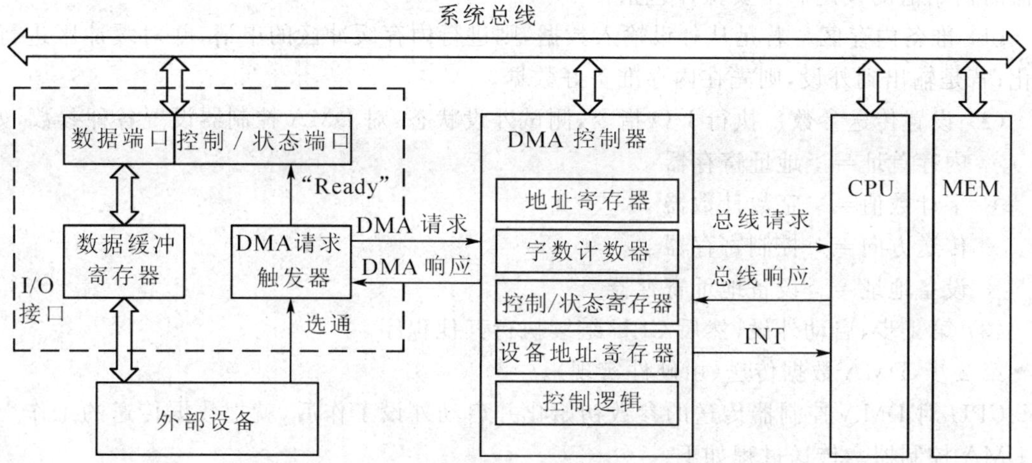

图 9.27　DMA 接口的结构框图

为保证 DMA 的正常进行，DMA 接口中应有 I/O 传送所需的各种参数寄存器：

(1) 主存地址寄存器　该寄存器的初值为主存缓冲区的首地址，在传送前由程序送入。在 DMA 传送期间，每交换一个字，由硬件逻辑将其自动加 1，而成为下一个数据传送的主存地址。

(2) 设备地址寄存器　该寄存器存放 I/O 设备的设备码，或表示设备信息存储区的寻址信息，如磁盘书所在的区号、盘面号和柱面号等。

(3) 字数计数器　该计数器对传送数据的总字数进行统计，在传送开始前，由程序将要传送的一组数据的字数送入该计数器，以后每传送一个字(字节)计数器自动减 1，当其内容为 0 时，表示数据已全部传送完毕。

(4) 控制与状态寄存器　该寄存器用来存放控制字和状态字。有的接口中使用两个寄存器分别存放控制字和状态字。

(5) 数据缓冲寄存器　在 DMA 接口中设置该寄存器，是为了在发生延迟传输时或等待成为总线主控设备期间，能够灵活地处理传送。

DMA 接口还要有相应的"DMA 请求与响应"和"总线请求与响应"逻辑，以及总线控制逻辑。DMA 接口主要功能有：

(1) 能接收外设发来的"DMA 请求"信号，并能向 CPU 发"总线请求"信号。

(2) 当 CPU 发出"总线响应"信号后，能接管对总线的控制。

(3) 能在地址线上给出主存地址，并自动修改主存地址。

(4) 能识别传送方向以在控制线上给出正确的读写控制信息。

(5) 能确定传送数据的字节个数。

(6) 能发出 DMA 结束信号。引起一次 DMA 中断，进行数据校验等一些后处理。

9.4.3　DMA 操作步骤

DMA 控制的 I/O 操作过程由以下几个步骤来完成。

第 1 步：DMA 控制器的预置或初始化(由软件实现)。

在进行数据传送之前，CPU 将执行一段初始化程序，完成对 DMA 控制器中各参数寄存器的初始值的设定。主要操作包括：

(1) 准备内存区　若是从外设输入数据，则进行内存缓冲区的申请，并对缓冲区进行初始化；若是输出到外设，则先在内存准备好数据。

(2) 设置传送参数　执行 I/O 指令，测试外设状态，对 DMA 控制器设置各种参数，如：

* 内存首址＝＞地址寄存器
* 字计数值＝＞字数计数器
* 传送方向＝＞控制寄存器
* 设备地址＝＞设备地址寄存器

(3) 第 1 步，启动外设，然后 CPU 继续执行其他程序。

第 2 步，DMA 数据传送(由硬件实现)。

CPU 对 DMA 控制器传送的参数初始化并启动外设工作后，就把数据传送的工作交给了 DMA 控制器。传送过程如下：

① 当外设准备好数据(从外设取数)，或准备好接收数据(向外设送数)时，就发“选通”信号，使数据送入数据缓冲寄存器，同时 DMA 请求触发器置“1”。

② DMA 请求触发器向控制/状态端口发“Ready”信号，同时向 DMA 控制器发“DMA 请求”信号。

③ DMA 控制器接收到“DMA 请求”信号后，就向 CPU 发“总线请求”信号。

④ CPU 完成现行机器周期后，响应 DMA 请求，向 DMA 控制器发出“总线响应”信号。DMA 控制器接收到该信号后，向外设接口发“DMA 响应”信号，使 DMA 请求触发器复位。此时，CPU 让出总线控制权，由 DMA 控制器控制总线。

⑤ DMA 控制器给出内存地址，并在其读/写线上发出“读”或“写”命令，随后在数据总线上给出数据。

⑥ 根据读写命令，将数据总线上的数据写入存储器中，或写入数据端口，并进行主存地址增量，字数计数值减 1。

若采用“CPU 停止法”，则循环第⑥步，直到字数计数值为“0”。

若采用“周期窃取法”，则释放总线，下次数据传送时再按过程①到⑥进行。

第 3 步，DMA 结束处理。

根据字数计数值为“0”，发出 DMA 结束信号送接口控制，产生 DMA 中断请求信号给 CPU，转入中断服务程序，做一些数据校验等后处理工作。

9.4.4　DMA 与存储器系统

当 DMA 引入到一个 I/O 系统中时，存储器系统和处理器之间的关系就要改变。没有 DMA 时，所有对存储器的访问都来自处理器，所以存储器存取是通过地址转换和 Cache 访问进行的。有了 DMA 后，就有了另一个访问存储器的路径，它不通过地址转换机制和 Cache 层次。这在虚拟存储器系统和 Cache 系统中会产生一些问题。这些问题的解决通常要结合硬件和软件两方面的技术支持。

在虚拟存储器系统中，页面同时具有物理地址和虚拟地址特征，所以在具有 DMA 的虚拟存储器系统中，存储管理的困难加大了。在这类系统中，DMA 是以虚拟地址还是以物理地址工作呢？很明显，若用虚拟地址，则 DMA 接口必须要将虚拟地址转换为物理地址；而使用物理地址所带来的问题是，每次DMA传送不能跨页。如果一个I/O请求跨页，那么，一次请求的一个数据块在送到主存时，就可能不在主存的一个连续的存储区中，因为每个虚页可以映射到主存的任意一个实页中，所以多个连续的虚页不可能正好对应连续的实页。因此，如果DMA采用物理地址的话，就必须限制所有的DMA传送都必须在一个页面之内进行。否则，DMA就只能采用虚拟地址，在这种情况下，DMA接口中应该有一个小的类似页表的地址映射表，用于将虚拟地址转换为物理地址。在DMA初始化的时候，由操作系统进行地址映射。这样的话，DMA接口就不用关心传送数据在主存的具体位置了。另外一种方法是操作系统把一次传送分解成多次小数据量传送，保证每次只限定在一个物理页面内。

在采用Cache的系统中，一个数据项可能会产生两个副本，一个在Cache中，一个在存储器中。所以对于具有DMA的Cache系统也会产生问题。DMA控制器直接向存储器发出访存请求而不通过Cache，这时，DMA看到的一个主存单元的值与处理器看到的Cache中的副本可能不同。考虑从磁盘中读一个数据，DMA直接将其送到主存，如果有些被DMA写过的单元在Cache中，那么，以后处理器在对这些单元进行读的时候，就会得到一个老的数据。类似地，如果Cache采用回写(Write-back)策略，当一个新的值在Cache中写入时，这个值并未被马上写回，而此时若DMA直接从主存读，那么读的值可能是老值。这个问题称为过时数据问题或I/O一致性问题。解决I/O数据的一致性问题的方法有三种。一种方式是让I/O活动通过Cache进行，这样就保证了在I/O读时能读到最新的数据，而I/O写时能更新Cache中的任何数据。当然，将所有I/O都通过Cache，其代价是非常大的。因为，一般I/O数据很少马上要用到，如果这样的数据把处理器正在使用的有用数据替换出去，那么就会影响Cache的命中率，而对处理器的性能也带来很多负面的影响。第二种方式是让操作系统在I/O读时有选择地使某些Cache块无效，而在I/O写时迫使Cache进行一次回写操作，这种操作经常被称为Cache刷新(Cache Flushing)。这种方式需要少量硬件支持。因为大部分Cache刷新操作仅发生在DMA数据块访问时，而DMA访问不经常发生。所以如果软件能方便而有效地实现这种方法的话，可能是比较有效的一种。第三种方式是通过一个硬件机制来选择被刷新或使无效的Cache项。这种用硬件方式来保证Cache一致性的方式大多被用在多处理器系统中。

9.5 通道和I/O处理机方式

在大型计算机系统以及网络服务器中，外围设备的数量、种类较多，为了在处理I/O请求时进一步减少中断处理次数和处理器的占用时间，通常把对外设的管理和控制工作从CPU中分离出来，这需要有相应的更具智能化的I/O控制器与之相辅，这种I/O控制器称为通道控制器或I/O处理器。通道控制器和I/O处理器可以独立地执行一系列的I/O操作，这些I/O操作序列通常被称为I/O通道程序，这些程序可能被存储在I/O处理器自己的存储器，或在共享的主存中，由I/O处理器从主存中取出执行。当CPU执行到I/O请求时，操作系统要为I/O读写操作组织相应的传送参数或I/O通道程序，通道或I/O处理器通过I/O通道程序执行相应的操作，只有当整个程序都执行完后，才会中断CPU。

9.5.1 通道的基本概念

通道(Channel,简写为CH)是一个具有输入输出处理器控制的I/O部件。通道方式与DMA方式的区别在于,DMA方式是通过DMA控制器控制总线,在外设和主存之间直接实现I/O传送;而通道则通过执行通道程序进行I/O操作的管理。对CPU而言,通道比DMA具有更强的独立处理I/O的能力。DMA控制器通常只控制一台或多台同类的高速设备;而通道可控制多台同类或不同类的设备。

在具有通道的系统中,通常采用主机(CPU/主存)—通道(CH)—设备控制器—外设四级结构。如图9.28所示。采用这种结构的计算机中有两种总线,一种是存储器总线,它承担主机与通道之间的数据传输任务。另一种是承担输入输出操作的总线,即通道总线。系统中可有多个通道,每个通道可接多个设备控制器,一个设备控制器可管理多个设备。

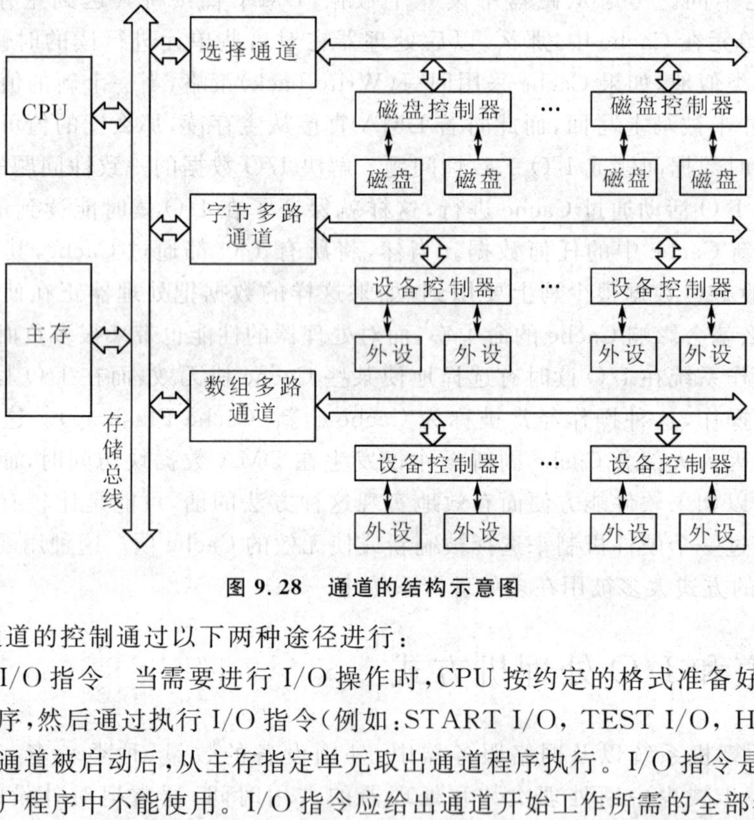

图9.28 通道的结构示意图

CPU对通道的控制通过以下两种途径进行:

(1) 执行I/O指令　当需要进行I/O操作时,CPU按约定的格式准备好命令和数据,编制好通道程序,然后通过执行I/O指令(例如:START I/O, TEST I/O, HALT I/O等)来启动通道。通道被启动后,从主存指定单元取出通道程序执行。I/O指令是一种管态(特权)指令,在用户程序中不能使用。I/O指令应给出通道开始工作所需的全部参数,如:通道执行何种操作,哪个通道和设备上进行操作等。I/O指令和CPU的其他指令形式相同,由操作码和地址码组成,操作码表示执行何操作,地址码用来表示通道和设备的编号。CPU启动通道后,通道和外部设备将独立进行工作。

(2) 处理来自通道的中断请求　当通道和外设发生异常或结束处理时,通道采用"中断"方式向处理器报告。通道是介于主机和设备控制器之间的机构,它一方面接受CPU的控制,向CPU发出相应的中断请求信号;另一方面它要负责对设备控制器的管理。具体来说,它的基本职能是:

① 接受CPU的I/O指令,按CPU的要求与指定的外设通信。

② 从内存读取通道程序，对通道指令进行译码，向设备控制器和设备发送各种控制命令。

③ 组织外设和内存间的数据传送，并根据要求提供中间缓存。

④ 从外设得到设备的状态信息，并与通道本身的状态信息一起保存下来，根据要求将状态信息送内存固定单元。

⑤ 将外设的中断请求和通道本身的中断请求，按序并及时报告给 CPU。设备控制器类似于 I/O 设备的接口，它接受通道的命令，并向设备发出控制信号，是通道对外设实现传输控制的执行机构。一个设备控制器可以控制多个同类的设备。它的具体任务包括：

- 接受通道送来的通道命令，控制外设完成所要求的操作；
- 向通道反映外设的状态；
- 将多种外设的不同信号转换为通道能识别的标准信号。

9.5.2 通道的种类

根据数据传送方式，通道可分为选择通道、字节多路通道和数组多路通道三种类型。

1）字节多路通道

字节多路通道主要用于连接多台低速和中速的设备。这类设备传送一个字节的时间相应较短，而相邻字节之间数据准备时间较长。在字节多路通道的控制下，多台低速 I/O 设备以字节为单位，分时使用通道，轮流传送数据，实现多台 I/O 设备间的并行，以提高通道利用率。字节多路通道由多个子通道构成，每个子通道并行工作，各服务于一个设备控制器。每个子通道中包含：字符缓冲器、状态/控制寄存器以及通道参量（如：字节计数值、内存地址、……）、主存单元的地址指针等，图 9.29 为字节多路通道组织结构图。

字节多路通道有两种工作方式，即“字节交叉”和“突发”方式。在字节交叉方式中，通道的工作被分成很短的时间片。每个时间片通道为某个外设传输一个字节的数据。设备只在

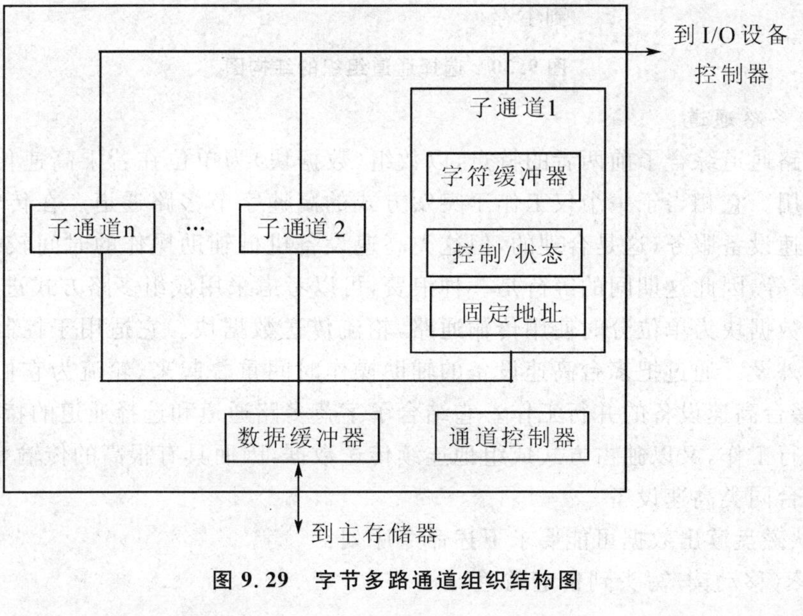

图 9.29 字节多路通道组织结构图

此时才与通道在逻辑上连接，该时间通常小于 100 μs。如设备所要求传输数据的时间大于 100 μs，则通道转换为突发方式。在这种情况下，通道与 I/O 设备的逻辑连接将维持到设备所要求的传输任务完成为止。通常，通道可以在两种工作方式下自动切换。

2）选择通道

选择通道用于对高速设备进行控制，如磁盘等外设。对于高速设备，要求较高的数据传输速率，通道难以同时对多个设备进行控制，所以在一段时间内选择通道只执行一个设备的通道程序，为单个设备服务，采用“成组”方式传送。某个设备一旦被选中便独占通道，直到传送完毕才释放通道，所以能满足较高的传输速率。

选择通道可接多台同类设备，其数据宽度是可变的，通道中包含存放所需参数的硬件寄存器，用于记录 I/O 操作所需的通道参量，如要传送的下一个数据所在单元地址、字节计数值等。在选择通道和主存之间的传送通常为 16 位、32 位或 64 位的并行传送。由于大多数 I/O 设备都是面向字节的，所以通道还包括数据格式变换线路。图 9.30 为选择通道组织的结构图。

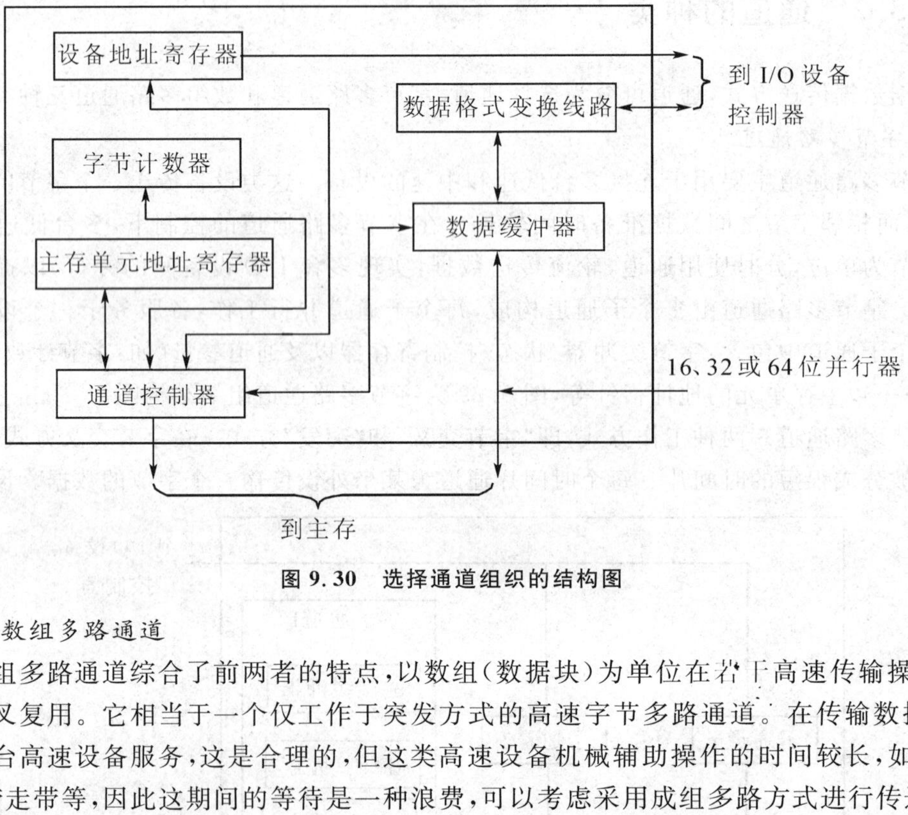

图 9.30　选择通道组织的结构图

3）数组多路通道

数组多路通道综合了前两者的特点，以数组（数据块）为单位在若干高速传输操作之间进行交叉复用。它相当于一个仅工作于突发方式的高速字节多路通道。在传输数据期间，只为一台高速设备服务，这是合理的，但这类高速设备机械辅助操作的时间较长，如磁盘寻道、磁带走带等，因此这期间的等待是一种浪费，可以考虑采用成组多路方式进行传送，多台设备以定长数据块为单位分时使用传输通路，轮流传送数据块。它适用于控制磁盘机和磁带机之类的外设。通过把多台高速设备的辅助操作时间重叠起来，轮流为它们传送定长数据块，实现多台高速设备的并行工作。它结合了字节多路通道和选择通道的特性，既允许各子通道间并行工作，又以独占方式成组地连续传送数据，因而具有很高的传输率。这种通道用于控制多台同类高速设备。

例如，从磁盘读出数据可能要求下述命令序列：

- 搜索（移动读/写头到指定磁道）；

● 寻找某一具体记录；

● 读取记录中的数据。

因为在头两个操作中牵涉相当大的机械延时，在整个过程中都把通道连在这个操作上是不合适的，这正是选择通道的不足之处。数组多路通道可以向磁盘驱动器发出搜索命令，然后切断连接转去为其他 I/O 设备服务。当搜索完成后，通道重新与设备连接并发出寻找命令，然后再次切断连接。寻找命令完成后，通道再次与设备连接并进行指定记录的传送，直到该 I/O 操作结束。

字节多路通道和数组多路通道都是多路通道，在一段时间内可以交替地执行多个设备的通道程序，使这些设备同时工作。但两者也有区别，首先数组多路通道允许多个设备同时工作，但只允许一个设备进行数据传输操作，而其他设备进行控制型操作；而字节多路通道不仅允许多个设备同时工作，而且允许它们同时进行数据传输操作。其次，数组多路通道与设备之间的数据传送的基本单位是数据块，通道必须为一个设备传送完一个数据块以后才能为别的设备传送数据块；而字节多路通道与设备之间的数据传送基本单位是字节。因此，字节多路通道的的实际流量是该通道的所有设备的传输率之和。而选择通道和数组多路通道在一段时间内只能为一台设备传送数据，而且，这时的通道流量就等于这台设备的数据传输率。所以，这两种通道的实际流量是连接在这个通道上的所有设备中数据流量最大的那一个。

9.5.3 通道程序

通道程序由若干通道命令字(CCW)构成，它是一组功能有限的 I/O 指令，能指定通道 I/O 操作所需的参量，并完成数据传送操作。CCW 一般包括操作命令码、数据在内存的首地址、传送数据个数和控制标志字段等。

IBM370 和 IBM4300 的通道命令字如下所示。

0　　7	8　　31	32　　36	37　39	40　47	48　　63
操作码	内存地址	标志特征	000	未用	字计数器

上述通道命令字(CCW)是一个双字，由以下四个字段构成：

(1) 操作码字段　指出设备所进行的操作，一般包括以下几种操作命令。

① 读或反读操作。执行读操作时，字以地址递增顺序存入存储器，执行反读操作时，以地址递减顺序存入主存。

② 写操作。通道从主存取出数据，并将其写入外设。

③ 测试(取状态字)操作。外设送出它当前的状态信息和接口中产生的例外信息。

④ 转移(通道转移)操作。执行通道转移操作时，CCW 从该命令给定的地址中取出，而不是按地址顺序从下一个单元中取出。因此，利用通道转移命令可以从一个通道命令序列转入另一个命令序列。

⑤ 控制操作。如磁盘寻道，磁带走带、卸带等。

(2) 内存地址字段　在执行读、反读、写、测试等操作时给出数据在主存中的首地址，共 24 位。

(3) 标志特征字段　共有以下 5 位标志特征位。

数据链特征 CD 和命令链特征 CC：若 CD = 0、CC = 0，则说明本指令是通道程序的最后一条指令。若 CD = 1、CC = 0，则说明本指令与下一条指令的操作码相同。若 CD = 0、CC = 1，则说明本指令和下条指令的操作码不同。

封锁错误长度特征 SLI：忽略长度错误。

封锁写入主存特征 SKIP：只执行外设相应的操作，而不把数据写入主存。

程序控制中断特征 PCI：为 1 时产生 I/O 中断请求。

(4) 计数值字段　指定数据传送的个数，共 16 位。

下面给出一个例子来说明通道程序如何实现磁带与主存之间的数据传送。假定 CPU 调用时已由启动 I/O 指令启动了通道与磁带机，则通道从主存某固定单元中读出通道地址字 CAW(对于 IBM4300，该固定单元为 77H 号单元)。然后再从 CAW 中取出通道程序首址，开始执行通道程序。表 9.2 是一个通道程序，共有 5 条通道命令字。

表 9.2 中的 5 条 CCW 的含义如下：

(1) 倒带　由于磁带位置有可能使磁头处于磁带的中部，故应先倒带，使磁带反转回到起始端(BOT 标志处)。

(2) 走带　磁带正向越过 3 个数据块(记录区)，但不读出。

(3) 读　读出 256 个字节的数据，写入首址为 31B0H 的主存缓冲区。

(4) 读带但不写入主存　由于第(3)条通道指令中，链接特征为 CD = 1、CC = 0，所以第(4)条指令操作与第(3)条相同，仍为读出。但封锁写入主存位 SKIP = 1，所以不写入主存。其作用相当于正向越过 256 字节的磁带长度。

(5) 读带　从磁带中读出 512 个字节的数据，写入首址 5000H 的主存缓冲区。根据链接特征位，第(5)条是本通道程序的最后一条，至此结束。

表 9.2　通道程序举例

操作码	内存首址（十六进制）	标志特征位					字计数值（十进制）
		CD	CC	SLI	SKIP	PCI	
倒带		0	1	0	0	0	
走带	0003	0	1	0	0	0	
读	31B0	1	0	0	0	0	256
		1	0	0	1	0	512
读	5000	0	0	0	0	0	512

9.5.4　I/O 处理机

I/O 处理机方式是通道方式的进一步发展，在结构上它更接近于一般的小型或微型通用计算机。它有单独的存储器和运算部件，可以访问自己的主存，也可以访问系统的主存。I/O 处理机装有 I/O 管理程序，基本上独立于主机工作，执行有关的 I/O 操作，管理外部设备。

除了执行数据传送功能外，I/O 处理机还能处理传送中的出错及异常情况，能进行数据格式的转换，对数据块进行校验。

当 CPU 需要进行 I/O 操作时，它需要在主存中建立一个缓冲区，用于存放相关参数；然后通知 I/O 处理机来取，I/O 处理机读取这些信息，执行 I/O 管理程序；当 I/O 操作完成后，通知 CPU。CPU 与 I/O 处理机之间的通信是利用共享存储器来实现的。

有两种 I/O 处理机系统结构。一种是通道结构的输入/出处理机，通常称为 I/O 处理机(IOP)。与通道方式一样，IOP 也通过执行通道程序对外设进行控制，能和 CPU 并行工作，提供了 DMA 控制能力。它与通道的区别主要有：通道只有功能有限的、面向外设控制和数据传送的指令系统；而 IOP 有自己专用的指令系统，不仅可用于进行外设控制和数据传送，而且可进行算术运算、逻辑运算、字节变换、测试等。通道方式下，通道程序存于和 CPU 公用的主存中；而 IOP 有自己单独的存储器，并可访问系统的内存。通道方式下，许多工作仍然需要 CPU 实现；而 IOP 有自己的运算器和控制器，能处理传送出错及异常情况，能对传送的数据格式进行转换，能进行整个数据块的校验等。

具有 IOP 的 I/O 系统是一个分级的 I/O 系统。用户程序和 I/O 系统是隔离开的，用户程序只"看见"最高层。当 CPU 执行到用户程序要求进行某种输入/输出操作时，它就发一个 I/O 请求，调用操作系统中的 I/O 管理程序。I/O 管理程序接受到请求后，就组织这次 I/O操作所需的数据/控制信息块，包括：总线请求方式、总线物理宽度、通道操作命令字和通道程序的参数块(设备地址、数据地址、通道程序指针、回送结果单元等)等，并放在主存公共区域，然后启动 IOP 中的通道工作，IOP 从主存公共信息区读取 CPU 放在该处的控制信息，并根据 CPU 预先设置的信息选择一个指定的通道程序执行。

另一种 I/O 处理机系统结构是外围处理器(PPU)方式，在大型计算机系统中，有时选用通用计算机担任 PPU，它基本上独立于主 CPU 而工作，也有自己的指令系统，可进行算术/逻辑运算、主存读写和与外设交换信息等。

9.6 外部接口

外部接口是指 I/O 模块中与外设侧的接口。对于一般的设备来说，它总是通过某种电缆插接到相应的外设控制器上，这个电缆和设备控制器之间的接口，就是外部接口。通常我们称某个设备插在并口、串口、SCSI 接口、USB 接口上等等，那么这里的并口、串口、SCSI 接口、USB 接口等都是 I/O 接口在外设侧的一种接插标准。对于 I/O 接口中的内部接口，数据在接口和主机之间总是通过系统总线按字节或字或多字进行并行传输。而在外部接口中数据在接口和外设之间有并行和串行两种传送方式。所以，按数据传送方式来分，外部接口可分为并行接口和串行接口两种。图 9.31 为两种接口结构的示意图。

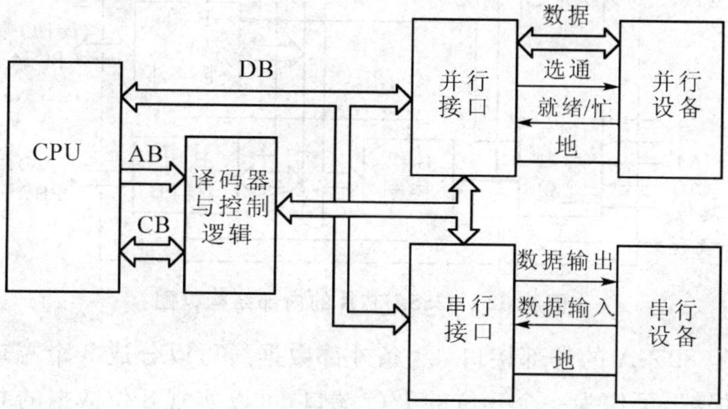

图 9.31　并行接口和串行接口结构示意图

并行接口在设备和接口之间同时传送一个字节或字的所有位，如 Intel 8255A，SCSI 等；串行接口在设备和接口之间一位一位传送数据，如 Intel 8250，USB、P1394 等。并行接口与串行接口在所设定 I/O 端口地址及其使用的地址译码，以及控制逻辑方面都很类似。它们在结构和功能上的主要差别在于：串行接口需要实现并/串（发送数据）和串/并（接收数据）转换。

9.6.1 并行接口

并行接口用于 I/O 接口和并行设备（或总线）的连接，实现部件之间以并行方式进行数据通信。在并行接口中，一般要求在接口与外设之间设置并行数据线的同时，至少还要设置两根握手（联络）信号线，以便进行互锁异步握手方式的通信。如图 9.28 所示。

并行接口的优点是数据传送速率高，但由于需要多根数据线，不适合长距离数据传送，主要用于近距离传送场合。并行传送的信息，一般不要求固定的格式，这与串行传送的信息有数据格式的要求不同，例如，起止式异步串行通信的数据帧包括起始位、数据位、校验位和停止位等。

并行接口电路有不可编程接口和可编程接口之分。不可编程接口一般由数据锁存器或 I/O 三态缓冲器组成，电路简单，使用方便；但其工作方式及功能是用硬件连接来设定，用软件编程的方法不能改变，使用不灵活是其主要缺点。I/O 接口的工作方式和功能可以用软件编程的方法改变，就是可编程接口。显然，可编程接口使用灵活，功能很强，在计算机系统中被广泛使用。

典型的一个例子是 Intel 8255A 接口芯片，它是可编程的并行外部接口。可以和 Intel 8086 CPU 一起使用。图 9.32 给出了 Intel 8255A 芯片的内部结构框图。

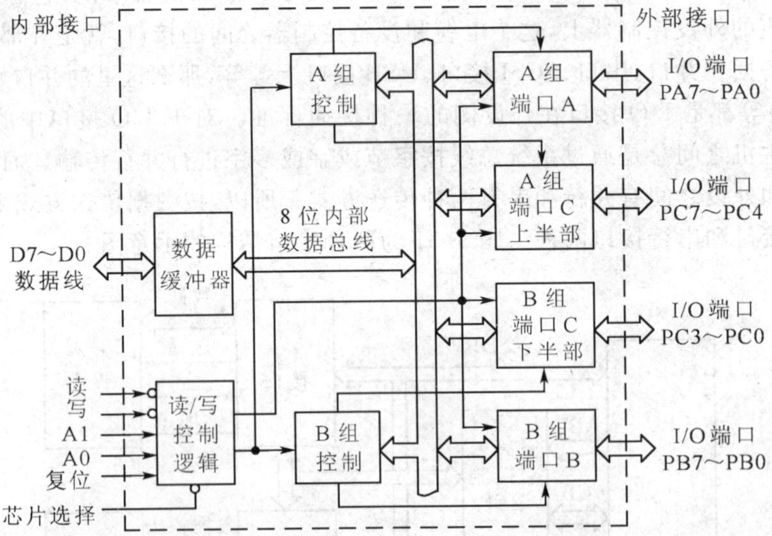

图 9.32　8255A 芯片的内部结构框图

框图的右边是 8255A 的外部接口，24 条外部数据线可以分成 3 个端口（A 口、B 口和 C 口），每个端口 8 根线，可作为一个 8 位的 I/O 端口，可以实现 8 位数据的并行传送。也可以把 A 组和 B 组作为两个 I/O 端口，C 口划分为两个 4 位端口（C_A 和 C_B），分别作为 A 组和 B

组的控制信号线。

框图的左边是 8255A 的内部接口。它包括一组 8 位的数据线 D7～D0,用于在主机和 I/O 端口之间传送数据(包括数据信息、控制信息或状态信息)。两根地址线用于指定 3 个 I/O 数据端口和一个控制端口。

在前面介绍的 SCSI 总线的接口也是一种并行接口。通过 SCSI 接口可以在 SCSI 总线上传输 8 位、16 位或 32 位数据。

9.6.2 串行接口

串行接口用于 I/O 接口和串行设备(或总线)的连接,实现挂接在串行总线上的部件之间的数据接收和发送。一般串行总线是一种通信总线,主要用于连接主机和外围设备,或在计算机系统之间进行连接。在串行总线接口中必须实现串行数据与并行数据的格式转换。例如,键盘、鼠标、调制解调器、终端等外设都可以通过串行通信线路和主机进行信息交换。从这些外设输入的一位一位串行数据必须通过 I/O 接口中的格式转换逻辑变换成 CPU 能处理的并行数据;而 CPU 送出的并行数据也必须先转换为通信线路所需的一位一位的串行数据,才能通过串行线路送到外设。

在进行数据传送时,串行总线接口的发送端和接收端之间必须有时钟脉冲信号对传送的数据进行定位和同步控制。图 9.33 给出了串行通信的简单原理图。

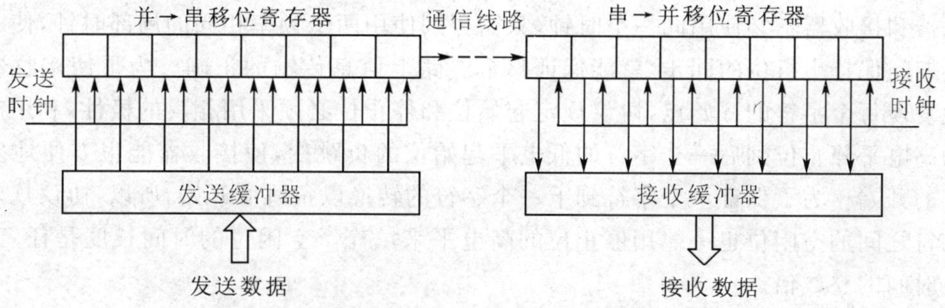

图 9.33　串行通信的简单原理

收/发时钟频率与波特率之间通常有简单的倍数关系:

收/发时钟频率 $= n \times$ 波特率

一般 $n = 1, 16, 32, 64$ 等。对于异步通信,常取 $n = 16$,对于同步通信,则必须取 $n = 1$。

通信协议也叫通信规程,是指通信双方在信息传输格式上的一种约定。在串行数据通信中,被传送的信息有固定的格式,在收/发器之间传送的一位一位二进制的“0”或“1”,它们在不同的位上有不同的含义,有的可能是用于同步的信息位,有的是用于数据校验的冗余位,也有的是一些控制信息或地址信息,所以传输的并不都是真正的数据信息。因此,在通信的双方必须在通信协议中事先约定好这些传输格式。串行方式下有异步和同步两种通信方式,它们有不同的通信协议。

1) 异步串行通信协议

在异步串行通信中,每个字符作为一帧独立的信息,可以随机出现在数据流中,也就是说,每个字符出现在数据流中的时间是随机的、不确定的,接收端预先不知道。但每个字符一旦开始发送,收/发双方则以预先约定的固定时钟速率传送各位。因此,所谓异步主要体现在字符与字符之间的传送,同一字符内的位与位之间是同步的。为了使收/发双方在随机传送的字符与字符之间实现同步,通信协议规定在每个字符格式中设置起始位和停止位。协议规定每个字符格式由 4 部分组成:

- 1 位起始位,总是低电平;
- 5～8 位数据位,紧跟在起始位后,规定从最低有效位开始传送;
- 没有或 1 位奇偶校验位;
- 1 位/1.5 位/2 位停止位,规定为高电平。

一般有效数据位为 5 位时,停止位取 1 位或 1.5 位,其他情况取 1 位或 2 位。因此,一个字符可能由 7～12 位信息组成,称其为一个数据帧,数据传输格式如图 9.34 所示。

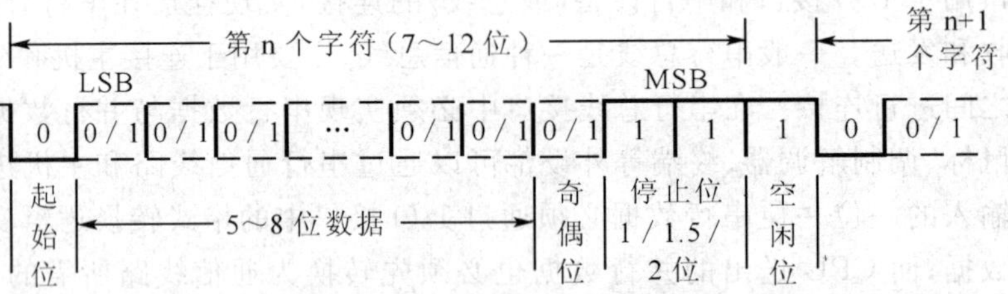

图 9.34 异步串行数据的格式

异步串行通信格式中,起始位和停止位为异步字符传输的同步起着非常重要的作用。由于同步只需在一个字符期间保持,下一个字符又可通过新的起始位和停止位进行同步,所以发送器和接收器不必使用同一个时钟,只需分别使用两个频率相同的局部时钟,使一个字符传送期间保持串行位的同步,就能保证整个线路上信息传输的正确。为了使接收器能够准确地发现每个字符的开始点,协议规定起始位和停止位必须采用相反的极性,利用前一个字符的高电平停止位到后一个字符的低电平起始位的负跳变,使接收器能很方便地发现一个字符的开始。为了保证一个字符到下一个字符的转换以负跳变开始,所以,协议规定在字符与字符之间的空闲位也一律用停止位的高电平来填充。空闲位的时间长度是任意的,不必是位时间的整数倍。

由于异步通信系统中的接收器和发送器所用的时钟是各自独立的,尽管它们的频率要求相同,但实际上不可能完全一样,而且两者的上下边沿也不可避免地会出现一些时间上的偏差。为了避免因双方时钟的相对误差而导致接收端的采样错误,通常要采取以下两项措施:

(1) 接收器在每个码元的中心进行采样

采用这种措施可以获得最大的收/发时钟频率偏差容限。这样在整个字符传送期间,双方时钟偏差最多可允许有正、负半个位周期。为了保证在每个码元的中心位置采样,在准确发现起始位前沿的前提下,接收器在起始位前沿到来后,先等半个位周期,然后开始采样一次,以后每隔一个位周期采样一次,直到接收到停止位。

(2) 接收器采用比传送波特率更高频率的时钟进行采样

采用这个措施可以提高采样分辨力和抗干扰能力。图 9.35 出示了一个频率为 16 倍波特率的接收时钟再同步过程。从图 9.35 中可看出,利用这种经 16 倍频的接收时钟对串行数据流进行检测和采样,一个位周期内接收器可采样 16 次,能在一个位周期的 1/16 时间内确定字符的开始。如果采样频率和波特率相同,则在每个位周期内只能采样一次,分辨率很低。假定在起始位前沿出现的前夕刚刚采样过一次,那么下一次就要到起始位结束的前夕才能进行采样。而且如果在这个位周期中因某种原因使接收端时钟往后稍稍偏移了一点,那么就会错过起始位而导致整个后面各位的检测错误。

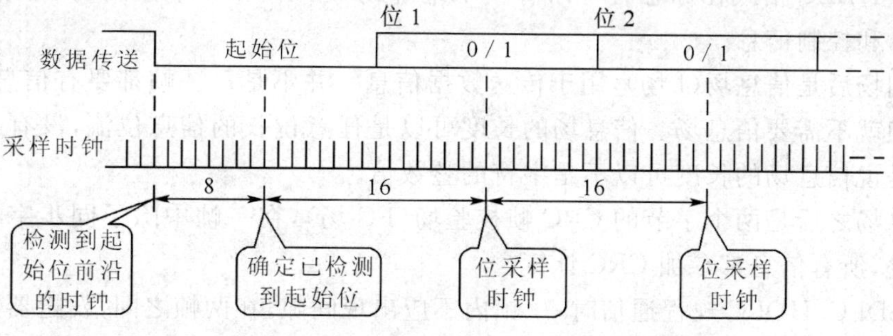

图 9.35 频率为 16 倍波特率的接收时钟再同步过程

采用倍频采样、检测的过程如下:在停止位或任意个空闲位后,接收器在每个采样时钟的上升沿对输入数据位进行采样,如果检测到有连续的 9 个低电平,那么就认为这是一个起始位,并且正处在起始位的中心。随后每隔 16 个时钟周期采样一次,以获取一位数据信息。

2) 同步串行通信协议

在上述异步串行通信中,因为每个字符都有起始位和停止位,所以有效数据占整个信息的比例较小,假定数据帧的格式为:1 位起始位、7 位数据位、1 位校验位、1 位停止位,波特率为 1200 bps,则真正的数据传输率不是 1200 位/秒,而只有 840 位/秒。所以在一些数据速率要求较高的场合,采用另一种同步通信方式。

在同步串行通信中,数据流中的字符之间、每个字符内部的位与位之间都是同步的。这种通信方式对同步的要求非常严格,所以收/发双方必须以同一个时钟来控制数据的发送和接收。

同步传送的字符格式中没有起始位和停止位,不是用起始位来表示字符的开始,而是用同步字符来表示数据发送的开始。在发送端发送真正的字符数之前,先发送同步字符去通知接收器,接收器在接收到同步字符后,便开始按双方约定的速率成批地连续接收数据,字符之间没有空隙。在发送器发送数据的过程中,如果出现数据没有准备好的情况,发送器就发送同步字符来填充,直到下一个数据块准备好为止。

同步通信规程可分为面向字符型和面向比特型两大类。目前较通用的是面向比特型的通信规程,它有 IBM 公司的同步数据链控制规程 SDLC 和国际标准化组织 ISO 的高级数据链控制规程 HDLC。SDLC/HDLC 两个通信规程的基本原理和格式完全相同,仅在一些技术细节上有些区别。在 SDLC/HDLC 中,帧是信息传输的基本单元,所有信息均以帧的形式传输,既可以用于通信线路的控制,也可以用于数据传输。帧的结构如图 9.36 所示。

F-开始标志 (8 位)	A-地址场 (8 位)	C-控制场 (8 位)	I-信息场 (任意位)	FC-校验场 (16 位)	F-结束标志 (8 位)

图 9.36 SDLC/HDLC 帧结构

SDLC/HDLC 以一个起始标志和结束标志标识一个帧的开始和结束,这两个标志的编码都是 01111110,即两个 0 之间夹着 6 个 1。接收器用这个标志字符来建立帧的同步,我们把这个起始/结束标志称为同步字符。为了标志编码的惟一性,SDLC/HDLC 采用了“0”比特插入/删除技术，即在发送方发送数据时，对除标志以外的所有信息进行检测，如果遇到有连续5个1的情况就自动在后面插入一个0，而在接收方接收数据时，如果接收到连续的5个1就自动删除紧跟其后的0。

SDLC/HDLC格式在标志后可以有一个地址场(A场)和一个控制场(C场)。用于传送地址信息和控制信息。

在控制场后是信息场(I场)，用于传送数据信息。并不是每一帧都要有信息场，用于线路控制的帧就不需要信息场。信息场的长度可以是任意位长的信息位流，没有字或字符边界。也就是说信息场的长度可以不是字符的整数倍。

在信息场之后是两个字节的CRC帧校验场(FC场)，在一帧中除了同步字符和自动插入的0以外，所有信息都参加CRC计算。

采用SDLC/HDLC规程通信时，一帧内不应出现间隙，在两帧之间，发送器可发送连续的标志字符序列。

习 题 9

9-1 把外围设备接入计算机系统时，必须解决哪些基本问题？通过什么手段解决这些问题？

9-2 CPU如何进行设备的寻址？I/O端口的编址方式有哪两种？各有何特点？

9-3 什么叫矢量中断？说明在矢量中断方式下形成中断向量的基本方法。

9-4 画图说明Pentium机在实模式下进入中断服务子程序的过程。

9-5 简述中断处理的过程。指出其中哪些工作是由硬件实现的，哪些是由软件实现的？

9-6 若机器有5级中断，中断响应优先级为$1>2>3>4>5$，而中断处理优先级为$1>4>5>2>3$。要求：

(1) 设计各级中断处理程序的中断屏蔽位(令1为屏蔽，0为开放)；

(2) 若在运行主程序时，同时出现第4、2级中断请求，而在处理第2级中断过程中，又同时出现1、5、3级中断请求，试画出此程序运行过程示意图。

9-7 设有A、B、C三个中断源，其中A的优先权最高，B的优先权次之，C的优先权最低，请分别用链式和独立请求方式设计判优电路。

9-8 一计算机带有20个终端同时工作，在运行用户程序的同时，能接收来自任意一个终端输入的字符信息，并将字符回送显示(或打印)。每一个终端的键盘输入部分有一个数码缓冲寄存器$RDBR_i$($i=1\sim20$)，当在键盘上按下某一个键时，相应的字符代码即进入$RDBR_i$，并使它的“完成”状态标志$Done_i$($i=1\sim20$)置1，要等处理器把该字符代码取走后，$Done_i$标志才置0。每个终端显示(或打印)输出部分也有一个数码缓冲寄存器$TDBR_i$($i=1\sim20$)，并有一个$Ready_i$($i=1\sim20$)状态标志，该状态标志为1时，表示相应的$TDBR_i$是空着的，准备接收新的输出字符代码，当$TDBR_i$接收了一个字符代码后，$Ready_i$标志才置0，并送到终端显示(或打印)，为了接收终端的输入信息，处理器为每个终端设计了一个指针PTR_i($i=1\sim20$)指向为该终端保留的主存输入缓冲区。

处理器采用下列两种方案输入键盘代码，同时回送显示(或打印)。

(1) 每隔一固定时间 T 转入一个状态检查程序 DEVCHC，顺序地检查全部终端是否有任何键盘信息要输入，如果有，则顺序完成之。

(2) 允许任何有键盘信息输入的终端向处理器发出中断请求。全部终端采用共同的向量地址，利用它使处理器在响应中断后，转入一个中断服务程序 DEVINT，由后者询问各终端状态标志，并为最先遇到的请求中断的终端服务，然后转向用户程序。

要求画出 DEVCHC 和 DEVINT 两个程序的流程图。

9-9 假定某外设向 CPU 传送信息，最高频率为 40 K/s，而响应的中断处理程序的执行时间为 40 μs，问该外设是否可采用中断方式工作，为什么？

9-10 DMA 方式能够提高成批数据交换效率的主要原因何在？

9-11 程序中断控制方式与 DMA 方式有何异同？

9-12 在 DMA 接口中，什么时候给出“DMA 请求”(或“总线请求”)信号？什么时候给出“中断请求”信号？CPU 在什么时候响应 DMA 请求？在什么时候响应中断请求？

9-13 假定某计算机字长 16 位，主存周期为 500 ns，运算器一次定点加法时间等于 1.5 μs，配置的磁盘旋转速度为 3000 r/min，盘组数据面的每一磁道存两个数据块，每一块 8000 字符，同一磁道两个数据块之间相隔间隙的越过时间为 2 ms。问：

(1) 磁盘机在一个磁道上读出的最大字符率是多少？

(2) 当磁盘机按最大字符率与主机交换数据时，主存频带空闲百分比是多少？

(3) 设有一条直接寻址的“存储器-存储器”SS 型加法指令，在无 I/O 操作打扰时的执行时间等于多少？当磁盘 I/O 操作与一连串这种 SS 型加法指令同时进行时，平均的有效加法指令执行时间是多少？

9-14 考虑以下计算机系统：

CPU：每秒执行 300M 条指令，在操作系统中每个 I/O 操作平均有 50000 条指令。

底板总线：数据传输率为 100 Mb/s。

SCSI-2 控制器：具有 20 Mb/s 的数据传输率，最多可挂接 7 个磁盘。

磁盘驱动器：具有 5 Mb/s 的读/写带宽，平均寻道加旋转等待时间为 10 ms。

如果工作负载(在一个给定时间间隔内完成的工作量)由 64KB 读组成(数据块在磁道上是顺序的)，并且用户程序中每个 I/O 操作需要 100000 条指令，要求求出可获得的最大 I/O 速率和此时所需要的磁盘个数和 SCSI 控制器的个数。假定读操作总是能够在一个空闲的磁盘上得到响应(即忽略磁盘冲突)。

9-15 若输入输出系统采用字节多路通道控制方式，共有 8 个子通道，各子通道每次传送一个字节，已知整个通道最大的传输速率为 1200 B/s，问每个子通道的最大传输速率是多少？若是数组多路通道，则每个子通道的最大传输速率又是多少？

9-16 采用异步通信方式传送 ASCII 码，数据位 8 位、奇校验 1 位、停止位 1 位。当波特率为 4800 波特时，字符传送的速率是多少？每个信息位的时间长度是多少？数据位的传送速率是多少？

参 考 文 献

1 白中英主编. 计算机组成原理(第三版). 北京:科学出版社,2000

2 李亚民. 计算机组成与系统结构. 北京:清华大学出版社,2000

3 徐福培. 计算机组成与结构. 北京:电子工业出版社, 2001

4 张新荣等. 计算机组成原理教程. 北京:希望电子出版社,2002

5 周怡聪主编. 多媒体计算机外部设备. 北京:清华大学出版社,北方交通大学出版社,2002

6 Andrew S. Tanenbaum. Structured Computer Organization, 4th ed. Prentice Hall, Inc. 1999

7 M. Morris Mano. Computer System Architecture, 3rd ed. Prentice Hall, Inc. 1993

8 V C Hamacher, Z G Vranesic and S G Zaky. Computer Organization, 4th ed. McGraw-Hill Book Company, Inc. 1996

9 William Stallings. Computer Organization and Architecture: designing for performance, 4th ed. McGraw-Hill Book Company, Inc. 1996